基于柔性涡流阵列传感器的金属结构裂纹监测原理与技术

何宇廷 陈 涛 等著

国防工业出版社
·北京·

内 容 简 介

本书针对飞机、起重机械、压力容器等重要装备关键结构的裂纹损伤监测的重大现实需求，开展了基于柔性涡流阵列传感器的金属结构裂纹监测原理与技术研究。本书以飞机结构作为主要研究对象，设计研制了用于金属结构裂纹定量监测的柔性涡流阵列传感器及配套设备，分析了传感器的裂纹监测机理，提出了可大幅提高裂纹监测灵敏度的传感器优化方式，实现了传感器对金属结构裂纹损伤的高灵敏感知；建立了基于传感器跨阻抗特性的逆向求解方法，提出了可对装备服役环境干扰进行有效抑制的传感器输出表征方法，实现了传感器在装备服役环境中的高可靠监测；研究了在复杂服役环境下传感器的失效模式和机理，提出了传感器的耐久集成方法，实现了传感器在服役环境下的耐久集成。

本书可为从事飞机、起重机械、压力容器等重要装备研制和装备使用管理的技术人员和管理人员提供一种有效的损伤监测手段。同时，本书也可作为从事数字孪生、电磁无损检测和结构健康监测领域研究人员的参考用书。

图书在版编目(CIP)数据

基于柔性涡流阵列传感器的金属结构裂纹监测原理与技术/何宇廷等著． --北京：国防工业出版社，2025.3． -- ISBN 978 - 7 - 118 - 13192 - 5

Ⅰ．TP212

中国国家版本馆 CIP 数据核字第 2025RU9289 号

国防工业出版社出版发行
（北京市海淀区紫竹院南路23号　邮政编码100048）
北京凌奇印刷有限责任公司印刷
新华书店经售

开本 710×1000　1/16　插页 1　印张 21¼　字数 375 千字
2025 年 3 月第 1 版第 1 次印刷　印数 1—1200 册　定价 98.00 元

（本书如有印装错误，我社负责调换）

国防书店：(010)88540777　　书店传真：(010)88540776
发行业务：(010)88540717　　发行传真：(010)88540762

前　言

　　金属结构长期以来都被作为飞机、起重机械、高速列车等重要装备设施的主承力结构，其服役使用过程中产生的裂纹损伤严重威胁着装备的服役安全、影响着装备的服役使用寿命。金属结构裂纹监测技术通过安装在结构上的传感器可以及时感知结构裂纹损伤，被视为保障装备服役安全、降低维修成本和延长装备服役使用寿命的有效手段。

　　根据统计，飞机结构中90%以上的裂纹损伤都是孔边裂纹，其次是结构的曲面过渡部位。因此，飞机结构损伤监测的重点应当是飞机的关键连接结构和曲面结构的裂纹损伤。目前，各类结构损伤监测技术在实验室常规环境下都能有效地监测结构裂纹，但一旦在飞机的实际服役环境下使用就会暴露很多问题：美国空军曾采用声发射技术监测飞机结构裂纹，并在KC-135飞机、F-15飞机上进行了飞行试验，但是由于结构振动和噪声对监测信号产生了极大的干扰，使得系统产生严重的"虚警"，导致美军不得不停止该项技术的应用；美国Acellent Technologies公司的超声导波监测技术在巴西蔚蓝航空公司的飞机上进行了飞行试验验证，验证结果表明，监测信号容易受到温度、振动、载荷等环境因素的影响，导致其未能通过认证。2018年，中国科学技术协会发布了60个"硬骨头"重大科学问题和重大工程技术难题，"工程结构安全的长期智能监测预警技术"位列其中，充分说明开展服役环境下结构损伤监测研究的重大意义和紧迫性。

　　作者针对上述关键问题，在国家"973"计划、国家重点研发计划、国家自然科学基金等项目的支持下，对结构裂纹定量监测技术开展了持续多年的研究：提出并研制了适用于飞机、起重机械、压力容器等装备金属结构裂纹定量监测的柔性涡流阵列传感器，探究了传感器的裂纹监测机理；提出了可大幅提高裂纹监测灵敏度的传感器优化方式，实现了传感器对金属结构裂纹损伤的高灵敏感知；建立了基于传感器跨阻抗特性的逆向求解方法，提出了可对服役环境干扰进行有效抑制的传感器自补偿方法，实现了传感器在装备服役环境中的高可靠监测；研究了复杂服役环境下传感器的失效模式和机理，提出了传感器的耐久集成方法，实现了传感器在服役环境下耐久集成。

　　传感器技术作为数字孪生技术和结构健康监测技术中最为关键的技术，决定着整个系统能否满足装备的服役使用需求。作者提出和研制的柔性涡流阵列传感器具有柔韧可弯曲、灵敏度高、耐久性好、抗干扰能力强、质量轻、可定量分析等优点，有着广泛的应用前景，尤其对于孔边结构、结构 R 区等复杂结构部位具有独特的优势。

本书以柔性涡流阵列传感器为研究对象，分四篇进行阐述。第一篇为金属结构裂纹监测技术概述，主要介绍了结构健康监测技术概况，总结归纳了结构健康监测的功能、分类和系统组成，阐述了金属结构裂纹监测技术的概念内涵和背景意义，分析了金属结构裂纹监测技术的研究现状与发展趋势。第二篇为基于柔性涡流阵列传感器的金属结构裂纹监测原理，主要是基于电磁涡流检测的基本原理，建立了柔性涡流阵列传感器的半解析正向等效模型，分析了传感器的跨阻抗响应特性，探明了传感器激励频率和结构参数对电导率监测灵敏度的影响规律；通过建立的传感器裂纹扰动半解析模型，分析了结构裂纹对传感器输出信号的影响，介绍了应用裂纹扰动模型进行传感器优化设计的基本思路。第三篇为基于环状涡流阵列传感器的金属结构裂纹监测技术，主要针对装备连接结构的孔边裂纹开展研究，研制并验证了多通道结构裂纹监测系统；通过探明传感器的裂纹监测机理，优化了传感器的裂纹监测灵敏度，提出了一种被测材料电导率和提离距离的逆向求解方法；设计并验证了一种可在交变载荷、变温环境和电磁干扰环境下可靠工作的环状涡流传感器；提出并验证了可在振动、盐雾腐蚀、油液浸泡、湿热与紫外辐射等环境下和螺栓孔边耐久集成的传感器集成方法。第四篇为基于矩形柔性涡流阵列传感器的金属结构裂纹监测技术，主要针对曲面结构设计了一款矩形柔性涡流阵列传感器，通过建立矩形传感器的正向等效模型初步优化了传感器工作频率和结构参数；通过改进布局方式对传感器的裂纹监测灵敏度进行了较大的优化，通过试验验证了传感器在服役环境下的可靠工作性能。

本书较全面地阐述了柔性涡流阵列传感器建模分析、优化设计、监测系统研制、服役环境干扰抑制和传感器耐久集成等内容，可为从事飞机等装备设计和维修使用的技术人员和管理人员提供一种有效的装备金属结构裂纹损伤监测技术，以提高装备结构的服役使用安全、降低使用维修成本、延长服役使用寿命。同时，本书也可以作为从事电磁无损检测和结构健康监测领域人员的参考书，丰富电磁无损检测和结构健康监测的理论和技术。

在本书的撰写和出版过程中，得到了中国人民解放军军委科技委、军委装备发展部、空军、空军工程大学有关领导和机关的大力支持；陈一坚、唐长红、孙聪、闫楚良、王向明、孙侠生、宁宇、刘小冬、丁克勤、刘马宝、肖迎春、王新波、景博、张彦君等与作者进行了有益的讨论并提出了宝贵的意见，作者在此一并表示衷心的感谢！

本书由何宇廷主笔,陈涛、樊祥洪、丁华、平呈杰、杜金强、焦胜博参与了部分章节的撰写工作,最后由何宇廷统稿。由于作者水平有限,加之结构健康监测技术的复杂性,书中难免有疏漏和不当之处,敬请各位读者提出宝贵意见。

著 者

2024 年 6 月

目 录

第一篇 金属结构裂纹监测技术概述

第1章 结构健康监测技术概况 003
1.1 结构健康监测的研究背景 003
1.2 结构健康监测的功能 007
  1.2.1 结构健康监测的输入层 008
  1.2.2 结构健康监测的输出层 009
1.3 结构健康监测的分类 010
  1.3.1 定期结构健康监测 011
  1.3.2 实时结构健康监测 011
1.4 结构健康监测的主要内容 012
1.5 结构健康监测的系统框架 012

第2章 金属结构裂纹监测技术概况 015
2.1 金属结构裂纹监测技术的背景概述 015
2.2 金属结构裂纹监测的概念内涵 018
2.3 金属结构裂纹监测技术的研究意义 019
2.4 金属结构裂纹监测技术的研究现状与发展趋势 022
  2.4.1 金属结构裂纹监测技术的研究现状 022
  2.4.2 各类金属结构裂纹监测技术的对比分析 030
  2.4.3 金属结构裂纹监测技术的发展趋势 031

第二篇 基于柔性涡流阵列传感器的金属结构裂纹监测原理

第3章 电磁涡流检测的基本原理 035
3.1 电磁涡流检测技术的基本原理 035

3.2 电磁涡流检测技术的发展 ·· 036
    3.2.1 远场电磁涡流检测技术 ··· 037
    3.2.2 多频电磁涡流检测技术 ··· 038
    3.2.3 脉冲电磁涡流检测技术 ··· 039
    3.2.4 磁光涡流检测技术 ··· 040
    3.2.5 涡流阵列检测技术 ··· 040
3.3 柔性涡流阵列传感器的基本监测原理 ···································· 041

第4章 柔性涡流阵列传感器半解析正向模型 ································ 045

4.1 柔性涡流阵列传感器的半解析正向等效模型建立 ·························· 045
4.2 柔性涡流阵列传感器在线监测基本物理模型 ······························ 047
4.3 加权残值法 ·· 048
4.4 传感器半解析正向模型的建模路线 ······································ 049
4.5 传感器半解析正向模型的建模过程 ······································ 051
    4.5.1 时谐场位函数方程的建立及通解分析 ····························· 051
    4.5.2 柱坐标系下时谐空间场量的贝塞尔级数解表达式 ··················· 054
    4.5.3 线圈界面处线电流密度的贝塞尔级数系数表达式 ··················· 055
    4.5.4 线圈界面处磁矢和线电流密度的
          贝塞尔级数系数关系式 ··· 058
    4.5.5 子域残值线性方程组的建立 ····································· 061
    4.5.6 传感器多通道跨阻求解 ··· 064
4.6 传感器半解析正向等效模型实验验证 ···································· 065

第5章 柔性涡流阵列传感器参数对裂纹监测灵敏度的影响 ···················· 070

5.1 传感器跨阻抗响应特性分析 ·· 070
    5.1.1 跨阻抗双参数网格平面图 ······································· 072
    5.1.2 线圈电流与结构涡流场分布 ····································· 079
5.2 激励参数对传感器监测灵敏度的影响规律研究 ···························· 084
5.3 结构参数对传感器监测灵敏度的影响规律研究 ···························· 086
    5.3.1 导线厚度 ··· 086
    5.3.2 基材厚度 ··· 087
    5.3.3 传感器中心孔半径 ··· 088
    5.3.4 感应线圈与激励线圈水平间距 ··································· 089
    5.3.5 激励线圈与感应线圈宽度比值 ··································· 090

第6章 柔性涡流传感器裂纹扰动半解析模型 ············ 092

6.1 柔性涡流传感器裂纹扰动半解析模型构建 ············ 093
6.2 柔性涡流传感器裂纹扰动半解析模型的建模路线 ············ 093
    6.2.1 裂纹和结构表面三维网格划分 ············ 094
    6.2.2 自由电荷密度分布 ············ 096
    6.2.3 扰动电压 ············ 098
    6.2.4 模型推广 ············ 099
6.3 半解析扰动模型实验验证 ············ 099
6.4 扰动模型应用 ············ 103
    6.4.1 裂纹对传感器扰动电压信号的影响 ············ 103
    6.4.2 传感器优化设计 ············ 107

第三篇 基于环状涡流阵列传感器的金属结构裂纹监测技术

第7章 金属结构裂纹监测系统研制与试验验证 ············ 111

7.1 多通道结构裂纹在线监测系统 ············ 111
    7.1.1 系统硬件框架 ············ 112
    7.1.2 系统软件框架 ············ 116
    7.1.3 谐波信号幅值和相位提取的多重相关法 ············ 117
    7.1.4 基于监测数据流裂纹特征模式在线提取的损伤识别算法 ············ 120
7.2 柔性涡流阵列传感器制备 ············ 127
7.3 裂纹监测系统在典型金属结构件疲劳裂纹监测中的应用验证 ············ 130
    7.3.1 疲劳试验相关概念 ············ 130
    7.3.2 传感器在线监测功能验证试验 ············ 134
    7.3.3 中心孔板试件疲劳损伤监测试验 ············ 139
    7.3.4 典型连接试件疲劳损伤监测试验 ············ 141
    7.3.5 阳极氧化试件疲劳损伤监测试验 ············ 144

第8章 环状涡流阵列传感器的优化设计 ············ 146

8.1 环状涡流阵列传感器的裂纹监测机理分析 ············ 146
    8.1.1 含裂纹结构的三维有限元模型 ············ 148

        8.1.2 裂纹对传感器跨阻抗输出的影响机理研究 ·············· 150
        8.1.3 被测材料电磁特性参数与提离距离对传感器跨阻抗的
              影响研究 ··· 154
    8.2 环状涡流阵列传感器裂纹监测灵敏度优化 ····················· 156
        8.2.1 激励反向传感器的裂纹监测灵敏度分析 ·············· 156
        8.2.2 分时激励传感器的裂纹监测灵敏度优化 ·············· 157
    8.3 传感器裂纹监测灵敏度的试验验证 ···························· 161

第9章 基于传感器跨阻抗特性的被测材料电导率逆向求解 ············· 164
    9.1 基于正向等效模型的传感器跨阻抗特性分析 ················· 164
        9.1.1 非铁磁性材料的传感器跨阻抗特性分析 ·············· 165
        9.1.2 铁磁性材料的传感器跨阻抗特性分析 ················ 172
    9.2 传感器跨阻抗测量结果的修正方法 ···························· 176
        9.2.1 传感器跨阻抗修正模型的建立 ·························· 176
        9.2.2 传感器跨阻抗修正方法的试验验证 ···················· 177
    9.3 被测材料电导率的逆向求解算法 ······························ 180
        9.3.1 目标点的定位算法 ······································· 181
        9.3.2 电导率与提离距离的插值求解 ·························· 184
        9.3.3 电导率和提离距离逆向求解的应用 ···················· 186

第10章 典型服役环境干扰下传感器输出特性表征 ······················ 188
    10.1 具有校准通道的环状涡流阵列传感器 ······················· 188
    10.2 结构应力变化对传感器输出特性的影响 ···················· 190
        10.2.1 结构应力变化对非铁磁性材料裂纹监测的影响 ······ 190
        10.2.2 结构应力变化对铁磁性材料裂纹监测特性的影响 ··· 197
    10.3 环境温度变化对传感器裂纹监测特性的影响 ··············· 200
        10.3.1 环境温度变化对传感器信号的影响研究 ············· 201
        10.3.2 环境温度影响抑制方法在结构裂纹在线监测中的
               有效性研究 ··· 210
    10.4 电磁辐射干扰对传感器特征信号的影响 ···················· 217

第11章 典型服役环境下柔性涡流阵列传感器耐久集成征 ·············· 219
    11.1 柔性涡流阵列传感器的集成方法 ···························· 219
    11.2 典型服役环境下传感器集成后的耐久性试验 ··············· 221

11.2.1　振动环境下传感器耐久性试验 …………………………… 222
　　　11.2.2　盐雾腐蚀环境下传感器耐久性试验 ………………………… 228
　　　11.2.3　液体浸泡环境下传感器耐久性试验 ………………………… 231
　　　11.2.4　湿热与紫外辐射环境下传感器耐久性试验 ………………… 234
　11.3　承载部位传感器失效模式及耐久性设计 ……………………………… 237
　　　11.3.1　承载集成时传感器的有限元应力分析 ……………………… 238
　　　11.3.2　传感器失效模式试验 …………………………………………… 240
　　　11.3.3　基于弹性保护胶层的传感器承载能力试验 ………………… 245
　　　11.3.4　基于结构裂纹监测垫片的机翼前梁连接结构
　　　　　　　裂纹监测试验 ………………………………………………… 248

第四篇　基于矩形柔性涡流阵列传感器的金属结构裂纹监测技术

第12章　基于矩形涡流传感器的金属曲面结构裂纹监测 …………… 259
　12.1　矩形涡流阵列传感器 ……………………………………………………… 259
　12.2　矩形涡流阵列传感器的正向等效模型 ………………………………… 261
　　　12.2.1　磁矢量位 ………………………………………………………… 261
　　　12.2.2　磁矢量位和磁场强度的传递关系 …………………………… 263
　　　12.2.3　电流密度傅里叶级数表达 ……………………………………… 265
　　　12.2.4　约束方程及总体矩阵建立 ……………………………………… 267
　12.3　矩形涡流阵列传感器频率优选和结构参数初步优化 ……………… 268
　　　12.3.1　优化设计指标选取 ……………………………………………… 268
　　　12.3.2　工作频率优选 …………………………………………………… 270
　　　12.3.3　结构参数优化 …………………………………………………… 273
　12.4　矩形涡流阵列传感器的试验研究 ……………………………………… 276
　　　12.4.1　涡流传感器裂纹监测能力验证 ……………………………… 276
　　　12.4.2　裂纹扩展在线监测模拟实验 ………………………………… 279
　　　12.4.3　结构应力变化的影响试验 …………………………………… 283
　　　12.4.4　焊接结构的裂纹监测试验 …………………………………… 284
　　　12.4.5　温度变化的影响试验 ………………………………………… 286

第13章　矩形涡流阵列传感器的优化设计及试验验证 ……………… 287
　13.1　矩形涡流阵列传感器的优化设计 ……………………………………… 287

  13.1.1 矩形传感器有限元分析 ································ 287
  13.1.2 高灵敏度矩形涡流阵列传感器的设计 ···················· 292
 13.2 高灵敏度矩形涡流阵列传感器的试验验证 ···················· 295
  13.2.1 曲面结构疲劳裂纹定量监测试验研究 ···················· 295
  13.2.2 环境温度影响下的焊接结构疲劳裂纹监测试验 ············ 297
  13.2.3 振动载荷作用下的结构裂纹监测试验研究 ················ 299

附录 A 电磁场基本理论 ·· 303

参考文献 ·· 316

第一篇

金属结构裂纹监测技术概述

本篇介绍了本书相关的研究背景和现状,阐述了结构健康监测技术的背景意义,介绍了结构健康监测的功能、分类、主要内容和系统框架;从当前飞机关键结构的实际监测需求出发,系统介绍了金属结构裂纹监测技术的研究背景、概念内涵和研究意义,分析总结了金属结构裂纹监测技术的研究现状与发展趋势。

第 1 章

结构健康监测技术概况

1.1 结构健康监测的研究背景

1903年12月17日是个值得载入史册的日子,莱特兄弟驾驶人类历史上第一架飞行器"飞行者"实现了动力操控飞行,从此开启了人类征服天空的新纪元,在随后的几十年里,航空业得到了长足发展。然而,不可否认的是飞机在造福人类的同时,飞行安全事故也成为无法摆脱的梦魇。

飞机结构是保证飞行安全的基础,在服役期内结构承力件可能会出现损伤,如果没有及时发现并处理关键部位的危险损伤,往往会导致严重的飞行事故。1954年英国喷气式客机"彗星"1号连续两次坠入大海,死亡56人,举世震惊,事故分析表明,是由气密座舱靠近导航天线处铆钉孔边缘的疲劳裂纹造成的坠机。从此,疲劳裂纹引起的灾难性事故不断发生。

一次次飞行事故的发生以及巨大的维修费用开销,引起了人们对飞机飞行安全和使用寿命的关注,从而带来飞机结构设计思想和飞机维修方式的变革。在传统的基于无损检测(non-destructive testing,NDT)技术的定情维修方式基础之上,基于结构健康/损伤监测(structural health monitoring,SHM)技术的视情维修方式(或称为基于状态的维修模式(condition-based maintenance,CBM))作为具有诱人前景的全新理念被提出来,并逐渐应用到飞机结构等航空装备的精确维修中[1]。CBM在确定维修需求时最突出的特点是考虑了装备的运行状态信息,根据实时获取的状态信息制订维修决策。而作为获取装备底层状态信息的关键支撑技术,SHM成为实现CBM的重点,同时也是难点。SHM技术利用集成在飞机结构上的传感器获取和处理信息,以决定飞机结构的健康状态。飞机结构健康监测技术可提高飞机结构的服役使用安全、减少飞机检查时间和成本、改进维修与设计理念、延长飞机结构的寿命[2]。

20世纪60年代末到70年代初的多起断裂事故表明,以往的安全寿命设计并不能确保飞机安全和维修经济性。经过研究分析发现,这一时期飞机结构设计中大量采用高强度和超高强度合金材料。一般来说,高强度合金材料的韧性低且缺口敏感性强,同时在安全寿命设计中,特别是对于一些疲劳薄弱部位的关键件、重要件,没有考虑结构中的初始裂纹存在,也没有考虑裂纹扩展速率和临界裂纹的概念。而实际上,由于飞机结构材料在冶金中存在的初始缺陷、在加工制造中形成的微裂纹,或由于使用中各种损伤(如划伤、碰伤等),使飞机结构在服役中这些缺陷/裂纹不断扩展,导致结构剩余强度不足而发生破坏。损伤容限设计思想就是在这一时期产生的:承认结构中存在着未被发现的初始缺陷、裂纹或其他损伤,使用过程中,在重复载荷作用下将不断扩展。通过分析和试验验证,对可检结构给出检修周期,对不可检结构提出严格的剩余强度要求和裂纹增长限制,以保证结构在给定使用寿命期内,不会由于未被发现的初始缺陷的失稳扩展导致结构的破坏。损伤容限设计思想对飞机的定寿、维修与寿命管理提出了不同于以往的要求,对保证飞机飞行安全性和使用寿命发挥重要作用。受技术水平限制,传统的结构损伤容限设计思想是基于 NDT 技术和定情维修机制实现的,如图 1-1 所示。

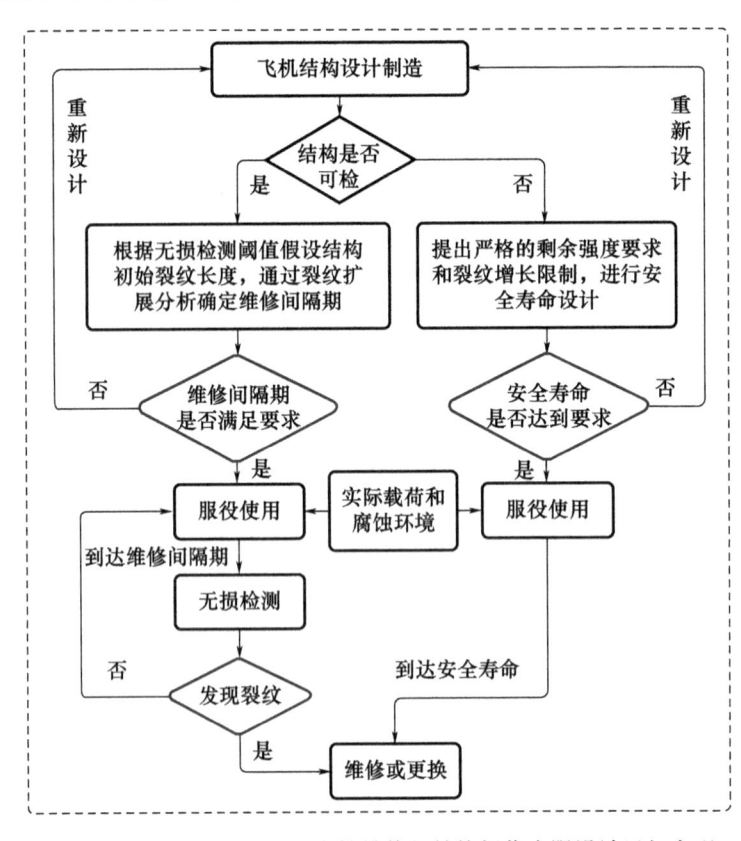

图 1-1 基于 NDT 技术和定情维修的结构损伤容限设计思想实现

由图 1-1 可知,在传统的结构损伤容限设计思想实现中还包括安全寿命设计准则,后者主要针对一些无法进行损伤容限控制的飞机结构,譬如飞机起落架等。同时在传统的结构损伤容限设计思想实现中,NDT 技术对保证飞行安全和飞机使用寿命起到了至关重要的作用。但是,目前这些常规成熟的 NDT 技术,如磁粉、涡流、射线、超声波、声发射和红外热成像技术等,还只适合离线和被动的维修检测场合,只能检测已经存在并达到一定尺寸的缺陷和损伤,不能对飞机结构和部件的损伤和失效过程进行主动监测,更难以对飞机的健康状态进行综合评估和寿命分析,无法保证飞机飞行安全性和使用寿命:

(1) NDT 方法是对结构的局部检测,需要经验支持,预先估计可能的结构损伤位置。对检查人员的能力、设备的性能和检查时机要求高,无法做到实时、在线监测。这种周期性的检测方式增加了结构维护费用的同时也降低了飞机使用率。

(2) 现代飞机,特别是新一代飞机,为获得优良的气动外形布局,在结构设计上采用了翼身融合技术、内埋武器弹舱和隐身外形布局,导致结构构形相对复杂,疲劳关键部位多,可达性/可检性较差,特别是许多部位处于封闭区导致不可检。而在传统的结构损伤容限设计思想实现中,这部分结构仍将采用传统的安全寿命设计,这不仅增加了维修费用,降低了结构安全性,而且安全寿命设计中过大的分散系数导致该部分结构的使用寿命较低。

(3) 随着训练强度的不断加大,新一代飞机结构出现损伤的风险不断提高,而目前飞机检查周期一般根据全机疲劳试验结果制定,当飞机实际服役使用情况与试验情况不同时,飞机结构在检查周期间隔内出现裂纹的可能性和裂纹扩展的速率会大大增加。

因此,如果要求增加飞机结构的安全性和可靠性,同时降低运行成本并提高使用寿命,那么,相对于 NDT 技术,采用 SHM 技术是一种具有诱人前景的全新理念。SHM 是指通过获取和分析来自机载传感器的数据来判定飞机所处的健康状态,或是指利用现场的无损传感技术,分析通过包括结构响应在内的结构系统特性,达到检测结构损伤或退化的一些变化。

实时、在线的结构健康监测技术为航空装备的视情维修提供了技术支持,可以通过传感器感知细微的、不易为人感官觉察,甚至常规仪器都无法检测到的异常信号,推断飞机结构系统的健康状况。通过对飞机结构健康状态的监测与评估,可以对各种工况条件下的飞机结构运行状态异常情况进行报警,为飞行维护、维修与管理措施提供依据,并通过判断监测结果以达到保障和延长使用寿命的目的,从而实现飞机结构健康自诊断以保证结构安全和降低维修费用,并在此基础上实现视情维修机制。基于 SHM 技术和视情维修的结构损伤容限设计思想实现如图 1-2 所示。

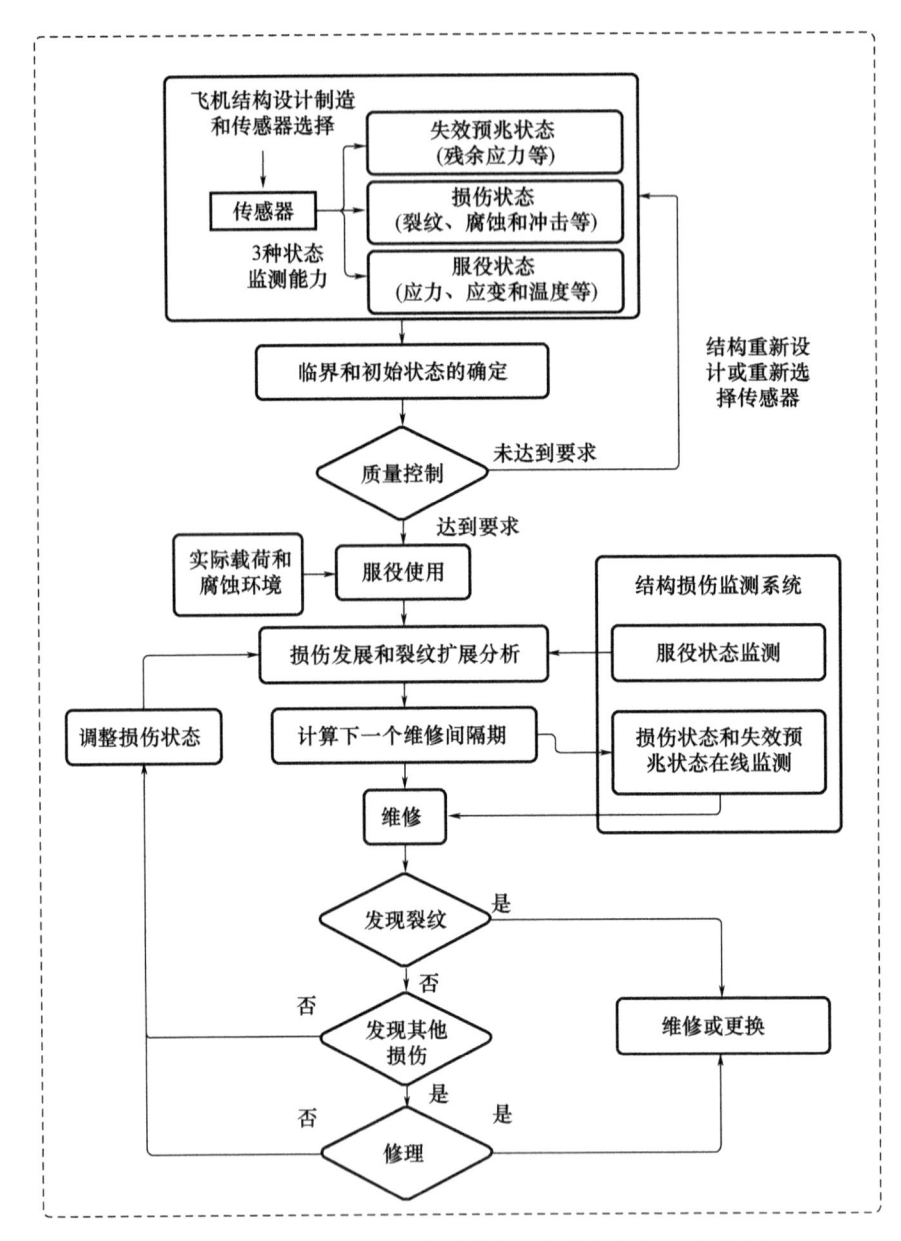

图 1-2　基于 SHM 技术和视情维修的结构损伤容限设计思想实现

由图 1-2 可知,SHM 技术中,传感器对结构三种状态的在线监测能力是现代基于 SHM 技术和视情维修的结构损伤容限设计思想实现的核心。其中,损伤状态是结构的裂纹、腐蚀和外部冲击等损伤,而服役状态是结构的载荷和环境状态,包括应力、应变、温度和湿度等。失效预兆状态则是针对于某些无法适用于损伤容限设计的飞机部件结构,譬如飞机起落架。这种结构从出现裂纹到裂纹扩展至无法满足剩余强度之间的时间非常短,无法进行维修。但是可以通过 SHM 技术监测其失效预兆状态,如可以通过监测飞机起落后的起落架结构残余应力来监测这次起落是否出现过载现象。传感器对结构损伤状态、服役状态和失效预兆状态的监测在保证飞机飞行安全和提高使用寿命上具有以下优势:

(1)维修间隔期的自适应调整。在基于 NDT 技术的定时维修中,结构状态获取的离散性(无法在线连续监测结构状态)和不完备性(无法得到微观尺度损伤),导致军方在经济性、安全性和使用寿命之间难以权衡。而在基于 SHM 技术的视情维修中,通过实时在线监测结构服役状态和损伤状态,可以获得结构在实际载荷和腐蚀环境下的运行状态,并可根据实时监测的飞机服役状态变化和损伤状态自适应调整维修周期和维修时期,这不仅避免了定情维修中的维修不足或过维修现象,大大减少经济损失,提高了战备完好率和结构安全性,而且可以实现基于单机寿命监控的飞机服役使用寿命管理。

(2)损伤容限的扩展。现代 SHM 技术的发展,扩大了传统意义上的损伤容限概念,即结构的损伤容许能力不再只是体现在结构从初始裂纹扩展到临界裂纹,而且体现在结构微观尺度,即结构微观损伤累积量的度量,这种微观领域损伤的监测能力随 SHM 技术的发展成为可能。其中最为典型的是 SHM 技术对失效预兆状态的监测能力,这不仅将飞机起落架等传统的安全寿命设计结构纳入到损伤容限设计结构中,扩大了损伤容限的应用范围,而且可以预防灾难性的结构故障发生。

(3)维修技术手段的变革。结构状态的在线监测方式消除了 NDT 中可检结构和不可检结构的区别,且不需要对结构进行拆卸就可以得知结构是否发生损伤,以及损伤程度大小,减少维修周期,提高维修效率,可以在准确的时间、准确的部位采取准确的维修活动。

1.2 结构健康监测的功能

飞机 SHM 可以认为是结构健康管理的主要分支,同时结构健康管理也是飞机健康管理的主要分支之一。

SHM 的主要目的是通过数据的输入来得到有用的输出。图 1-3 描述了 SHM 的主要功能单元。SHM 的输入主要是通过机载操作和损伤监测传感器来获取。通过处理这些数据来对飞机的结构健康情况进行评估,这就会产生极大的效益。

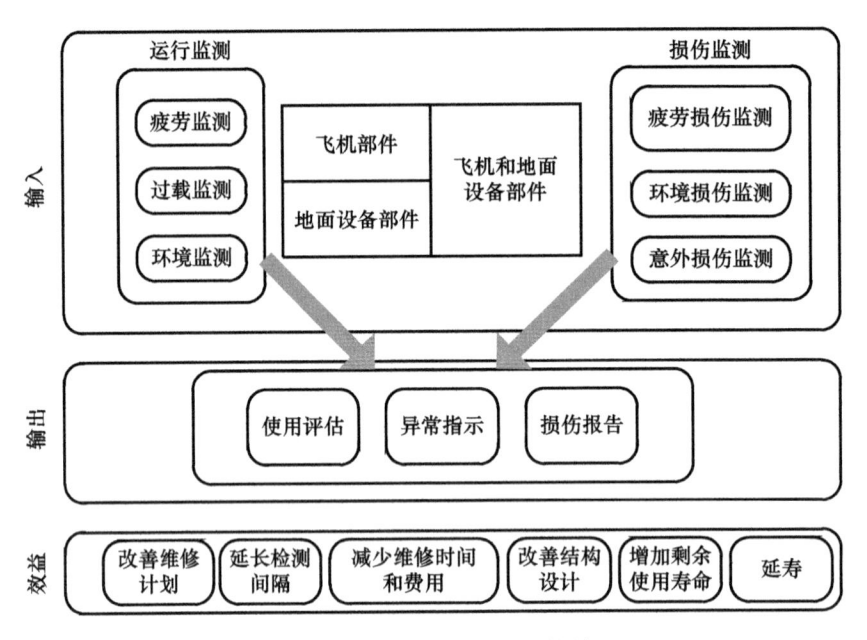

图 1-3　SHM 技术的主要功能单元

1.2.1　结构健康监测的输入层

输入可以通过多种形式获得,但都来自安装在飞机上的传感器。这些传感器可专门用于 SHM 或者主要用于其他的飞机机载系统(例如,加速度计、高度表和襟翼位置)。下面分别介绍图 1-3 所示的子功能。

1. 运行监测

运行监测(OM)属于间接测量方法,用于评估结构状况或使用情况。OM 参数可以从结构的损伤容限分析和疲劳评估中得到。OM 的输出可以作为异常指示或结构使用评估。异常指示通常可以向飞行人员或地面人员报告异常的运行状态。结构使用评估可以帮助确定或修改飞机的检查间隔期。OM 主要包含疲劳监测、过载监测和环境监测。

1)疲劳监测

疲劳监测(FM)是基于任何与疲劳相关的参数(例如,飞行参数或应变测量)来评估结构的疲劳寿命。FM 可应用于部件、装配件或飞机整机水平。FM 的输出是结构使用评估或进行此评估所需的必要数据。当载荷谱在服役中不如设计载荷谱严重时,采用 FM 可以增加飞机检查间隔;反之,则可以缩短飞机检查间隔。

2) 过载监测

过载监测（XM）主要用于识别使用载荷超过设计载荷的状态。XM 有助于基于任何载荷相关参数（例如，飞行参数、应变测量）来识别结构的异常载荷（例如硬着陆或严重阵风）。这些信息可以减少与这些状态相关的"虚警"和"误警"的概率。XM 输出是可以触发机务人员进行维护的异常指示。

3) 环境监测

环境监测（EM）主要用于评估结构的暴露环境条件（例如温度和湿度）。EM 可应用于零件、装配件或飞机整体结构。EM 的输出是结构环境评价或进行此评估所需的数据。这种评估可以用于改进的预防性维护计划。当真实环境条件比设计标准低时，EM 有助于增加检查间隔；反之，则需要缩短检查间隔。

2. 损伤监测

损伤监测（DM）包含所有直接测量方法，可以直接监测结构中的损伤，DM 还可以进行损伤定位和损伤尺寸表征。这类传感器通常安装在目标区域内或附近。DM 既可以采用在线监测的方式实时监测结构损伤，也可以采用离线监测的方法定时监测结构损伤。因此，DM 可以认为是一类新的无损检测方式，这种检测可以对关键部件做到实时或近乎实时的检测。这意味着 DM 方法应当符合一些无损检测要求（例如，可检测的损伤尺寸和类型，检测概率，检测区域）。DM 的输出是损伤监测报告，等同于一份无损检测报告。

1) 裂纹损伤监测

裂纹损伤监测主要监测结构的裂纹损伤，既包括裂纹的萌生部位，也包括裂纹的扩展情况。这种裂纹损伤可能是由疲劳载荷引起的疲劳裂纹，也可能是由应力腐蚀引起的裂纹损伤，也有可能是腐蚀和疲劳环境共同作用导致的裂纹损伤。在飞机服役使用中，裂纹损伤将直接导致结构断裂失效，危及飞行安全。因此，裂纹损伤监测是 SHM 的重点。

2) 环境损伤监测

环境损伤监测主要监测由环境条件引起的结构损伤，如腐蚀、老化等。

3) 意外损伤监测

意外损伤监测主要用于监测由意外损伤造成的结构损伤，如地面物的撞击或鸟撞。

1.2.2 结构健康监测的输出层

SHM 系统预计将产生三种类型的输出：使用评估、异常指示和检查结果。

1. 使用评估

结构的基本使用评估在飞行小时、航班计数和日历天数中实现。使用评估输出包含所有形式的方法来评估结构疲劳或环境监测的使用情况。

2. 异常指示

异常指示包含多种形式：一种形式是向飞行或地勤人员报告飞机出现的异常情况或事件（例如硬着陆、严重阵风、鸟撞和冰雹风暴等）；另一种形式是当损伤监测传感器不能满足检查要求时，可以给出指示。例如，一种 SHM 技术可以监测裂纹扩展或裂纹活动，但无法监测裂纹尺寸，此时系统可以给出异常指示；如果传感系统损坏，也可给出相关的监测系统异常的指示。

3. 损伤报告

在满足监测要求的条件下工作时，SHM 系统会提供损伤监测报告，及时报告损伤的位置和大小等损伤信息。

1.3 结构健康监测的分类

目前，SHM 技术根据监测目的进行分类，可以分为运行监测（OM）和损伤监测（DM），如图 1-4 所示。OM 也称为单机跟踪，主要通过监测载荷、使用环境、使用情况来评估飞机可能的运行和寿命状况，变更飞机的检修（大修）间隔期。飞机 SHM 技术通过安装在飞机上的传感器可以直接监测结构的裂纹、腐蚀等损伤以及损伤的程度，从而对结构的损伤及时进行修理以保持结构的完整性。在美军最新的结构完整性大纲中，就将 SHM 定义为一种无损检测方式，实际就将 OM 与 DM 完全分离了。

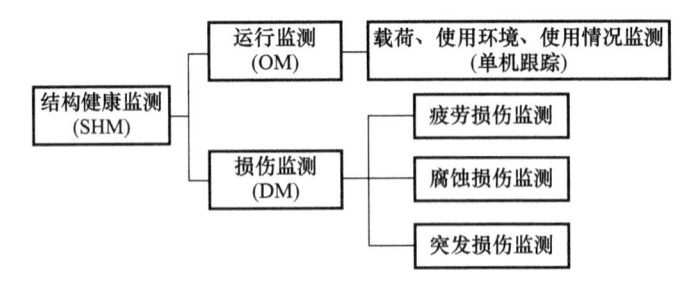

图 1-4 飞机 SHM 技术的分类

根据其运行方式，SHM 技术可以分为离线式的定期结构健康监测（scheduled SHM，S-SHM）和在线式的实时结构健康监测（automated SHM，A-SHM）。

1.3.1 定期结构健康监测

S-SHM 是以固定时间表设置的时间间隔使用/运行/读出监测设备的一种监测方式。这种监测方式可以代替传统检查,意外损伤(AD)、环境损伤(ED)和、疲劳损伤(FD)的结构检查任务有望通过这种方式取代。

SHM 不同于其他结构维修检查方法,例如,一般目视检查(GVI)、详细检查(DET)、特殊详细检查(SDI)等。理想情况下,S-SHM 任务具有以下一般特征:

(1)由于重量限制,只对影响飞行安全的飞行安全结构进行监测;

(2)只需要将传感器和线缆布置在飞机上,通过预留接头即可连接设备进行定期监测;

(3)可由飞机机械师使用,无须额外的复杂培训;

(4)显著降低基于人为因素的错误的能力。

使用 S-SHM 方式将 SHM 技术引入维护程序的一些优势如下:

(1)飞机结构的大修检查可以作为日常机务维护检查的一部分进行,可以有效地提高飞机的任务使用率。目前我国军机的大修周期特别长,而绝大部分飞机内部结构只有在拆解的情况下才能检测,已经严重影响了飞行安全。采用S-SHM 的监测方式可以在每次飞行后进行通电检查,大大地缩短检查间隔周期,从而达到及时发现损伤保障飞行安全的目的。

(2)飞机的检测效率将得到很大的提高,节约飞机的维护成本。

(3)可以及时发现飞机内部关键结构的损伤(如螺栓下的裂纹、飞机油箱内的损伤等日常无损检测手段不可达的损伤),保障飞行安全。

(4)使用时,可以有效地避免 SHM 设备引起的故障。

1.3.2 实时结构健康监测

虽然预防性维护理念有一定的优点,但它强制机务人员执行维护计划,而不管它是否出现损伤,具有十分消极的一面。SHM 技术有可能通过向飞机使用方、飞机制造方和主管部门提供信息来改变这种情况,以"基于状态"的维护计划,从而消除了一些定期维护检查任务。结构健康监测界在 2010 年向国际维护评审委员会政策委员会提交了这种类型的 SHM 实施方案,称为实时结构健康监测(A-SHM)。A-SHM 需要将监测设备安装在飞机上,在线实时地采集传感器信号,以便在线或事后评估结构的使用状态和损伤状态。需要注意的是,运行监测需要监测结构的载荷、环境等使用状况,一般都采用这种方式进行,很多损伤监测方式也可采用这种方式进行损伤监测。这种方法的显著优点是实时性、自动化程度高,但缺点却是对监测设备的性能要求特别高,尤其是考虑到飞机结构复杂多变的服役环境,容易造成较高的"虚警率"。

1.4 结构健康监测的主要内容

SHM 内容一般包括状态监测、故障诊断、故障预测和诊断决策 4 个方面,其具体的内容可以分为如下 4 个方面:

1. 信号采集

根据不同的诊断需要,选择能表征设备工作状态的不同信号(如应力、裂纹、温度、湿度等),用不同的传感器进行感应识别。

2. 信号处理

将前端传感器采集到的信号进行分类处理、滤波、模态提取等,获得能够表征结构健康状况的一些特征参数。

3. 状态识别

将经过信号处理后获得的设备特征参数与规定的允许参数或判别参数进行比较、对比以确定设备所处的状态,是否存在故障及故障的类型和性质等。为此需要正确制订相应的判别准则和诊断策略。

4. 诊断决策

根据对设备结构健康状态的判断,决定是否采取相应的对策和措施,同时应根据当前信号预测设备状态可能的发展趋势。

1.5 结构健康监测的系统框架

开发 SHM 系统需求的第一步是定义系统的预期功能和目标用途,如图 1-5 所示。一旦定义了预期的功能和目标用途,就可以提出初始系统架构来实现这些目标。如图 1-6 所示,构成此 SHM 系统架构的组件可以是机载或地面支持设备,或者是两者的组合。特定部件的功能、位置(即机上或地面)与其他部件的功能接口以及安全要求将为初始系统需求提供基础。对这些初始需求的分析通常会带来冲突或优化,从而推动体系结构或组件的优化。因此,SHM 系统需求的发展是一个与系统架构定义高度耦合的迭代过程。

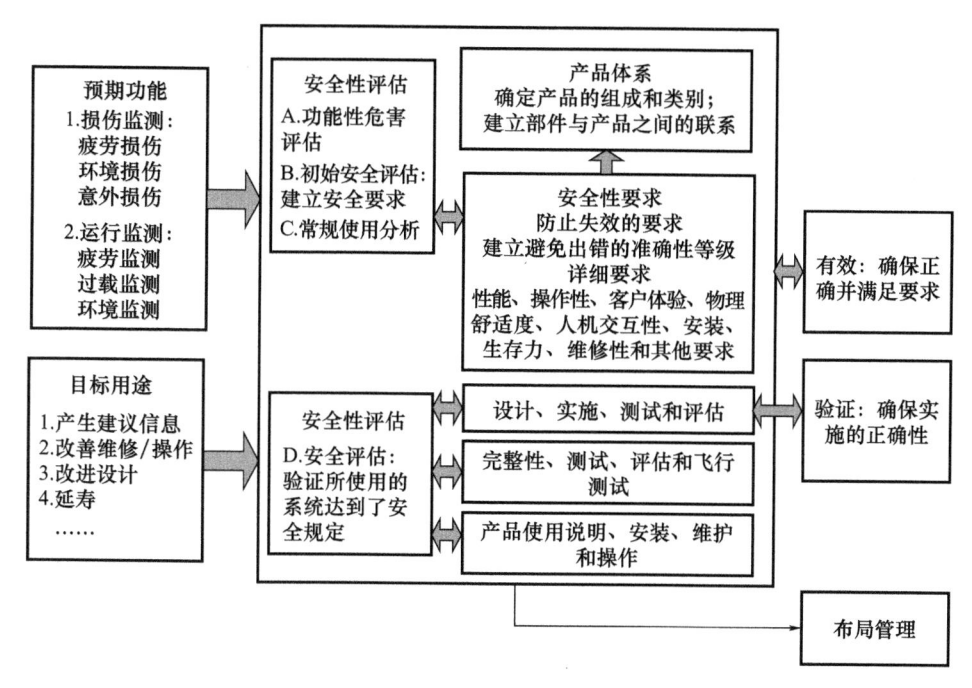

图 1-5　SHM 系统发展的主要方面

图 1-5 描述了主要的开发活动,其中包括:SHM 体系结构的开发,安全要求的分配,详细要求的分配、设计、实现、测试/评估、集成、集成 SHM 的测试/评估和飞行测试。开发活动结束于生产、安装、操作和维护指导。图 1-5 还简要介绍了开发 SHM 系统所需的基本过程,这些流程包括:安全性评估、验证和布局管理。

任何 SHM 系统都使用安装在每架飞机上的机载传感器获取的数据,以直接监测损伤或监测可能导致或指示此类损坏类型的因素。数据可以从专门为 SHM 安装的传感器或现有的飞机传感器(例如,测量速度和加速度的传感器)获取。SHM 系统的其他实体可位于飞机上或地面系统,如图 1-6 所示。

这些实体可以是由组件构成的子系统,由项目构成的组件是具有明确定义接口的硬件或软件对象。根据所选择的体系结构,这些实体中的一部分或全部可以专门为 SHM 设计,或者可以是来自其他预先存在的系统的共享实体。任何给定的 SHM 预期功能都可以通过各种不同的系统架构来实现,可以通过评估诸如实体的技术准备水平、相关的安全要求、开发时间表、寿命周期成本和重量等因素来选择最佳架构。

SHM 技术的基本思想是通过测量结构的响应来推断结构特性的变化,进而探测和评估结构的损伤以及安全状况。一般来说,SHM 系统包括传感系统、信号传输与储存、结构状态参数和损伤识别以及结构性能评估等几部分。传感系统是 SHM 系统最重要、最基础的组成部分,包含各类传感器,用以采集结构的响应数据。经传感器监测的信息通过传输储存到所建立的数据库,随后利用观测数据对所测量的结构进行分析和反演。最后,利用结构分析和反演结果进行结构的性能评估以支持结构的日常维护和管理决策。在整个 SHM 系统中,传感系统提供 SHM 所需的最基本、最直观的信息,是整个系统的硬件支撑。而数据分析和反演是整个系统的"大脑",对所收集到的错综复杂的数据进行梳理和分析,并结合自身特性以及各种结构识别理论建立对应的数据处理方法,对结构的健康状况进行分析和评估。结构的性能评估部分直接联系监测数据和工程应用,通过监测数据的分析和结构信息的反演达到结构的安全性能评估目的,直接为结构的管理和维护提供必要数据。

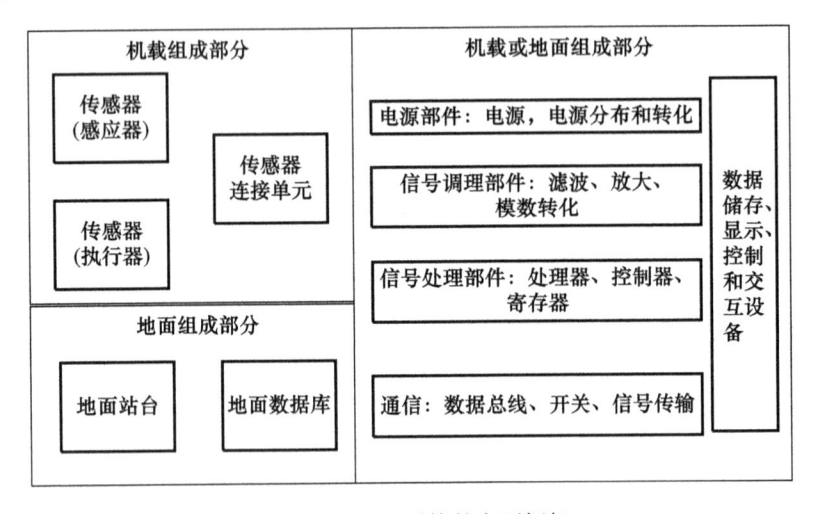

图 1-6　SHM 系统的主要框架

第 2 章

金属结构裂纹监测技术概况

2.1 金属结构裂纹监测技术的背景概述

金属材料作为飞机的主承力结构被广泛使用,即使是 F-22、歼-20 等先进飞机的飞行安全关键结构也仍采用金属材料。金属结构在使用过程会因疲劳、腐蚀、振动等因素作用而产生裂纹,若不能及时发现金属结构裂纹,将导致灾难性事故。

1954 年,英国两架彗星-1 旅客飞机发生空中解体事故;1958 年,美国四架 B-52 飞机发生结构疲劳断裂事故;1979 年 12 月,美国一架 F-111 战斗机机翼大梁疲劳裂纹扩展导致机翼折断,飞机坠毁(图 2-1);1985 年 10 月,日本一架波音 747 飞机因机身壁板疲劳裂纹扩展开裂失事;2007 年,美国一架 F-15 战机因主梁疲劳破坏而空中解体,致使该型飞机大面积停飞,检查发现近 40% 的飞机结构存在危险的疲劳裂纹(图 2-2);2008 年,俄罗斯一架米格-29 战斗机尾翼疲劳断裂,飞机坠毁;2008 年 8 月,吉尔吉斯斯坦一架波音 737 客机的旅客舱结构破坏,飞机坠毁;2012 年 1 月,空中客车公司的 21 世纪"旗舰"产品,号称"空中巨无霸"的 A380 旅客飞机连接机翼翼肋与蒙皮的连接件出现疲劳裂纹,引起旅客恐慌,导致刚交付使用不久的 A380 飞机不得不重新更改原设计并召回更换修理所有已交付使用的飞机(图 2-3)……

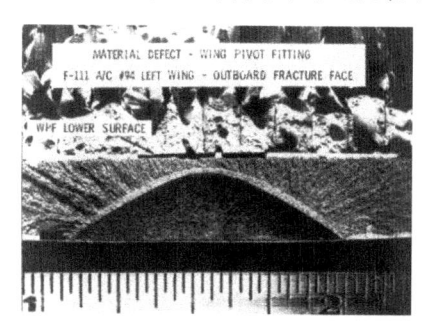

图 2-1 F-111 机翼大梁疲劳裂纹扩展断裂   图 2-2 F-15 飞机大梁断裂

图 2-3 A380 连接件疲劳裂纹

由此可见,对于金属结构裂纹及其扩展导致的惨痛飞行事故,即使最先进的航空装备也无法完全规避!在我国,航空装备由于金属结构裂纹导致的灾难性事故也是不胜枚举。

1972 年 12 月,我军一架歼 X 战机在飞行表演中因飞机机翼大梁断裂,当场造成机毁人亡的一等飞行事故(图 2-4);某型轰炸机在 1990 年的大修中发现结构腐蚀-疲劳开裂非常严重,有的起落架支柱筒壁因腐蚀-疲劳开裂穿透而导致报废,有的机翼壁板竟发现有长达 180mm 的穿透裂纹,险些酿成严重的飞行事故,随后的普查表明,该型飞机中金属结构件腐蚀-疲劳开裂严重的飞机所占比例高达 80%,严重威胁着飞行安全,不得不停飞进行大面积的更换、修理工作(图 2-5);1994 年 6 月,我国原西北民航公司的一架图-154 飞机从西安咸阳国际机场起飞 15min 后在西安市长安县上空飞机金属结构空中解体爆炸坠毁;2004 年 11 月,包头到上海 MU5210 航班运-7 型客机结构空中解体坠毁;2006 年 7 月,我军某型运输机在空中进行大转弯拉起时,发生解体坠毁,经检查是由结构疲劳断裂引起的;2007 年,我国 XX 系列飞机在检查中发现在设计上与机体同寿的平尾大轴由于疲劳载荷与腐蚀环境的共同作用,存在大面积超标裂纹,在军事斗争准备任务非常艰巨的情况下不得不全面停飞检查,更换平尾大轴……

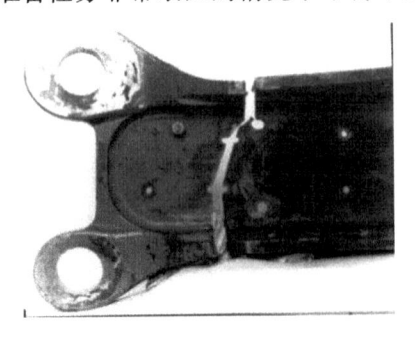

图 2-4 歼 X 型飞机机翼大梁断裂事故

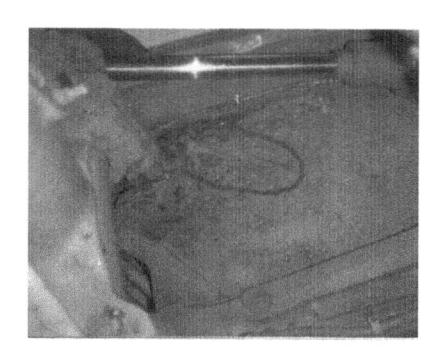

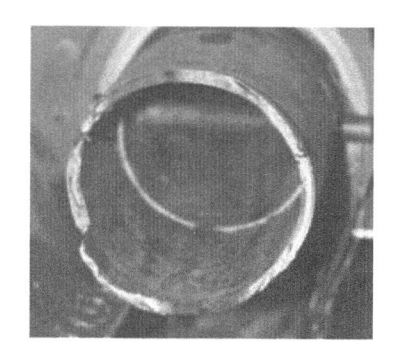

图 2-5　某型轰炸机机翼壁板开裂　　　图 2-6　XX 系列飞机平尾大轴断裂

因此，金属结构裂纹监测技术作为飞机结构健康监测中最重要一部分，直接关系着健康监测技术在飞机结构上应用的成败。例如，2007 年发生的美国 F-15C 战机空中解体事故，即使飞机已经加装了单机跟踪（运行监测）系统，还是未能发现飞机主梁上的裂纹，从而导致了严重事故。

根据一架拆解的狂风战斗机的统计结果，飞机结构中最多的损伤类型是紧固件孔边的裂纹。在对 1947—1983 年的飞行事故的调查中发现[3]，紧固件孔边产生裂纹是导致飞行事故的主要原因之一。在对我国某型老龄飞机的拆解中发现，飞机结构中损伤最多的部位是紧固件的孔边（图 2-7），其次是结构的曲面过渡部位（图 2-8）。飞机内部的紧固件连接结构属于日常维护中的不可检部位，需要在大修拆卸时才能发现结构有无裂纹，如图 2-7 中所示的飞机整体油箱内部；对于图 2-8 所示的过渡边结构，外形弯曲，裂纹临界尺寸很长，位于飞机内部狭小区域难以检测。此外，现代飞机的关键结构一般采用的是损伤容限思想设计的，而损伤容限设计的关键就是假设结构已经有初始裂纹了，要求结构在设计载荷下即使服役使用规定的时间也不会因裂纹长度达到裂纹临界长度而断裂。所以，对这类关键结构的监测重点不是结构有无裂纹，而是裂纹的长度是否达到了规定的危险尺寸。

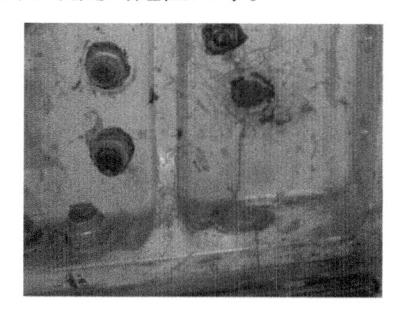

图 2-7　已拆解 X 系列飞机整体油箱内部裂纹

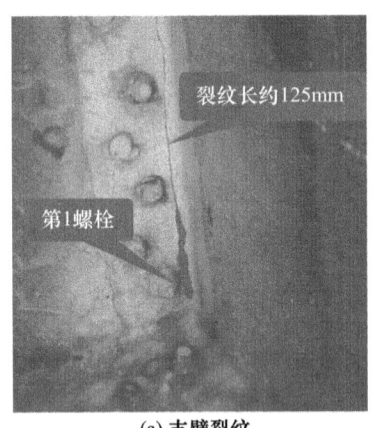

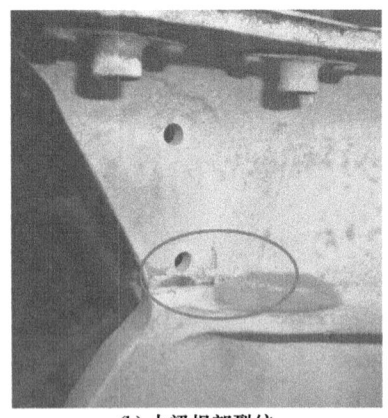

(a) 支臂裂纹　　　　(b) 大梁根部裂纹

图 2-8　某型飞机结构过渡部位的裂纹损伤

因此,飞机结构健康监测的重点应当是飞机的关键连接结构和曲面结构的裂纹损伤。并且,现代飞机关键结构一般都采用损伤容限思想设计,需要对裂纹损伤进行定量。

2.2　金属结构裂纹监测的概念内涵

金属结构裂纹监测是指通过将先进的损伤监测传感器件集成在金属结构上,利用传感器对金属结构的裂纹损伤情况进行监测,获取与结构裂纹损伤状况相关的信息,并根据获取的信号结合先进的信号信息处理方法提取结构裂纹损伤特征参数,进行状态评估,提供相关结构的完好状态信息或故障预警,以消除安全隐患或控制安全隐患的进一步发展,从而保证飞机金属结构的使用安全、提高装备的可用性和降低维修费用。

对于采用损伤容限准则设计的飞机关键结构而言,人们最为关心的问题是裂纹损伤的程度是否能危及其使用安全。飞机金属结构裂纹监测的一个突出目标就是在这个临界点到来之前提早判断出结构的裂纹损伤。同时,监测过程中所获得的数据和分析结论,对飞机结构的设计者和使用者来说是十分宝贵的资料,这些资料可以为维修方案制订和以后飞机结构设计提供十分重要的信息。

从系统构成看,金属结构疲劳损伤监测系统主要由传感器网络子系统、信号采集与数据监测处理子系统,以及结构实时损伤识别子系统等组成。飞机金属结构疲劳损伤监测系统典型示意图如图 2-9 所示。

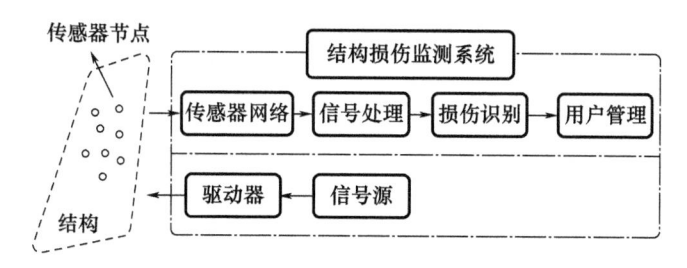

图 2-9　金属结构疲劳损伤监测系统典型示意图

传感器网络子系统主要包括各种智能传感元件以及经优化配置后的传感器网络，通过智能传感元件感知和采集各种环境或被监测对象信息，传感器在感知被监测对象物理量的同时将物理量转化为标准的电信号，或直接将标准电信号转化为计算机可以直接接收的数字信号。

信号采集与数据监测处理子系统主要采集传感器网络数据并进行数据处理，如对信号进行交直分离、信号滤波、信号放大、A/D 转换、采样控制或信号预处理（异常值处理及标定等），以完成信号采集的基本功能，这些是判断结构对象损伤程度的原始数据。一般从传感器采集得到的信号包含很多信息，由于外界环境噪声的影响及材料和结构的复杂特性等原因，损伤特征信息的分析和提取较为困难。

结构实时损伤识别子系统是通过一定的损伤识别方法和技术，对已经进行数据处理的信息进行处理，结合结构系统特征，应用各种有效方法识别结构的损伤状况、损伤位置、损伤程度及损伤类型。

2.3　金属结构裂纹监测技术的研究意义

即使是复合材料技术高度发达的今天，绝大部分飞机的主承力结构依然是金属结构。即使是目前最先进的战斗机 F-22 和 F-35，其使用复合材料的比重也分别只有 24% 和 35% 左右。金属结构的裂纹损伤一旦超过临界值，将导致严重事故。因此，开展飞机金属结构裂纹监测技术的研究具有十分重要的意义。

1. 金属结构裂纹监测技术是保障飞行安全、降低维护成本的有效途径

目前的飞机结构维护机制是一种基于目视检查和传统无损检测（NDT）的定期检查维护机制，主要存在以下缺陷：

（1）检查的主观性因素多，质量难以保证。在日常的维护中只能通过机务人员利用肉眼和 NDT 设备逐个部位检查，这就导致了检查的质量很大程度上都依赖于机务人员的素质以及检查的手段。因此,即使有着严格的检查机制,也时常因为飞机结构的疲劳断裂而发生严重事故。

(2)检查不全面,存在安全隐患。许多飞机内部的不可检结构(如螺栓连接件内部、飞机整体油箱内部、缝隙狭小的部位)在日常的维护中无法检查,只能拆卸之后才能检查。而这些结构往往都是影响飞机飞行安全的关键结构,一旦断裂将会导致严重事故。2007年美国的F-15战机就是因为飞机内部的主梁在日常的维护中无法检测到,结构裂纹已经很长了也无法发现,从而导致了飞机在空中解体。

(3)检查维修间隔期难以准确确定,效率低下,维护成本高。飞机结构的定期检查期和大修期是根据试验结果和以往的经验确定的,为了保证安全,常常将检查间隔规定得比试验结果短得多。这就导致了检查的效率低下,需要耗费大量的人力、物力,维护成本大大增加。

(4)现有的检测手段无法实现对飞机结构裂纹的定量跟踪检测。现代飞机一般都是通过损伤容限思想设计的,损伤容限设计准则是以结构已经含有裂纹为前提的,要求结构在载荷作用下、在规定的使用期限内不会产生使得结构断裂破坏的裂纹。但是,限于现有的检查手段,只能做到发现裂纹,无法实时监测裂纹的扩展情况。

检查维护手段的落后限制了飞机维修机制的转变。采用金属结构裂纹监测技术可以有效地缩短检测间隔周期,及时发现结构裂纹损伤的有无及扩展情况,从而实现维修方式向视情维修转变。基于结构裂纹损伤监测的飞机结构视情维修机制如图2-10所示,其主要实施步骤如下:

(1)通过计算分析、结构试验和设计维修经验,可以确定影响飞机飞行安全的关键结构,通过计算分析确定该部位的临界尺寸。

(2)根据监测部位的特点和临界尺寸选择传感器的类型、传感器的监测范围、传感器与结构的集成方式。

(3)在实际服役环境中使用传感器和结构裂纹监测系统监测结构的裂纹损伤状态,若无裂纹则持续监测。

(4)监测过程中若发现裂纹则给出裂纹的长度,并判断结构是否需要修理。若结构不需要修理则继续监测裂纹的扩展情况,并持续评估是否需要修理;若结构需要修理,则进行修理的经济性评估。

(5)若修理是经济的,则制订维修方案,进行维修或更换(如起落架);若修理已经不经济,则停止修理,飞机结构已经到寿。

(6)对修理后的结构进行分析,判断结构的危险部位是否发生转移。若危险部位发生转移,则需要重新进行关键部位的确定,并重新选择和安装传感器进行监测。若危险部位未发生转移,则需要在原来的监测部位安装新的传感器再继续进行监测,这是因为裂纹长度可能超过传感器的监测范围,并且在对结构维修时可能损坏传感器,所以需要重新更换传感器。

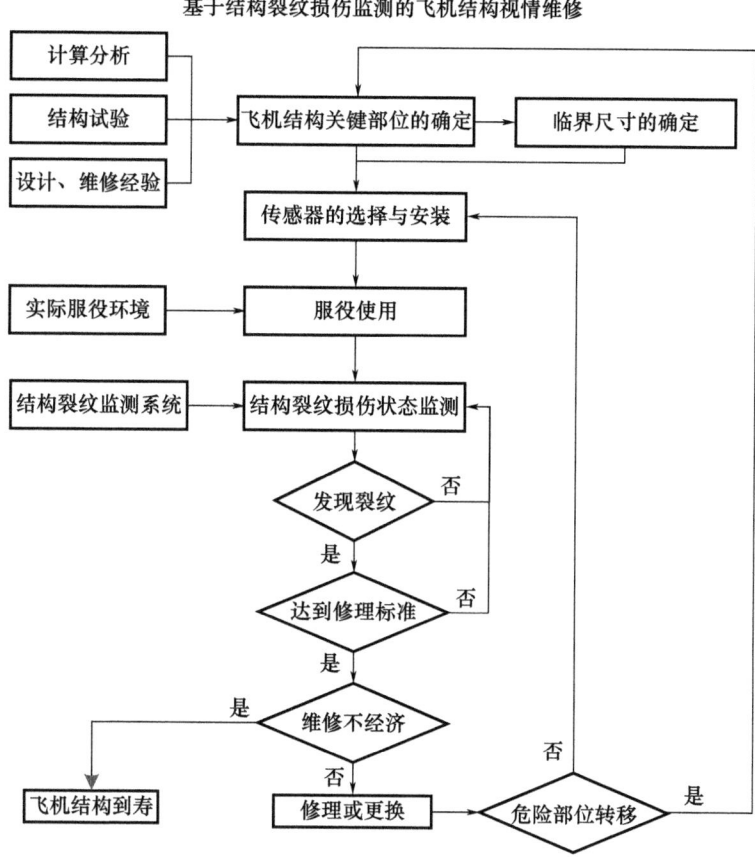

基于结构裂纹损伤监测的飞机结构视情维修

```
计算分析 ┐
结构试验 ├→ 飞机结构关键部位的确定 → 临界尺寸的确定
设计、维修经验 ┘
              ↓
         传感器的选择与安装
              ↓
实际服役环境 → 服役使用
              ↓
结构裂纹监测系统 → 结构裂纹损伤状态监测
              ↓
         发现裂纹 —否→
              ↓是
         达到修理标准 —否→
              ↓是
    是← 维修不经济
         ↓否
飞机结构到寿   修理或更换 → 危险部位转移 —是→
                              ↓否
```

图 2-10　基于结构裂纹损伤监测的飞机结构视情维修机制

采用基于结构裂纹损伤监测的飞机结构视情维修机制具有以下优点[1]:

(1)提高检查效率、降低维护成本。结构裂纹监测系统安装后,可以实时地监测结构的裂纹损伤状态。以往需要大量人力、设备、时间才能完成的检查,现在只需通过监测系统即可完成,这必将大大缩减检查时间、降低维护成本。

(2)扩大检测范围,缩短检查周期,提高飞机结构的服役使用安全。结构裂纹监测技术可以实现对日常维护中不可检结构进行实时监测,可以监测结构裂纹萌生、裂纹的扩展过程,极大地扩展了检查的范围。以往需要进行的定期检查,利用结构裂纹监测技术可以做到实时监测,大大地缩短了检查的周期。检查范围的扩大和检查周期的缩短,可以大大地提高飞机结构的安全性。

021

(3) 改变飞机结构的设计理念[2]。采用损伤容限准则设计飞机结构时，已经认为结构裂纹含有初始损伤，在使用载荷下，结构在规定的使用内裂纹长度不会扩展至临界裂纹长度。在实际的设计中，还会留有足够的安全裕度以保证安全，这就必然导致结构重量的增加。当结构裂纹监测技术具有足够的可靠性和耐久性的时候，在保证安全的前提下，飞机结构的设计可以进一步得到优化，重量也有望减轻。

2. 金属结构裂纹监测技术是延长飞机服役使用寿命的有效手段

由于我国材料加工水平的限制，我国飞机结构的材料分散性较大，现有的飞机结构定寿方法必然导致飞机寿命资源的浪费。以战斗机为例，我国 X 系列飞机寿命为 3000 飞行小时。这 3000 飞行小时并不是每架飞机的真实寿命，而是通过全机疲劳试验（以机群飞机基准谱作为疲劳载荷谱）得到的寿命（12000 飞行小时）再除以分散系数（国内一般取 4）得到的。每架飞机的实际使用历程不同，服役中机动载荷较多的飞机损伤较重，结构状态较为危险，而实际使用载荷较轻的飞机结构寿命潜力会造成浪费。如果在关键结构使用结构裂纹监测系统，在这些关键部位出现裂纹时能及时发现并对其进行检测，有针对性地根据飞机结构实际状态进行单机寿命控制，既保证飞行安全又有效延长结构使用寿命。如果每架飞机的寿命平均延长 1/3，以一个 300 架规模的机群来说，相当于多出了 100 架规模的可用飞机，具有巨大的军事和经济效益。

从 20 世纪 70 年代开始，国外就已经开始开展结构健康监测技术研究。目前，一些结构健康监测系统已经在实际的飞行器上得到了初步验证和应用，取得了巨大的经济和军事效益。加拿大在 CF-18 战机上通过机体结构的疲劳损伤监测，使得该型飞机延寿了 12 年。美国在最新的 F-35 战斗机上也安装了结构健康监测系统，使用寿命达 8000 飞行小时。目前，美军在开展了全机疲劳试验后，将 F-16 战斗机的寿命从 8000 飞行小时延长至 12800 飞行小时，为了保证安全需要在飞机上安装结构健康监测系统[3]。

2.4 金属结构裂纹监测技术的研究现状与发展趋势

2.4.1 金属结构裂纹监测技术的研究现状

自 1979 年美国的"智能蒙皮"计划开始，结构健康监测技术发展至今已经有了近 40 年的发展历程。SHM 技术从提出以来，一直受到各国的重视，并取得了一些重大的成就。一些成果已经应用于桥梁[4-6]、建筑[7,8]等地面装备设施。飞机结构健康监测、飞机发动机健康监测和飞机系统健康管理是组成飞机健康管理的三项主要内容[2]。尽管用于发动机健康管理的综合状态评估系统(ICAS)[1]和用于直升机健康管理的健康使用监测系统(HUMS)已经在美军的装备上得到应用[9]，但是结构损伤监测技术只在固定翼飞机结构上进行了飞行试验验证，还没有成功应用[1,10]。

结构裂纹监测技术一直被视为飞机结构健康监测技术中最为重要的技术，一直是结构健康监测领域的研究热点。根据监测的方式，可以分为间接裂纹监测技术和直接裂纹监测技术。间接裂纹监测指的是结构裂纹的产生和扩展使得结构局部区域的应力、应变或形变发生改变，通过监测结构的应力应变的变化情况来反推结构有无裂纹以及裂纹的扩展情况，这类监测技术主要是采用监测结构应变、应力、形变的传感器。直接裂纹监测指的是结构裂纹的产生和扩展直接使得传感器的监测信号发生改变，从而实现对结构裂纹的监测。

下面主要阐述各类金属结构裂纹监测技术的特点及研究发展现状。

1. 基于应变片的结构损伤监测技术

应变片是使用时间最长、应用最为广泛的一种结构应变测量传感器，通过感知结构应力引起的结构变形，可以准确反映出结构的局部受力和变形状态。在结构健康监测领域，应变片可用来实时测量被测区域的载荷情况，应用疲劳累积损伤理论进行飞机结构的单机寿命监测。因此，国外采用应变片进行结构损伤监测的历史已经超过30年了，从F-15飞机开始到最先进的F-22、F-35战机(图2-11)都安装了应变片用于结构的载荷测量[11-13]。

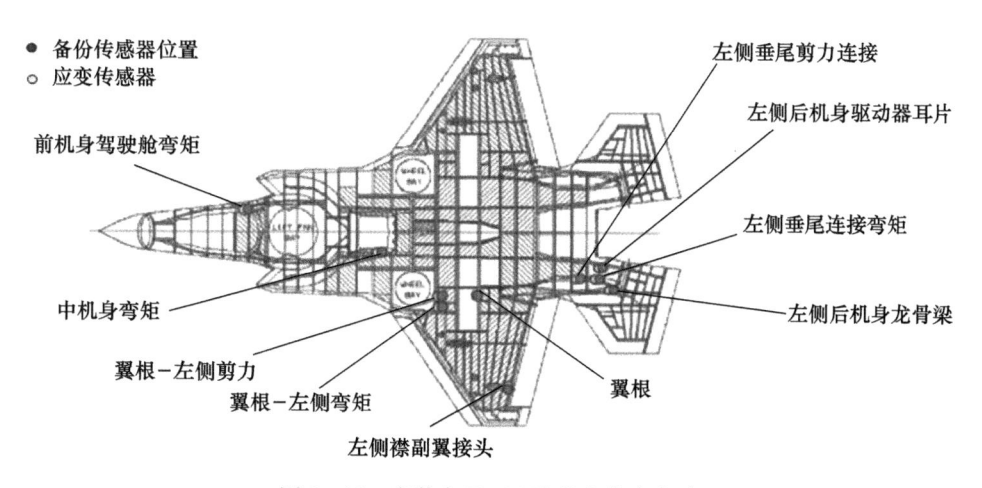

图2-11 安装在F-35飞机上的应变片

但是，单机寿命监测从本质上来说仍然只是寿命监测的一种策略，并不能准确监测结构是否产生裂纹以及裂纹的扩展情况。因此，应变片虽然具有技术成熟度高(9级)的优点，但是其监测能力有限，对结构的裂纹损伤不敏感，只有结构的裂纹长度到达改变结构的应力分布时才能感知到裂纹的产生，所以一般只用于监测结构的应力、应变变化。

2. 基于光纤的结构损伤监测技术

按照测量原理，用于结构健康监测的光纤传感器可以分为两种主要类型：干涉测量和光栅测量。干涉测量传感器分辨率高、稳定，但只适用于单点测量、动态测量，范围很小，因此目前在航空领域的应用研究较少[14-16]。而基于光栅的传感器可用于分布式测量，在航空航天领域有着广阔的应用前景[17]。

光纤布拉格光栅(FBG)传感器可用来测量变形、载荷、冲击和分层，具有抗电磁干扰能力强、体积小可埋入复合材料内部、可复用易于组建传感器网络的优点，是光纤传感器领域的研究热点。NASA 的飞行研究中心基于使用 FBG 传感器实时获取应变数据，提出了一种能够从测量数据中准确估计变形场的监测技术。Lee 和 Read 等人[18,19]利用光纤传感器监测风洞条件下的翼梁中的动态应变或飞行期间的机翼前缘。Minakuchi 等人[20,21]开发了一种基于 FBG 的 L 形角部件生命周期监测系统，将光纤嵌入 L 形复合材料试样的角落，以监测整个结构生命周期中的横截面应变变化。Baker 等人[22]提出了一种简单的基于应变的 SHM 方法，用于监测 F-111C 机翼中临界疲劳裂纹的硼/环氧树脂补片修复。Panopoulou 和 Loutas 等人[23-26]使用 FBG 传感器来执行动态应变测量，并结合神经网络识别蒙皮、框架和桁条的典型航空结构的复合材料试件的损伤。Sierra 等人[27,28]使用基于主成分分析(PCA)技术识别结构损伤，并分析了涉及多个缺陷的复杂损伤的监测情况。Saito 等人使用在公务机上进行了基于分布式光纤传感器的机载结构健康监测系统的飞行测试[29]。

目前，光纤传感器主要用于飞机结构的单机寿命监测领域以及复合材料的冲击损伤监测领域[30-38]，主要是通过监测载荷和温度进行结构损伤预测。与应变片类似，对结构的小损伤不敏感，只有裂纹长度足以改变结构的应力分布时，传感器才会有明显的变化。并且，由于光纤传感器直接安装在结构表面的耐久性问题难以解决，因此，多将其嵌入复合材料中进行冲击、分层等损失监测。

3. 基于声发射的结构裂纹监测技术

声发射利用结构裂纹萌生和扩展过程中会产生弹性波这种现象来监测结构是否产生裂纹[39-42]，适用于对结构进行实时动态监测。欧美各国很早就开始声发射技术的探究应用[43-55]。美国[56]在20世纪70年代就开始应用声发射技术监测飞机结构裂纹,并在20世纪80年代中后期对大量KC-135飞机进行了初步应用,并利用该技术在F-15飞机结构上进行了试验研究[57]。Dunegan公司研制AESMART2001监测系统可以在高噪声下进行结构裂纹的声发射监测,并在P-3飞机上进行飞行测试[58]。英国[59]利用声发射技术成功地对VC10飞机的结构损伤进行了监测,俄罗斯[60]也采用声发射技术对复合材料结构的损伤部位进行定位,澳大利亚[61,62]也利用声发射技术对军用飞机的金属承力结构进行了监测。

虽然可以发现很多声发射在飞机结构上使用的报道,但是美国空军21世纪初就已经停止了该项技术在实际飞机结构上的监测应用[12]。声发射技术虽然具有实时动态性强、可直接监测裂纹的优点,但是飞机使用时,发动机、气流和武器发射、飞机降落等都会引起噪声,这无疑会对监测系统产生致命的干扰。即使是采用先进的噪声消除技术,也难以真正消除噪声干扰,这导致了声发射技术在飞行应用时"虚警率"过高,使得飞机的可用性降低。任何降低飞机可用性的技术都无法得到实际应用,这也是该技术最终没能成功在飞机结构中应用的原因。

4. 基于比较真空监测(CVM)传感器的结构裂纹监测技术

CVM传感器是一种用于金属结构裂纹原位检测/监测的传感器[63-66]。CVM传感器的基本原理是保持低真空的管路对任何空气进入都非常敏感,因此对任何缝隙都很敏感。如图2-12所示,传感器黏贴在被测结构上,如果不存在缺陷,则低真空在基值下保持稳定;如果出现裂缝,空气将通过裂缝流到真空管路;当裂缝扩展时,裂纹上方的管路都会泄漏,从而可以对裂纹长度进行定量监测。

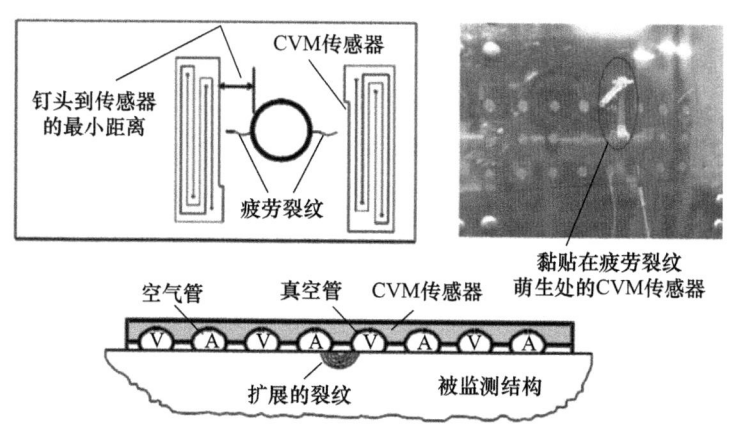

图2-12 CVM传感器监测疲劳裂纹的原理示意图

美国Sandia实验室分别在美国的在西北航空公司和达美航空公司的DC-9，B-757和B-767飞机上安装了26个传感器进行飞行条件下的功能验证和耐久性验证[66]。此外，在美军的C-130，巴基斯坦的FT-5、幻影Ⅲ飞机也都安装过CVM传感器进行飞行测试[64]。

CVM传感器实际上是由硅胶制造而成的薄膜，传感器无法承载，需要与被测结构的随附损伤一同破坏才能监测到结构表面的裂纹。然而，飞机结构中许多关键部位均有较厚的防腐蚀涂层，这些涂层在结构裂纹较小的情况下不会被破坏，只有当裂纹长度足够长时，结构表面的涂层才会随着拉伸载荷的作用而被破坏。同时，试验结果表明，CVM传感器需要较高的黏贴工艺才会使得传感器与结构的裂纹一同被破坏[67]。

5. 基于智能涂层的结构裂纹监测技术

智能涂层是一种与被测材料紧密结合，与结构的裂纹损伤随附损伤的结构裂纹监测传感器。加拿大、日本和中国先后开展了基于智能涂层的结构裂纹监测技术研究[68-71]。

西安交通大学研制了一种由驱动层、传感器层和保护层组成的智能涂层传感器，该传感器通过特殊的胶黏剂黏贴在被测结构表面，通过与结构随附裂纹损伤来感知被测结构是否产生裂纹[69,70]。该传感器已成功用于我国某型飞机的全机疲劳试验，并在飞机结构上开展了飞行测试。该传感器在飞机实际服役环境中，耐久性和可靠性存在一定的问题，出现了较多的"虚警"，飞机不得不在大修厂进行拆卸检测，导致了飞机的可用性降低。

空军工程大学研制了一种物理气相沉积（PVD）薄膜传感器，如图2-13所示，该传感器由绝缘层、导电传感层和封装保护层构成，通过阵列的方式制作还可以用于紧固件连接结构的裂纹定量监测；此外，该传感器通过PVD原理与结构进行一体化集成，传感器在腐蚀、载荷、振动、电磁干扰等服役环境下表现出了很高的耐久性和可靠性[72-80]。但是其传感器制造工艺需要将被测结构放置在近似真空的腔体中，这限制了其应用。

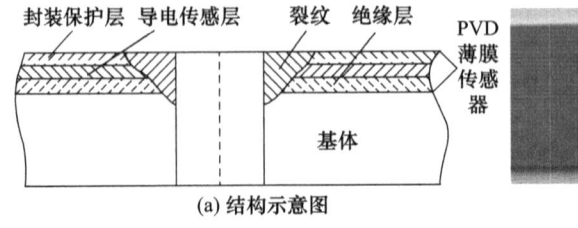

(a) 结构示意图　　(b) 环形阵列结构

图2-13　PVD薄膜传感器

6. 基于导波的结构裂纹监测技术

导波监测一般先由激励器（压电、磁致伸缩等）在结构上激励产生导波,再由传感器（压电、光纤、激光等）接收响应信号,结构产生损伤前后的导波信号会发生变化,通过分析信号的变化就可以实现对结构损伤的监测。用于结构健康监测技术的导波主要是超声机械波通过有界结构介质传播,具有多模态、色散和衰减波传播的特点。导波监测法具有以下优点：①可大面积监测,特别适用于飞机蒙皮、壁板等大型片面结构的损伤监测；②激励频率高,可以检测较小的损伤；③低频环境振动对导波不会产生较大干扰；④损伤监测类型多,腐蚀、疲劳裂纹、螺栓松动、复合材料脱黏等损伤都能监测[81-84]。因此,导波目前是结构健康监测领域研究的热点。

导波的种类很多,包括兰姆波、瑞利波、剪切-水平（SH）波等[85-88]。兰姆波是最常见的一种导波,它通过无应力表面传播的薄板和壳体传播；瑞利波在介质的自由表面附近传播,并且在较高频率或较厚的板中,兰姆波被转换为瑞利波传播；SH波也是一种在板状结构中传播的波,通常研究层压复合板[89]。除此之外,一些研究人员还研究了圆柱形结构和管道中的圆周、轴向和径向波传播。

超声导波理论研究有着悠久的历史,自19世纪就开始了,由于计算能力有限,只能进行解析计算[90-93],随着计算机技术的发展,有限元方法大大提高了分析能力[94-97],使得导波理论进一步完善。从20世纪90年代开始,应用导波进行损伤检测与成像成为了结构损伤监测技术的热点[98-104],并且出现了很多从事基于导波的结构损伤检测技术研发的公司,如英国的导波公司、日本奥林巴斯（OLYMPUS）公司和美国 Accellent Technologies 公司[105-107]。

近期一些学者研究了在几何构型复杂的飞机加强筋壁板进行导波监测[108-110]。Ong 和 Chiu[111]通过激光振动测量法测量兰姆波响应,并实现了损伤的定位与定量监测。Haynes 等[112]在具有孔和裂纹的商用飞机的机身上进行了测试。Senyurek[113]在由铝和复合蜂窝芯组成的波音737飞机机翼板条中进行了损伤监测。部分研究还涉及基于导波的飞机结构健康监测系统的发展[111-113]。Monaco 等人[114]介绍了基于导波的 SHM 系统,该系统用于复合材料机翼结构元件。Schmidt 等人[115]提出了基于兰姆波的 SHM 系统与全尺寸复合材料机身面板的 PZT 传感器阵列的类似开发。美国斯坦福大学和美国 Accellent Technologies 公司[107,116-124]将压电传感器/驱动器利用柔性电路制板工艺封装制成了压电智能夹层（SMART Layer）传感器,既保证了压电单元的一致性,又提高了压电传感器的使用效率,如图2-14所示。该传感器适用于平面和曲面结构,可嵌入复合结构或安装在现有的金属和复合结构表面进行结构裂纹、腐蚀、复合材料损伤的监测,并在F-16飞机和贝尔直升机进行测试[125,126]。目前,Accellent Technologies 公司使用了 SMART Layer 传感器在 OH-58 飞机上进行飞行测试,并且将结构损伤监测功能接入到了飞机上的 HUMS 中。

图 2-14 SMART Layer 传感器

南京航空航天大学的袁慎芳等人[127-133]长期开展基于导波的飞机结构损伤监测技术,并研制了智能夹层传感器及结构损伤监测系统,并用于复合材料、飞机起落架的结构损伤监测试验。大连理工大学的武湛君等人开展了基于导波的结构损伤监测技术,并在实验室开展了飞机壁板、飞机焊接管路等结构的损伤监测试验[134-138]。香港理工大学的研究团队研究了一种可直接喷涂于结构表面的纳米复合超声传感器,并在实验室开展了可行性验证试验[139-141]。

基于导波的结构损伤监测本质上是通过监测导波信号的变化来推算结构的损伤程度。飞机复杂恶劣的服役环境对传感器的耐久性和可靠性都提出了挑战。同时,飞机结构中螺栓受剪的连接结构(飞机多钉连接件、耳片接头等)的受载情况复杂,受载时往往会发生相对移动、摩擦,会对导波信号产生较多的干扰,使得该项技术还无法用于耳片、复杂多钉连接结构的裂纹监测。

7. 基于电磁涡流的结构裂纹监测技术

电磁涡流检测作为一种常规的无损检测方法具有非接触式检测、使用简单、灵敏度高的特点[142-144]。20 世纪 50 年代,Forster 在涡流检测理论上取得实质性突破开始,涡流检测技术就如雨后春笋一般得到迅速发展[142,145,146]。用于结构损伤检测的涡流探头一般体积都比较大,无法安装于结构表面对结构进行损伤监测。

20 世纪 90 年代开始,麻省理工学院(MIT)的电磁与电子系统实验室(LEES)[155-160]对一种 $\omega-\lambda$ 型涡流传感器进行了持续多年的研究。如图 2-15 所示,该传感器由一个激励线圈在空间激励电磁场,并由多个感应线圈接收电磁场的变化,这即是柔性涡流阵列传感器的雏形。

Goldfine[161]建立了 $\omega-\lambda$ 传感器的电磁解析模型,并提出了一种不需要校准就可测量材料电导率和磁导率的方法。Yanko Sherretov[166-168]研究了基于 GMR 的 MWM(meandering winding magnetometer)传感器,使得传感器可以在极低的频率下工作,解决了传感器用于深层损伤检测的问题。Schlicker[169]提出了含有多个 MWM 阵列的新型传感器,并研究了基于该传感器的结构损伤扫描成像技术,如图 2-16 所示。目前,MWM 传感器可检测出 50μm 长的微小裂纹损伤,并成功应用于发动机的叶片和转子部件、飞机几何外形复杂结构、输油管道、焊接结构等结构的损伤成像检测[170,171],结构表面处理(抛光、喷丸、激光冲击强化等)工艺评定[172,173],结构涂层厚度测量以及复合材料压力容器的损伤检测。目前,MWM 传感器已经在美国海军的飞机上进行了飞行测试[174]。此外,斯坦福大学的 Fukuo Chang 等人[175]开发了一种 SHM 螺栓,它由一个涡流传感器薄膜与螺栓集成而成,主要用于螺栓孔壁的裂纹监测。虽然 SHM 螺栓能承受较大的载荷,但是传感器只适用于间隙装配,无法适用于飞机上常用的过盈装配,并且该型传感器目前只验证了疲劳载荷的作用影响。

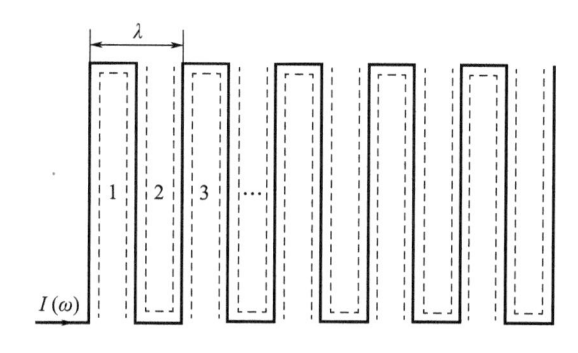

图 2-15 $\omega-\lambda$ 型涡流传感器原理图

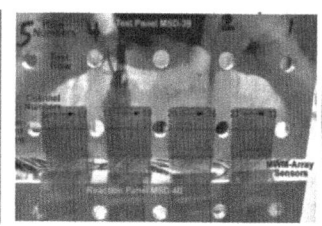

图 2-16 用于结构裂纹监测的 MWM 传感器

清华大学的丁天怀等人研制了一种柔性的电涡流位移检测传感器,该传感器测量精度高,可用于曲面结构微小缝隙的监测[176-181]。国防科技大学的谢瑞芳等人[182,183]开发了一种由 64 个测量单元组成的柔性涡流传感器阵列,用于飞机发动机叶片的裂纹损伤检测,检测精度为 0.2mm。作者带领的课题组[184-191]提出了用于连接结构裂纹监测的环状涡流阵列传感器(图 2-17)和用于曲面结构裂纹监测的矩形状柔性涡流阵列传感器,对基于柔性涡流阵列传感器的金属结构裂纹监测技术开展了持续多年的研究,在传感器建模与优化设计、传感器制造与集成、监测系统研制、环境干扰抑制特征信号提取,以及传感器耐久集成等方面取得了一系列突破,并已经在港口起重设备上进行了工程应用。

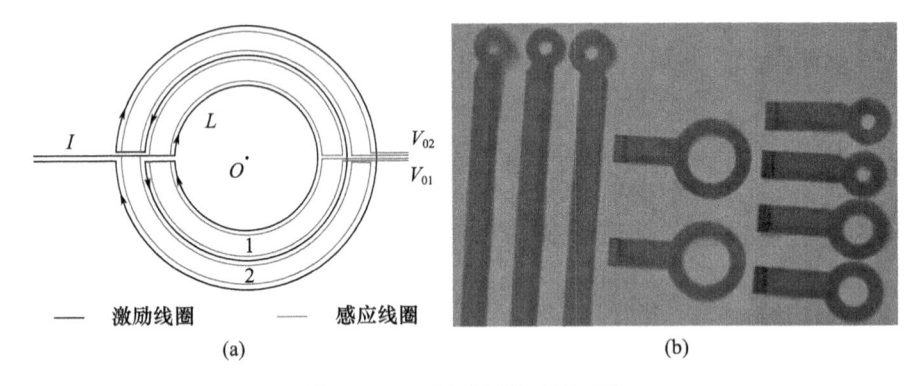

图 2-17 环状涡流阵列传感器

2.4.2 各类金属结构裂纹监测技术的对比分析

目前,可用于金属结构裂纹监测的传感器种类很多,如表 2-1 所示。如何根据被监测部位的特点选择合适的监测传感器是结构裂纹监测技术实际应用中需要解决的首要问题。例如,声发射、超声导波两类监测方法具有监测范围大、实时性强的特点,但是由于波的传播特性使得其无法用于监测耳片、多钉连接件等连接结构,所以这两类监测方法适合用于复材壁板、管路等部位的监测。比较真空监测、智能涂层、涡流可以监测连接结构和曲面过渡结构等部位。

表 2-1 结构裂纹监测中常用的传感器

传感器类型	可监测部位	集成方式	是否需要对涂层进行处理	能否定量监测
比较真空监测	非承载部位的表面	接触式	是	是
声发射	壁板、管路等非连接部位的整体	非接触式	否	否
智能涂层	所有金属结构的表面	接触式	是	否
超声导波(兰姆波、SH 波、瑞利波等)	壁板、管路等非连接部位的整体	非接触式	否	否
涡流(柔性涡流阵列传感器、SHM 螺栓等)	所有金属结构的表面	非接触式	否	是

注:接触式是指传感器紧密粘贴在被测结构表面,通过结构产生裂纹时传感器自身产生随附损伤来感知被测结构是否产生裂纹;非接触式是指传感器通过弹性材料与结构集成。

从传感器的集成方式上来看,涡流、声发射、超声导波属于非接触式集成,比较真空监测和智能涂层监测方法均为接触式集成,接触式集成需要先对实际工程结构表面较厚的防护层进行打磨处理。这不仅降低了传感器应用的便捷性,还有可能在打磨过程中引入新的损伤。例如,结构中的焊缝作为结构中容易产生裂纹的部位是需要监测的重点,其表面都会有很厚的防护涂层以防止腐蚀,结构使用方是不会允许对焊接部位表面进行涂层打磨的,因为这极有可能在焊缝或热影响区引入初始缺陷。

现代飞机的关键结构大都采用损伤容限准则设计。损伤容限设计概念是承认结构在使用前就带有初始缺陷,但必须通过设计的方法把这些缺陷或损伤在规定的未修理使用期内的长度控制在一定范围内,在此期间,结构应满足规定的剩余强度要求,以保证结构的服役使用安全。这类结构是装备中最为关键的结构,这类结构关注的重点是裂纹的长度以及裂纹长度是否达到临界长度。因此,对这类结构需要进行裂纹长度的定量监测。而目前能可靠地进行定量监测的传感器只有比较真空监测传感器和柔性涡流阵列传感器。

2.4.3 金属结构裂纹监测技术的发展趋势

F-35战机的预测与健康管理(PHM)系统中的结构子系统(SPHM)实际上就是基于飞机载荷和环境监测的单机跟踪系统。在2016年出版的《美国军用飞机完整性大纲》(MIL-STD-1530Dc1)中[195],第3.35段指出"SHM是一种使用原位传感器检测结构损伤的无损检测过程或技术";而在第5.4.5段中,则将传感器监测飞机的载荷和使用情况的过程描述为单机跟踪,这就与用于监测损伤的系统完全区分开了。因此,美军的单机跟踪技术已经得到了应用,所以已经不是其在结构健康监测领域的研究重点,结构损伤监测技术已经成为其需求最为迫切的技术[10]。

然而,有望降低飞机维护成本、提高飞行安全的结构损伤监测的技术在经历了几十年的发展后却没有在飞机结构中得到成功应用。究其原因,很大的一点就是飞机结构服役环境恶劣,包括高低温、振动、湿热、腐蚀等,而现有传感器的监测灵敏度不高、耐久性和可靠性低,环境的变化会导致传感器失效或者监测出现错误的指示("虚警"或"漏警")。对于飞机的使用方而言,"虚警"和"漏警"都是难以接受的。因为安装在飞机结构上的监测系统一旦产生报警,维护人员必须在停机状态下对该部位进行检查。如果报警部位属于日常维护中的不可检结构,还需要先将飞机运到大修厂进行拆卸后才能检查。这势必会极大地增加维护成本,影响飞机的出勤率。如果产生"漏警",则势必会对飞行安全构成威胁

20世纪90年代,Farrar等人[196]对位于美国新墨西哥州里奥格兰德的Ⅰ-40大桥结构损伤监测时发现,桥梁的环境温度在桥梁动态特性的变化中起主要作用,对监测信号造成干扰。Sohn等人[197-202]也在研究中发现温度、载荷、结构振动等环境条件的变化均会对桥梁结构损伤监测信号产生不利影响。桥梁等地面结构的环境变化还不算剧烈,监测信号尚且容易受到干扰;而对于飞机结构而言,其服役环境的变化更加剧烈。因此,服役环境对结构损伤监测的影响已成为制约飞机结构损伤监测技术走向应用的关键。近年来,结构健康监测领域仅就如何消除环境温度变化对传感器监测信号的影响就开展了许多研究,例如用于导波监测的基线减法[203]、基于计算模型的温度补偿法[204]、基线信号扩展(BSS)法[205],使用压电传感器在不同温度下进行裂纹检测的无参考法[206],基于兰姆波损伤检测的温度效应的综合补偿法[207],以及基于物理模型的压电传感器信号温度补偿方法[208]。这些通过使用历史数据来进行温度补偿的方法需要收集结构和环境变化的可能组合的数据,这种方法需要耗费大量的时间和成本,这种方法难以在飞机复杂连接结构中得到应用。

通过分析现状可以看出,飞机金属结构裂纹监测技术的研究最迫切的任务包括如下几项:

(1)研究适用于紧固件连接结构和曲面结构的可定量监测的传感器。根据对老旧飞机的拆卸检测结果,紧固件连接结构和曲面结构是飞机结构中裂纹损伤最多的结构。损伤容限准则设计的飞机结构,其监测的重点在于结构的裂纹长度是否达到了临界值高,需要传感器具备定量监测能力。

(2)研究损伤监测灵敏度高的传感器。传感器信号对损伤的灵敏度越高,越容易在复杂环境干扰下识别到损伤的特征信号,传感器抵抗干扰的能力就越强。

(3)研究耐久性高的传感器制造和集成工艺。通过改进传感器的制造工艺可以提高传感器自身承受环境有害影响的能力,研究合适的集成工艺可以避免传感器直接暴露于飞机结构的恶劣服役环境,从而提高传感器的耐久性。

(4)研究服役环境对传感器监测信号的影响规律及机理,建立能有效抵抗环境干扰的模型与方法,提高传感器监测信号的抗干扰能力。

第二篇

基于柔性涡流阵列传感器的金属结构裂纹监测原理

本篇主要研究了柔性涡流阵列传感器的裂纹监测原理，首先介绍了电磁涡流检测的基本原理，总结分析了多种电磁涡流检测技术，重点对柔性涡流阵列传感器的基本监测原理进行了阐述；根据环状涡流传感器的基本物理模型，建立了传感器的半解析正向等效模型，利用该模型对传感器的跨阻抗响应特性进行了分析，并研究了传感器激励频率和结构参数对电导率监测灵敏度的影响规律；建立了柔性涡流阵列传感器裂纹扰动的半解析模型，通过实验验证了扰动模型的准确性，应用裂纹扰动模型从机理上分析了结构裂纹对传感器输出信号的影响，并介绍了应用裂纹扰动模型进行传感器优化设计的基本思路。

第 3 章

电磁涡流检测的基本原理

3.1 电磁涡流检测技术的基本原理

人们在很早以前就发现了电和磁现象,如我国指南针的使用。在近代,电和磁现象的研究已经很深入了,形成了一个完整的体系。长期以来,人们一直认为磁和电是两门独立的学科,两者之间并没有什么联系。但是 19 世纪前期,奥斯特发现了电流可以使磁针发生偏转,从此打破了电和磁之间的隔阂。随后法拉第又发现把磁棒放入线圈中,在这一个瞬间,线圈上会产生电流,这就表明了电和磁之间有着密切的联系。从电和磁之间的关系被发现了以后,人们认识到电磁力和万有引力有相似之处,但是又有一定的差别。为了更加深入地了解这方面的差异,法拉第提出了磁力线的概念,随后在此基础上又产生了电磁场的概念。到 19 世纪下半叶,麦克斯韦总结了宏观的电磁现象的规律,并提出了位移电流的概念。主要表达的是变化的磁场产生磁场,变化的磁场也会产生电场,并且提出了麦克斯韦方程组来表达电磁现象的基本规律。这就奠定了电磁学的基础。本书所用到的电磁学理论可以参考附录 A。

涡流检测(ET)技术是一种基于电磁感应原理的无损检测技术。当导电体处于变化着的磁场内,或者导体相对于磁场运动时,在导体内会有感应电动势产生,若导体形成回路,则会有感应电流产生,如图 3-1 所示。且该感应电流一般是自成回路,集中在导体表面附近的薄层中呈漩涡状流动,由此命名为涡流。

由检测仪器产生一定频率的交流电通入涡流探头中的激励线圈,线圈周围将存在交变磁场(这种磁场称为"初级磁场")。当这种载有交变电流的激励线圈靠近被测试验件(金属试验件)时,使试验件处于初级磁场中,由于磁场的变化,将在被测试验件上产生涡流。而涡流在空间中会产生一个与原磁场方向相反的次级磁场,进而影响检测线圈的输出信号。

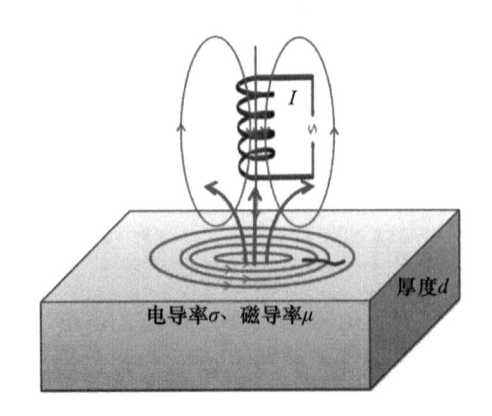

图 3-1　涡流检测的基本原理示意图

被测试件由于受到自身各种因素影响（如缺陷、电导率、磁导率和厚度等）的变化会导致被测试验件上涡流的分布、强度和相位发生变化，会使得次级磁场发生变化。而感应线圈正是感应初级磁场和次级磁场相互叠加后的磁场，这些变化都会影响次级磁场的大小和方向，进而影响总磁场的大小和方向，使得传感器感应线圈的输出电压发生变化。所以，根据感应线圈电压值的变化，就可以判断被检测试验件的导电性能差别、性质、状态以及是否有缺陷存在，从而达到检测目的。因此，涡流检测的定义是利用电磁感应原理，使导电的试件产生涡电流，通过测量涡流的变化来进行试件的无损探伤、材质检验及几何度量。

涡流检测技术的应用范围主要包括探伤、电导率测量以及涂层的厚度测量（涂层材料和基体材料的电磁性能存在一定的差异）。

（1）探伤：检测导电试件表面或邻近表面的缺陷（如裂纹、夹杂、腐蚀、材质不均匀等），其检测的深度与激励电流的频率有关，激励频率越高，检测深度越浅。

（2）电导率测量：通过测量电导率，可对该材料的显微组织结构、化学成分、温度、热处理状态做出相应的判断。

（3）涂层厚度测量：可以测量导电基体金属材料上的覆盖膜层厚度以及金属材料上的腐蚀层检测、测量金属薄板厚度等。

3.2　电磁涡流检测技术的发展

1831 年，法拉第发现了电磁感应现象，并在大量试验的基础上提出了电磁感应定律，电磁学理论及应用研究就此拉开序幕。到 19 世纪下半叶，麦克斯韦总结了前人电磁研究内容，提出了电磁场的概念并建立了电磁场的完整理论体系,电磁学成为经典物理学的重要组成部分。1879 年,英国人休斯(Hughes)利用金属和合金在变化磁场中产生感应电涡流大小的不同,进行了材质分选试验,首次将电涡流同材料检测联系起来。20 世纪之前,限于工业基础发展不足及电磁涡流检测理论方法不完善,涡流检测并没有得到好的实际应用。第二次世界大战时期,多个工业部门的快速发展和检测需求增大促使无损检测发展迅速,这其中就包括涡流检测。20 世纪 50 年代,德国人福斯特(Forster)建立了以阻抗分析法为基础的涡流检测理论体系,使得涡流检测技术取得了实质性的突破,推动了其在工业部门的应用和发展,他也被尊称为"现代涡流检测之父"。

随着各国科学家对涡流检测技术的深入研究,以及电子计算机和信息处理技术的飞速发展,在涡流检测的基础上,能够对被测对象的安全进行主动管理的监测技术被提出并发展迅速。如今,涡流检测在航空航天、机械、核能等多个领域发挥着越来越重要的作用。

随着产品设备设计理念的革新,耐久性、经济性等指标引入管理体系,对产品装备的检测维护提出了可靠度高、效率高、经济性强等要求,使得常规涡流检测技术在很多领域难以满足高标准的应用要求。涡流检测技术自身也有很多的局限性,比如由于趋肤效应只能检测金属表面缺陷,在强噪声中难以辨别出有效信息等。为了解决实际应用中遇到的问题,人们提出了新的电磁涡流检测方法,根据采用激励信号形式和检测原理的不同,可以分为远场涡流、脉冲涡流、多频涡流、磁光涡流、涡流阵列检测技术等。这些新技术都是基于电磁学基础理论的,属于涡流检测的不同分支,方法相互交叉融合,只是各有侧重和优势,从而适应不同的领域。这些新技术可在传统涡流检测方法不适合的领域发挥巨大的作用,因此成为近年来国内外研究的热点。

3.2.1 远场电磁涡流检测技术

远场涡流(remote field eddy current,RFEC)检测技术采用频率比较低的激励信号,使得电磁场可以穿透金属的管壁,远场涡流检测原理示意图如图 3 – 2 所示。由图 3 – 2 可见,检测系统主要由激励线圈和位于远场区的检测线圈组成,激励线圈通以低频电流,形成的电磁场通过管道内和透过管道传送到检测线圈,分析检测线圈的电流特性能够获知金属管壁的厚薄与缺陷等信息。

相对于常规涡流检测而言,远场涡流检测技术有很多优点,远场涡流检测激励频率较低,信号对提离距离不敏感,检测不需要使用耦合剂;检测线圈获得的阻抗相位与管壁厚度成比例关系,容易分离出缺陷的信息;管壁内外的缺陷状态都能够被检测到,灵敏度较高。

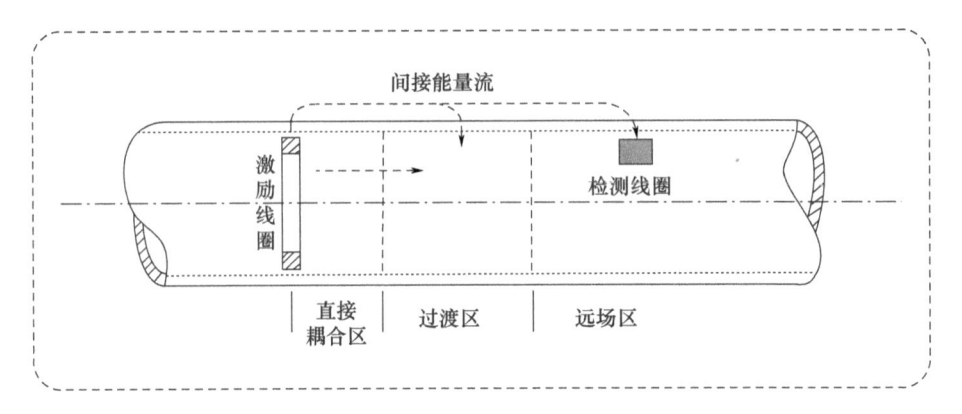

图 3 - 2　远场涡流检测原理示意图

国外在 20 世纪 50 年代开始应用远场涡流检测技术,美国壳牌石油发展部的 Schmidt T. R. 尝试使用远场涡流技术检测石油管道的外壁腐蚀情况。2000 年,美国试验与材料学会颁布了《Standard Practice for In – situ Examination of Ferromagnetic Heat – exchanger Tubes Using Remote Field Testing》的标准,确立了远场涡流检测技术在管道损伤检测应用中的行业标准和重要地位。随着屏蔽减小直接耦合能力技术的发展,远场涡流检测技术也应用到了平板材料深层缺陷检测,以脉冲为激励信号的远场涡流检测技术也逐渐得到重视。

目前,远场涡流检测技术方面比较前端的研究应用都集中在管道的损伤检测上。加拿大 Russell NDE 公司开发的 Ferroscope 检测仪在检测热轧传热钢管损伤的应用中取得了很好的效果;加拿大科依姆大学和美国的 Testex 公司分别针对远场涡流检测技术在大、小口径管道检测应用中的关键技术进行了深入的研究。

国内,爱德森(厦门)电子有限公司研制的智能全数字式四频远场涡流仪器 EEC – 39RFT,能够实时有效检测铁磁性金属管道的缺陷。

3.2.2　多频电磁涡流检测技术

多频涡流(multi – frequency eddy current, MFEC)检测技术是同时运用几个不同频率的激励信号驱动探头线圈,在获取的结果中剔除干扰因素影响,提取所需的信息。被测材料的损伤信息和干扰因素在不同频率激励信号下的反应是不同的,通过相应通道对输出信号进行过滤、放大等处理,综合多个通道的信息,就可以有效排除干扰因素,准确获得损伤信息(如壁厚,缺陷等)。多频涡流检测技术的局限性在于难以实现对损伤的成像显示。

多频电磁涡流检测技术已经被成功应用于在役检测核电站蒸汽发生器管道。目前,国内爱德森(厦门)公司研制出 EEC-96 视频/电磁成像一体化检测系统,其集低频涡流技术、多频涡流技术、预多频技术、远场涡流技术和频谱分析技术于一体,已基本达到国际同类产品(如美国的 MIZ-40、MIZ-27 等)水平。

3.2.3 脉冲电磁涡流检测技术

脉冲涡流(pulsed eddy current,PEC)检测技术通常采用具有一定占空比的方波作为激励信号,根据感应磁场最大值出现的时间来进行缺陷检测。脉冲涡流检测可以在探头上施加较大能量实现对深层损伤的检测。

美国通用电气公司与加拿大国防部飞行器研究中心分别通过加强脉冲信号能量和使用提离交叉点(lift-off point,LOP)方法,实现对缺陷的成像检测。针对脉冲涡流检测技术在铁磁性材料方面的应用,英国科学家 Sophian 提出了一种集成脉冲涡流和电磁声换能器的方法,脉冲涡流传感器位于磁轭的中央,由于磁轭磁导率很高,使得脉冲涡流信号得到加强。英国机构和澳大利亚航空与航海研究实验室合作,联合研发了无损检测仪器 TRECSCAN,能够识别和定量检测飞机机体蒙皮上裂纹和腐蚀等缺陷,TRECSCAN 检测系统如图 3-3 所示。

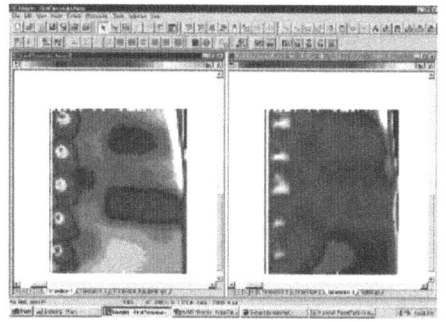

(a) TRECSCAN 检测仪器　　　(b) TRECSCAN 成像检测结果

图 3-3　TRECSCAN 检测系统

国内方面,浙江大学的范孟豹建立了任意层平板型导电结构脉冲涡流差动探头输出信号解析模型,可用于构建探头相应仿真模型和参数优化。国防科技大学的杨宾峰和罗飞路等人对脉冲涡流无损检测中缺陷定量评估和成像等关键技术进行了研究,在不同的提离距离下,采用时频分析的方法能实现对腐蚀缺陷的识别和评估,取得了较好的效果。南京航空航天大学的田贵云、周德强等人开展了脉冲涡流检测对航空铝合金缺陷及应力检测研究,进行了铝合金 AL5083 拉伸试验,在弹性区内涡流差分信号峰值特征可以用于评估导电材料的电导率分布以及应力所处的状态,可根据脉冲涡流信号输出峰值的变化判断裂纹的位置,输出的峰值及峰值时间判定裂纹缺陷的深度信息。

3.2.4 磁光涡流检测技术

磁光涡流成像(magneto - optic eddy current imaging,MOI)检测技术是对法拉第磁光效应和电磁感应定律的综合应用。磁光涡流检测仪用石榴石铁氧体材料薄片制成磁光效应传感器,脉冲信号激励使被测金属材料中感应产生涡流,涡流中包含被测金属材料的损伤信息,涡流产生的磁场使传感器发生磁光效应,致使经过的激光偏振方向发生偏转,激光经偏振分光镜反射后被感光元件接收,实现对损伤进行成像。

国外方面,G. L. Fitzpatrick,Gerald 等人利用 MOI 对飞机机身铆钉连接结构进行无损检测,结合形态学和神经网络的分析方法,有效地提高了缺陷的成像质量。Novotny,Shamonin 等人研究发现 MOI 也可以应用于某些导电合成材料或者焊接区域的无损检测。目前,MOI 检测仪已经应用到波音、洛克希德·马丁等公司飞机的检测。国内方面,这项技术的研究始于 20 世纪 90 年代末期,南昌航空大学的任吉林教授分析了该技术在航空构件检测中应用的可能性,四川大学激光应用技术研究所针对特定试件在规定条件下搭建并优化了 MOI 系统,取得了一定的成果。

3.2.5 涡流阵列检测技术

涡流阵列(eddy current array,ECA)检测技术是对检测探头线圈的空间几何结构进行阵列化设计,即将很多独立的子探头线圈按特定的组合形式排列在平面或者曲面上构成阵列,各子单元获取包含缺陷信息的涡流信号,并汇入信号处理系统,完成对材料或构件快速、高效的检测。阵列式传感器具备与单个传感器相同的精度,按照设定的逻辑顺序,对子单元实时或者分时切换采集信息,阵列传感器的一次检测相当于传统的单个涡流传感器反复往返步进扫描的检测过程。阵列传感器结构形式可以按照所需要求设定,从而方便对复杂表面进行检测,有效地提高了传感器系统的测试速度、精度和可靠性。该技术已被广泛应用于金属件焊缝、腐蚀和疲劳裂纹等检测领域。

国外对阵列涡流检测技术研究较早,已经取得了可观的成果,部分已经商业化应用。GE 公司研制的涡流检测设备,可实现对复杂结构非铁磁材料的阵列扫描,实现高精度实时成像。Renato Gracin 将阵列检测技术集成到传统的螺形涡流检测线圈中,不仅提高了检测速度,而且降低了检测程序复杂性,在检测蒸汽管道广布微裂纹效率上提高了将近 100 倍。

柔性涡流阵列传感器是一种采用柔性印刷电路制板工艺制造、由多个阵列化的线圈组成的涡流传感器,柔韧可用于各种平面和曲面结构损伤的定量检测,具有检测面积大、精度高、速度快的特点,目前是涡流检测领域研究的热点。JENTEK 公司研制了一类 MWM 传感器,该传感器根据被监测对象的特点设计成不同形状,可以对金属结构裂纹进行定量监测,如图 3-4 所示。

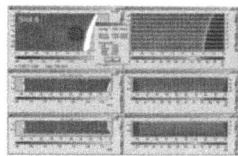

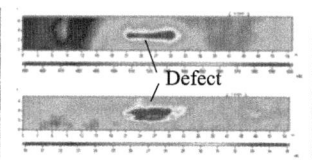

图 3-4 用于结构损伤快速检测的 MWM 传感器

3.3 柔性涡流阵列传感器的基本监测原理

柔性涡流阵列传感器采用柔性电路制板工艺制造而成,具有柔韧可弯曲、质量轻的显著特点。通过在金属结构上安装相应的传感器,就可以对被监测对象的结构裂纹损伤状态进行实时监测。如图 3-5 所示,本书作者团队分别研制了用于结构孔边裂纹监测的环状涡流传感器和用于曲面结构裂纹监测的矩形状涡流传感器。

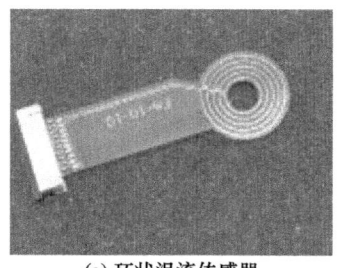

(a) 环状涡流传感器 (b) 矩形状涡流传感器

图 3-5 柔性涡流传感器

环状涡流传感器的典型外形结构示意图如图 3-6 所示。

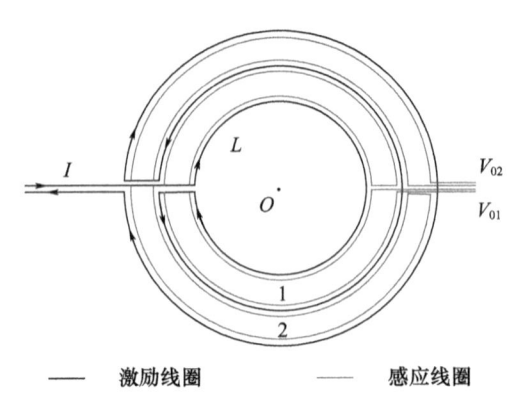

图 3-6 环状涡流传感器典型外形结构示意图

图 3-6 所示的典型外形结构示意图中,激励线圈从中心圆处呈辐射状向四周螺旋展开,在激励线圈的螺旋线间隔内分布着环状感应线圈,激励线圈中通激励电流 I,用于在传感器监测空间内产生激励磁场,环状感应线圈用于感应激励磁场在监测空间内的反射场,而反射场与传感器监测空间内的电磁特性参数和空间边界条件紧密相关,结构的损伤伴随着结构电磁特性参数和边界条件的改变,这即为环状涡流传感器可用于结构损伤监测的基本原理。

从设计思路和原理上讲,环状涡流传感器的结构损伤定量监测能力主要在于激励线圈下间隔分布的环状感应线圈。各个环状感应线圈中的感应电流较小,其各自之间能够保持相对的独立性,环状感应线圈接收激励场在监测空间内的反射场,而环状感应线圈下方的结构损伤将影响相应感应线圈所接收到的反射场,即环状感应线圈只对其线圈平面下的损伤敏感,譬如结构损伤到达 1 时,输出 V_{01} 信号,当损伤到达 2 时,输出 V_{02} 信号,实现了对损伤的定量监测。环状感应线圈的间隔即为环状涡流传感器的监测精度。同时,环状涡流传感器的典型外形结构设计是基于其对孔边裂纹监测的需求而提出的。传感器内孔 L 用于适应孔边结构,例如当将环状涡流传感器用于螺栓连接结构孔边裂纹监测时,螺栓需要穿过传感器内孔 L。感应线圈的环状设计使得其对结构损伤具有一致敏感性,即孔边裂纹不管从孔边哪个方向开始萌生和扩展,感应线圈都能对其敏感,同时对于孔边裂纹而言,相对于裂纹的扩展方向,裂纹扩展长度更为重要。

图 3-6 所示的环状涡流传感器只是一个示意图,激励线圈可以在径向上辐射更大的空间,同时可以分布更多的环状感应线圈,以拓展传感器的监测范围。需要注意的是,图 3-6 所示的典型外形结构示意图只是本书提出的环状涡流传感器的基本结构,其可以存在很多不同的变化结构形式,如图 3-7 ~ 图 3-10 所示。

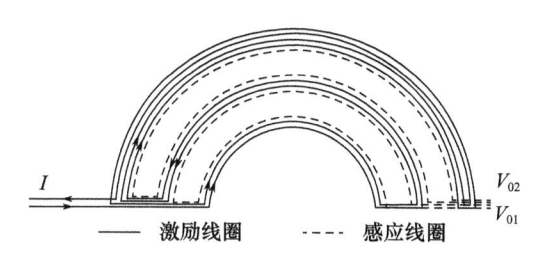

图 3-7 环状涡流传感器 Ⅰ 型

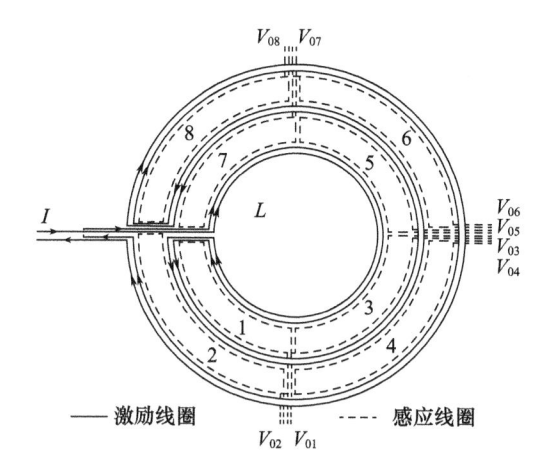

图 3-8 环状涡流传感器 Ⅱ 型

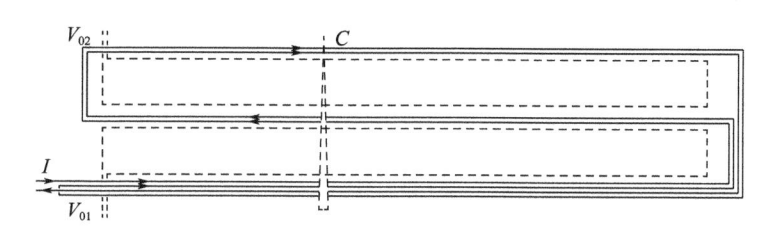

图 3-9 矩形状涡流传感器 Ⅲ 型

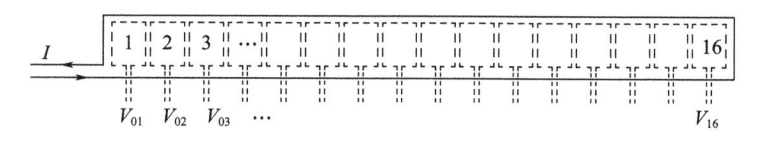

图 3-10 矩形状涡流传感器 Ⅳ 型

Ⅰ型传感器中，半圆形结构布局用于适应传感器对半圆形孔边裂纹的在线监测，同时可以根据实际结构将传感器的外形调整为 1/4 圆布局或其他任意角度的扇形布局。Ⅱ型传感器的设计目的在于在能够定量感知裂纹损伤径向尺寸的同时,也能够感知裂纹损伤的角度,通过对扇形感应线圈的细化可以提高对裂纹损伤扩展角度的监测灵敏度。Ⅲ型传感器则对图 3-6 所示的典型环状涡流传感器在使用范围上进一步拓展,使其不仅能够应用于金属结构孔边裂纹损伤的监测,同时也能应用于各类结构表面,例如飞机机翼蒙皮表面、起落架支柱表面、机翼大梁表面以及梁缘条或桁条拐角处的裂纹损伤在线监测。Ⅳ型传感器则应用于对金属结构表面损伤的阵列扫描检测中,实现对金属结构表面微裂纹、腐蚀坑等损伤分布和尺寸的无损评价。在上述四种异形结构中,激励线圈采用双排线布局,目的在于增强所产生的激励磁场的大小以提高传感器输出信号的信噪比。考虑到环状涡流传感器的变化形式较多,而同时各类变化形式之间具有共通性,在下一步的模型建模分析和工程应用中,本书将首先对典型环状涡流传感器进行深入研究。

综上所述,采用柔性涡流阵列传感器进行结构裂纹监测具有以下较大的优势:

(1)柔性涡流阵列传感器是一种非接触式监测传感器,安装便捷,使用时直接安装在被测结构表面即可,不需要对结构及表面涂层进行处理。作者在对某型飞机的一批组件级连接结构进行安装时,3 小时即完成了 309 个传感器的安装,安装速度为 103 个传感器/小时。

(2)柔性涡流阵列传感器的裂纹监测灵敏度高、监测精度高,目前可检裂纹长度不大于 0.5mm,且定量监测精度可达到 1mm,能很好地满足工程需求。

(3)柔性涡流阵列传感器厚度薄(厚约 0.1mm)、重量轻,且柔韧、可自由弯曲。这种轻、薄、柔韧的特性不仅使得传感器可以用于曲面表面结构的裂纹监测,还使得传感器与结构集成后具有良好的耐久性。

(4)柔性涡流阵列传感器采用规则化设计,且制作精度高,有利于进行精确建模,可通过模型有效消除温度、结构应力、电磁干扰等环境因素对监测信号的不利影响,使得传感器具有很高的监测可靠性。

(5)柔性涡流阵列传感器的制造成本低,有利于大规模应用。

第 4 章

柔性涡流阵列传感器半解析正向模型

4.1 柔性涡流阵列传感器的半解析正向等效模型建立

结构健康监测中的传感器技术,其研究关键在于得到被监测结构中损伤与传感器输出信号之间的特征关系,并可分为两个方面:根据已知损伤得到传感器输出信号,即传感器的输入输出问题研究,称为正向问题研究;从得到的传感器输出信号反推出损伤的几何位置和尺寸特征,即损伤的定位和定量问题研究,称为逆向问题研究。通过正向问题研究,可以从机理上对传感器的输出信号进行深入研究,有助于进一步的传感器优化设计、监测系统参数优化设计和反演模型的构建等,其是逆向问题研究的基础。

在结构健康监测的概念体系中,结构的某类损伤对应一种或几种特征量,特征量与传感器输出信号之间的关系即为研究的重点,而损伤特征量的提取需要考虑不同的监测原理。针对本书所提出的环状涡流传感器,从原理上讲是一种利用电磁场量来进行损伤监测的传感器,损伤特征量的提取可以从两个角度来进行:①直接提取,将特征量直接定义为损伤的几何尺寸和位置;②间接提取,结构的损伤将伴随着结构本身电磁参数的改变,譬如被监测结构的电导率、磁导率或介电系数等,这些电磁参数可以提取为损伤特征量。在环状涡流传感器正向模型研究中,特征量损伤的直接提取方式对应损伤对电场场量的扰动模型,而间接提取方式对应损伤对电场场量的等效模型。在扰动模型假设中,被监测结构的损伤不会改变结构本身的电磁参数,损伤改变的是电磁场边界条件,结构中的涡流在损伤处发生流向改变,损伤对磁场空间内的反射场产生扰动作用,即扰动模型研究的是损伤对传感器输出信号的影响大小。通过扰动模型,可以得知结构损伤改变传感器输出信号的底层机理,但是扰动模型建立过程较为复杂,运算量也较大,需要对损伤进行理想化假设,同时一类损伤对应着一种扰动模型,故环状涡流传感器的扰动模型理论价值较大。而在等效模型中,将损伤等效为结构电磁参数的变化,例如将损伤等效为传感器与被测试件提离距离的变化,或被测试件电导率的变化,建立的等效模型具有通用性,能够在模型中囊括各类损伤,故环状涡流传感器等效模型的工程应用价值较大。实际上,扰动模型和等效模型在原理上是共通的,在本书后续章节中将分别建立环状涡流传感器的等效模型和扰动模型,并对模型进行深入分析与讨论。本章将从构建环状涡流传感器正向等效模型的角度出发对环状涡流传感器的正向问题进行深入研究和探讨。

各类物理问题的数学模型建立方法大体可分为数值法和解析法。随着计算机技术的巨大进步,有限差分法、有限元法、边界元法、体积分方程法以及各种方法的变体和混合法等各类数值法越来越多地应用于涡流场的建模研究中,其可计算各种形状缺陷和具有非常复杂边界问题的涡流场,但是计算资源耗用太多、计算速度太慢、效率比较低,不仅不利于模型的快速参数化建模仿真,而且无法直接通过正向模型获得反演模型,而反演模型是传感器逆向问题研究的基础。相对于数值法,解析法则大大降低了模型求解的变量空间,提高了求解效率,而且在解析建模过程中,适当的假设和简化能够较好地把握问题的本质,同时能够从正向解析模型中得到反演模型,直接应用到损伤的定位定量问题研究中,但是受目前偏微分方程解析理论的限制等,纯解析模型所应用的范围较窄,无法解决具有复杂边界问题的涡流场问题。针对环状涡流传感器正向等效模型的建立问题,本章采用半解析方法建立其正向等效模型,即综合了数值法在求解复杂边界问题涡流场上的优势和解析法在模型求解效率以及把握问题本质上的优势。

本章建立的半解析正向等效模型类似于传统的多层导电结构谐波涡流场的积分/级数解析模型,而后者从 Cheng、Dodd 和 Deeds 开始,经 Theodulidis、Kriezis、Bowler 和 Fava 等人发展其解析理论模型已趋于成熟。但是这些传统的多层导电结构谐波涡流场积分/级数解析模型无法应用到本书所提出的环状涡流传感器正向模型中,这是由于:①传统的多层导电结构谐波涡流场积分/级数解析模型的应用对象是自感式涡流传感器,即传感器线圈既产生激励磁场又接收反射场,而本书的环状涡流传感器中拥有独立的激励线圈和感应线圈;②传统的多层导电结构谐波涡流场积分/级数解析模型在构建过程中忽略线圈中电流分布的趋肤效应,而本书提出的环状涡流传感器,工作频率在 1MHz 以上,趋肤效应无法忽略,这将导致在模型构建过程中无法直接从磁矢边界条件中得到贝塞尔(Bessel)级数/积分系数。

Yanko Sheiretov 对 MWM-Rosette 传感器进行了半解析建模,其建模方法对本章环状涡流传感器半解析正向等效模型的建立具有参考价值,但是存在以下3点主要不足:

(1) 建模过程没有考虑激励线圈和感应线圈的分层。在实际传感器中,激励线圈和感应线圈分别位于柔性基底的两侧,由于基底层的厚度跟线圈导线宽度、导线厚度等传感器几何参数同处一个数量级,故在建模过程中必须考虑激励线圈和感应线圈的分层结构。

(2) 磁矢配点导致变量空间较大。在传感器场量空间中,磁矢是连续的,在传感器截面处配置磁矢点时,线圈之间的空气也需要配置磁矢点,导致变量空间较为巨大,计算效率较低,而假如通过线电流密度配点的方式建立变量空间,在建模过程中,只需要在感应线圈和激励线圈截面处配置未知线电流密度点,大大减小了变量空间维度。

(3) 多层介质分界面处场量传递关系的建模思路不清晰,物理关系不明确。Yanko Sheiretov 引入表面磁阻密度的定义来进行多层介质分界处场量的传递,表面磁阻密度的物理意义不明确,同时通过这种方法来进行多层介质分界处场量关系的传递只能局限应用于单线圈层,即感应线圈和激励线圈处于同一个层且只能存在一个线圈层。

本章建立的环状涡流传感器半解析正向等效模型将克服上述三点不足,从实际情况出发考虑感应线圈和激励线圈的分层,通过采用线电流密度配点的方法降低了变量求解空间,并且引入传递矩阵来进行多层介质分界面处场量的传递。

4.2 柔性涡流阵列传感器在线监测基本物理模型

在环状涡流传感器的半解析正向等效模型中,损伤等效为结构电磁参数的变化,例如将损伤等效为传感器与被监测结构提离距离的变化,或被监测结构电导率的变化,则建立传感器在线监测物理模型时可以不考虑损伤的具体形态。在结构上,环状涡流传感器是一种柔性平面涡流阵列传感器,同时作为一种非接触式传感器,在应用该传感器进行结构健康监测时可以将传感器直接贴附于被监测结构表面,柔性、平面以及非接触式的特点使得环状涡流传感器能够自适应被监测结构表面,可用于具有曲面、柱面等复杂表面的金属整体或连接结构的健康监测中。考虑环状涡流传感器的典型形态以及典型应用,即将图 3-6 所示的传感器应用于金属螺栓连接结构孔边裂纹的在线监测中,建立的在线监测基本物理模型(横截面)如图 4-1 所示。

介质层 3 为传感器的基材,基材上下表面分别分布着激励线圈和感应线圈,介质层 2 为传感器与被监测结构(介质层 1)之间的提离层,介质层 4 和介质层 0 分别是传感器上方和被监测结构下方的空气层,图中的 Δ 表示介质层的厚度。

各介质层之间的交界处定义了分界面,特殊的是,激励线圈和感应线圈的厚度相对于传感器径向尺寸而言可以忽略,故将激励线圈和感应线圈简化成面,分别位于分界面 4 和分界面 3 上。在基本物理模型中,定义了上下左右 4 个无穷边界和模型的三维柱坐标系(在截面图中,角度 φ 未能标出)。

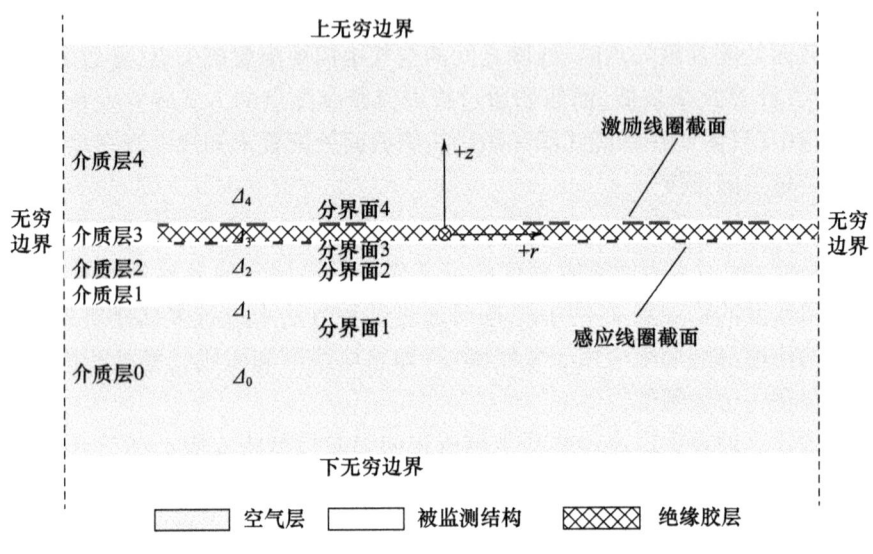

图 4-1 环状涡流传感器在线监测基本物理模型(横截面)

4.3 加权残值法

大量的应用科学和工程学问题往往可以归结为根据一定的边界条件、初始条件等,来求解问题的控制微分方程式或微分方程组。微分方程式(组)可以是常微分方程、偏微分方程、线性的或非线性的。加权残值法是一种数学方法,可以直接从微分方程中得到近似解。

设某一应用科学和工程科学问题的控制微分方程式及边界条件分别为

$$Fu - f = 0 \quad (V \text{ 域}) \tag{4-1}$$

$$Gu - g = 0 \quad (S \text{ 边界面}) \tag{4-2}$$

式(4-1)及式(4-2)中:u 为待求函数;F、G 为微分算子;f、g 为不含 u 的项。

我们假设一个试函数为

$$\tilde{u} = \sum_{i=1}^{n} C_i N_i \tag{4-3}$$

式中:C_i 为待定系数;N_i 为试函数项。

将式(4-3)代入式(4-1)和式(4-2)后,一般不会满足,于是出现了内部残值 R_I 和边界残值 R_B,即

$$R_I = F\tilde{u} - f \neq 0 \tag{4-4}$$

$$R_B = G\tilde{u} - g \neq 0 \tag{4-5}$$

为了消除残值,选择内部权函数 W_I 和边界权函数 W_B 分别与 R_I 和 R_B 相乘,得出了消除内部残差的方程式及消除边界残差的方程式,即

$$\int_V R_I W_I dV = 0 \tag{4-6}$$

$$\int_S R_B W_B dS = 0 \tag{4-7}$$

由式(4-6)和式(4-7)即可得到用于求解待定系数 C_i 的代数方程组,将 C_i 代入式(4-3)就得到式(4-1)、式(4-2)的近似解。

按照权函数进行分类,加权残值法共有 5 种基本方法:最小二乘法、配点法、子域法、伽辽金法和矩量法。其中子域法是将求解区域法 V_i 分成 n 个子域,权函数定义为

$$W_i = \begin{cases} 1 & (在 v_i 内) \\ 0 & (不在 v_i 内) \end{cases} \tag{4-8}$$

从而列出消除残值方程组为

$$\int_{v_i} R dv_i = 0 \quad (i = 1,2,3,\cdots,n) \tag{4-9}$$

运算后解 n 个代数方程式即可求得 C_i。

4.4 传感器半解析正向模型的建模路线

借鉴加权残值法在解微分方程的思路,将线圈界面处线电流密度作为待求函数,在线圈截面处配置离散点和子域,并将离散点处的线电流密度作为待定系数,通过傅里叶-贝塞尔级数形式得到线圈处线电流密度的试函数,构建得到模型的数值部分。根据时谐场位函数方程得到线圈界面处线电流密度和磁矢的贝塞尔级数系数关系式,并基于法拉第电磁感应定律,建立线圈处线电流密度所满足的微分方程,后经选取积分路径消掉微分算子,构建得到模型的解析部分。结合模型数值部分和解析部分,在线圈截面处的子域建立残值线性方程组,并根据线圈截面处配点之间线电流密度线性分布假设,构建得到导纳总体矩阵,最终求得传感器多通道跨导,建模路线图如图 4-2 所示。

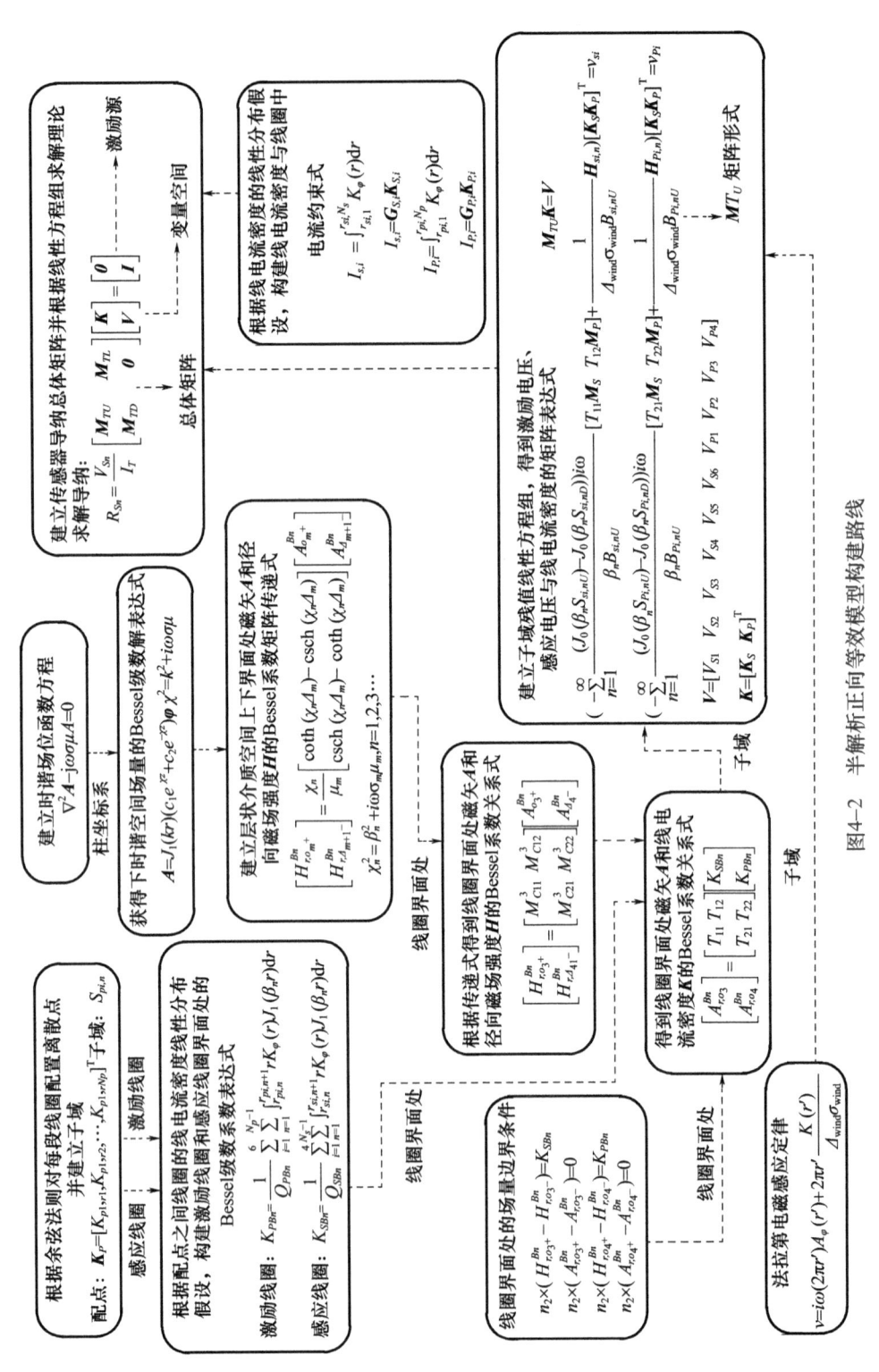

图4-2 半解析正向等效模型构建路线

4.5 传感器半解析正向模型的建模过程

4.5.1 时谐场位函数方程的建立及通解分析

符号定义：全书中向量、矢量及矩阵采用黑斜体，其他变量采用白斜体。

在均匀、线性、各向同性的媒介中，设介电常数为 ε，磁导率为 μ，电导率为 σ，若场源电荷和电流不为 0，则麦克斯韦方程组为

$$\nabla \times \boldsymbol{E} = -\frac{\partial \boldsymbol{B}}{\partial t} \quad \nabla \times \boldsymbol{H} = \boldsymbol{J}_s + \boldsymbol{J}_\sigma + \frac{\partial \boldsymbol{D}}{\partial t} \quad \nabla \cdot \boldsymbol{D} = \rho$$

$$\nabla \cdot \boldsymbol{B} = 0$$

式中：$\boldsymbol{J}_s$ 为外界电流源密度；$\boldsymbol{J}_\sigma$ 为传导电流密度，且 $\boldsymbol{J}_\sigma = \sigma \cdot \boldsymbol{E}$。考虑一时谐场源，利用相量法得时谐、均匀、各向同性导电媒质中包含空间点场量初始相位和幅值信息的复振幅矢量所满足的麦克斯韦方程组（复振幅矢量场量符号跟实振幅矢量场量符号一样，下面方程推导所用的电磁场量均为复振幅矢量场量）

$$\nabla \times \boldsymbol{E} = -\mathrm{j}\omega \boldsymbol{B} \tag{4-10}$$

$$\nabla \times \boldsymbol{H} = \boldsymbol{J}_s + (\sigma + \mathrm{j}\omega\varepsilon)\boldsymbol{E} \tag{4-11}$$

$$\nabla \cdot \boldsymbol{D} = \rho \tag{4-12}$$

$$\nabla \cdot \boldsymbol{B} = 0 \tag{4-13}$$

由 $\nabla \cdot \boldsymbol{B} = 0$，根据任一矢量旋度的散度恒为 0，定义矢量位 $\boldsymbol{A}$，令 $\boldsymbol{B} = \nabla \cdot \boldsymbol{A}$，代入式（4-10）得

$$\nabla \times (\boldsymbol{E} + \mathrm{j}\omega \boldsymbol{A}) = 0$$

根据任何标量函数梯度的旋度恒为 0，定义一标量位 ϕ，满足

$$\boldsymbol{E} + \mathrm{j}\omega \boldsymbol{A} = -\nabla \phi \tag{4-14}$$

将式（4-14）代入式（4-11），并化简得

$$\nabla^2 \boldsymbol{A} = -\mu \boldsymbol{J}_s + \nabla \left(\nabla \cdot \boldsymbol{A} - \frac{k^2}{\mathrm{j}\omega}\phi \right) - k^2 \boldsymbol{A} \tag{4-15}$$

其中，$k^2 = -\mathrm{j}\omega\mu(\sigma + \mathrm{j}\omega\varepsilon)$，根据麦克斯韦方程组中场量规范不变性，由洛伦兹规范

$$\nabla \cdot \boldsymbol{A} - \frac{k^2}{\mathrm{j}\omega}\phi = 0 \tag{4-16}$$

得时谐源、均匀、线性、各向同性、导电媒质中的时谐场位函数 $\boldsymbol{A}$ 的微分方程为

$$\nabla^2 \boldsymbol{A} = -\mu \boldsymbol{J}_s - k^2 \boldsymbol{A} \tag{4-17}$$

由式（4-17）时谐场位函数微分方程可知，在时谐源之间或时谐源与无穷

远边界条件之间的电磁空间内,满足微分方程：

$$\nabla^2 \boldsymbol{A} = -k^2 \boldsymbol{A} \qquad (4-18)$$

其中 $k^2 = -j\omega\mu(\sigma + j\omega\varepsilon)$，当时谐源频率不超过20MHz时，可以忽略 $\omega^2\varepsilon\mu\boldsymbol{A}$ 项，则时谐场位函数 $\boldsymbol{A}$ 的微分方程简化为

$$\nabla^2 \boldsymbol{A} - j\omega\sigma\mu\boldsymbol{A} = 0 \qquad (4-19)$$

对矢量位 $\boldsymbol{A}$，即磁矢 $\boldsymbol{A}$ 所满足的微分方程式(4-19)，根据分离变量法思路，在笛卡儿坐标系中假设其通解具有如下形式：

$$\boldsymbol{A} = A_{xx}(x)A_{xy}(y)A_{xz}(z)\boldsymbol{x} + A_{yx}(x)A_{yy}(y)A_{yz}(z)\boldsymbol{y} + A_{zx}(x)A_{zy}(y)A_{zz}(z)\boldsymbol{z} \qquad (4-20)$$

其中，$\boldsymbol{x}$、$\boldsymbol{y}$ 和 $\boldsymbol{z}$ 为笛卡儿坐标系中的3个单位正交基，即3个坐标轴；分量 A 表达式中的第一个坐标轴下标表示该分量为某个坐标轴下的分量，第2个坐标轴下标表示取决于该坐标轴下的分量 A 值。将通解形式带入微分方程，则(4-19)中的矢量微分方程转换成3个标量微分方程。考虑磁矢 $\boldsymbol{A}$ 在 y 向上的分量，其满足微分方程

$$\frac{A''_{yx}(x)}{A_{yx}(x)} + \frac{A''_{yy}(y)}{A_{yy}(y)} + \frac{A''_{yz}(z)}{A_{yz}(z)} = j\omega\sigma\mu \qquad (4-21)$$

令

$$\frac{A''_{yx}(x)}{A_{yx}(x)} = k_{yx}, \frac{A''_{yy}(y)}{A_{yy}(y)} = k_{yy}, \frac{A''_{yz}(z)}{A_{yz}(z)} = k_{yz} \qquad (4-22)$$

其中，分离常数 k_{yx}，k_{yy} 和 k_{yz} 满足

$$k_{yx} + k_{yy} + k_{yz} = j\omega\sigma\mu \qquad (4-23)$$

经分离变量，二阶偏微分方程转换成二阶常微分方程，考虑

$$\frac{A''_{yx}(x)}{A_{yx}(x)} = k_{yx} \qquad (4-24)$$

根据常微分方程理论，当 k_{yx} 为0时，$A_{yx}(x)$ 为常量，即空间点磁矢 $\boldsymbol{A}$ 在 y 上的分量在 x 上不变；当 k_{yx} 为负常量时，$A_{yx}(x)$ 为周期量，即空间点磁矢 $\boldsymbol{A}$ 在 y 上的分量在 x 上周期性变化；当 k_{yx} 为正常量时，$A_{yx}(x)$ 为衰减量，即空间点磁矢 $\boldsymbol{A}$ 在 y 上的分量在 x 上发生衰减；当 k_{yx} 为复量时，$A_{yx}(x)$ 具有 $A_{yx}(x) = \tilde{A}_1 \sinh(k_{yx}x) + \tilde{A}_2 \cosh(k_{yx}x)$ 的形式，即空间点磁矢 $\boldsymbol{A}$ 在 y 上的分量在 x 上发生周期性衰减，即周期性变化的包络线在 x 上呈衰减趋势。

从上述对磁矢 $\boldsymbol{A}$ 通解分析中可以得到两个比较有益的结论：

(1) 空间磁矢 $\boldsymbol{A}$ 的位函数方程也是磁场扩散方程，即定义了从场源发射出来的磁场在介质空间中如何传播和扩散。磁场扩散规律取决于分离常数，而分离常数不仅跟场源周期分布波长相关，而且与层中介质的电导率、磁导率以及时谐源的激励频率相关。

（2）为监测深层金属结构疲劳损伤，在无法改变层中介质电导率和磁导率的前提下，则可以通过降低时谐源的激励频率和提高时谐源周期分布波长的方法来减小分离常数值，降低磁矢 A 在层中介质的衰减速率，即时谐源的激励场可以到达结构深层损伤处，然后在受监测结构外面通过某种方式（传统的线圈或 GMR）获取损伤对激励磁场的反射场，以实现对金属结构疲劳损伤的监测。

上述在笛卡儿坐标系中对磁矢 A 扩散方程的通解进行了分析，下面根据环状涡流传感器典型形态，在柱坐标系下分析其通解形式。根据图 4-1 中的激励线圈和感应线圈布局，线圈中电流只存在 φ 流向，同时布局具有轴对称特性，故磁矢 A 具有如下形式：

$$A = A_\varphi(r,z)\varphi \tag{4-25}$$

将式（4-25）代入式（4-19）中，得柱坐标系下的磁矢 A 所满足的偏微分方程为

$$\frac{\partial}{\partial r}\left[\frac{1}{r} \cdot \frac{\partial}{\partial r}(rA_\varphi)\right] + \frac{\partial^2}{\partial z^2}A_\varphi - i\omega\sigma\mu A_\varphi = 0 \tag{4-26}$$

进一步得

$$\frac{\partial}{\partial r}\left[\frac{A_\varphi}{r} + \frac{\partial}{\partial r}A_\varphi\right] + \frac{\partial^2}{\partial z^2}A_\varphi - i\omega\sigma\mu A_\varphi = 0 \tag{4-27}$$

$$\frac{r \cdot \frac{\partial A_\varphi}{\partial r} - A_\varphi}{r^2} + \frac{\partial^2}{\partial r^2}A_\varphi + \frac{\partial^2}{\partial z^2}A_\varphi - i\omega\sigma\mu A_\varphi = 0 \tag{4-28}$$

$$\frac{1}{rA_\varphi}\frac{\partial A_\varphi}{\partial r} + \frac{1}{A_\varphi}\frac{\partial^2}{\partial r^2}A_\varphi + \frac{1}{A_\varphi}\frac{\partial^2}{\partial z^2}A_\varphi - i\omega\sigma\mu - \frac{1}{r^2} = 0 \tag{4-29}$$

用分离变量法求解（4-29），设

$$A_\varphi(r,z) = A_\varphi(r)A_\varphi(z) \tag{4-30}$$

令分离常数

$$k^2 = \frac{1}{A_\varphi}\frac{\partial^2}{\partial z^2}A_\varphi - i\omega\sigma\mu \tag{4-31}$$

则有

$$\frac{1}{rA_\varphi}\frac{\partial A_\varphi}{\partial r} + \frac{1}{A_\varphi}\frac{\partial^2}{\partial r^2}A_\varphi + k^2 - \frac{1}{r^2} = 0 \tag{4-32}$$

$$r^2\frac{\partial^2}{\partial r^2}A_\varphi + r\frac{\partial A_\varphi}{\partial r} + A_\varphi(k^2r^2 - 1) = 0 \tag{4-33}$$

经分量变量，式（4-26）偏微分方程变成两个常微分方程，即式（4-31）和式（4-33），其中式（4-33）为贝塞尔（Bessel）方程的标准形式，则根据常微分方程解理论，满足式（4-26）的磁矢 A 的通解形式为

$$A = J_1(kr)(c_1 e^{\chi^2} + c_2 e^{-\chi^2})\boldsymbol{\varphi} \tag{4-34}$$

式中：$\chi^2 = k^2 + j\omega\mu\sigma$，$\omega$ 为激励线圈中电流的激励频率，σ 为介质层电导率，μ 为介质磁导率，k 为分离常数；J_1 为第一类型一阶贝塞尔函数。需要注意的是，式(4-26)的通解形式应为

$$A_\varphi(r) = C_1 J_1(kr) + C_2 Y_1(kr) \tag{4-35}$$

Y_1 为第二类型一阶贝塞尔函数，其在 $r=0$ 处存在奇异点，而实际传感器中心处的磁矢为有限值，故 Y_1 的系数 $C_2 = 0$。

4.5.2　柱坐标系下时谐空间场量的贝塞尔级数解表达式

4.5.1 节得到了满足式(4-26)的磁矢 $\boldsymbol{A}$ 通解形式，当给定 z 时，即在基本物理模型空间内的任一截面处，$A_\varphi(r,z)$ 的特解可以表示为 J_1 无穷级数，则模型中的所有电磁场量都可以表示为 J_1 的无穷级数形式，令一场 F（场量 $\boldsymbol{F}$ 退化形式）为

$$F(r) = \sum_{n=1}^{\infty} A_{Bn} J_1\left(\frac{\alpha_n}{R}r\right) \tag{4-36}$$

其中，α_n 是 J_1 的正向零点序列，R 是模型外边界，级数系数 A_{Bn} 满足

$$A_{Bn} = \frac{1}{Q_{Bn}} \int_0^R r A_\varphi(r) J_1\left(\frac{\alpha_n}{R}r\right) dr \tag{4-37}$$

其中，系数 Q_{Bn} 满足

$$Q_{Bn} = \int_0^R r J_1^2\left(\frac{\alpha_n}{R}r\right) dr = \frac{R^2}{2} J_2^2(\alpha_n) \tag{4-38}$$

又

$$J_2(x) = \frac{2}{x} J_1(x) - J_0(x) \tag{4-39}$$

$$Q_{Bn} = \int_0^R r J_1^2\left(\frac{\alpha_n}{R}r\right) dr = \frac{R^2}{2} J_2^2(\alpha_n) = \frac{R^2}{2}\left(\frac{2}{\alpha_n} J_1(\alpha_n) - J_0(\alpha_n)\right)^2 \tag{4-40}$$

α_n 是 J_1 的正向零点序列，则

$$Q_{Bn} = \int_0^R r J_1^2\left(\frac{\alpha_n}{R}r\right) dr = \frac{R^2}{2} J_2^2(\alpha_n) = \frac{R^2}{2} J_0^2(\alpha_n) \tag{4-41}$$

在空间电磁场量的贝塞尔(Bessel)级数形式中，模型边界 R 定义了 A_{Bn} 积分的上限，在实际计算中，R 可以根据环状涡流传感器的外径尺寸选择大小，一般选择传感器外径尺寸的 10 倍。在 Yanko Sheiretov 建立的模型中，积分上限 R 的大小对整个模型计算时间影响较大，因为当采取磁矢配点方式时，R 越大，模型中所需要建立的配点数就越多，而在本书所提出的模型中，R 大小对计算时间无影响。

4.5.3 线圈界面处线电流密度的贝塞尔级数系数表达式

本节将依据加权残值法的思路构建模型的变量空间,然后使用变量空间构造出线圈界面处线电流密度的贝塞尔级数系数表达式,即以线圈截面处离散点的线电流密度值为待定系数,并根据该待定系数构造出线圈界面处线电流密度的贝塞尔级数系数表达式的试函数出来,并通过下一步的子域法求出变量空间,得到线圈截面处离散点的线电流密度值,进而可以得到任一场量值。需要注意的是,在高频激励下,受趋肤效应的影响,各线圈导线截面不同位置处的线电流密度值是不同的。

图 4-3 所示为环状涡流传感器的横截面结构示意图。基材上方的激励线圈截面宽度为 p,厚度为 h_p;基材下方的感应线圈宽度为 s,厚度为 h_s;基材厚度为 Δ_3。在图 4-1 所示的环状涡流传感器典型外形结构示意图中,其激励线圈横截面处共有 3 段线圈截面,感应线圈截面处共有 4 段截面,各段线圈截面的位置关系如图 4-3 所示。

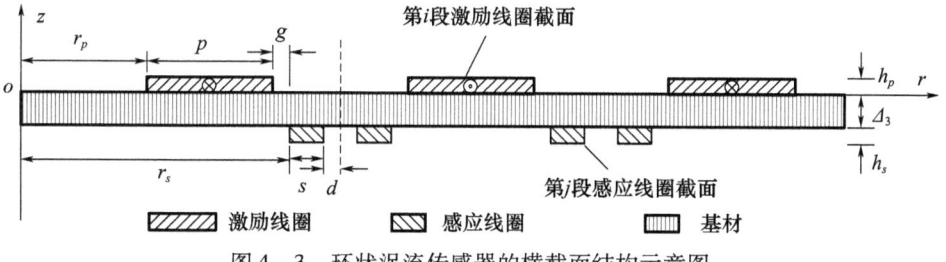

图 4-3 环状涡流传感器的横截面结构示意图

线圈界面处线电流密度的贝塞尔级数系数表达式的试函数中,需要配置待定系数,在本章建立的模型中,以线圈截面处离散点的线电流密度值作为待定系数。线圈截面中线电流密度值点位置的选取问题,即配点问题,考虑到趋肤效应的影响,其配点需要满足两边密中间疏的原则,使得在线电流密度值大的位置处配置更多的点,以减小后续的残值误差。本章采取余弦配置法则,以第 i 段激励线圈截面为例,其配点以及子域划分方式如图 4-4 所示。

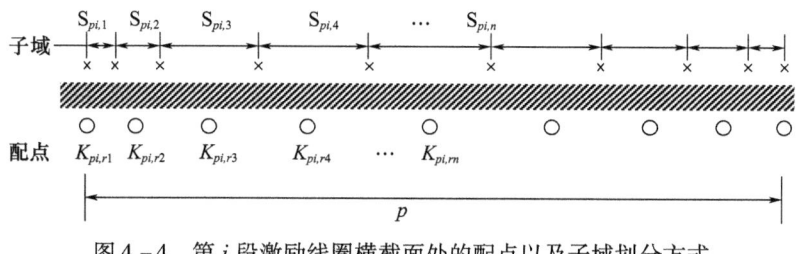

图 4-4 第 i 段激励线圈横截面处的配点以及子域划分方式

配点位置 $r_{pi,n}$ 的选取满足

$$r_{pi,n} = r_{pi,0} + \frac{p}{2}\left[1 - \cos\left(\frac{n-1}{N_p - 1}\right)\right] \quad (4-42)$$

其中：$r_{pi,0}$ 为第 i 段激励线圈在图 4-3 所定义坐标系中的起始位置（最左侧坐标）；p 为激励线圈截面宽度；N_p 为激励线圈截面总配点数。在配点的同时，也定义子域空间，子域空间 $S_{pi,n}$ 的上下限 $S_{pi,nD}$ 和 $S_{pi,nU}$ 满足

$$S_{pi,nD}, S_{pi,nU} = \begin{cases} S_{pi,nD} = r_{pi,n}, S_{pi,nU} = \dfrac{(r_{pi,n} + r_{pi,n+1})}{2} & (n = 1) \\ S_{pi,nD} = \dfrac{(r_{pi,n-1} + r_{pi,n})}{2}, S_{pi,nU} = r_{pi,n} & (n = N_p) \\ S_{pi,nD} = \dfrac{(r_{pi,n-1} + r_{pi,n})}{2}, S_{pi,nU} = \dfrac{(r_{pi,n} + r_{pi,n+1})}{2} & (n \neq N_p, n \neq 1) \end{cases} \quad (4-43)$$

从式（4-37）中可知，激励线圈界面处线电流密度的贝塞尔级数系数的求解需要对 $0 \sim R$ 场域内的线圈截面处的线电流密度进行积分，则必须得知第 i 段激励线圈中两个配点之间的线电流密度分布形式。考虑到积分式中存在贝塞尔函数，且贝塞尔函数的积分满足：

$$\int J_1(x)\,\mathrm{d}x = -J_0(x) \quad (4-44)$$

$$\int x^2 J_1(x)\,\mathrm{d}x = x^2 J_2(x) \quad (4-45)$$

假定激励线圈中两个配点之间的线电流密度满足线性分布：

$$K_\varphi(r) = \frac{K_{pi,rn} r_{pi,n}(r_{pi,n+1}^2/r - r) + K_{pi,rn+1} r_{pi,n+1}(r - r_{pi,n}^2/r)}{r_{pi,n+1}^2 - r_{pi,n}^2}$$

$$(r_{pi,n} \leqslant r \leqslant r_{pi,n+1}, n = 1,2,\cdots,N_p - 1)$$

式中：$K_{pi,n}$ 为第 i 段激励线圈中第 n 个配点位置处的线电流密度。

式（4-37）中，令 $\beta_n = \alpha_n/R$，则可得激励线圈界面处线电流密度的贝塞尔级数系数 K_{PBn}：

$$K_{PBn} = \frac{1}{Q_{PBn}} \sum_{i=1}^{3} \sum_{n=1}^{N_p-1} \int_{r_{pi,n}}^{r_{pi,n+1}} r K_\varphi(r) J_1(\beta_n r)\,\mathrm{d}r \quad (4-46)$$

其中，第一层级数上限表示 3 段激励线圈。得 K_{PBn} 的矩阵表达形式为

$$K_{PBn} = \mathbf{M}_P \mathbf{K}_P \quad (4-47)$$

$$\mathbf{K}_P = [K_{p1,r1}, K_{p1,r2}, \cdots, K_{p1,rN_p}, K_{p2,r1}, K_{p2,r2}, \cdots, K_{p2,rN_p}, \cdots, K_{p3,rN_p}]^\mathrm{T} \quad (4-48)$$

$$\mathbf{M}_P = [M_{p1,r1}, M_{p1,r2}, \cdots, M_{p1,rN_p}, M_{p2,r1}, M_{p2,r2}, \cdots, M_{p2,rN_p}, \cdots, M_{p3,rN_p}] \quad (4-49)$$

式（4-48）、式（4-49）中：列向量 $\mathbf{K}_P$ 中的子项 $K_{pi,rn}$（$i = 1,2,3, n = 1,2,\cdots,N_p$）即为第 i 段激励线圈中第 n 个配点位置处的线电流密度；行向量 $\mathbf{M}_P$ 中的子项

$M_{pi,rn}(i=1,2,3,n=1,2,\cdots,N_p)$ 满足

$$M_{pi,rn} = \begin{cases} \dfrac{-4}{\alpha_n^2 J_0^2(\alpha_n)} r_{pi,n} \left\{ \dfrac{(r_{pi,n+1} J_1(\beta_n r_{pi,n+1}) - r_{pi,n} J_1(\beta_n r_{pi,n}))}{r_{pi,n+1}^2 - r_{pi,n}^2} - \right. \\ \left. \dfrac{J_0(\beta_n r_{pi,n})\beta_n}{2} \right\} \quad (n=1) \\[6pt] \dfrac{-4}{\alpha_n^2 J_0^2(\alpha_n)} r_{pi,n} \left\{ -\dfrac{(r_{pi,n} J_1(\beta_n r_{pi,n}) - r_{pi,n-1} J_1(\beta_n r_{pi,n-1}))}{r_{pi,n}^2 - r_{pi,n-1}^2} + \right. \\ \left. \dfrac{J_0(\beta_n r_{pi,n})\beta_n}{2} \right\} \quad (n=N_p) \\[6pt] \dfrac{-4}{\alpha_n^2 J_0^2(\alpha_n)} r_{pi,n} \left\{ \dfrac{(r_{pi,n+1} J_1(\beta_n r_{pi,n+1}) - r_{pi,n} J_1(\beta_n r_{pi,n}))}{r_{pi,n+1}^2 - r_{pi,n}^2} - \right. \\ \left. \dfrac{(r_{pi,n} J_1(\beta_n r_{pi,n}) - r_{pi,n-1} J_1(\beta_n r_{pi,n-1}))}{r_{pi,n}^2 - r_{pi,n-1}^2} \right\} \quad (n \neq 1, N_p) \end{cases}$$

与激励线圈一样的配点、子域策略以及配点之间的线电流密度分布假设,即配点位置 $r_{si,n}$ 的选取满足:

$$r_{si,n} = r_{si,o} + \frac{s}{2}\left(1 - \cos\left(\frac{n-1}{N_s - 1}\right)\pi\right) \qquad (4-50)$$

式中:$r_{si,o}$ 为第 i 段感应线圈在图 4 – 3 所定义坐标系中的起始位置(最左侧坐标);s 为感应线圈截面宽度;N_s 为感应线圈截面总配点数。在配点的同时,定义子域空间,子域空间 $S_{si,n}$ 的上下限 $S_{si,nD}$ 和 $S_{si,nU}$ 满足:

$$S_{si,nD}, S_{si,nU} = \begin{cases} S_{si,nD} = r_{si,n}, S_{si,nU} = \dfrac{(r_{si,n} + r_{si,n+1})}{2} & (n=1) \\[6pt] S_{si,nD} = \dfrac{(r_{si,n-1} + r_{si,n})}{2}, S_{si,nU} = r_{si,n} & (n=N_s) \\[6pt] S_{si,nD} = \dfrac{(r_{si,n-1} + r_{si,n})}{2}, S_{si,nU} = \dfrac{(r_{si,n} + r_{si,n+1})}{2} & (n \neq N_s, n \neq 1) \end{cases}$$

$$(4-51)$$

假定感应线圈中两个配点之间的线电流密度满足线性分布:

$$K_\varphi(r) = \frac{K_{si,rn} r_{si,n}(r_{si,n+1}^2/r - r) + K_{si,rn+1} r_{si,n+1}(r - r_{si,n}^2/r)}{r_{si,n+1}^2 - r_{si,n}^2} \qquad (4-52)$$

$$(r_{si,n} \leqslant r \leqslant r_{si,n+1}, n=1,2,\cdots,N_s-1)$$

式中:$K_{si,rn}$ 为第 i 段感应线圈中第 n 个配点位置处的线电流密度,可得感应线圈界面处线电流密度的贝塞尔级数系数 K_{sBn} 为

$$K_{sBn} = \frac{1}{Q_{sBn}} \sum_{i=1}^{4} \sum_{n=1}^{N_s-1} \int_{r_{si,n}}^{r_{si,n+1}} rK_{\varphi}(r) J_1(\beta_n r) \mathrm{d}r \quad (4-53)$$

其中,第一层级数上限表示4段感应线圈,根据线电流密度的线性分布假设,展开积分项得

$$K_{sBn} = M_s K_s \quad (4-54)$$

$$K_s = [K_{s1,r1}, K_{s1,r2}, \cdots, K_{s1,rN_s}, K_{s2,r1}, K_{s2,r2}, \cdots, K_{s2,rN_s}, \cdots, K_{s4,rN_s}]^T \quad (4-55)$$

$$M_s = [M_{s1,r1}, M_{s1,r2}, \cdots, M_{s1,rN_s}, M_{s2,r1}, M_{p2,r2}, \cdots, M_{s2,rN_s}, \cdots, M_{s4,rN_s}] \quad (4-56)$$

式(4-55)、式(4-56)中:列向量 K_s 中的子项 $K_{si,rn}(i=1,2,3,4, n=1,2,\cdots,N_s)$ 即为第 i 段感应线圈中第 n 个配点位置处的线电流密度,N_s 为感应线圈截面总配点数;行向量 M_s 中的子项 $M_{si,rn}(i=1,2,3,4, n=1,2,\cdots,N_s)$ 满足

$$M_{si,rn} = \begin{cases} \frac{-4}{\alpha_n^2 J_0^2(\alpha_n)} r_{si,n} \left\{ \frac{(r_{si,n+1} J_1(\beta_n r_{si,n+1}) - r_{si,n} J_1(\beta_n r_{si,n}))}{r_{si,n+1}^2 - r_{si,n}^2} - \frac{J_0(\beta_n r_{si,n}) \beta_n}{2} \right\} & (n=1) \\ \frac{-4}{\alpha_n^2 J_0^2(\alpha_n)} r_{si,n} \left\{ -\frac{(r_{si,n} J_1(\beta_n r_{si,n}) - r_{pi,n-1} J_1(\beta_n r_{si,n-1}))}{r_{si,n}^2 - r_{si,n-1}^2} + \frac{J_0(\beta_n r_{si,n}) \beta_n}{2} \right\} & (n=N_s) \\ \frac{-4}{\alpha_n^2 J_0^2(\alpha_n)} r_{si,n} \left\{ \frac{(r_{si,n+1} J_1(\beta_n r_{si,n+1}) - r_{si,n} J_1(\beta_n r_{si,n}))}{r_{s,i,n+1}^2 - r_{s,i,n}^2} - \frac{(r_{si,n} J_1(\beta_n r_{si,n}) - r_{si,n-1} J_1(\beta_n r_{si,n-1}))}{r_{si,n}^2 - r_{si,n-1}^2} \right\} & (n \neq 1, N_s) \end{cases} \quad (4-57)$$

上述通过在3段激励线圈和4段感应线圈进行配点和子域划分,构建了具有 $(3*N_p+4*N_s)$ 个变量的变量空间和 $(3*N_p+4*N_s)$ 个子域方程,变量总数和方程总数相等且子域方程之间不相关,保证了后续的线性方程求解过程中解的存在性,为后续分析方便,令 $N_T = (3*N_p+4*N_s)$。

4.5.4 线圈界面处磁矢和线电流密度的贝塞尔级数系数关系式

考虑图4-1环状涡流传感器在线监测基本物理模型中的任一介质层 m,如图4-5所示。

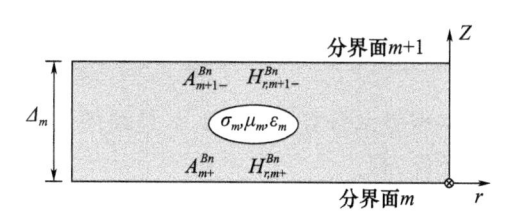

图 4-5 中,Δ_m 为介质层 m 的厚度,σ_m 为介质层 m 的电导率,μ_m 为介质层 m 的磁导率,ε_m 为介质层 m 的介电系数。A_{m+1-}^{Bn} 和 $H_{r,m+1-}^{Bn}$ 分别为分界面 $m+1$ 下界面处的磁矢 $\boldsymbol{A}$ 和 r 向磁场强度 $\boldsymbol{H}$ 的贝塞尔级数系数项,A_{m+}^{Bn} 和 $H_{r,m+}^{Bn}$ 分别为分界面 m 上界面

图 4-5 介质层 m 边界处的场量

处的磁矢 $\boldsymbol{A}$ 和 r 向磁场强度 $\boldsymbol{H}$ 的贝塞尔级数系数项,界面场量中 + 表示分界面的上界面,- 表示分界面的下界面。则根据式(4-34)、规范式 $\boldsymbol{B} = \nabla \times \boldsymbol{A}$ 和本构式 $\boldsymbol{B} = \mu \boldsymbol{H}$ 可得

$$\begin{bmatrix} H_{r,m+}^{Bn} \\ H_{r,m+1-}^{Bn} \end{bmatrix} = \frac{\chi_n}{\mu_m} \begin{bmatrix} \coth(\chi_n \Delta_m) & -\operatorname{csch}(\chi_n \Delta_m) \\ \operatorname{csch}(\chi_n \Delta_m) & -\coth(\chi_n \Delta_m) \end{bmatrix} \begin{bmatrix} A_{m+}^{Bn} \\ A_{m+1-}^{Bn} \end{bmatrix} \quad (4-58)$$

式中:$\chi_n^2 = \beta_n^2 + j\omega\mu_m\sigma_m$,$n = 1,2,3\cdots$,令

$$M_C^m = \frac{\chi_n}{\mu_m} \begin{bmatrix} \coth(\chi_n \Delta_m) & -\operatorname{csch}(\chi_n \Delta_m) \\ \operatorname{csch}(\chi_n \Delta_m) & -\coth(\chi_n \Delta_m) \end{bmatrix} \quad (4-59)$$

则式(4-58)变为

$$\begin{bmatrix} H_{r,m+}^{Bn} \\ H_{r,m+1-}^{Bn} \end{bmatrix} = \begin{bmatrix} M_{C11}^m & M_{C12}^m \\ M_{C21}^m & M_{C22}^m \end{bmatrix} \begin{bmatrix} A_{m+}^{Bn} \\ A_{m+1-}^{Bn} \end{bmatrix} \quad (4-60)$$

考虑相邻介质层场量的贝塞尔级数系数项传递关系,相邻介质层的边界场量如图 4-6 所示。

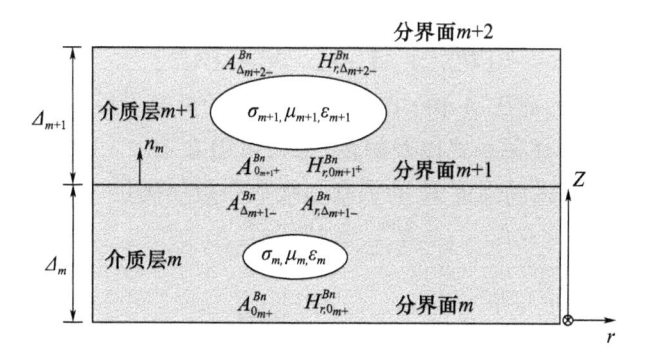

图 4-6 相邻介质层边界处的场量

图 4-6 中,n_m 是由介质层 m 指向介质层 $m+1$ 的单位法向矢量,根据式(4-60),对介质层 $m+1$ 有

$$\begin{bmatrix} H_{r,m+1+}^{Bn} \\ H_{r,m+2-}^{Bn} \end{bmatrix} = \begin{bmatrix} M_{C11}^{m+1} & M_{C12}^{m+1} \\ M_{C21}^{m+1} & M_{C22}^{m+1} \end{bmatrix} \begin{bmatrix} A_{m+1+}^{Bn} \\ A_{m+2-}^{Bn} \end{bmatrix} \tag{4-61}$$

现考虑分界面 $m+1$ 不是线圈界面的情况，根据磁矢和磁场强度的切向边界条件，有

$$n_m \times (H_{r,m+1-}^{Bn} - H_{r,m+1+}^{Bn}) = 0 \tag{4-62}$$

$$n_m \times (A_{m+1-}^{Bn} - A_{m+1+}^{Bn}) = 0 \tag{4-63}$$

则得相邻介质层场量的贝塞尔级数系数项传递关系

$$\begin{bmatrix} H_{r,m+}^{Bn} \\ H_{r,m+2-}^{Bn} \end{bmatrix} = \begin{bmatrix} M_{C11}^{m\sim m+1} & M_{C12}^{m\sim m+1} \\ M_{C21}^{m\sim m+1} & M_{C22}^{m\sim m+1} \end{bmatrix} \begin{bmatrix} A_{m+}^{Bn} \\ A_{m+2-}^{Bn} \end{bmatrix} \tag{4-64}$$

$$M_{C11}^{m\sim m+1} = M_{C11}^{m} - \frac{M_{C12}^{m} M_{C21}^{m}}{M_{C22}^{m} - M_{C11}^{m+1}} \tag{4-65}$$

$$M_{C12}^{m\sim m+1} = \frac{M_{C12}^{m} M_{C12}^{m+1}}{M_{C22}^{m} - M_{C11}^{m+1}} \tag{4-66}$$

$$M_{C21}^{m\sim m+1} = -\frac{M_{C12}^{m} M_{C21}^{m+1}}{M_{C22}^{m} - M_{C11}^{m+1}} \tag{4-67}$$

$$M_{C22}^{m\sim m+1} = M_{C22}^{m+1} - \frac{M_{C12}^{m+1} M_{C21}^{m+1}}{M_{C22}^{m} - M_{C11}^{m+1}} \tag{4-68}$$

针对图 4-1 环状涡流传感器在线监测基本物理模型中的介质层 0、介质层 1、介质层 2，下面考虑分界面 3 的下界面处磁矢 A 和 r 向磁场强度 H 的贝塞尔级数系数关系式。介质层 0 的厚度无穷大，则有

$$\begin{bmatrix} H_{r,0+}^{Bn} \\ H_{r,1-}^{Bn} \end{bmatrix} = \begin{bmatrix} M_{C11}^{0} & 0 \\ 0 & M_{C22}^{0} \end{bmatrix} \begin{bmatrix} A_{0+}^{Bn} \\ A_{1-}^{Bn} \end{bmatrix} \tag{4-69}$$

在式(4-69)中，磁矢 A 和 r 向磁场强度 H 的贝塞尔级数系数项实现解耦，则根据(4-69)的传递关系式以及解耦形式，可得在图 4-1 中分界面 3 的下界面处，磁矢 A 和 r 向磁场强度 H 的贝塞尔级数系数项满足

$$H_{r,3-}^{Bn} = M_{C22}^{0\sim 3} A_{3-}^{Bn} \tag{4-70}$$

式中：$M_{C22}^{0\sim 3}$ 满足递推式

$$M_{C22}^{0\sim m} = M_{C22}^{m} - \frac{(M_{C21}^{m})^2}{M_{C22}^{0\sim m-1} - M_{C11}^{m}} \tag{4-71}$$

根据同样思路，可得分界面 4 的上界面处磁矢和 r 向磁场强度的贝塞尔级数系数关系式，在图 4-1 环状涡流传感器在线监测基本物理模型中，分界面 4 上方只有一个介质层 4，直接得解耦式为

$$H_{r,4+}^{Bn} = M_{C11}^{4} A_{4+}^{Bn} \tag{4-72}$$

根据式(4-64)得介质层 3 的分界面 3 的上界面和分界面 4 的下界面处的磁矢 A 和 r 向磁场强度 H 的贝塞尔级数系数关系式：

$$\begin{bmatrix} H_{r,3+}^{Bn} \\ H_{r,4-}^{Bn} \end{bmatrix} = \begin{bmatrix} M_{C11}^3 & M_{C12}^3 \\ M_{C21}^3 & M_{C22}^3 \end{bmatrix} \begin{bmatrix} A_{3+}^{Bn} \\ A_{4-}^{Bn} \end{bmatrix} \tag{4-73}$$

又根据磁矢 A 和 r 向磁场强度 H 的切向边界条件，在分界面 3 和分界面 4 的上下界面处的场量满足：

$$n_2 \times (H_{r,3+}^{Bn} - H_{r,3-}^{Bn}) = K_{SBn} \tag{4-74}$$

$$n_2 \times (A_{3+}^{Bn} - A_{3-}^{Bn}) = 0 \tag{4-75}$$

$$n_2 \times (H_{r,4+}^{Bn} - H_{r,4-}^{Bn}) = K_{PBn} \tag{4-76}$$

$$n_2 \times (A_{4+}^{Bn} - A_{4-}^{Bn}) = 0 \tag{4-77}$$

切向边界条件中，由于磁矢 A 在分界面 3 和分界面 4 上连续，根据式(4-75)和式(4-77)，定义 A_{3+}^{Bn}，A_{3-}^{Bn} 为 A_3^{Bn}，定义 A_{4+}^{Bn}，A_{4-}^{Bn} 为 A_4^{Bn}。综合式(4-74)～式(4-77)，可得线圈界面处磁矢 A 和线电流密度的贝塞尔级数系数满足关系式：

$$\begin{bmatrix} A_3^{Bn} \\ A_4^{Bn} \end{bmatrix} = \begin{bmatrix} T_{11} & T_{12} \\ T_{21} & T_{22} \end{bmatrix} \begin{bmatrix} K_{SBn} \\ K_{PBn} \end{bmatrix} \tag{4-78}$$

其中

$$T_{11} = M_{C11}^3 - M_{C22}^{0-3} \tag{4-79}$$

$$T_{12} = M_{C12}^3 \tag{4-80}$$

$$T_{21} = -M_{C21}^3 \tag{4-81}$$

$$T_{11} = M_{C11}^4 - M_{C22}^3 \tag{4-82}$$

4.5.5 子域残值线性方程组的建立

针对环状涡流传感器的单段环状激励或感应线圈，建立如图 4-7 所示的环形路径。

在环路 C 上，根据法拉第电磁感应定律有

$$\oint_C E \cdot \mathrm{d}s = -i\omega \oint_C A \cdot \mathrm{d}s \tag{4-83}$$

则建立磁矢 A 和线圈线电流密度约束方程为

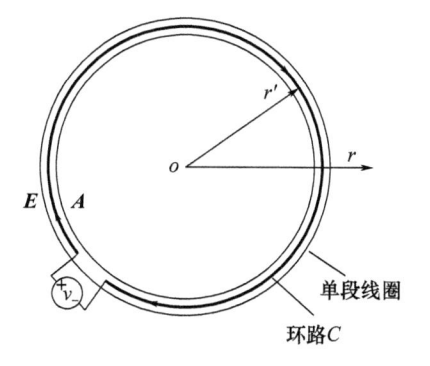

图 4-7 激励线圈和感应线圈约束方程环形路径

$$v = i\omega(2\pi r')A_\varphi(r') + 2\pi r'\frac{K(r')}{\Delta_{\text{wind}}\sigma_{\text{wind}}} \quad (4-84)$$

式中：v 为电压源，即在激励线圈是激励电压输入，在感应线圈中是感应电压输出；Δ_{wind} 是激励或感应线圈的厚度；σ_{wind} 是激励或感应线圈的电导率。

对(4-84)的约束方程等式左右两边进行积分。考虑在第 i 段感应线圈的第 n 个子域 $S_{si,n}$ 内的积分，对等式左边积分有

$$\int_{S_{si,nD}}^{S_{si,nU}} \frac{v_{si}}{2\pi r}\mathrm{d}r = \frac{v_{si}}{2\pi}\ln\left(\frac{S_{si,nU}}{S_{si,nD}}\right) = v_{si}B_{si,nU} \quad (4-85)$$

对等式右边第二项积分有

$$\int_{S_{si,nD}}^{S_{si,nU}} K(r)\mathrm{d}r = h_{n-1}K_{si,r(n-1)} + h_n K_{si,rn} + h_{n+1}K_{si,r(n+1)} \quad (4-86)$$

其中，当 $n=1$ 时，

$$h_{n-1} = 0$$

$$h_n = \frac{1}{r_{si,n} - r_{si,n-1}}\left[r_{si,n}(S_{si,nU} - S_{si,nD}) - \frac{1}{2}(S_{si,nU}^2 - S_{si,nD}^2)\right]$$

$$h_{n-1} = \frac{1}{r_{si,n} - r_{si,n-1}}\left[\frac{1}{2}(S_{si,nU}^2 - S_{si,nD}^2) - r_{si,n-1}(S_{si,nU} - S_{si,nD})\right]$$

当 $n = N_s$ 时，

$$h_{n+1} = 0$$

$$h_n = \frac{1}{r_{si,n} - r_{si,n-1}}\left[r_{si,n}(S_{si,nU} - S_{si,nD}) - \frac{1}{2}(S_{si,nU}^2 - S_{si,nD}^2)\right]$$

$$h_{n-1} = \frac{1}{r_{si,n} - r_{si,n-1}}\left[\frac{1}{2}(S_{si,nU}^2 - S_{si,nD}^2) - r_{si,n-1}(S_{si,nU} - S_{si,nD})\right]$$

当 $n \neq N_s, n \neq 1$ 时，

$$h_{n-1} = \frac{1}{2}\frac{(S_{si,nD} - r_{si,n})^2}{r_{si,n} - r_{si,n-1}}$$

$$h_n = \frac{1}{2}\left[\frac{S_{si,nD} - r_{si,n}}{r_{si,n} - r_{si,n-1}}(S_{si,nD} + r_{si,n} - 2r_{si,n-1}) + \frac{S_{si,nU} - r_{si,n}}{r_{si,n+1} - r_{si,n}}(2r_{si,n+1} - r_{si,n} + S_{si,nU})\right]$$

$$h_{n+1} = \frac{1}{2}\frac{(S_{si,nU} - r_{si,n})^2}{r_{si,n+1} - r_{si,n}}$$

进一步有

$$\int_{S_{si,nD}}^{S_{si,nU}} K(r)\mathrm{d}r = \boldsymbol{H}_{si,n}[\boldsymbol{K}_S \boldsymbol{K}_P]^\mathrm{T} \quad (4-87)$$

其中，向量 $\boldsymbol{H}_{si,n}$ 具有 N_T 个元素。

根据式(4-78)和式(4-36)，对等式右边第一项积分有

$$\int_{S_{si,nD}}^{S_{si,nU}} A_\varphi(r)\mathrm{d}r = \sum_{n=1}^{\infty} \int_{S_{si,nD}}^{S_{si,nU}} A_{03}^{Bn} J_1(\beta_n r)\mathrm{d}r$$
$$= -\sum_{n=1}^{\infty} \frac{A_3^{Bn}}{\beta_n}(J_0(\beta_n S_{si,nU}) - J_0(\beta_n S_{si,nD}))$$
(4-88)

其中
$$A_3^{Bn} = T_{11}K_{SBn} + T_{12}K_{PBn}$$

根据式(4-47)和式(4-54)中 K_{PBn} 和 K_{SBn} 的矩阵表达形式,可将上述积分形式转化为

$$\left(-\sum_{n=1}^{\infty} \frac{(J_0(\beta_n S_{si,nU}) - J_0(\beta_n S_{si,nD}))\mathrm{j}\omega}{\beta_n B_{si,nU}}[T_{11}\boldsymbol{M}_S T_{12}\boldsymbol{M}_P] + \frac{1}{\Delta_{\mathrm{wind}}\sigma_{\mathrm{wind}}B_{si,nU}}\boldsymbol{H}_{si,n}\right)[\boldsymbol{K}_S \boldsymbol{K}_P]^\mathrm{T} = \boldsymbol{v}_{si}$$
(4-89)

同理可进行在激励线圈子域内的积分,其等式左边积分和等式右边第二项积分同感应线圈类似,等式右边第一项积分为

$$\int_{S_{pi,nD}}^{S_{pi,nU}} A_\varphi(r)\mathrm{d}r = \sum_{n=1}^{\infty} \int_{S_{pi,nD}}^{S_{pi,nU}} A_{04}^{Bn} J_1(\beta_n r)\mathrm{d}r$$
$$= -\sum_{n=1}^{\infty} \frac{A_4^{Bn}}{\beta_n}[J_0(\beta_n S_{pi,nU}) - J_0(\beta_n S_{pi,nD})]$$
(4-90)

其中
$$A_4^{Bn} = T_{21}K_{SBn} + T_{22}K_{PBn}$$

且
$$\left(-\sum_{n=1}^{\infty} \frac{(J_0(\beta_n S_{pi,nU}) - J_0(\beta_n S_{pi,nD}))\mathrm{j}\omega}{\beta_n B_{pi,nU}}[T_{21}\boldsymbol{M}_S T_{22}\boldsymbol{M}_P] + \frac{1}{\Delta_{\mathrm{wind}}\sigma_{\mathrm{wind}}B_{pi,nU}}\boldsymbol{H}_{pi,n}\right)[\boldsymbol{K}_S \boldsymbol{K}_P]^\mathrm{T} = \boldsymbol{v}_{pi}$$
(4-91)

根据上述分析,在 N_T 个子域内对式(4-84)进行积分,可构建含有 N_T 个线性方程的子域残值方程组,并得其矩阵表达式

$$\boldsymbol{M}_{TU}\boldsymbol{K} = \boldsymbol{V} \tag{4-92}$$

其中,
$$\boldsymbol{V} = [V_{S1} \quad V_{S2} \quad V_{S3} \quad V_{S4} \quad V_{P1} \quad V_{P2} \quad V_{P3}]$$
$$\boldsymbol{K} = [\boldsymbol{K}_S \boldsymbol{K}_P]^\mathrm{T}$$

式(4-92)中,矩阵 $\boldsymbol{M}_{TU}$ 的维数为 $N_T \times N_T$,矩阵中每一个行对应一个子域,当子域在激励线圈中时,行形式如式(4-89)所示,当子域在感应线圈中

时,行形式如式(4-91)所示。

至此,完成了子域残值方程组的构建,当已知激励线圈的激励输入电压和感应输出线圈时,可求得$[\boldsymbol{K}_S \quad \boldsymbol{K}_P]^T$向量,即可得到上述配点处的线电流密度值,进而根据线电流密度和磁矢的贝塞尔级数系数关系式以及层状介质空间中场量的 Bessel 级数系数传递式,可得到传感器空间内的任一场量分布。

4.5.6 传感器多通道跨阻求解

参考二端口微波网络的概念,在本书中,将跨阻定义为传感器的输出,研究传感器跨阻输出和损伤特征量之间的关系即为本书的研究重点,也是将环状涡流传感器应用于金属结构损伤在线监测的关键。

环状涡流传感器中多通道的感应线圈分布表明传感器的输出为多通道跨阻,对第 n 个通道的跨阻定义为

$$R_{Sn} = \frac{V_{Sn}}{I_T} \tag{4-93}$$

式中:V_{Sn} 为第 n 个感应线圈的感应输出电压;I_T 为激励线圈总电流。

跨阻量的求解需要建立模型中的变量空间,即线圈配点位置处的线电流密度与线圈总电流之间的约束关系。考虑第 i 段感应线圈,根据线电流密度与电流的关系式及配点之间的线电流密度线性分布假设,可得

$$I_{s,i} = \int_{r_{si,1}}^{r_{si,N_s}} K_\varphi(r) \mathrm{d}r \tag{4-94}$$

$$I_{s,i} = \boldsymbol{G}_{S,i} \boldsymbol{K}_{S,i} \tag{4-95}$$

其中,$\boldsymbol{K}_{S,i}$ 是配点列向量,即

$$\boldsymbol{K}_{S,i} = \begin{bmatrix} K_{si,r1} & K_{si,r2} & K_{si,r3} & K_{si,r4} & \cdots K_{si,rN_s} \end{bmatrix}^T$$

$\boldsymbol{G}_{S,i}$ 是系数行向量,共有 N_S 个元素,且其第 n 个元素 $G_{S,i}(n)$ 满足

$$G_{S,i}(n) = \begin{cases} \frac{1}{2}(r_{si,n+1} - r_{si,n}) & (n=1) \\ \frac{1}{2}(r_{si,n} - r_{si,n-1}) & (n=N_S) \\ \frac{1}{2}(r_{si,n+1} - r_{si,n-1}) & (n \neq N_{S,1}) \end{cases} \tag{4-96}$$

同时考虑激励线圈和感应线圈中的线电流密度与电流约束关系,建立矩阵表达式为

$$\boldsymbol{M}_{TD}\boldsymbol{K} = \boldsymbol{I} \tag{4-97}$$

其中,$\boldsymbol{M}_{TD}$ 矩阵满足:

$$\boldsymbol{M}_{TD} = \begin{bmatrix} G_{S,1} & 0 & 0 & 0 & 0 & 0 & 0 \\ 0 & G_{S,2} & 0 & 0 & 0 & 0 & 0 \\ 0 & 0 & G_{S,3} & 0 & 0 & 0 & 0 \\ 0 & 0 & 0 & G_{S,4} & 0 & 0 & 0 \\ 0 & 0 & 0 & 0 & G_{P,1} & 0 & 0 \\ 0 & 0 & 0 & 0 & 0 & G_{P,2} & 0 \\ 0 & 0 & 0 & 0 & 0 & 0 & G_{P,3} \end{bmatrix}$$

$$\boldsymbol{I} = \begin{bmatrix} I_{S,1} & I_{S,2} & I_{S,3} & I_{S,4} & I_{P,1} & I_{P,2} & I_{P,3} \end{bmatrix}$$

联立式(4-92)和式(4-97),得传感器跨阻求解矩阵式

$$\begin{bmatrix} \boldsymbol{M}_{TU} & \boldsymbol{M}_{TL} \\ \boldsymbol{M}_{TD} & \boldsymbol{0} \end{bmatrix} \begin{bmatrix} \boldsymbol{K} \\ \boldsymbol{V} \end{bmatrix} = \begin{bmatrix} \boldsymbol{0} \\ \boldsymbol{I} \end{bmatrix} \qquad (4-98)$$

其中方块矩阵 $\boldsymbol{M}_{TL}$ 形式为

$$\boldsymbol{M}_{TL} = \begin{bmatrix} -1 & 0 & \cdots & 0 \\ \vdots & \vdots & \vdots & \vdots \\ -1 & 0 & \cdots & 0 \\ 0 & -1 & \cdots & 0 \\ \vdots & \vdots & \vdots & \vdots \\ 0 & -1 & \cdots & 0 \\ \vdots & \vdots & \vdots & \vdots \\ 0 & \cdots & -1 & 0 \\ \vdots & \vdots & \vdots & \vdots \\ 0 & \cdots & -1 & 0 \\ 0 & 0 & \cdots & -1 \\ \vdots & \vdots & \vdots & \vdots \\ 0 & 0 & \cdots & -1 \end{bmatrix} \qquad (4-99)$$

等式(4-98)右侧线圈电流向量 $\boldsymbol{I}$ 中,每段激励线圈中的电流相等且均为 I_T,每段感应线圈的电流均为0(开路测量感应输出电压),则可通过线性方程组求解理论由式(4-98)求得环状涡流传感器任一感应线圈通道的跨阻。

4.6 传感器半解析正向等效模型实验验证

本节将通过实验验证建立的传感器半解析正向等效模型准确性。实验中制

备的环状涡流阵列传感器有 1 个激励线圈通道和 4 个感应线圈通道,搭建的实验系统结构框架图、硬件图和传感器半解析模型仿真参数分别如图 4-8、图 4-9 和表 4-1 所示。

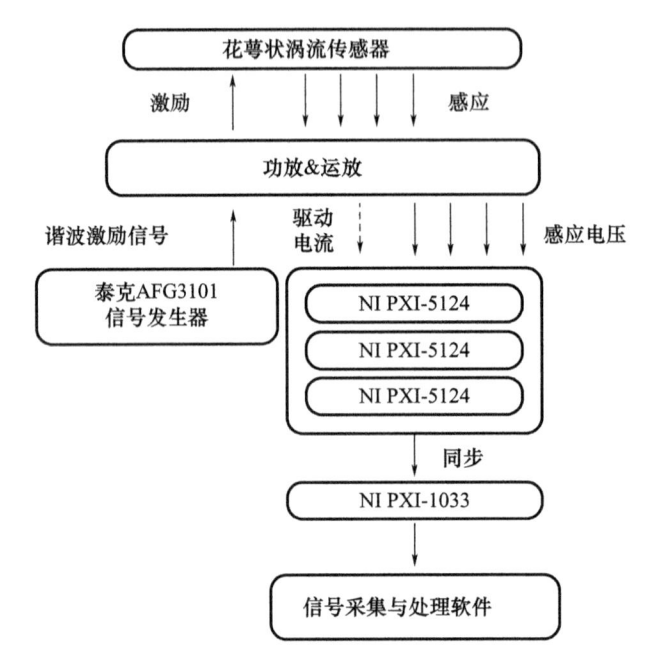

图 4-8 模型验证实验系统结构框架图

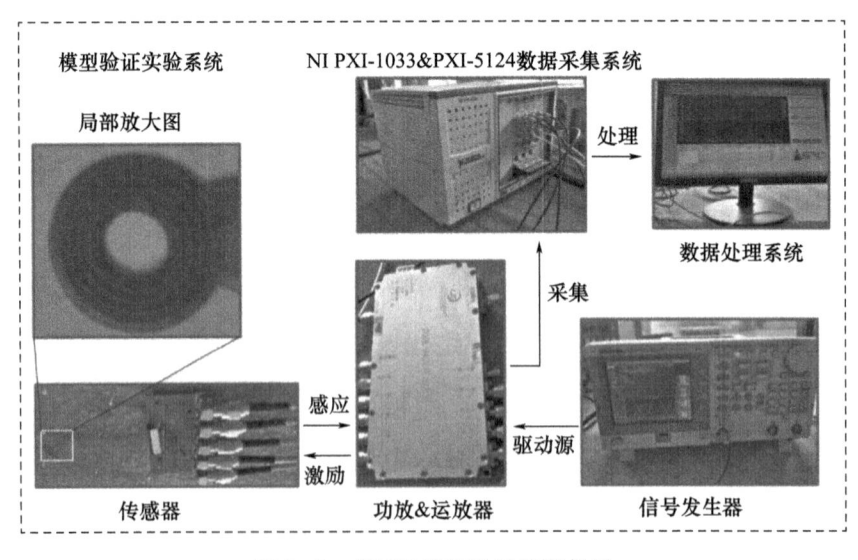

图 4-9 模型验证实验系统硬件图

表4-1 传感器半解析模型仿真参数

参数	值
传感器类型	四通道环状涡流传感器
p	1（归一化）
g	0.5（归一化）
s	0.5（归一化）
d	0.96063（归一化）
h_p	0.08858（归一化）
h_s	0.08858（归一化）
r_p/mm	3.0784
R/mm	13.2816
Δ_3/mm	0.013
σ_{wind}/(MS/m)	58
N_p,N_s	30

式(4-93)定义的跨阻量为复数量,具有幅值和相位两个自由度,即感应线圈输出电压和激励线圈激励电流的幅值比和相位差(下文中简称为幅值比和相位差),后续仿真和监测实验研究表明相位差量随等效变量(提离距离或电导率)变化较小,本书将跨阻量 Z_{Sn} 简化为幅值比量 A_{Sn} 进行研究。实验首先对将传感器放置于空气中的模型计算结果和实验结果进行对比,以通道1为例,图4-10所示为空气中传感器幅值比量 A_{Sn} 随激励频率 f 变化曲线的实验和理论计算结果,图4-11所示为空气中4个感应通道模型计算误差随频率变化的曲线。

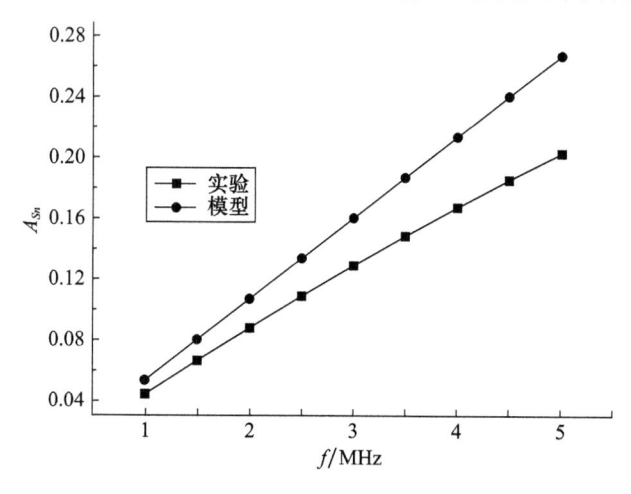

图4-10 A_{Sn} 随 f 变化曲线的实验和理论计算结果(空气中,通道1)

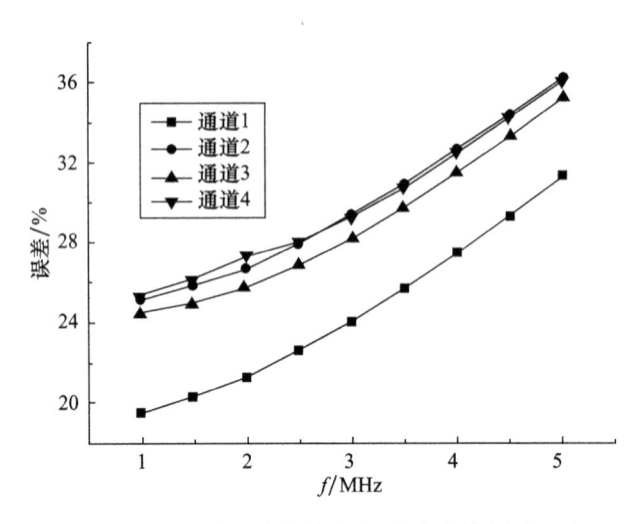

图 4-11 A_{Sn} 模型计算误差随 f 变化曲线（空气中）

由图 4-10 和图 4-11 可知，模型计算结果与实验测量结果的误差较大，同时误差随激励频率的增加而增大。分析误差源有：①建模误差，建模过程中存在对传感器的理想化假设，例如将线圈层简化为面，同时也不考虑导线间的寄生电容效应等，而后者对高频激励信号较为敏感；②测量误差，在较高频率下（MHz 数量级）仪器的各种信号噪声以及仪器本身存在最佳测量使用范围导致存在测量误差；③传感器制备误差，受制备工艺限制，实际传感器的几何结构尺寸会与其设计指标存在误差。在上述三种误差源中，建模和测量误差是主要因素，为消除上述建模和测量误差源的影响，必须通过某种方式对已知的实验结果进行标定。图 4-12 所示是建立的传感器测量和建模误差模型。

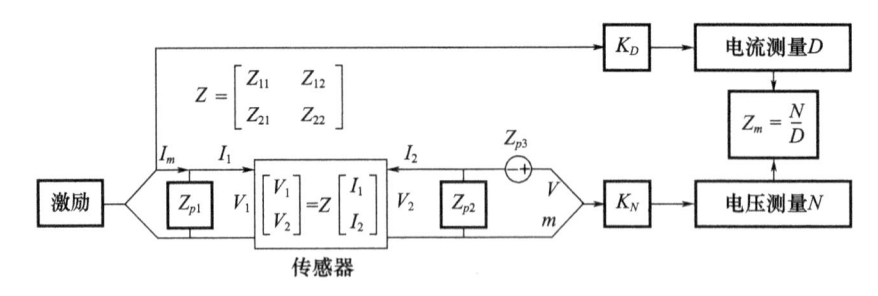

图 4-12 传感器测量和建模误差模型

图 4-12 中，K_D 和 K_N 分别是激励电流测量和感应电压测量的标定因子，假设实际电流值 I_m 和测量值 D，实际电压值 V_m 和测量值 N 之间是线性关系，K_D 和 K_N 标定因子随激励频率变化。在误差模型中，Z_{p1} 和 Z_{p2} 是由寄生电容效应而引起的在电流和电压测量端的附加阻抗，Z_{p3} 是由寄生电容效应而引起的激励电流

和感应电压之间耦合的附加跨阻抗,上述建立的半解析模型中,没有考虑这些附加阻抗。考虑附加阻抗,则传感器实际模型输出的阻抗为

$$Z_S = \frac{V_2}{I_m} = \frac{Z_{12}Z_{p1}Z_{p2}}{(Z_{11}+Z_{p1})(Z_{22}+Z_{p2})-Z_{12}^2} \quad (4-100)$$

式(4-98)中,附加阻抗值的计算较为困难,一般只能通过经验公式或产品手册获得,而在设计良好的系统中,同时将激励电流频率限制在 10MHz 以下,寄生电容效应可以不予考虑。考虑激励电流测量 K_D 标定因子和感应电压测量 K_N 标定因子,对传感器定义比例标定式:

$$A_{Sn} = \frac{K_N}{K_D}A_{Mn} = K(\omega)A_{Mn} \quad (4-101)$$

式中:A_{Sn} 为模型计算结果;A_{Mn} 为实验测量结果;$K(\omega)$ 为在不同激励频率下的标定系数值。

首先从空气中传感器的模型计算结果和实验测量结果中得到不同频率的标定系数值,并将传感器紧贴于 2A12-T4 标准试件表面,对比传感器在该状态下的模型计算和实验结果。图 4-13 所示为传感器紧贴于 2A12-T4 标准试件表面时 4 个感应通道模型计算误差随频率变化的曲线。

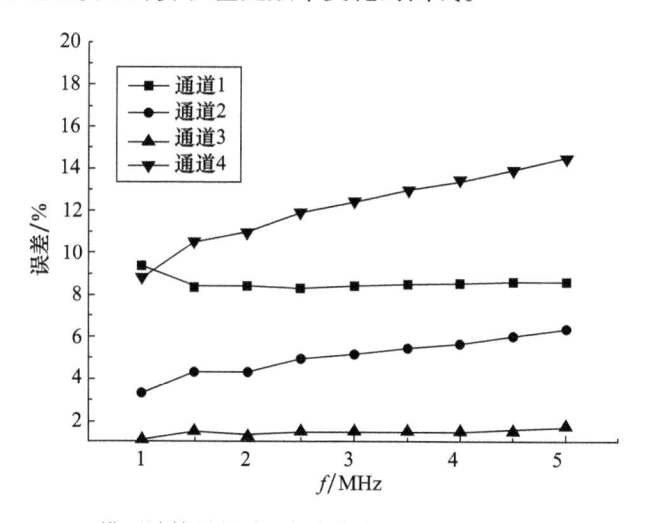

图 4-13 A_{Sn} 模型计算误差随 f 变化曲线(2A12-T4 标准试件,标定后)

由图 4-13 可知,对实验测量结果进行空气中线性标定后,4 个感应通道的幅值比量模型计算结果同实验测量结果相比误差较小,其中第 1、第 2 和第 3 感应通道的幅值比量模型计算结果误差随频率变化均在 10% 以内,第 4 感应通道的幅值比量模型计算结果误差随频率变化在 15% 以内。实验结果验证了本书建立的半解析正向等效模型的准确性。

第 5 章

柔性涡流阵列传感器参数对裂纹监测灵敏度的影响

本章将应用第 4 章建立的半解析正向等效模型进行传感器跨阻抗响应特性分析,研究在不同输入参数下的传感器监测性能,分析结果可为传感器频点优选和传感器结构参数优化提供依据。

5.1 传感器跨阻抗响应特性分析

在传感器半解析正向等效模型中,模型输入参数空间包含传感器结构参数(如感应线圈和激励线圈间距)、被监测结构电磁参数(结构电导率和磁导率)、传感器工作点参数(传感器激励频率)和传感器安装点参数(提离距离)等,模型输入参数空间如图 5-1 所示。本节将应用传感器半解析正向等效模型分析传感器输出信号对损伤输入参数(被监测结构的电导率和磁导率)的灵敏度、传感器输出信号对噪声输入参数(提离距离)的稳定性以及传感器在两种损伤输入参数(被监测结构的电导率和磁导率)之间的选择性,模型分析基本参数如表 5-1 所示。在激励线圈电流频率参数中,从低到高选取 3 个典型频率 0.001(归一化)、0.01(归一化)和 0.1(归一化),这是由于被监测结构中涡流的趋肤深度对传感器的跨阻抗响应特性和场空间分布影响很大。需要注意的是,在本节模型分析中将提离距离视为噪声输入参数,考虑如图 5-2 所示的柔性涡流阵列传感器在螺栓连接结构孔边裂纹监测的典型应用,将传感器固定安装于被监测结构表面,传感器与被监测结构之间的提离距离不变,而当被监测结构工作在振动环境下(如飞机机翼连接结构)时,振动引起的提离距离变化将作为噪声源影响传感器的输出信号,故在该条件下提离距离被视为噪声输入参数,这与在结构腐蚀监测应用中将提离距离视为一种损伤输入参数是不同的。

第二篇 基于柔性涡流阵列传感器的金属结构裂纹监测原理

花萼状涡流传感器

跨阻抗式：
$V_1 = Z_{11}i_1 + Z_{12}i_2 + Z_{13}i_3$
$V_2 = Z_{21}i_1 + Z_{22}i_2 + Z_{23}i_3$
$V_3 = Z_{31}i_1 + Z_{32}i_2 + Z_{33}i_3$

$I(f, A_I)$ →

激励输入参数：激励频率f和幅值A_I

传感器结构输入参数：
- 感应线圈宽度：p
- 激励线圈宽度：s
- 感应线圈和激励线圈间距：g
- 相邻感应线圈间距：d
- 线圈厚度：h
- 传感器基材厚度：Δ …

传感器安装位置输入参数：提离距离

被监测结构电磁输入参数：
- 被监测结构电导率：σ
- 被监测结构磁导率：μ

$Z(\Phi, A_V)$ →

跨阻抗输出参数：相位Φ和幅值A_V

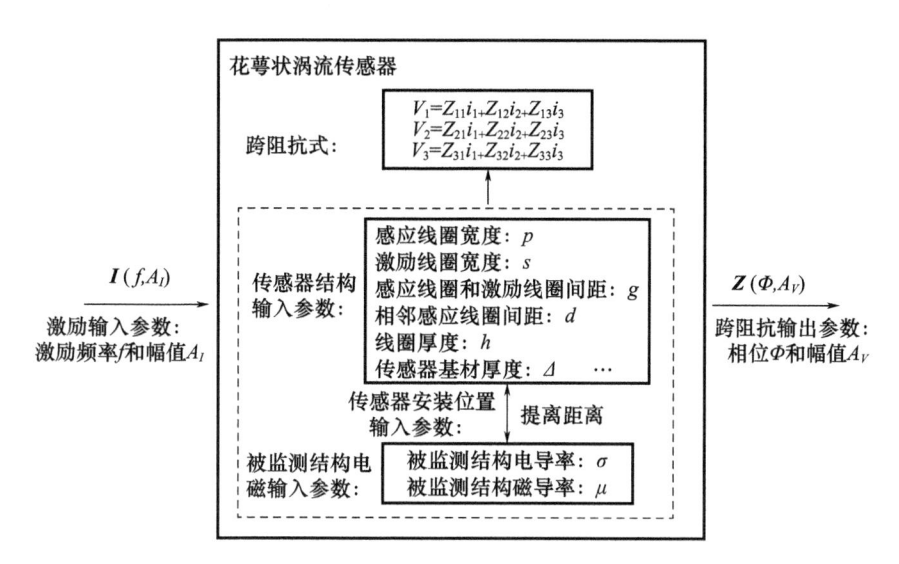

图 5-1 传感器模型输入参数空间

表 5-1 模型分析基本参数

参数	值
传感器类型	四通道柔性涡流阵列传感器
p	1（归一化）
g	0.5（归一化）
s	0.5（归一化）
d	0.9（归一化）
h_s, h_p	0.8（归一化）
r_p	0.5（归一化）
R	0.6（归一化）
Δ_3	0.5（归一化）
$\sigma_{\text{wind}}/(\text{MS/m})$	58
N_p, N_s	25
级数项数	500
提离距离/mm	0.01 ~ 0.28
结构电导率/(MS/m)	58 ~ 0.74
结构相对磁导率	5000 ~ 1
激励线圈电流频率	3种典型频率, 0.001（归一化）, 0.01（归一化）, 0.1（归一化）

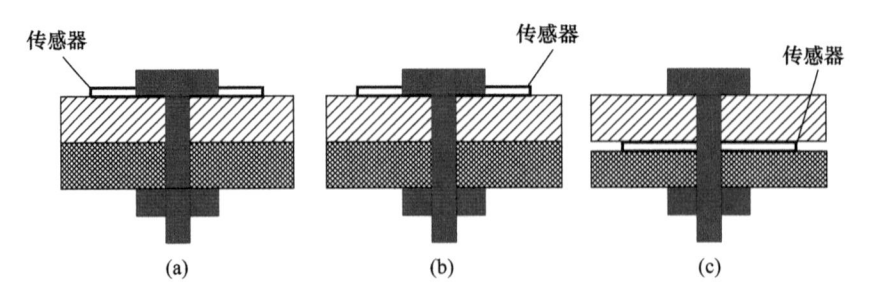

图 5-2 传感器在螺栓连接结构孔边的典型应用情形

5.1.1 跨阻抗双参数网格平面图

为了能够直观看出在两种输入参数下的传感器跨阻抗输出变化规律,本书采取网格平面的方式显示模型仿真中得到的传感器跨阻抗值。图 5-3～图 5-11 所示是不同激励频率和不同组输入参数下的传感器跨阻抗双参数网格平面图。频率分别为 0.001(归一化)、0.01(归一化)和 0.1(归一化),3 组输入参数分别为电导率和提离距离、磁导率和提离距离、电导率和磁导率。提离距离的变化采取等间隔方式,从 0.01～0.28mm,间隔 0.03mm,电导率和磁导率变化采取等比例方式,比例系数分别为 0.795 和 0.64,电导率从 58MS/m 变化到 0.74MS/m,相对磁导率从 5000 变化到 1。

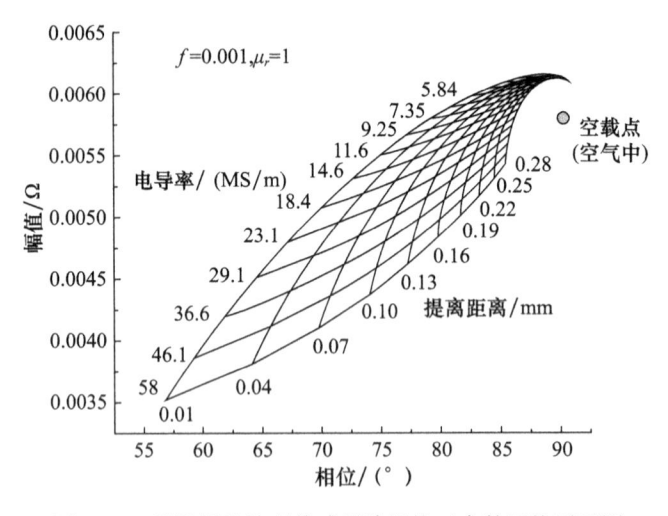

图 5-3 柔性涡流阵列传感器跨阻抗双参数网格平面图
($f=0.001$(归一化),电导率和提离距离)

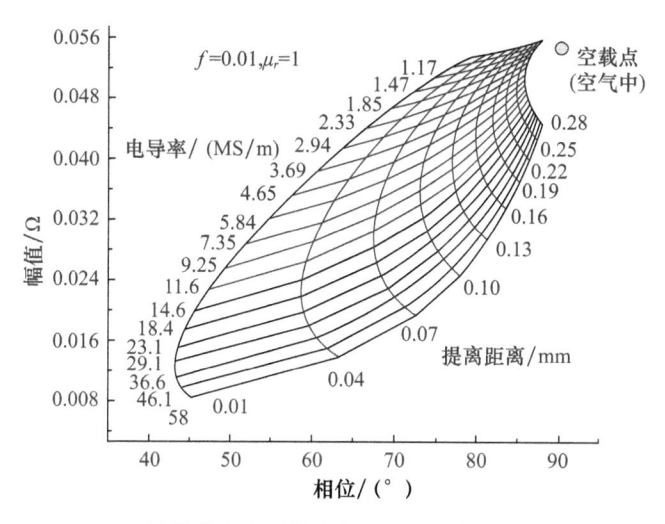

图5-4 柔性涡流阵列传感器跨阻抗双参数网格平面图
($f=0.01$(归一化),电导率和提离距离)

定义传感器对损伤输入参数的监测灵敏度为

$$S_\sigma = \sqrt{\left(\frac{\partial Z_A}{\partial \sigma}\right)^2 + \left(\frac{\partial Z_\Phi}{\partial \sigma}\right)^2} \tag{5-1}$$

$$S_\mu = \sqrt{\left(\frac{\partial Z_A}{\partial \mu}\right)^2 + \left(\frac{\partial Z_\Phi}{\partial \mu}\right)^2} \tag{5-2}$$

式(5-1)、式(5-2)中:S_σ为电导率灵敏度;S_μ为磁导率灵敏度;Z_A为跨阻抗的幅值;Z_Φ为跨阻抗的相位。同时,传感器对提离距离的稳定性即为传感器跨阻抗输出对提离距离的灵敏度,则定义如下传感器稳定性S_L:

$$S_L = \sqrt{\left(\frac{\partial Z_A}{\partial L}\right)^2 + \left(\frac{\partial Z_\Phi}{\partial L}\right)^2} \tag{5-3}$$

传感器对输入参数的选择性体现了输入参数之间的独立性,即不同输入参数改变传感器跨阻抗输出的差异性。参考工业机器人基于雅各比矩阵的运动控制方法,运用奇异值分解理论到雅各比矩阵中,并定义雅各比矩阵的条件数为传感器对不同输入参数的选择性。考虑传感器对电导率和磁导率两种损伤输入参数的选择性,首先建立如下微分式:

$$\begin{aligned} \mathrm{d}Z_A &= \frac{\partial Z_A}{\partial \sigma}\mathrm{d}\sigma + \frac{\partial Z_A}{\partial \mu}\mathrm{d}\mu \\ \mathrm{d}Z_\Phi &= \frac{\partial Z_\Phi}{\partial \sigma}\mathrm{d}\sigma + \frac{\partial Z_\Phi}{\partial \mu}\mathrm{d}\mu \end{aligned} \tag{5-4}$$

得雅各比矩阵及其奇异值分解式为

$$J = \begin{bmatrix} \dfrac{\partial Z_A}{\partial \sigma} & \dfrac{\partial Z_A}{\partial \mu} \\ \dfrac{\partial Z_\Phi}{\partial \sigma} & \dfrac{\partial Z_\Phi}{\partial \sigma} \end{bmatrix} = U\boldsymbol{\Sigma} V^{\mathrm{T}} \tag{5-5}$$

式(5-5)中,对角矩阵 $\boldsymbol{\Sigma}$ 中的值为方阵 JJ^{T} 的特征值,定义对角矩阵 $\boldsymbol{\Sigma}$ 中最小特征值 $\zeta_{\min}$ 和最大特征值 $\zeta_{\max}$ 的比值为传感器的选择性,即

$$S_K = \dfrac{\zeta_{\min}}{\zeta_{\max}} \tag{5-6}$$

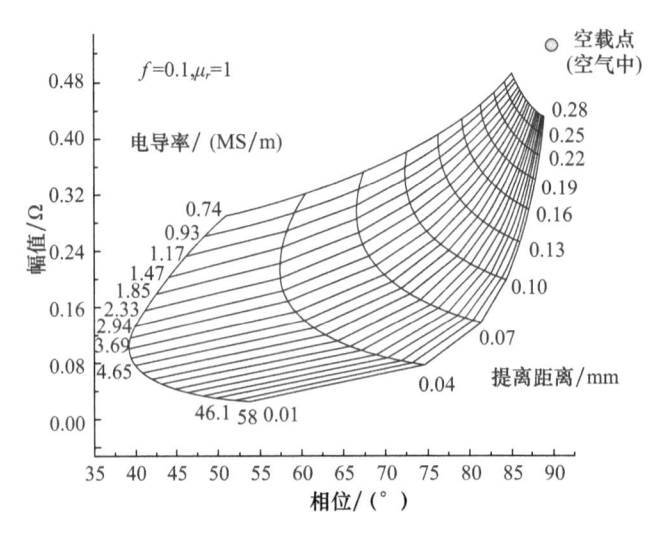

图 5-5　柔性涡流阵列传感器跨阻抗双参数网格平面图
($f=0.1$(归一化),电导率和提离距离)

在跨阻抗双参数网格平面图中,一种参数对应一簇曲线,簇曲线中的一条曲线对应传感器跨阻抗输出在一种参数常值下随另一种参数的变化规律。两簇曲线相交形成网格平面,从单个网格几何外形中可以看出传感器对损伤输入参数的监测灵敏度、噪声输入参数的稳定性以及两种损伤参数的选择性。

(1)灵敏度和稳定性。网格的大小对应灵敏度,每个网格单元中的长度和宽度即为在特定输入参数变化量下的跨阻抗变化幅度,而簇曲线中相邻两条曲线的损伤输入参数变化量是固定的,故可以从网格大小中直接看出传感器对某个输入参数的灵敏度和稳定性。

(2)选择性。网格的正则性对应选择性,当网格越趋近于规则方形时,则其选择性越好。即网格单元中长度与宽度方向上的夹角,当夹角接近90°时,则长度和宽度方向之间具有最大的独立性,即选择性。

除了灵敏度、稳定性和选择性,当需要从跨阻抗值中逆向计算参数值时,也

可以从网格平面中看出参数测量的误差性。

针对非铁磁性结构,图 5-3~图 5-5 所示是不同频率下的电导率和提离距离双参数跨阻抗网格平面图。首先可以从图中看出,随提离距离的增大,0.001(归一化)、0.01(归一化)和 0.1(归一化)3 种频率下的跨阻抗网格均向传感器空载点收缩,网格单元不断减小,即传感器的灵敏度和选择性随提离距离增大而减小。这是由于随提离距离的增大,激励线圈在结构表面产生的涡流场强度减小,且涡流场对感应线圈的影响也减小,导致结构电导率变化引起的涡流场变化对传感器感应线圈的影响不断减弱。同时,在某一特定激励频率下,传感器的监测灵敏度随结构电导率发生变化,在 0.001(归一化)激励频率下,高电导率点处的监测灵敏度大,当电导率小于 5.84MS/m 时,监测灵敏度大幅减小,这是由于电导率较大时,结构表面涡流强度越大,从而电导率变化引起的涡流场变化对感应线圈的影响较大。在 0.01(归一化)激励频率下,在高电导率和低电导率的监测灵敏度小,反而是中间电导率点处的监测灵敏度大,这是由于高电导率下的结构表面涡流的趋肤深度很浅($\sigma=58$MS/m 时,趋肤深度 $\delta=(2/\omega\sigma\mu)1/2=0.07$mm),涡流场分布集中且涡流所处的区域变小,则整个结构电导率的变化对涡流的影响变小,监测灵敏度降低。而在中电导率处,涡流强度比低电导率大,同时涡流有效分布区域比高电导率大,故此处的传感器监测灵敏度最大,这将在下一节场分布形式计算中进一步解释。在 0.1(归一化)激励频率下,趋肤深度进一步减小,涡流场分布区域也同时缩减,低电导率处监测灵敏度大。故在某固定频率下,具有最佳监测灵敏度的电导率点,同时最佳灵敏度电导率点会随提离距离变化而发生变化。

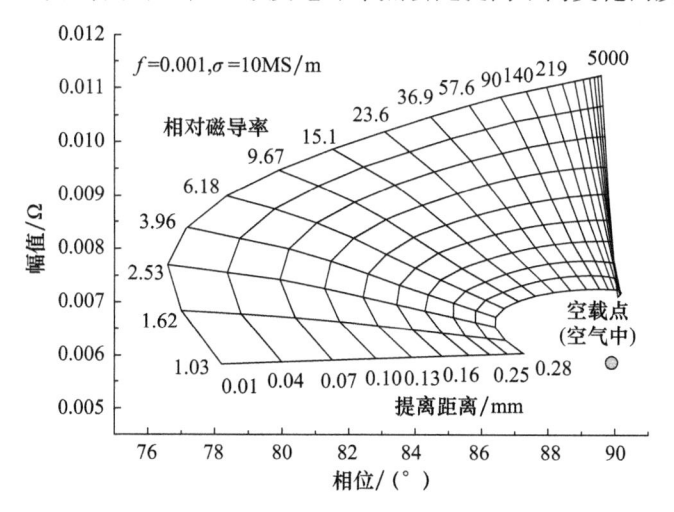

图 5-6 柔性涡流阵列传感器跨阻抗双参数网格平面图
($f=0.001$(归一化),磁导率和提离距离)

分析比较 3 种激励频率下的传感器总体监测灵敏度可知,0.01(归一化)激励频率时的传感器监测性能最好,0.001(归一化)激励频率时的幅值变化量小,有效电导率范围小($\sigma > 5.8$MS/m)。而 0.1(归一化)激励频率时不同电导率下的簇曲线比 0.01(归一化)激励频率时的簇曲线密,网格单元面积小,则传感器在 0.001(归一化)以下和 0.1(归一化)以上的监测性能较差。考虑跨阻抗幅值大小,合适的激励频率应该为 0.001(归一化)~0.1(归一化),同时可以看出,在该激励频率范围内,跨阻抗的相位对电导率不敏感,这一结论在后续传感器在线监测实验中得到验证。

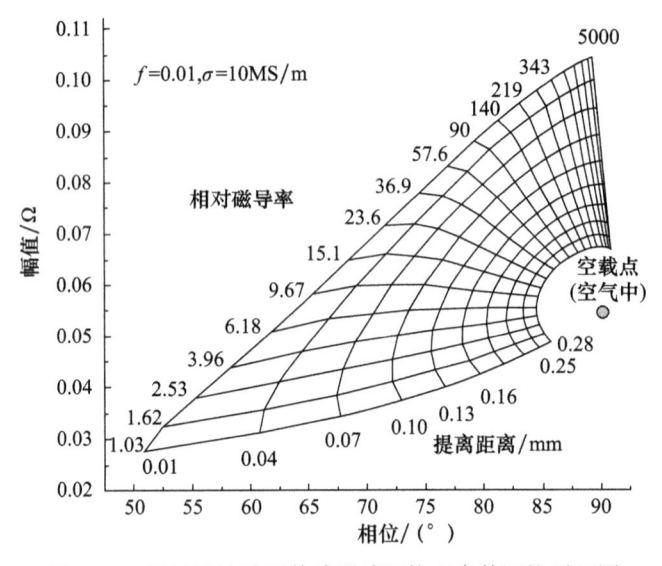

图 5-7　柔性涡流阵列传感器跨阻抗双参数网格平面图
($f = 0.01$(归一化),磁导率和提离距离)

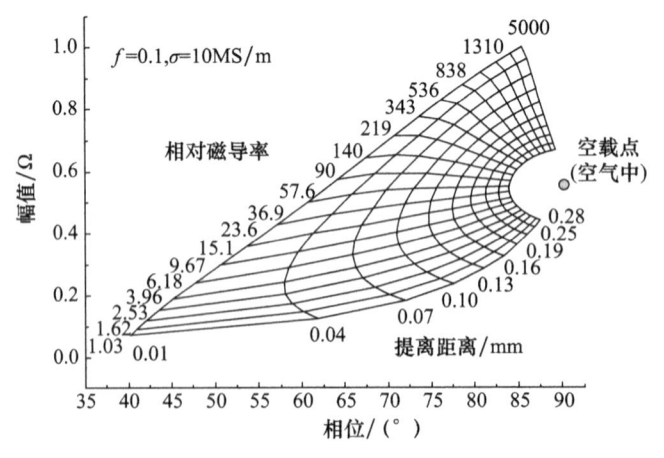

图 5-8　柔性涡流阵列传感器跨阻抗双参数网格平面图
($f = 0.1$(归一化),磁导率和提离距离)

针对铁磁性材料,图 5-6～图 5-8 是不同频率下的磁导率和提离距离双参数跨阻抗网格平面图,选取的结构电导率为 10MS/m。同电导率和提离距离双参数跨阻抗网格平面图一样,随提离距离的增大,3 种频率下的跨阻抗网格平面向传感器空载点收缩,网格单元几何尺寸不断减小,传感器的灵敏度和选择性随提离距离增大而不断减小。与非铁磁性材料不同,磁性材料不仅增强了激励线圈中的激励场,即相当于在感应线圈中间增加铁芯,而且增强了磁性结构表面涡流场。激励场的增强可以增大感应线圈的跨阻抗幅值输出,而涡流场的增强却减少感应线圈的跨阻抗输出,磁性材料的这种特性使得其跨阻抗网格平面图表现出跟电导率和提离距离双参数跨阻抗网格平面图不一样的规律。

(1)当磁性材料的磁导率达到临界值后,跨阻抗输出反而随提离距离增大而减少,而在电导率和提离距离双参数跨阻抗网格平面图中,跨阻抗输出、提离距离都是增大的。这是由于当磁导率达到临界值后,结构磁导率引起的对感应线圈输出的增强作用起主导作用,提离距离增大时,增强作用逐渐减弱,所以跨阻抗输出减少。同时分析比较 3 种频率下的磁导率和提离距离双参数跨阻抗网格平面图可知,临界值随频率增大而增大,这是由于激励频率的增大将导致涡流的增强,而涡流的增强将减少感应线圈跨阻抗输出。

(2)在特定频率下,存在最优磁导率灵敏度点,同时最优磁导率点随激励频率增大而增大,而在电导率和提离距离双参数跨阻抗网格平面图中,最优电导率点随激励频率增大而减小。最优磁导率灵敏度点跟上述所述的磁导率临界值点一致。这是由于,在临界值点上激励场占主导作用,随磁导率增加,涡流场强度增大,则由单位磁导率变化引起的涡流场变化变大,而单位磁导率变化引起的激励磁场的变化量不变,两效应互减,则磁导率灵敏度变小。在临界值点下涡流场占主导作用,当磁导率降低时,涡流场强度减小,则同样单位磁导率变化引起的涡流场变化减小,而单位磁导率变化引起的激励磁场的变化量不变,则磁导率灵敏度降低,故最优磁导率灵敏度点即为磁导率临界值点。从图中也可以看出,在跨阻抗随提离距离变化簇曲线中,水平曲线所处的磁导率点其灵敏度高。

图 5-9～图 5-11 所示是不同频率下的磁导率和电导率双参数跨阻抗网格平面图,选取的提离距离是 0.01mm。由图中可知,磁导率和电导率的选择性随磁导率的增大和激励频率的增大而减小,在 0.1(归一化)激励频率下的磁导率和电导率选择性最差,即在高磁导率和高频激励下,磁导率和电导率对柔性涡流阵列传感器的跨阻抗输出的影响是一致的。故当将柔性涡流阵列传感器应用到具有高磁导率铁磁性材料结构的损伤监测时,将损伤等效成磁导率和电导率的双重变化,则要从传感器跨阻抗输出中逆向出磁导率和电导率将会存在较大难度。

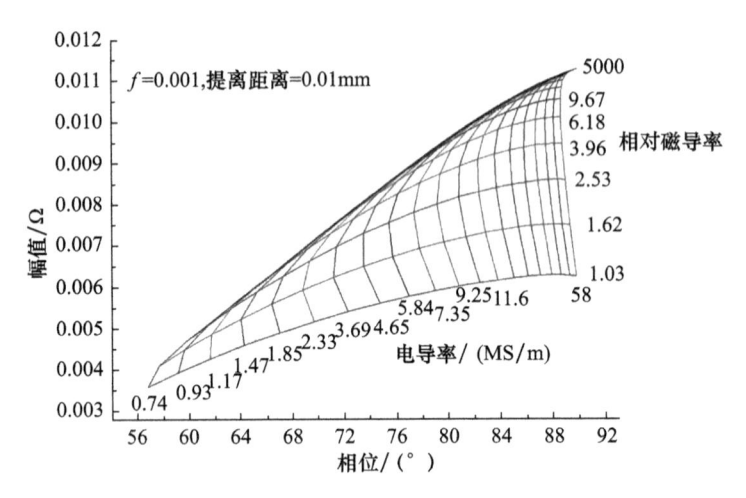

图 5-9　柔性涡流阵列传感器跨阻抗双参数网格平面图
($f=0.001$(归一化),磁导率和电导率)

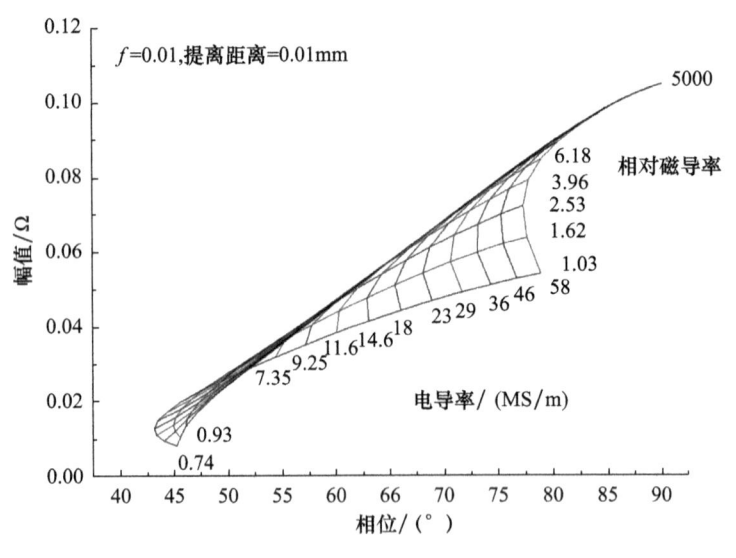

图 5-10　柔性涡流阵列传感器跨阻抗双参数网格平面图
($f=0.01$(归一化),磁导率和电导率)

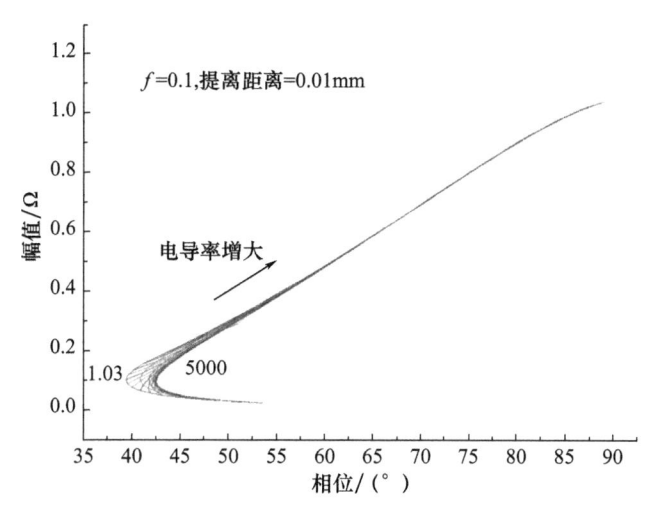

图 5-11　柔性涡流阵列传感器跨阻抗双参数网格平面图
($f=0.1$（归一化），磁导率和电导率）

5.1.2　线圈电流与结构涡流场分布

本节将根据半解析模型计算得到不同激励频率下的柔性涡流阵列传感器在周围介质空间中所产生的电磁场和涡流分布规律，进一步加强对柔性涡流阵列传感器电磁场输出特性的理解，从而可为传感器跨阻抗响应特性分析提供原理性解释。由于空间场分布所依赖的参数较多，譬如结构电导率、磁导率、提离距离或激励频率等参数，本节选用一种典型被监测结构和两个典型频率计算传感器放置在被监测结构上方时的电流场和结构涡流场分布，同时也获得传感器激励和感应线圈上的线电流密度分布，由于场空间分布所需要的计算量较大，仿真分析中将传感器的通道数降为两通道，场空间分布计算参数如表 5-2 所示。

表 5-2　场空间分布计算参数

被监测结构	电导率	相对磁导率	提离距离	激励频率
2A12-T4 铝合金	17.4MS/m	1	0.03mm	0.001（归一化）、0.1（归一化）

在场计算结果中，线电流密度、涡流是一复参量，为得到瞬时的传感器线圈线电流密度、结构涡流场，考虑传感器的正弦波激励，对复参量的实部和虚部分别讨论，即分别分析在一个谐波周期内 $\omega t=0$ 和 $\omega t=\pi/2$ 时刻时的场分布形式

($K=\sin(wt+\varphi)$,当 $\omega t=0$ 时,$K=\sin(\varphi)$,即为对应为复参量的虚部,当 $\omega t=\pi/2$ 时,$K=\cos(\varphi)$,对应为复参量的实部)。

首先考虑传感器监测 2A12 – T4 铝合金时的结构涡流场和空间电磁场分布,图 5 – 12 ~ 图 5 – 15 所示为激励频率0.001(归一化)、0.1(归一化)和 $\omega t=0$、$\omega t=\pi/2$ 时的传感器激励和感应线圈的线电流密度分布曲线。

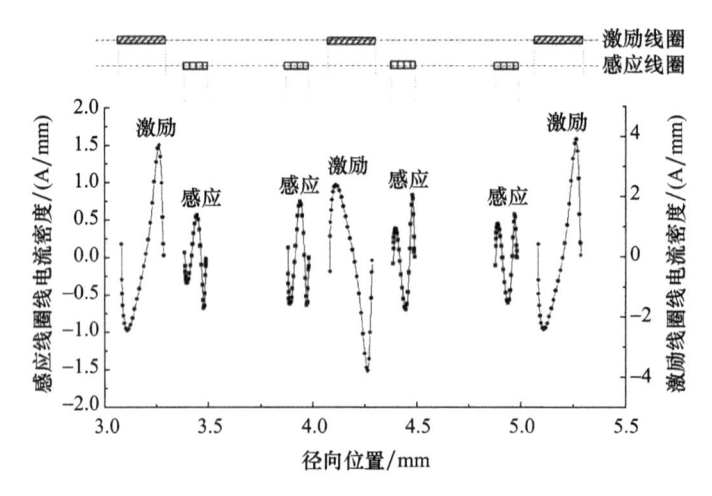

图 5 – 12　传感器线圈截面线电流密度分布($\omega t=0$,频率 = 0.001(归一化))

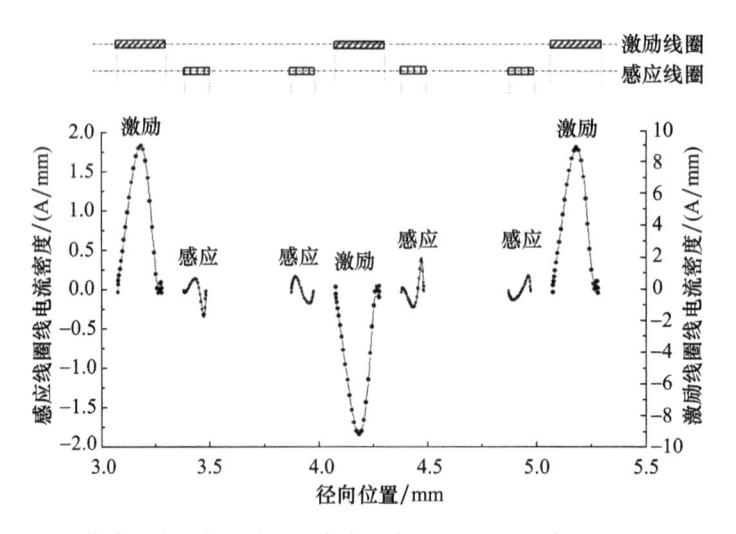

图 5 – 13　传感器线圈截面线电流密度分布($\omega t=\pi/2$,频率 = 0.001(归一化))

在0.001(归一化)激励频率下,图 5 – 12 和图 5 – 13 所示分布曲线中,由于激励频率较低,线电流密度未表现出趋肤效应,其分布表现为开口向下的抛物线,即线圈截面中间的线电流密度幅值大而两边的线电流密度幅值小,这与低频下直导线中的线电流密度的一致性分布明显不同,即低频下环形导线中线电流密度会向中间汇集,而在低频下直导线中线电流密度均匀分布。1A 幅值下的正弦激励电流在 $\omega t=0$ 时刻线圈总电流为 0,对各段激励线圈截面线电流密度积分得总电流为 0,同样在 $\omega t=\pi/2$ 时刻线圈总电流为 1。在图 5-13 中,对各段激励线圈截面线电流密度积分得总电流为 1,这也验证了本书建立的半解析模型的准确性。相对于激励线圈,感应线圈中的线电流密度值较小,同时感应线圈在开路边界条件下其任意时刻的总电流为 0,图 5-12 和图 5-13 中的感应线圈线电流密度分布满足了该边界条件。

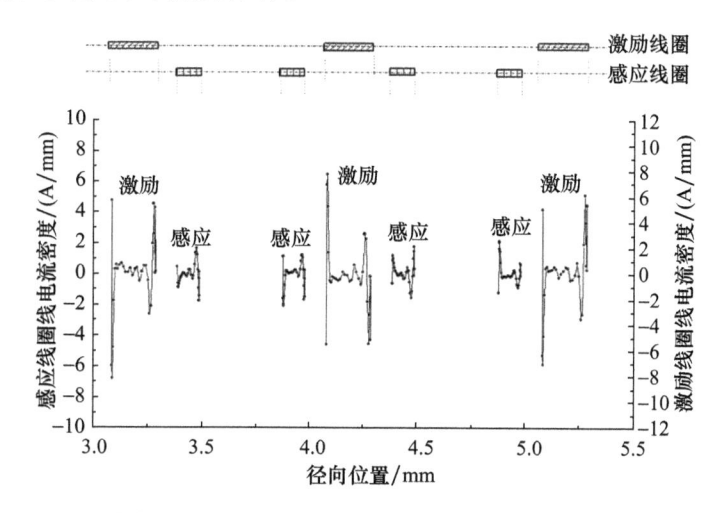

图 5-14 传感器线圈截面线电流密度分布($\omega t=0$,频率 = 0.1(归一化))

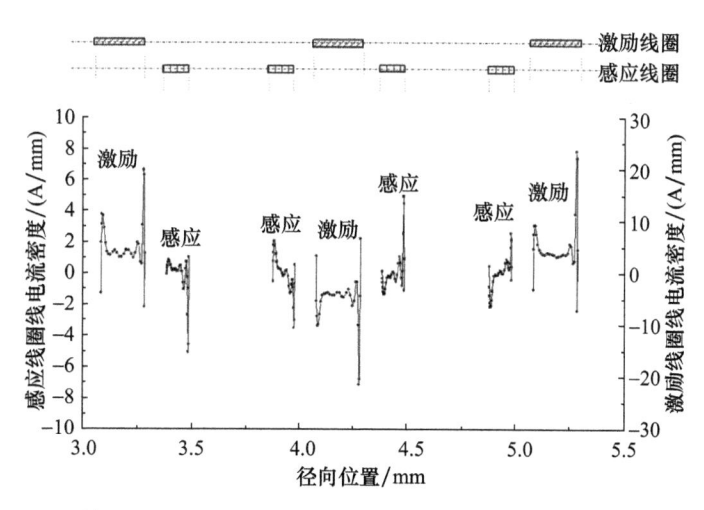

图 5-15 传感器线圈截面线电流密度分布($\omega t=\pi/2$,频率 = 0.1(归一化))

相比于 0.001(归一化)激励频率,0.1(归一化)激励频率下线圈中电流的趋肤效应较为明显。在图 5-14 和图 5-15 中,激励和感应线圈截面两边缘处的线电流密度值大大高于截面中间位置处的线电流密度,体现了在高频激励下导线电流分布的趋肤效应,即在高频激励下,激励线圈中存在两个激励源,分别位于线圈的左右两边缘处,这在后面空间磁场分布中体现得较为明显。同时,0.1(归一化)激励频率下,感应线圈中的线电流密度值较大,跟激励线圈仅差别一个数量级。

图 5-16 和图 5-17 所示为 0.001(归一化)激励频率下 $\omega t = 0$、$\omega t = \pi/2$ 时刻的被监测结构表面涡流场分布等高线图,纵坐标深度值 0 对应于 2A12-T4 铝合金结构表面。图中,涡流场集中在激励线圈下方的被监测结构,3 段激励线圈在被监测结构表面形成 3 个涡流源,且 3 个涡流源以波形式向结构内部和结构边缘衰减扩散,同时,在 3 个激励线圈中,中间线圈与两边线圈的激励电流流向相反,故在 3 个涡流源之间的结构涡流场存在零值涡流,表现为图中 3 组涡流场波之间的分界线。

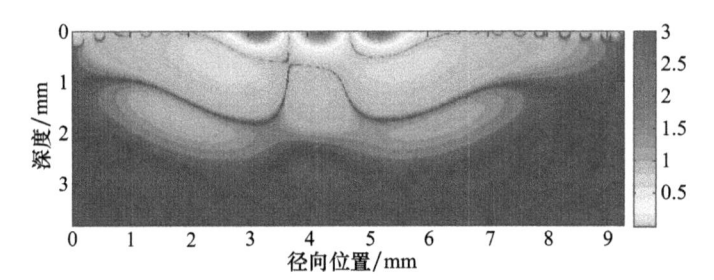

图 5-16 被监测结构表面涡流场分布($\omega t = 0$,频率 = 0.001(归一化))

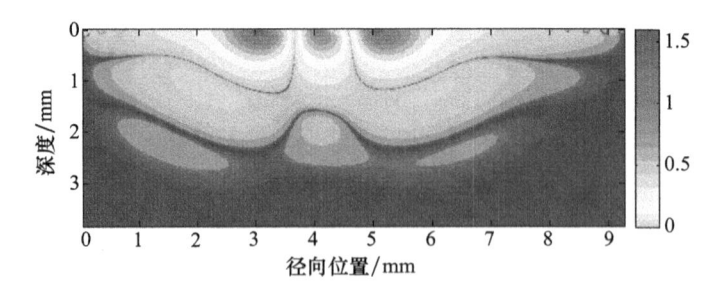

图 5-17 被监测结构表面涡流场分布($\omega t = \pi/2$,频率 = 0.001(归一化))

图 5-18 和图 5-19 所示为 0.1(归一化)激励频率下 $\omega t = 0$、$\omega t = \pi/2$ 时刻的被监测结构表面涡流场分布等高线图。同 0.001(归一化)激励频率下一样,3 段激励线圈截面在结构表面形成 3 个涡流源,并以波形式向结构内部和边缘扩散,但相比于 0.001(归一化),0.1(归一化)激励频率下的涡流场分布更为集中,

而 0.001(归一化)激励频率下的涡流场分布较为分散,表现为 0.1(归一化)下涡流场扩散波的波长短。同时,结构表面涡流场的趋肤效应更为明显,涡流场主要分布在 0.1mm 以上(0.1(归一化)激励频率下趋肤深度 $\delta = (2/\omega\sigma\mu)^{1/2} = 0.038$mm)。

在传感器跨阻抗响应特性分析结果中,跨阻抗的相位对损伤输入参数不敏感,相位对提离距离敏感,而将传感器固定安装于被监测结构表面后,提离距离固定不变,即使由于结构振动引起的提离距离微动变化所产生的相位变化也是很小的,同时后续监测实验也证明了这点分析结果。故在后续仿真分析、优化设计和实验研究中,将传感器的跨阻抗输出弱化为跨阻抗幅值且不考虑传感器对提离距离的稳定性。上述建立的灵敏度和稳定性定义式简化为

$$S_\sigma = \frac{\partial Z_A}{\partial \sigma} \tag{5-7}$$

$$S_\mu = \frac{\partial Z_A}{\partial \mu} \tag{5-8}$$

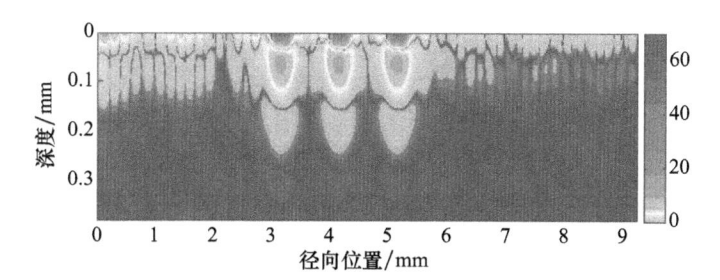

图 5-18 被监测结构表面涡流场分布($\omega t = 0$,频率 = 0.1(归一化))

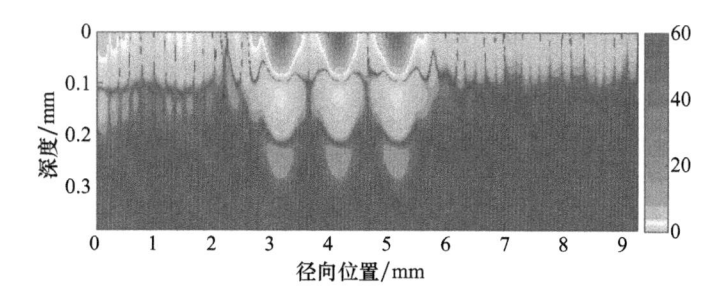

图 5-19 被监测结构表面涡流场分布($\omega t = \pi/2$,频率 = 0.1(归一化))

基于跨阻抗响应特性分析的传感器优化设计必须考虑被监测结构本身的电导率和磁导率。本章选用 2A12-T4 铝合金材料对传感器进行频点优选和传感器结构参数优化。

2A12-T4 是可热处理强化铝合金,经固溶热处理、自然时效或人工时效后

具有较高的强度。该合金还具有良好的塑性成形能力和机械加工性能,能够获得各种类型的制品,因而它是航空工业中使用最为广泛的铝合金之一。该铝合金在高温下的软化倾向小,可用作受热部件,抗腐蚀能力较差,无磁性,电导率为 17.4MS/m。

由上述可知,2A12-T4 铝合金材料无磁性,则下面频率点优选和传感器结构参数优化设计中将不考虑磁导率的灵敏度以及电导率和磁导率的选择性指标,而主要考虑传感器对结构电导率的监测灵敏度。

5.2 激励参数对传感器监测灵敏度的影响规律研究

在激励参数分析中,柔性涡流阵列传感器的结构参数如表 5-1 所示,同时将定义的电导率灵敏度的微分式转化为数值式,即

$$S_\sigma = \frac{\partial Z_A}{\partial \sigma} \approx \frac{\frac{\Delta Z_A}{Z_A^0}}{\frac{\Delta \sigma}{\sigma_0}} \qquad (5-9)$$

图 5-20 和图 5-21 所示分别为 0.01mm 提离距离和 0.17mm 提离距离下,传感器 4 个感应线圈通道的电导率监测灵敏度随传感器激励电流频率变化的曲线。从图中可以看出,传感器 4 个感应线圈通道的电导率监测灵敏度随激励频率变化的趋势是一致的,而且灵敏度值也较为接近。同时 4 个感应线圈通道在相同的频率点具有最优监测灵敏度,即柔性涡流阵列传感器具有最优频率点,在最优频率点处具有最大监测灵敏度,这与跨阻抗网格平面图中的分析结果是一致的。

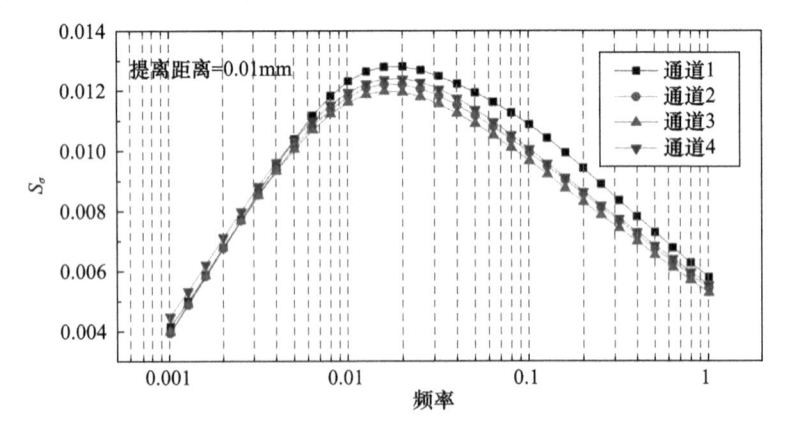

图 5-20 传感器电导率监测灵敏度随激励频率的变化
(提离距离 = 0.01mm,2A12-T4 铝合金)

需要注意的是，必须考虑提离距离的影响，主要是因为很多实际飞机金属结构表面都会经过阳极氧化或镀膜等工艺处理，从而在结构表面产生一层非导电介质，如 2A12－T4 铝合金结构会经过阳极氧化处理，而不同厚度的非导电氧化膜在模型中即表征为传感器提离距离的增大。

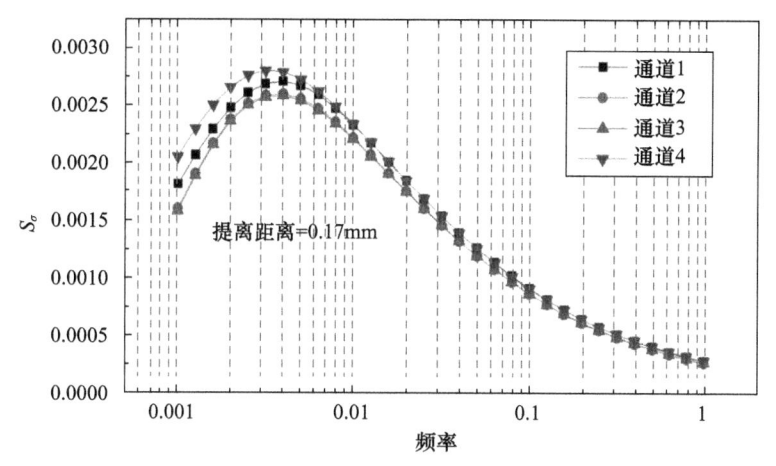

图 5－21　传感器电导率监测灵敏度随激励频率的变化
（提离距离 = 0.17mm，2A12－T4 铝合金）

考虑到传感器 4 个感应线圈通道其电导率监测灵敏度趋势一致而且值较为接近，下面以感应线圈通道 1 为研究对象，分析不同提离距离下的传感器电导率监测灵敏度随激励频率的变化（图 5－22），从图中可以看出，提离距离越大，监测灵敏度越小。在不同提离距离下都具有最优灵敏度频率点，且频率点大小随提离距离的增大而减小。

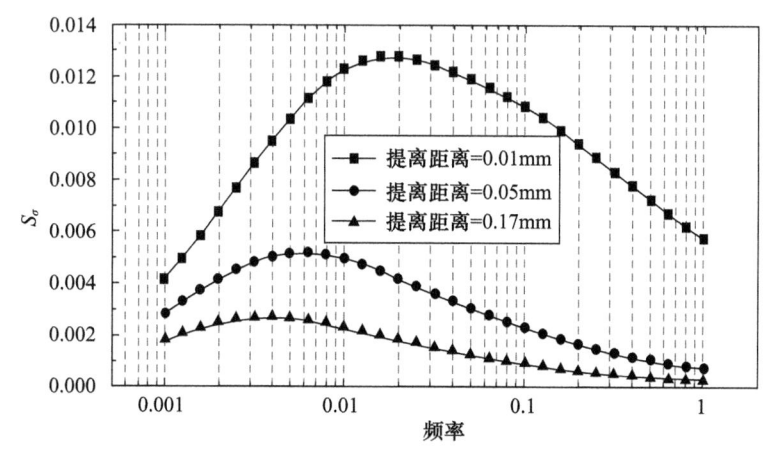

图 5－22　不同提离距离下的传感器电导率监测灵敏度随激励频率的变化
（2A12－T4 铝合金）

图 5-23 所示是传感器电导率监测灵敏度的最优频率点和最优灵敏度值随提离距离变化的曲线,即确定了结构表面氧化膜等非导电介质膜的厚度后,可以根据此图对传感器进行激励频率点选择。从图中可以看出,随提离距离的增大,最优灵敏度值减小,同时最优频率点也降低,并且会趋于稳定值。

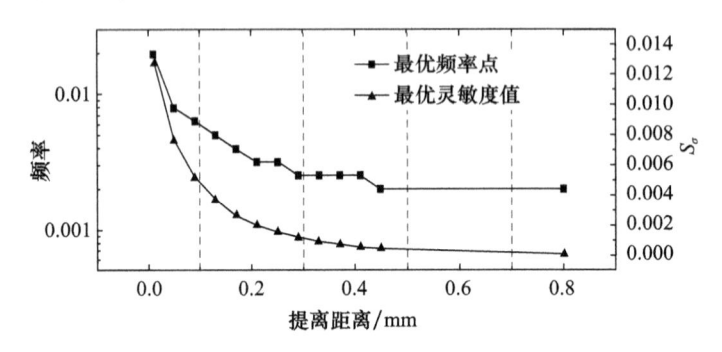

图 5-23 电导率监测灵敏度最优频率点和最优灵敏度值随提离距离的变化
（2A12-T4 铝合金）

5.3 结构参数对传感器监测灵敏度的影响规律研究

为分析传感器结构参数对其监测性能的影响,本节考虑柔性涡流阵列传感器监测 2A12-T4 铝合金,将表 5-1 所示的模型分析参数作为基准参数,通过倍数形式缩小或扩大其基准参数并应用传感器半解析正向模型获得在这些不同传感器结构参数下的电导率监测灵敏度。由于计算量较大,同时考虑到传感器各通道性能的一致性(5.2 节分析结果中得到),所以在本节模型仿真分析中,将传感器通道减为两通道,并以通道 1 作为分析通道。

5.3.1 导线厚度

将传感器激励和感应线圈的导线厚度设定为基准参数的 1/4、1/2、2 倍和 4 倍,图 5-24 和图 5-25 所示分别为 0.05mm 和 0.15mm 提离距离下,不同导线厚度的传感器第一通道电导率监测灵敏度随传感器激励电流频率变化的曲线。图中,在最优频率点附近处,不同导线厚度下的电导率监测灵敏度差别较大,且导线厚度越小电导率监测灵敏度越高,导线厚度越大电导率监测灵敏度越低,同时,由图中可以看出,2 倍导线厚度和 4 倍导线厚度下的曲线几乎无差别,即电导率监测灵敏度降低的幅度随导线厚度增大而减小。

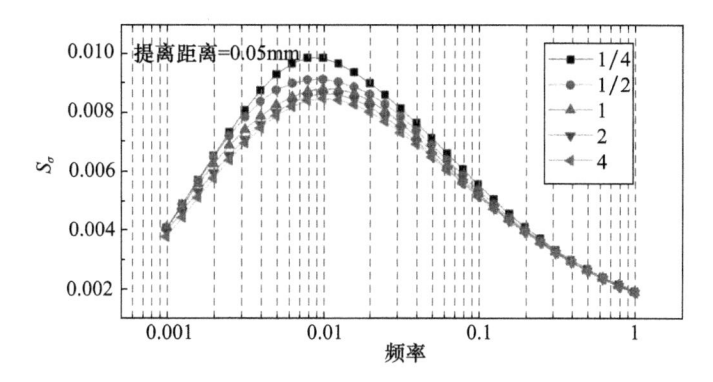

图 5-24　不同导线厚度下的传感器电导率监测灵敏度随激励频率的变化
（提离距离 = 0.05mm）

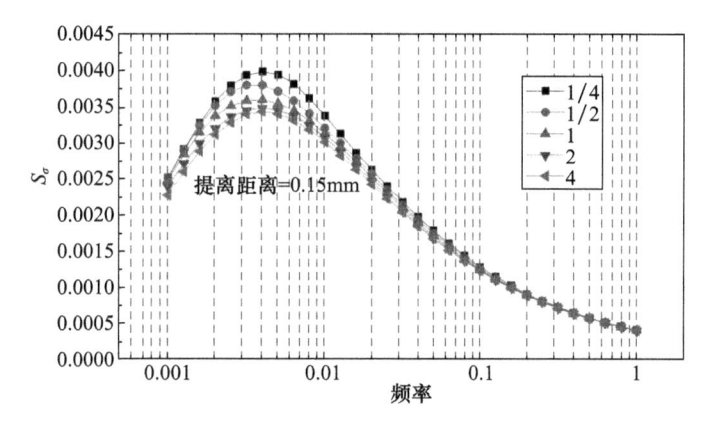

图 5-25　不同导线厚度下的传感器电导率监测灵敏度随激励频率的变化
（提离距离 = 0.15mm）

5.3.2　基材厚度

将传感器激励线圈和感应线圈之间的基材厚度设定为基准参数的 1/4、1/2、2 倍和 4 倍，图 5-26 和图 5-27 所示分别为 0.05mm 和 0.15mm 提离距离下，不同基材厚度的传感器第一通道电导率监测灵敏度随传感器激励电流频率变化的曲线。图中，在最优频率点附近处，不同基材厚度下的电导率监测灵敏度差别较大，且基材厚度越小电导率监测灵敏度越高，基材厚度越大电导率监测灵敏度越低。与导线厚度不同的是，由图中可以看出，1/2 导线厚度和 1/4 导线厚度下的曲线几乎无差别，即电导率监测灵敏度增大的幅度随基材厚度减小而减小。同时，不同基材厚度下的最优频率点会发生偏移，最优频率点会随基材厚度的增大而向低频处偏移,这是由于基材厚度的增大可以等效为传感器提离距离的增大。

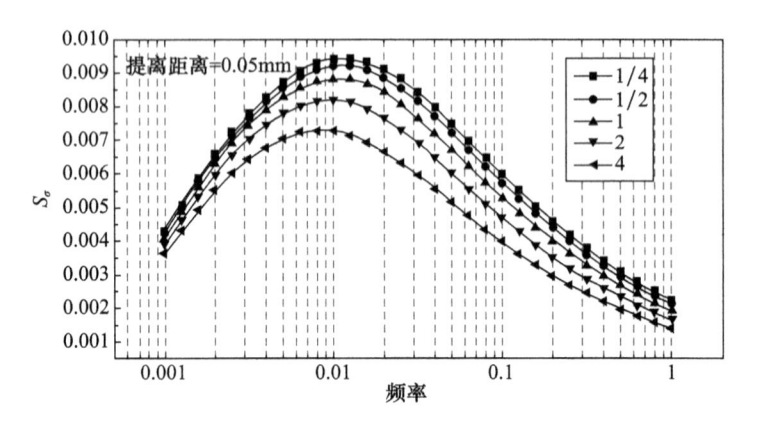

图 5-26 不同基材厚度下的传感器电导率监测灵敏度随激励频率的变化（提离距离 = 0.05mm）

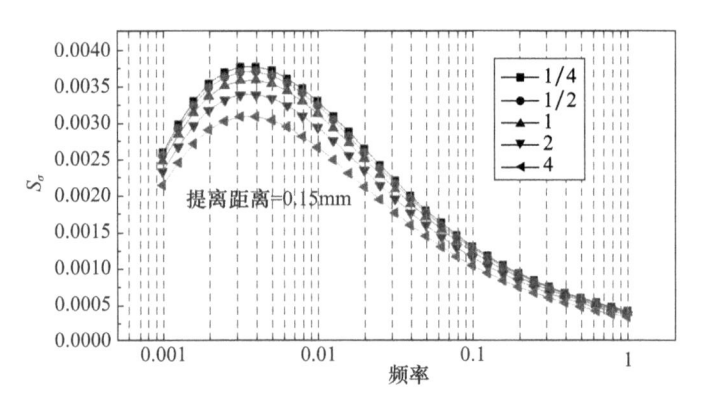

图 5-27 不同基材厚度下的传感器电导率监测灵敏度随激励频率的变化（提离距离 = 0.15mm）

5.3.3 传感器中心孔半径

考虑柔性涡流阵列传感器的螺栓孔边裂纹监测典型应用,传感器的中心孔半径即为螺栓孔半径。为分析不同孔半径下的传感器监测性能,将传感器中心孔半径设定为基准参数的 2 倍、4 倍、6 倍和 8 倍,图 5-28 和图 5-29 所示分别为 0.05mm 和 0.15mm 提离距离下,不同中心孔半径的传感器第一通道电导率监测灵敏度随传感器激励电流频率变化的曲线。由图中可知,传感器中心孔半径对其电导率监测灵敏度影响较大,在整个频率范围内都有影响,尤其在最优频率点附近影响最大,其电导率监测灵敏度不随中心孔径大小单调变化,6 倍孔径处的电导率监测灵敏度下降较为明显,2 倍、4 倍和 8 倍中心孔径的电导率监测灵敏度较为接近。

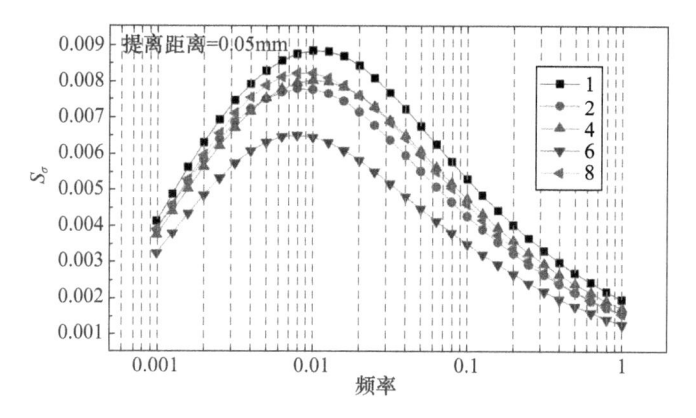

图 5-28　不同中心孔半径下的传感器电导率监测灵敏度随激励频率的变化
（提离距离 = 0.05mm）

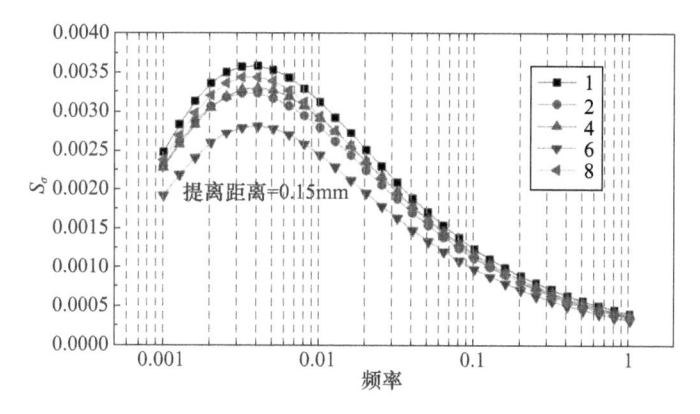

图 5-29　不同中心孔半径下的传感器电导率监测灵敏度随激励频率的变化
（提离距离 = 0.15mm）

5.3.4　感应线圈与激励线圈水平间距

感应线圈与激励线圈之间的水平间距大小反映了激励线圈所激发的入射场对感应线圈直接影响的大小。考虑传感器的 1mm 裂纹监测精度,即表 5-1 参数中 $2*(p+g+s+d)-p=1$mm,将传感器激励线圈和感应线圈之间的水平间距设定为基准参数的 1/3 倍、2/3 倍、1.5 倍和 2 倍,图 5-30 和图 5-31 所示分别为 0.05mm 和 0.15mm 提离距离下,不同感应线圈与激励线圈水平间距的传感器第一通道电导率监测灵敏度随传感器激励电流频率变化的曲线。由图中可以看出,感应线圈与激励线圈之间的水平间距越大,传感器的电导率监测灵敏度越大,这是由于水平间距越大,激励线圈所激发的入射场对感应线圈的直接影响就越小,则由结构电导率变化引起的涡流反射场变化对感应线圈的影响就变大,即电导率监测灵敏度变大。同时,从图中可以看出,感应线圈与激励线圈之间的水平间距大小对最优频率点的影响较为微弱。

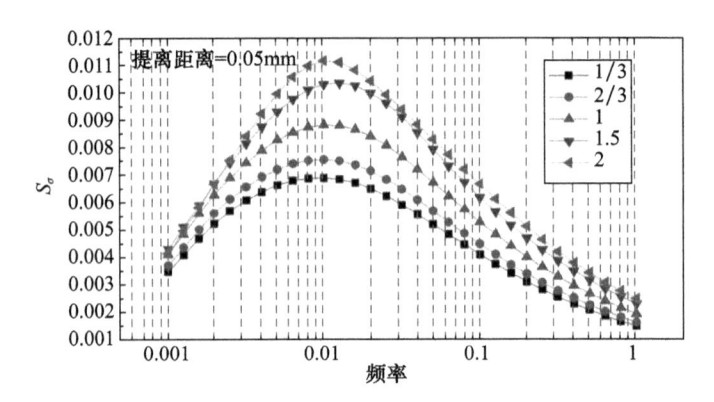

图 5-30 不同感应与激励线圈水平间距下的传感器电导率
监测灵敏度随激励频率的变化(提离距离 = 0.05mm)

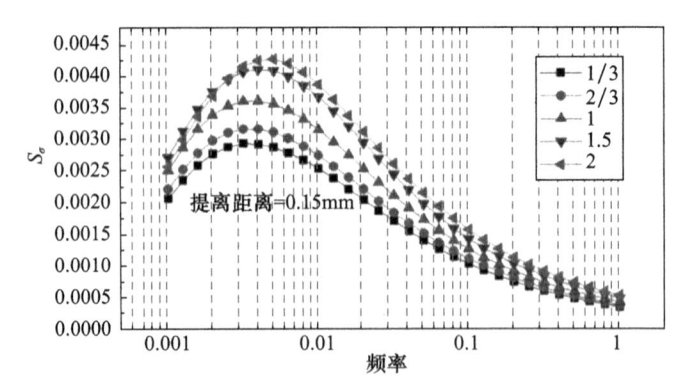

图 5-31 不同感应与激励线圈水平间距下的传感器电导率
监测灵敏度随激励频率的变化(提离距离 = 0.15mm)

5.3.5 激励线圈与感应线圈宽度比值

将传感器激励线圈和感应线圈宽度比值设定为基准参数的 1/2 倍、2 倍、3

倍和 4 倍，图 5-32 和图 5-33 所示分别为 0.05mm 和 0.15mm 提离距离下，不同感应线圈与激励线圈宽度比值的传感器第一通道电导率监测灵敏度随传感器激励电流频率变化的曲线。从图中可以看出，感应线圈与激励线圈宽度比值对传感器的电导率监测灵敏度影响较小，在小范围内，比值越大，电导率监测灵敏度越小。

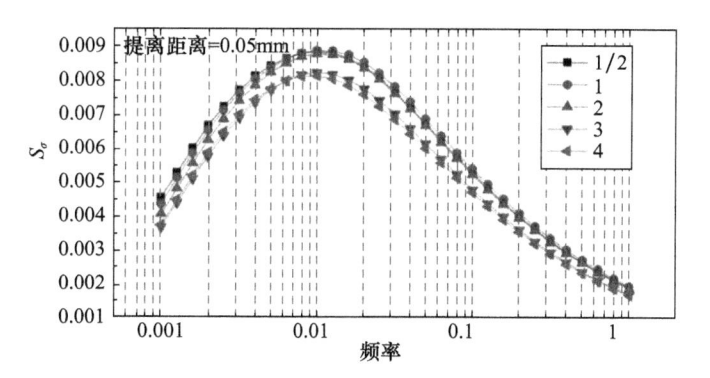

图 5-32　不同感应与激励线圈宽度比值下的传感器电导率
监测灵敏度随激励频率的变化（提离距离 = 0.05mm）

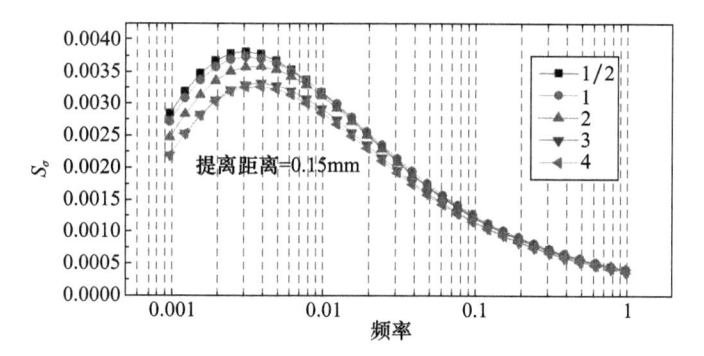

图 5-33　不同感应与激励线圈宽度比值下的传感器电导率
监测灵敏度随激励频率的变化（提离距离 = 0.15mm）

通过上述分析比较不同结构参数下的传感器电导率监测灵敏度可知，在固定中心孔径情况下，对传感器监测性能影响最大的是基材厚度和感应线圈与激励线圈水平间距这两个结构参数，基材厚度参数可以等效为传感器提离距离，而感应线圈与激励线圈之间的水平间距大小反映了激励线圈所激发的入射场对感应线圈的直接影响大小。

第 6 章

柔性涡流传感器裂纹扰动半解析模型

在传统的涡流检测理论研究中,裂纹结构下的涡流场建模方法主要有数值法和解析法。其中,随着数值计算技术和计算机技术的飞速发展,有限差分法、有限元法、边界元法、体积分方程法以及各种方法的变体和混合法等各类数值法越来越多地应用于涡流场的建模研究中,数值法能够研究传感器和含裂纹被监测结构所组成的耦合系统电磁场空间,可计算各种形状缺陷和具有复杂边界问题的涡流场,但是计算资源耗用太多、计算速度太慢、效率比较低,不利于模型的快速参数化建模仿真,难以满足基于模型的传感器损伤定量评估方法。而针对解析法,由于结构裂纹的引入导致问题空间从二维到三维,裂纹结构下的空间电磁场分布纯解析模型构建难度大大增加,目前可用的解析模型都是近似模型,主要基于两个假设,即理想裂纹假设和扰动模型假设。在理想裂纹假设中,不考虑裂纹的宽度。而在扰动模型假设中,裂纹的存在只对整个初始电磁场空间产生扰动作用,不引起初始电磁场空间的重新分布,即扰动模型避免了裂纹与初始电磁场空间之间的耦合。基于理想裂纹假设和扰动模型假设,希腊的 Theodoulidis 教授和美国的 Bowler 教授将裂纹结构下的涡流场问题简化为在结构裂纹平面分布的电偶极子或磁偶极子对传感器阻抗输出的扰动问题,而日本的 Yusa 教授考虑应力腐蚀开裂问题,将裂纹等效为具有不同电导率分布的平面结构,研究涡流场下裂纹的重构问题。

与传统的多匝绕制线圈形式的涡流传感器不同,裂纹结构下的环状涡流阵列传感器涡流场建模问题要考虑传感器阵列结构的建模问题,而现有阵列传感器模型还是传统线圈模型简单的合并,同时还要考虑在高频激励下线圈中激励电流分布的趋肤效应。为分析结构裂纹损伤改变传感器输出信号的底层机理,考虑到建立的等效模型在求解效率和精度上的优势,本章将建立环状涡流传感器的裂纹扰动半解析模型,研究被监测结构中裂纹对传感器感应线圈输出电压信号的扰动作用。在扰动模型中,裂纹的存在只对整个初始电磁场空间产生扰动作用,不引起初始电磁场空间的重新分布,即扰动模型避免了裂纹与初始电磁场空间之间的耦合,使得扰动模型的半解析求解成为可能。

6.1 柔性涡流传感器裂纹扰动半解析模型构建

首先针对裂纹扰动模型做两个假设:①被监测结构的裂纹不改变结构本身的电磁参数,裂纹改变的是电磁场边界条件,在结构中产生不连续边界,而结构中涡流的不连续变化将引起自由电荷在裂纹表面累积,累积的裂纹表面自由电荷影响环状传感器的感应线圈输出电压;②结构存在裂纹时的电场空间简化为初始电场空间(即未产生裂纹时的电场空间)和自由电荷引起的扰动电场的叠加。针对第一个假设,实际上被监测结构在外界疲劳载荷作用下,由于累积损伤结构本身的电磁属性,如电导率或铁磁性材料的磁导率会发生微小变化,但是相对于裂纹引起的累积自由电荷对传感器感应线圈输出电压的影响来说,这部分材料电磁属性的变化所产生的影响可以忽略。在第二个假设中,忽略了裂纹对初始磁场的扰动作用,即不考虑裂纹引起的磁矢扩散效应,这个假设大大降低模型变量空间大小,只需要在裂纹表面区域构建表面自由电荷密度参数空间,避免了有限元法在全局模型空间中进行网格划分。

6.2 柔性涡流传感器裂纹扰动半解析模型的建模路线

借鉴有限元法思路,在裂纹和结构表面划分网格,并以网格中心点处的自由电荷密度作为待求函数,根据电场叠加原理和电流密度散度定理所定义的边界约束条件,对每个网格单元中心点处的自由电荷密度进行约束,得到全部待定系数所满足的约束线性方程组,通过线性方程组求解理论得到裂纹和结构表面自由电荷密度分布。同时,在裂纹周围体空间内划分体网格单元,根据得到的自由电荷密度分布得到在体网格单元空间内的扰动电流,并且依据初始涡流场分布计算由于裂纹空气域存在而引起的扰动电流,两部分扰动电流在系统电磁空间中激发扰动磁矢,扰动磁矢经于传感器感应线圈耦合,最终求得感应线圈处的扰动电压,模型建构路线如图6-1所示。

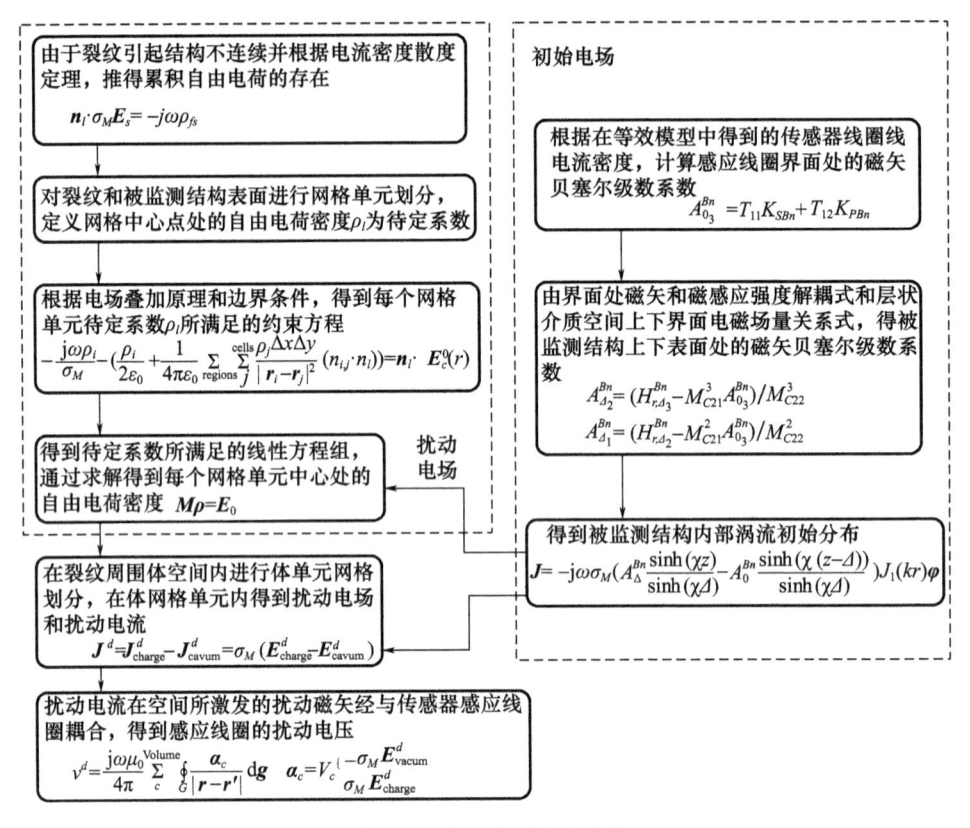

```
┌─────────────────────────────────────┐      ┌─────────────────────────────────────┐
│ 由于裂纹引起结构不连续并根据电流密度散度 │      │ 初始电场                              │
│ 定理,推得累积自由电荷的存在              │      │                                      │
│   $n_l \cdot \sigma_M E_s = -j\omega\rho_{fs}$ │      │   ┌──────────────────────────────┐  │
└──────────────┬──────────────────────┘      │   │ 根据在等效模型中得到的传感器线圈线 │  │
               │                              │   │ 电流密度,计算感应线圈界面处的磁矢 │  │
               ▼                              │   │ 贝塞尔级数系数                   │  │
┌─────────────────────────────────────┐      │   │   $A_{0_3}^{Bn} = T_{11}K_{SBn}+T_{12}K_{PBn}$ │  │
│ 对裂纹和被监测结构表面进行网格单元划分, │      │   └──────────────┬───────────────┘  │
│ 定义网格中心点处的自由电荷密度$\rho_i$为待定系数 │      │                  ▼                   │
└──────────────┬──────────────────────┘      │   ┌──────────────────────────────┐  │
               ▼                              │   │ 由界面处磁矢和磁感应强度解耦式和层状 │  │
┌─────────────────────────────────────┐      │   │ 介质空间上下界面电磁场量关系式,得被 │  │
│ 根据电场叠加原理和边界条件,得到每个网格 │      │   │ 监测结构上下表面处的磁矢贝塞尔级数系  │  │
│ 单元待定系数$\rho_i$所满足的约束方程      │      │   │ 数                            │  │
│ $-\frac{j\omega\rho_i}{\sigma_M}-(\frac{\rho_i}{2\varepsilon_0}+\frac{1}{4\pi\varepsilon_0}\sum_{regions}^{cells}\sum_j \frac{\rho_j \Delta x \Delta y}{|r_i-r_j|^2}(n_{ij}\cdot n_l))=n_l \cdot E_c^0(r)$ │  │   $A_{\Delta_2}^{Bn}=(H_{r,\Delta_3}^{Bn}-M_{C21}^3 A_{0_3}^{Bn})/M_{C22}^3$ │  │
└──────────────┬──────────────────────┘      │   │   $A_{\Delta_1}^{Bn}=(H_{r,\Delta_2}^{Bn}-M_{C21}^2 A_{0_3}^{Bn})/M_{C22}^2$ │  │
               ▼                       扰动    │   └──────────────┬───────────────┘  │
┌─────────────────────────────────────┐ 电场   │                  ▼                   │
│ 得到待定系数所满足的线性方程组,        │      │   ┌──────────────────────────────┐  │
│ 通过求解得到每个网格单元中心处的        │      │   │ 得到被监测结构内部涡流初始分布    │  │
│ 自由电荷密度                         │      │   │ $J=-j\omega\sigma_M(A_\Delta^{Bn}\frac{\sinh(\chi z)}{\sinh(\chi\Delta)}-A_0^{Bn}\frac{\sinh(\chi(z-\Delta))}{\sinh(\chi\Delta)})J_1(kr)\varphi$ │  │
│     $M\rho=E_0$                     │      │   └──────────────────────────────┘  │
└──────────────┬──────────────────────┘      └─────────────────────────────────────┘
               ▼
┌─────────────────────────────────────┐
│ 在裂纹周围体空间内进行体单元网格        │
│ 划分,在体网格单元内得到扰动电场        │
│ 和扰动电流                            │
│ $J^d=J_{charge}^d-J_{cavum}^d=\sigma_M(E_{charge}^d-E_{cavum}^d)$ │
└──────────────┬──────────────────────┘
               ▼
┌─────────────────────────────────────┐
│ 扰动电流在空间所激发的扰动磁矢经与传感器感应线 │
│ 圈耦合,得到感应线圈的扰动电压           │
│ $v^d=\frac{j\omega\mu_0}{4\pi}\sum_c^{Volume}\oint_G\frac{\alpha_c}{|r-r'|}dg$   $\alpha_c=V_c\{\begin{matrix}-\sigma_M E_{vacuum}^d \\ \sigma_M E_{charge}^d\end{matrix}$ │
└─────────────────────────────────────┘
```

图 6-1 扰动模型构建路线

6.2.1 裂纹和结构表面三维网格划分

考虑环状涡流传感器的典型应用,即监测螺栓搭接结构的孔边裂纹,如图 6-2 所示。

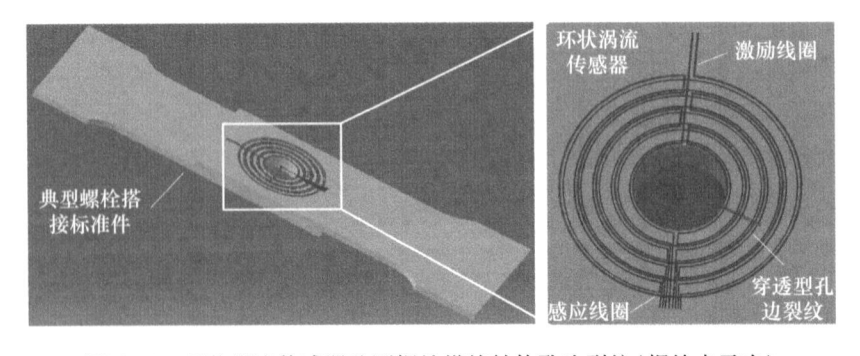

图 6-2 环状涡流传感器监测螺栓搭接结构孔边裂纹(螺栓未示出)

在图 6-3 中,通过长度、宽度和深度 3 个参量来表征矩形裂纹,对于穿透型孔边裂纹,裂纹深度就是被监测结构的厚度,但是受涡流场趋肤效应的影响,裂纹的有效深度较小(在 MHz 激励频率数量级下,裂纹有效深度一般小于 1mm),为保持模型通用性并且缩小网格划分空间,穿透型孔边裂纹转化为结构表面裂纹,将裂纹深度作为参量引入到模型建立过程中,在后续模型仿真中可根据趋肤深度选取裂纹深度。

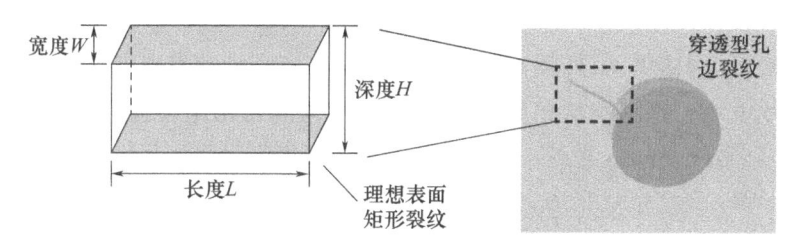

图 6-3　孔边裂纹局部放大以及理想矩形裂纹

由于裂纹内部涡流密度为 0,裂纹表面处的涡流密度不连续,则在裂纹周围表面将会累积自由电荷,在裂纹周围表面定义一个有 ρ_{fs} 自由电荷的微元,即自由电荷密度 ρ_{fs},则根据电流密度的散度定理有

$$\boldsymbol{n} \cdot \|\boldsymbol{J}\| = -\frac{\partial \rho_{fs}}{\partial t} \tag{6-1}$$

式中:$\boldsymbol{n}$ 为表面单位法向量;$\boldsymbol{J}$ 为单位时间内通过微元包含面积的电量。在谐波激励下并且考虑到裂纹内部涡流密度为 0,式(6-1)转化为

$$\boldsymbol{n}_l \cdot \sigma_M \boldsymbol{E}_s = -j\omega \rho_{fs} \tag{6-2}$$

式中:$\boldsymbol{n}_l$ 为裂纹周围表面指向结构内部导电区域的单位法向量;σ_M 为结构电导率;ω 为传感器激励频率;$\boldsymbol{E}_s$ 为裂纹表面电场。参考有限元法思路,在裂纹周围表面划分网格,并定义网格中心点处的自由电荷密度为待定系数。以表面长方体裂纹为例,面网格划分示意图如图 6-4 所示。

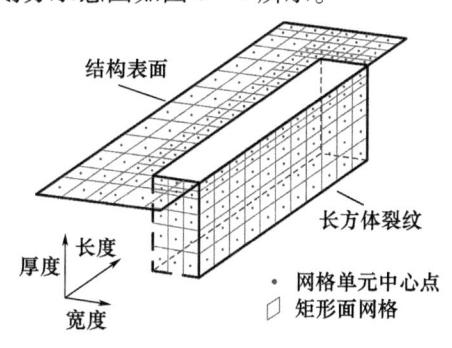

图 6-4　表面长方体裂纹面网格划分示意图

图 6-4 中,采用多重网格矩形单元对裂纹表面进行网格划分,即在自由电荷密度大的表面采用细网格划分,在自由电荷密度小的表面采用粗网格划分,由涡流趋肤效应可知,离被监测结构表面越近,涡流强度越强,即累积的自由电荷密度就越大,则离被监测结构表面越近的裂纹表面采取细网格单元划分。

6.2.2 自由电荷密度分布

考虑第 i 网格单元,如图 6-5 所示。单元 i 中心处的自由电荷密度为 ρ_i,网格大小为 $\Delta x \times \Delta y$,当网格单元足够小时,单元 i 内的自由电荷总量为 $\Delta x \times \Delta y \times \rho_i$,则单元 i 在系统空间任意点 a 所产生的扰动电场为

$$\boldsymbol{E}_{i,a}^d(\boldsymbol{r}) = \frac{1}{4\pi\varepsilon_0} \frac{\rho_i \Delta x \Delta y}{|\boldsymbol{r}_a - \boldsymbol{r}_i|^2} \boldsymbol{n}_{i,a} \tag{6-3}$$

式中: $\boldsymbol{n}_{i,a}$ 是由单元 i 中心点指向空间任意点 a 的单位向量。

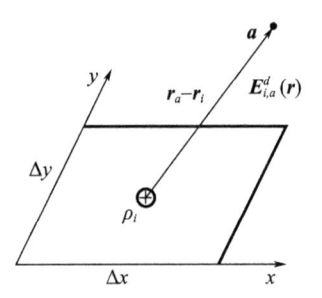

图 6-5 网格单元内自由电荷所产生的扰动电场

根据电场叠加原理,得到裂纹表面累积的自由电荷在系统空间任意点 a 所产生的扰动电场为

$$\boldsymbol{E}_a^d(\boldsymbol{r}) = \frac{1}{4\pi\varepsilon_0} \sum_{\text{regions}} \sum_i^{\text{cells}} \frac{\rho_i \Delta x \Delta y}{|\boldsymbol{r}_a - \boldsymbol{r}_i|^2} \boldsymbol{n}_{i,a} \tag{6-4}$$

针对单元 i 中心点处的扰动电场,根据式(6-2)所定义的自由电荷边界条件以及扰动模型假设得

$$\boldsymbol{n}_l \cdot \sigma_M (\boldsymbol{E}_i^d(\boldsymbol{r}) + \boldsymbol{E}_i^0(\boldsymbol{r})) = -\mathrm{j}\omega\rho_{fs} \tag{6-5}$$

式中: $\boldsymbol{E}_i^d(\boldsymbol{r})$ 为单元 i 中心点处的扰动电场; $\boldsymbol{E}_i^0(\boldsymbol{r})$ 为单元 i 中心点处的初始电场。考虑与单元 i 共面的单元 j 内自由电荷在单元 i 中心点的扰动电场,由于 $\boldsymbol{n}_l \cdot \boldsymbol{n}_{i,j} = 0$,则共面网格单元 j 在单元 i 中心点的扰动电场为 0。根据式(6-4),非共面网格单元 j 内自由电荷在网格单元 i 中心点处产生的扰动电场为

$$\boldsymbol{E}_i^d(\boldsymbol{r}) = \frac{1}{4\pi\varepsilon_0} \sum_{\text{regions}} \sum_j^{\text{cells}} \frac{\rho_j \Delta x \Delta y}{|\boldsymbol{r}_i - \boldsymbol{r}_j|^2} \boldsymbol{n}_{i,j} \tag{6-6}$$

特别的是，网格单元 i 内的自由电荷对其中心点处的扰动电场根据高斯定理有

$$\boldsymbol{n} \cdot \| \boldsymbol{E}_i^d(\boldsymbol{r})'' \| = \frac{\rho_i}{\varepsilon_0} \tag{6-7}$$

考虑单面散度有

$$\boldsymbol{n} \cdot \boldsymbol{E}_i^d(\boldsymbol{r})'' = \frac{\rho_i}{2\varepsilon_0} \tag{6-8}$$

将式(6-7)和式(6-8)代入式(6-5)中有

$$-\frac{\mathrm{j}\omega\rho_i}{\sigma_M} - \left(\frac{\rho_i}{2\varepsilon_0} + \frac{1}{4\pi\varepsilon_0} \sum_{\text{regions}} \sum_j^{\text{cells}} \frac{\rho_j \Delta x \Delta y}{|\boldsymbol{r}_i - \boldsymbol{r}_j|^2} (\boldsymbol{n}_{i,j} \cdot \boldsymbol{n}_\ell) \right) = \boldsymbol{n}_\ell \cdot \boldsymbol{E}_c^0(\boldsymbol{r}) \tag{6-9}$$

对所有网格单元中心点处建立如式(6-9)的约束方程，则可以得到网格单元中心点处自由电荷密度所满足的线性方程组：

$$\boldsymbol{M}\boldsymbol{\rho} = \boldsymbol{E}_0 \tag{6-10}$$

式中：$\boldsymbol{\rho}$ 为网格单元中心点处自由电荷密度向量；$\boldsymbol{E}_0$ 为网格单元中心点的初始电场向量；$\boldsymbol{M}$ 为系数矩阵。根据线性方程组求解理论可以得到所有网格中心点处的自由电荷密度，由式(6-6)可得到结构裂纹在初始系统电磁空间内所产生的扰动电场。

被监测结构内部初始电场可由前面建立的等效模型计算得到。由法拉第电磁感应定律可得结构上下表面涡流电场和磁矢场的贝塞尔级数系数关系式为

$$\begin{bmatrix} E_0^{Bn} \\ E_\Delta^{Bn} \end{bmatrix} = -\mathrm{j}\omega \begin{bmatrix} A_0^{Bn} \\ A_\Delta^{Bn} \end{bmatrix} \tag{6-11}$$

则可通过结构内部磁矢场分布得到结构内部的电场分布。为得到结构内部任一位置处的磁矢贝塞尔级数系数表达式，系统电磁空间磁矢所满足的通解形式改写为

$$\boldsymbol{A} = J_1(kr)(A_a^{Bn}\sinh(\chi z) + A_b^{Bn}\cosh(\chi z))\boldsymbol{\phi} \tag{6-12}$$

由双曲正弦函数性质，并考虑解基本形式以及边界条件，将边界处的磁矢贝塞尔级数系数引入到通解形式中得

$$\boldsymbol{A} = \left\{ A_2^{Bn} \frac{\sinh(\chi z)}{\sinh(\chi \Delta)} - A_1^{Bn} \frac{\sinh[\chi(z-\Delta)]}{\sinh(\chi \Delta)} \right\} J_1(kr)\boldsymbol{\phi} \tag{6-13}$$

式中：Δ 为被监测结构的厚度。当结构上下表面处的磁矢贝塞尔级数系数已知时，则可以通过式(6-13)得到被监测结构内部的初始电场分布。由第2章式(2-77)得感应线圈界面处的磁矢 $\boldsymbol{A}$ 的贝塞尔级数系数为

$$A_3^{Bn} = T_{11}K_{SBn} + T_{12}K_{PBn} \tag{6-14}$$

根据第4章中介质空间分界面处磁矢 $\boldsymbol{A}$ 和 r 向磁场强度 $\boldsymbol{H}$ 的贝塞尔级数

系数解耦式可得感应线圈界面处的 r 向磁场强度 $\boldsymbol{H}$ 的贝塞尔级数系数为

$$H_{r,3-}^{Bn} = M_{C22}^{0\sim3}(T_{11}K_{SBn} + T_{12}K_{PBn}) \quad (6-15)$$

由第 4 章中层状介质空间上下表面磁矢 $\boldsymbol{A}$ 和 r 向磁场强度 $\boldsymbol{H}$ 的贝塞尔级数系数矩阵关系得结构上表面磁矢 $\boldsymbol{A}$ 的贝塞尔级数系数为

$$A_2^{Bn} = (H_{r,3-}^{Bn} - M_{C21}^3 A_3^{Bn})/M_{C22}^3 \quad (6-16)$$

同理可得到结构下表面磁矢 $\boldsymbol{A}$ 的贝塞尔级数系数为

$$H_{r,2-}^{Bn} = M_{C22}^{0\sim2} A_2^{Bn} \quad (6-17)$$

$$A_1^{Bn} = (H_{r,2-}^{Bn} - M_{C21}^2 A_2^{Bn})/M_{C22}^2 \quad (6-18)$$

将式(6-16)和式(6-18)带入式(6-13)即可得到被监测结构内部的初始电场分布。

需要注意的一点是,当裂纹位置或形状发生变化时,需要重新进行初始电场分布计算。为提高计算效率,可以在一个有效区域内计算多个离散点的初始电场,而后通过线性或高阶的插值法得到该有效区域内任一点的初始电场,这种插值方式可以避免初始电场的冗余计算。

6.2.3 扰动电压

扰动电场在被监测结构中产生扰动电流,扰动电流在初始系统电磁空间中激发扰动磁场。根据法拉第电磁感应定律,通过在感应线圈环路上积分,得到感应线圈的扰动电压表达式为

$$v^d = j\omega \oint_G \boldsymbol{A}^d(\boldsymbol{r}) \cdot d\boldsymbol{g} \quad (6-19)$$

式中:$\boldsymbol{A}^d(\boldsymbol{r})$ 是扰动磁矢;G 为感应线圈上的曲线积分路径。在导体结构内部,扰动电流引起的扰动磁场是单元体扰动电流的体积分,即

$$\boldsymbol{A}^d(\boldsymbol{r}) = \frac{\mu_0}{4\pi} \int_V \frac{\boldsymbol{J}^d(\boldsymbol{r}')}{|\boldsymbol{r}-\boldsymbol{r}'|} dV \quad (6-20)$$

式中:$\boldsymbol{r}$ 为扰动磁场目的点的矢量;$\boldsymbol{r}'$ 为扰动电流源点的矢量;$\boldsymbol{J}^d(\boldsymbol{r}')$ 为扰动电流。扰动电流 $\boldsymbol{J}^d(\boldsymbol{r}')$ 包含两部分,即累积的自由电荷在裂纹周围体空间内产生扰动电流 $\boldsymbol{J}_{\text{charge}}^d$ 和在初始涡流场在裂纹内部体空间的消失引起的扰动电流 $\boldsymbol{J}_{\text{cavum}}^d$,即

$$\boldsymbol{J}^d = \boldsymbol{J}_{\text{charge}}^d - \boldsymbol{J}_{\text{cavum}}^d = \sigma_M(\boldsymbol{E}_{\text{charge}}^d - \boldsymbol{E}_{\text{cavum}}^d) \quad (6-21)$$

由于式(6-20)扰动磁矢的体积分解析计算较为复杂,本书选用数值方法,在裂纹周围体空间和裂纹内部空腔空间内进行体网格划分。以表面长方体裂纹为例,扰动电流体网格划分示意图如图 6-6 所示。

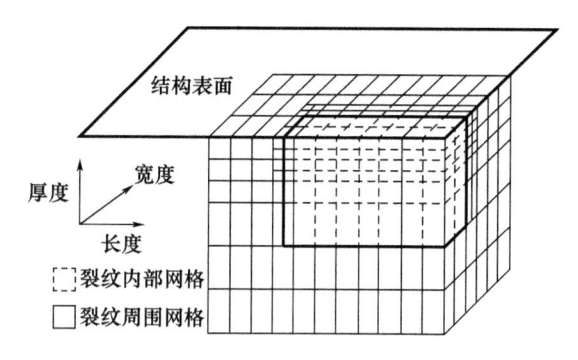

图 6-6 扰动电流体网格划分示意图

式(6-20)的数值表达式为

$$A^d(r) = \frac{\mu_0}{4\pi} \sum_c^{\text{Volume}} \frac{\alpha_c}{|r-r'|} \quad (6-22)$$

其中

$$\alpha_c = V_c \begin{cases} -\sigma_M E_{\text{vacum}}^d \\ \sigma_M E_{\text{charge}}^d \end{cases}$$

将式(6-22)代入式(6-19),得感应线圈扰动电压的数值表达式为

$$v^d = \frac{j\omega\mu_0}{4\pi} \sum_c^{\text{Volume}} \oint_G \frac{\alpha_c}{|r-r'|} \cdot dg \quad (6-23)$$

至此,扰动模型构建完毕。

6.2.4 模型推广

(1) 在模型构建过程中,没有事先假设初始电场的分布形式,直接用 E_{cavum}^d 和 E_0 表示初始电场,则本书建立的扰动模型可以推广应用到多种形态涡流传感器中,比如矩形线圈等。

(2) 本书针对理想矩形裂纹建立其扰动模型,但在模型中,扰动电场或扰动电流的计算都是针对网格单元(面单元或体单元)进行的,裂纹的全局形态不影响建模过程,故可以将本书建立的扰动模型推广到任意形态的结构裂纹,体现了数值法优势。

6.3 半解析扰动模型实验验证

本节搭建实验平台进行裂纹扩展模拟实验验证扰动模型准确性,裂纹扩展模拟实验示意图如图 6-7 所示。使用线切割(EDM)在标准试件上产生长条穿透裂纹,制备的四通道环状涡流传感器通过三维移动平台沿裂纹方向移动,模拟螺栓孔边裂纹在传感器下方扩展。

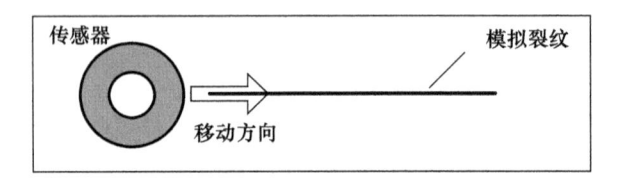

图 6-7 裂纹扩展模型实验示意图

实验选用 304 不锈钢和 2A12-T4 铝合金两种标准试件,如图 6-8 所示。传感器沿裂纹方向上的移动通过微纳光科 WN220 系列超高精度电动平移台和 WN04 系列高精度电动升降台组合而成的三维移动平台及运动控制器来实现,三维移动平台及传感器与试件的接触方式分别如图 6-9 和图 6-10 所示。

(a) 304不锈钢　　(b) 2A12-T4铝合金

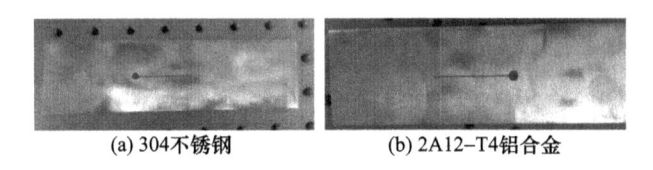

图 6-8 裂纹扩展模拟试验件

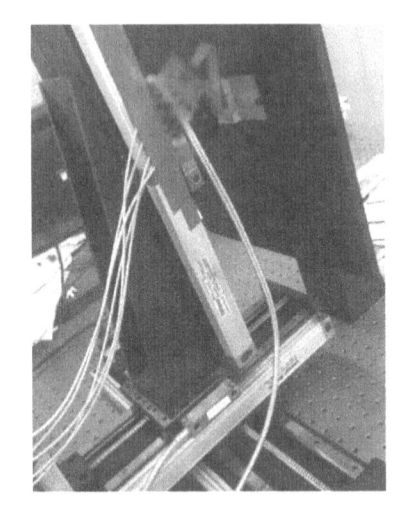

图 6-9 三维移动平台　　图 6-10 传感器与试件接触方式

实验系统硬件结构图如图 6-11 所示。泰克 AFG3101 信号发生器产生谐波激励信号并经宽带功放作用于传感器激励线圈,感应电压信号运放后经

NI PXI-5124 高频采集卡输入到软件系统进行信号处理。以 2A12-T4 铝合金为例，图 6-12 所示为 3M 激励频率下，传感器 4 个感应通道归一化感应电压 V 实验结果随传感器移动位置 x 变化的规律。

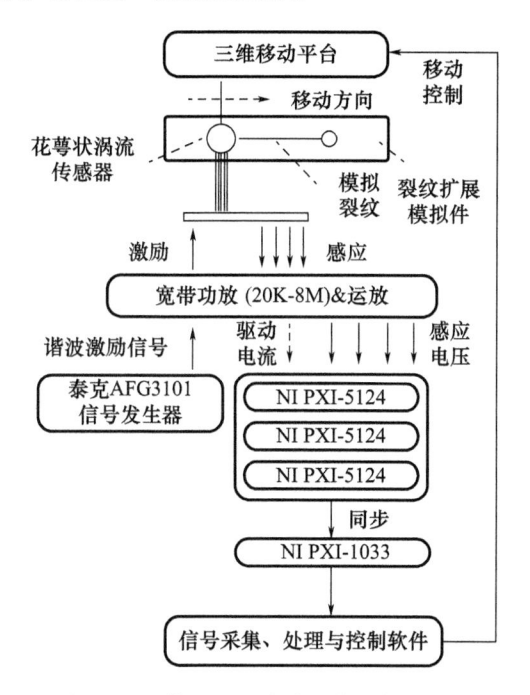

图 6-11 模型验证实验系统硬件结构图

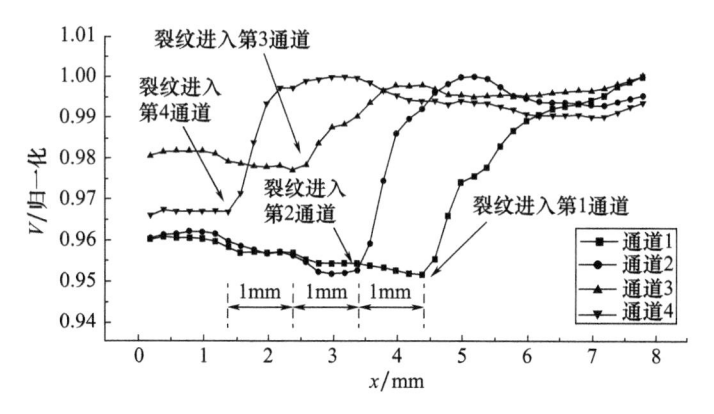

图 6-12 传感器 4 个感应通道归一化感应电压实验结果随传感器移动位置的变化规律（3M 激励频率）

在图 6-12 中，当裂纹前缘进入某一感应线圈通道时，相应感应通道的感应电压会上升，而后趋于稳定。4 个感应通道的感应电压曲线开始上升的拐点在

图 6-12 中箭头标出，相邻拐点之间的距离为 1mm，而传感器的设计波长 λ 正好是 1mm，实验结果验证了环状涡流传感器的监测原理。同时，从图 6-12 中可以看出，裂纹对各个感应线圈的扰动作用在于各通道感应电压的上升，为验证本书建立的扰动模型准确性，定义感应通道电压扰动上升百分比值 δ：

$$\delta = \Delta V/V_0 \times 100(\%) \qquad (6-24)$$

式中：ΔV 为裂纹对感应通道电压的扰动值；V_0 为未存在裂纹时的感应通道电压值。以 2A12-T4 试件为例，图 6-13 所示为 3MHz 激励频率下，裂纹对传感器 4 个感应通道电压扰动上升百分比值 δ 的实验和模型对比结果曲线，表 6-1 所示为 3MHz 和 6MHz 激励频率下，2A12-T4 铝合金和不锈钢两种试件 δ 的扰动模型计算误差结果。

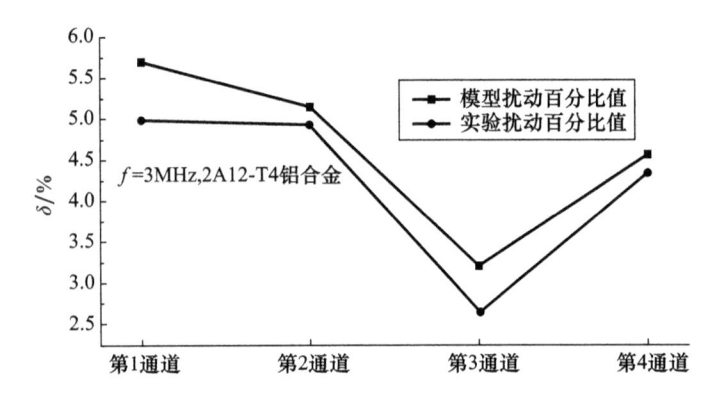

图 6-13 δ 模型与实验对比结果曲线（f = 3MHz，2A12-T4）

表 6-1 不同激励频率 f 和试件下的扰动模型计算误差结果

通道	2A12-T4,3MHz/%			2A12-T4,6MHz/%			不锈钢,3MHz/%			不锈钢,6MHz/%		
	实验	模型	误差	实验	模型	误差	实验	模型	误差	实验	模型	误差
1	4.97	5.70	14.6	6.02	6.50	7.97	1.06	1.36	28.3	2.19	2.43	10.9
2	4.92	5.15	4.67	5.42	6.29	16.1	1.55	1.37	11.6	2.38	2.34	1.68
3	2.64	3.20	21.2	3.44	3.73	8.43	0.56	0.69	23.21	1.04	1.27	22.1
4	4.34	4.56	5.06	4.92	5.47	11.2	1.42	1.30	5.06	2.23	2.09	6.27

从图 6-13 可以看出，在 3MHz 和 6MHz 两种激励频率下，2A12-T4 铝合金和不锈钢的扰动模型计算结果同实验测量结果比较吻合，传感器 4 个感应通道的扰动模型计算误差都在 25% 以内。比较不同频率和两种试件不同电导率的扰动模型计算和实验结果可知，6MHz 激励频率下的裂纹对传感器感应通道电压扰动上升百分比值 δ 要大于 3MHz 激励频率，而电导率大的 2A12-T4 铝合金，其 δ 值要大于电导率小的不锈钢。分析误差源主要有两个方面：①仪器测量

误差,实验中发现裂纹对传感器的扰动作用非常小,尤其是电导率相对较低的不锈钢,导致信号噪声对测量结果影响较大;②数值计算误差,扰动模型中应用的网格划分和数值计算方法会产生截断等数值误差。同时,传感器的制备误差、建模误差以及扰动假设误差也会对实验测量结果和模型计算结果产生影响。

6.4 扰动模型应用

需要注意的是,应用本章所建立的半解析扰动模型存在其限制条件,即无法将传感器扰动模型应用于磁性结构的传感器扰动电压计算中,否则会产生较大的计算误差,这是由于磁性结构中的表面裂纹将会导致磁感应强度在裂纹表面处的不连续,磁感应强度的不连续产生扰动磁化电流,而在本章扰动模型中并未考虑扰动磁化电流对传感器扰动输出电压信号的影响。同时,在下列3种情况下,扰动模型计算误差将会进一步加大。

(1)高磁导率结构。高磁导率结构将明显提高磁感应强度在裂纹表面处的不连续性,从而大大增强了扰动磁化电流。

(2)裂纹宽度过大,导致磁场通过裂纹空腔非磁导率区的路径变大。当裂纹宽度越小时,裂纹结构两边的磁化电流会存在抵消效应,这种效应类似于在磁路中一段材料的磁阻跟其厚度是成比例关系的。

(3)结构中磁化电流超过感应涡流成为影响传感器感应输出信号的决定因素。比如,当传感器激励电流接近直流时,结构表面处的感应涡流场强度将会变得很小,在这种情况下,磁化电流将会超过感应涡流成为影响传感器感应输出信号的决定因素。

6.4.1 裂纹对传感器扰动电压信号的影响

本节将应用扰动模型分析结构表面裂纹的几何尺寸对环状涡流传感器扰动电压信号的影响。为简化分析,考虑理想矩形裂纹,其几何尺寸包含长度、宽度和深度。在环状涡流传感器的螺栓孔边裂纹在线监测应用中,由疲劳损伤引起的孔边裂纹一般都是穿透型裂纹,裂纹深度都超过结构表面涡流的趋肤深度。同时,从环状涡流传感器的阵列设计思路可以看出,传感器所关心的不是单个感应通道的输出信号随裂纹长度的变化,而是裂纹开始进入某一个感应通道时该感应通道电压的变化。因此,本节忽略理想矩形裂纹的长度和深度,只分析裂纹宽度对传感器感应通道扰动电压信号的影响,而与之相对应的是,由于结构之间存在弹塑性能差别,疲劳损伤引起的结构表面裂纹宽度往往是有差别的。

以 2A12-T4 铝合金为分析对象,考虑 3MHz 激励频率,扰动模型仿真示意图如图 6-14 所示,仿真基本参数如表 6-2 所示。

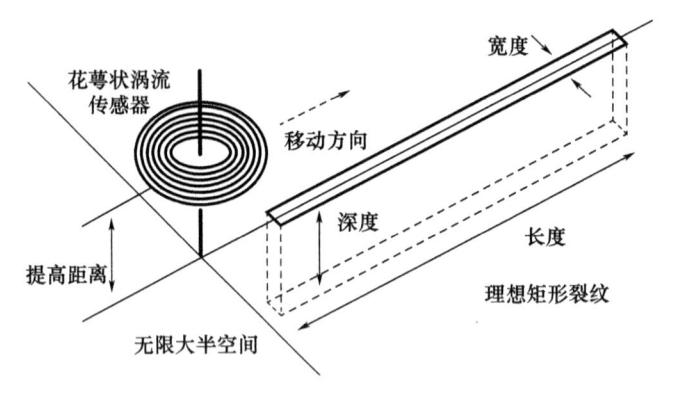

图 6-14 扰动模型仿真示意图

表 6-2 模型分析基本参数

	参数	四通道环状涡流阵列传感器
传感器	p	0.5205(归一化)
	g	0.7807(归一化)
	s	0.5205(归一化)
	d	1(归一化)
	h_s, h_p	0.018 mm
	r_p	3.28 mm
	Δ_3	0.0365 mm
裂纹	类型	理想矩形裂纹
	长度	0.6mm
	深度	穿透型裂纹
2A12-T4 铝合金	电导率	17.4MS/m
	相对磁导率	1

传感器初始位置图 6-15 如所示,不同裂纹宽度下的通道 4 扰动电压随传感器移动距离变化的扰动模型计算结果如图 6-16 所示。由图中可以看出,图 6-16 中的扰动模型计算结果与图 6-12 中的实验测试结果规律是一致的,即裂纹刚开始穿入感应通道时,扰动电压开始上升,并在裂纹完全穿出时扰动电压达到最大值,裂纹继续扩展则扰动电压保持不变,扰动电压随裂纹扩展位置的变化规律验证了本书扰动模型构建的准确性以及环状涡流传感器的分段式监测设

计思想。不同裂纹宽度下的通道 4 扰动电压变化规律也是一致的,同时扰动电压值在裂纹宽度大于 0.15mm 后基本相同。定义裂纹完全穿出和裂纹刚开始穿入某个感应通道时扰动电压的差值为某个感应通道的完全扰动电压,传感器 4 个感应通道的完全扰动电压随裂纹宽度的变化规律如图 6-17 所示。

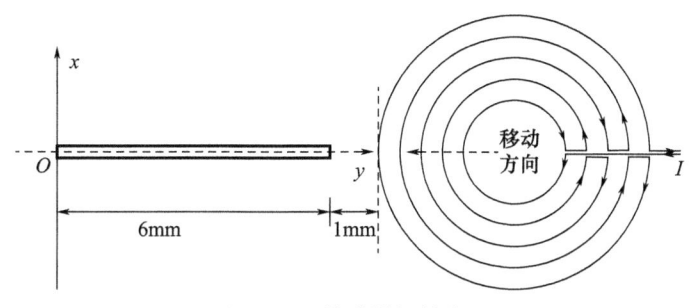

图 6-15 传感器初始位置

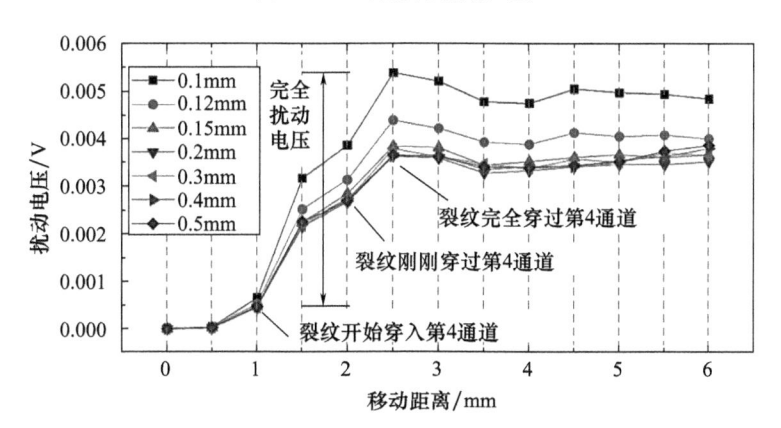

图 6-16 不同裂纹宽度下的通道四扰动电压随传感器移动距离的变化

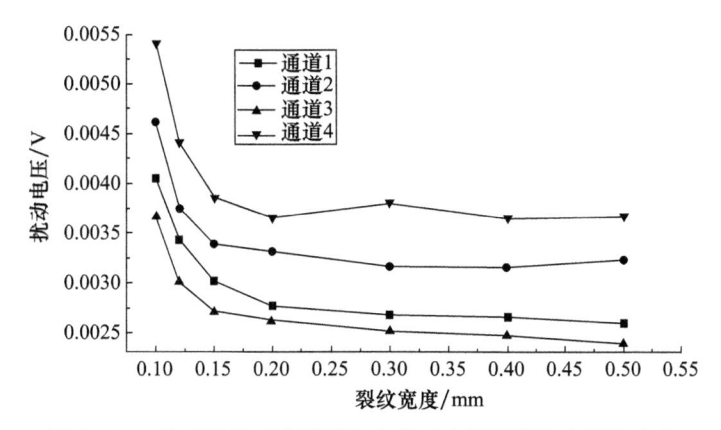

图 6-17 传感器各感应通道完全扰动电压随裂纹宽度的变化

在图 6-17 中,裂纹宽度在 0.15mm 后,其宽度对传感器感应通道的完全扰动电压基本保持不变,即在扰动模型假设范围内(裂纹宽度在某个范围内),不同裂纹宽度对传感器的扰动影响基本是一致的。比较裂纹宽度在 0.1mm 和 0.5mm 下的完全扰动电压,当裂纹宽度较小时,其完全扰动电压值较大,这不仅与自由电荷密度分布相关,而且当裂纹宽度较大时,式(6-21)中在初始涡流场在裂纹内部体空间的消失引起的扰动电流 J_{cavum}^d 也越大。传感器移动 2.5mm 后的裂纹侧面自由电荷密度分布图如图 6-18 和图 6-19 所示。

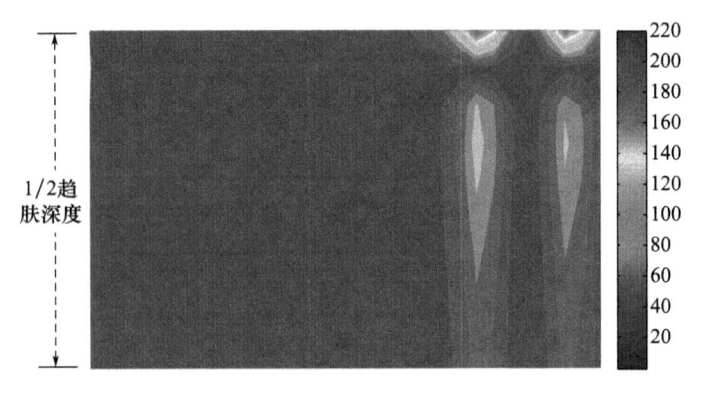

图 6-18 裂纹侧面自由电荷密度分布,单位 aC/m^2,裂纹宽度 0.1mm

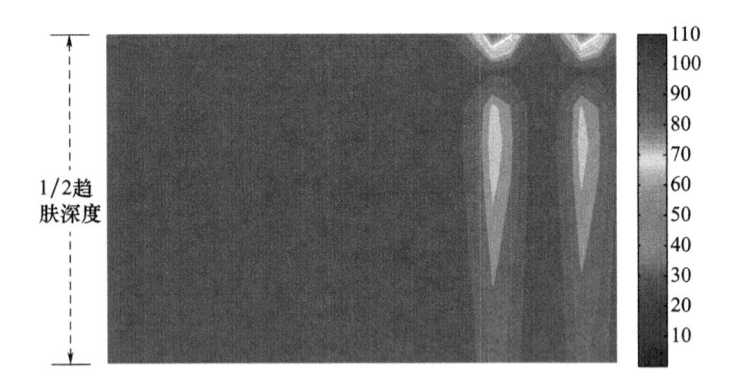

图 6-19 裂纹侧面自由电荷密度分布,单位 aC/m^2,裂纹宽度 0.5mm

考虑传感器移动 2.5mm 后其与裂纹的相对位置,由图 6-18 和图 6-19 可知,自由电荷主要分布在传感器激励线圈下面,并且集中在结构表面(3MHz 下,涡流在 2A12-T4 铝合金结构表面的趋肤深度 $\delta = (2/\omega\sigma\mu)^{1/2} = 0.07\text{mm}$),且 0.1mm 裂纹宽度下的自由电荷密度要大于 0.5mm 裂纹宽度下的自由电荷密度,较大的自由电荷密度产生较大的扰动电场及扰动电流,故 0.1mm 下的完全扰动电压值较大。

6.4.2 传感器优化设计

同等效模型中传感器电导率监测灵敏度 S_σ 类似,将感应通道电压扰动上升百分比值 δ 定义为传感器裂纹扰动灵敏度 S_c,并将其作为优化目标,则可以应用本章建立的扰动模型进行传感器的优化设计。以传感器激励频率优选为例,2A12 – T4 铝合金被监测结构中激励频率对传感器裂纹扰动灵敏度的影响如图 6 – 20 所示,基本计算参数同表 6 – 2 一致,裂纹宽度设置为 0.3mm。从图 6 – 20 可知,传感器各感应通道的裂纹扰动灵敏度随激励频率的变化规律是同步的,且存在最优裂纹扰动灵敏度频率点。因此,不仅可以应用扰动模型从底层机理上分析结构裂纹对传感器输出信号的影响,还可以应用扰动模型进行传感器优化设计。

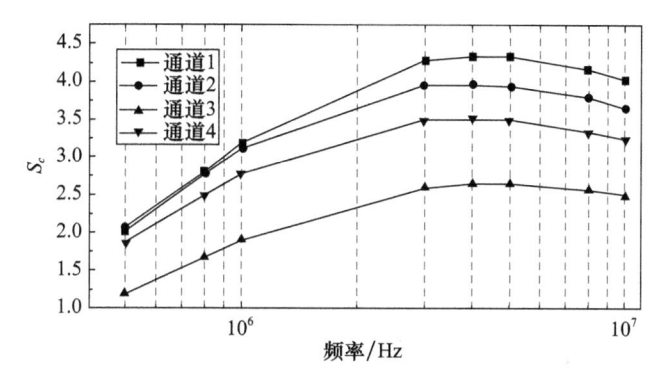

图 6 – 20 激励频率对传感器裂纹扰动灵敏度的影响,2A12 – T4 铝合金,裂纹宽度 0.3mm

需要指出的是,在传统涡流检测技术中,涡流信号反演技术或逆向问题是关键,其通过对涡流检测输出信号进行分析处理,判断结构中是否存在裂纹并识别出裂纹的位置和大小,对裂纹进行定量化分析。但逆向问题求解在数学理论上存在严重非线性和不适定性,使涡流的定量化检测和评估成为传统涡流检测技术一直面临的难题。传统的涡流逆向问题求解算法主要是基于信号处理技术,有模式分类法、回归分析法和概率推理法等。当考虑将传统的涡流检测技术扩展到结构健康监测应用领域时,现有的涡流逆向求解算法无法满足结构健康监测技术中损伤识别算法对实时性、在线性以及算法复杂性低的要求。同时从数学理论上讲,要从根本上解决传统涡流检测的逆向算法问题存在较大难度。

而本书提出的环状涡流阵列传感器,其通过对传感单元的阵列化设计,基于类似分段监测的思路,将裂纹的定量化识别转化为单感应通道信号的趋势走向定性识别,避免了传统涡流检测中的复杂逆向问题。

第三篇

基于环状涡流阵列传感器的金属结构裂纹监测技术

本篇在原理研究的基础上,对基于环状涡流阵列传感器的金属结构裂纹监测技术开展了深入的研究:研制了多通道结构裂纹监测系统,并试验验证了监测系统的性能;针对传感器裂纹监测灵敏度偏低的问题,建立了传感器仿真模型,探究了传感器的裂纹监测机理,通过改进布局优化了传感器的裂纹监测灵敏度;考虑到材料电磁特性和提离距离对传感器输出有较大影响,分析了传感器对非铁磁性材料和铁磁性材料测量时的跨阻抗特性,并提出了一种被测材料电导率和提离距离的逆向求解方法;针对服役环境下传感器高可靠问题,提出了一种可在交变载荷、变温环境和电磁干扰环境下可靠工作的环状涡流传感器,并进行了试验验证;针对复杂服役环境下传感器长寿命耐久集成问题,提出了可在振动、盐雾腐蚀、油液浸泡、湿热与紫外辐射等环境下和螺栓孔边耐久集成的传感器集成方法,并通过试验进行了验证。

第7章

金属结构裂纹监测系统研制与试验验证

本书前几章主要从理论角度分析了环状涡流传感器的空间电磁场分布特性和输入输出信号特征,其中等效模型和扰动模型对环状涡流传感器的优化设计、制备及封装具有重要的指导意义。本章将从工程应用角度出发,搭建多通道结构裂纹监测系统,并通过飞机典型金属结构模拟件损伤监测试验,验证监测系统的性能。

一套完整并可工程应用的结构健康监测技术体系不仅包括前端封装的传感器或传感器网络,用于感知结构损伤信号,而且还包括后端的信号采集及数据监测智能处理子系统、结构损伤实时识别子系统和可附加的结构状态评估子系统。为实现环状涡流传感器的工程应用,本章进行后端信号产生、采集、处理和损伤识别系统的软硬件集成工作,研制出可满足飞机全机疲劳试验应用要求的多通道结构裂纹在线监测系统,并制备柔性涡流阵列传感器用于开展传感器在线监测功能验证试验,分别进行 304 不锈钢、2A12 – T4 铝合金和 TC4 钛合金的中心孔板、典型连接件和阳极氧化试验件的疲劳损伤监测试验。

7.1 多通道结构裂纹在线监测系统

目前,基于主动监测技术的结构健康监测方法所使用的仪器是由多个分散独立仪器搭建起来的一个包含多个独立仪器的大仪器系统。这个大仪器系统包含的独立仪器有任意波形产生器(函数发生器)、宽带功率放大器、运算放大器、基于数据采集卡的计算机数据采集系统或者示波器。这些独立的仪器设备使用不同的软件进行工作,这就使得由它们构成的大仪器系统软件不统一,用户使用起来极为不便,而且这个大仪器系统由于独立仪器很多,导致硬件重量大、连线多,同样使得用户使用不方便,难以满足实际工程应用的需要。而本书研制的多通道结构裂纹在线监测系统具有高度集成化、结构紧凑、重量轻等特点,同时配备统一的集成化软件系统,可自动提取结构的裂纹损伤特征,并进行损伤判别实现裂纹损伤的在线监测。

7.1.1 系统硬件框架

在硬件架构上,监测系统以工业级 H-3008 嵌入式 3.5 英寸计算机主板为数据处理平台、以高频 PC104+8200 多功能示波器卡为数据采集平台、以 OA1200 运放功放卡为信号调理平台实现结构裂纹在线监测系统的单通道数据产生、调理、采集并最终处理,并通过多路复用器以及单片机的 IO 控制机制将单通道采集系统扩展到多通道监测系统,具体的系统硬件框架图如图 7-1 所示。

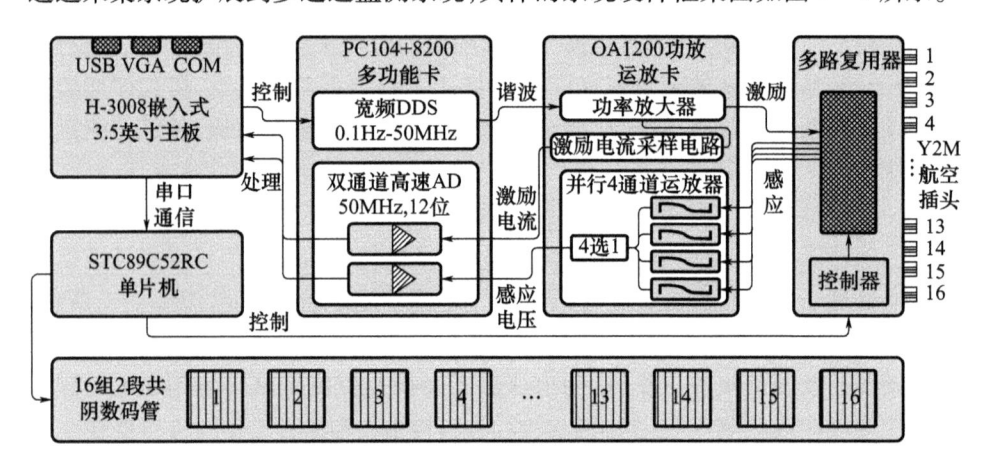

图 7-1 系统硬件框架

在图 7-1 中,监测系统是在 H-3008 的基础之上进行开发的,H-3008 是一款基于 Intel® Atom™ N270 处理器设计的低功耗、高性能、标准 3.5 英寸嵌入式主板,采用 Intel945GSE+ICH7M 芯片组,板载 1G DDRII 533MHz SDRAM,保证了监测系统的高速实时数据处理能力及恶劣环境下的工作稳定性;通过底层驱动程序,H-3008 控制 PC104+8200 多功能示波器卡产生 DDS 信号,DDS 信号的带宽可以达到 0.1Hz~50MHz,DDS 信号经 OA1200 功率放大后驱动环状涡流传感器的激励线圈;4 通道感应线圈中的感应电压经 OA1200 中并行 4 通道运放器后接入 4 选 1 开关,PC104+8200 双通道高速 AD 采集 4 选 1 开关所选通的感应电压通道及经电流采样电路所得到的激励电流,采样频率可以达到 50MHz,精度能达到 12 位,双通道采样数据经 PC104+总线传输到 H-3008 主板中进行数据处理;H-3008 主板通过串口通信方式控制 STC89C52RC 单片机输出 IO 信号到多路复用器及 OA1200 中 4 选 1 开关中,实现单通道数据产生、调理、采集、处理平台的多通道结构裂纹监测,同时使得系统具有可扩展性。在数据显示方式上,STC89C52RC 单片机轮流在 16 组 2 段共阴数码管上显示所监测到的裂纹监测值,并可以通过 H-3008 所保留的 USB 口及 VGA 口实现监测系统与用户的交互操作。在传感器连接接口上,监测系统为传感器提供 Y2M 标准 10 针航空公插头。

1. PC104 + 8200 多功能示波器卡

PC104 + 8200 是一款集数据采集、信号产生、扫频于一体的多功能示波器卡,其外观示意图如图 7-2 所示,卡上集成了两片高速 50Msps 12-bit A/D 转换器和一个 50M 小封装晶振。部分卡性能指标如表 7-1 所示。

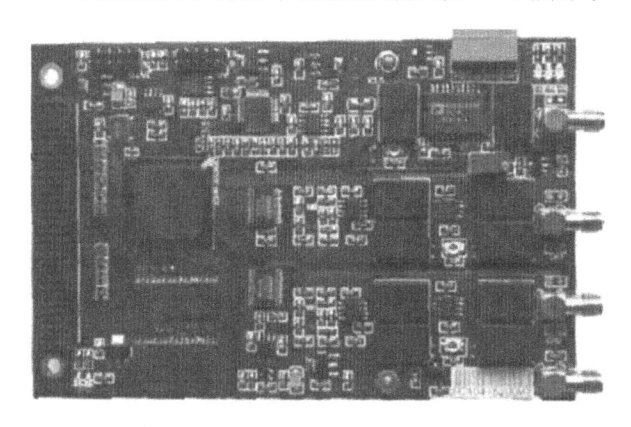

图 7-2 PC104 + 8200 板卡外观示意图

表 7-1 PC104 + 8200 板卡主要性能指标

信号采集		信号发生	
参数	指标	参数	指标
最大采样率	50M	波形频率	0.1Hz ~ 50MHz
单台通道数	并行双通道	频率分辨率	0.02Hz
AD 分辨率	12bit	通道数	1CH
存储容量	每通道最大 16M	垂直分辨率	14bit
量程	±100mV ~ ±10V	频率稳定度	<10ppm
输入方式	BNC 单端双极性电压输入	波形幅度	0 ~ ±10V
触发通道	CHA、CHB、EXT	通道间隔离度	≥80dB

PC104 + 8200 板卡的设计原理图如图 7-3 所示。采用同步并行设计,外部信号进入两个独立的高速精密运算放大器和精密衰减滤波网络所组成的程控增益通道,配用选件——前置放大器实现 ±100mV ~ ±10V 的大动态信号采集;每

个通道的增益误差和零点漂移都可以独立地通过 DAQ 控制器微调消除,故此卡具有很高的测量精度和相位一致性,同时板上没有手工调节的器件,具有较高的工作可靠性和稳定性;采集卡设计了独立的时间基准和时钟控制器,通过软件设置将系统触发线和时钟线级联起来,采集系统在统一的时钟和触发环境下实现全同步采集;通过特殊设计的环形缓冲器实现预触发功能,特别适合工程上的单次过程信号记录;采集的双通道信号暂时存放于 SRAM 中,SRAM 通过 PC104+总线将数据传输到 H-3008 嵌入式 3.5 主板中进行信号处理。

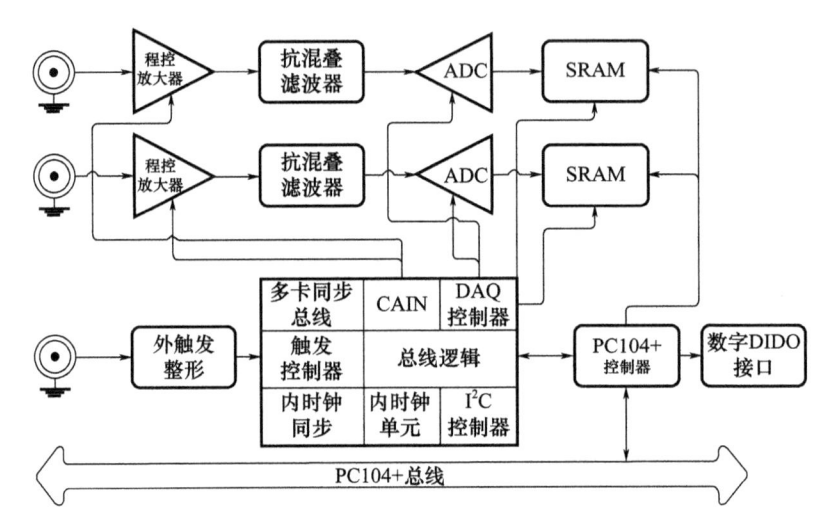

图 7-3　PC104+8200 板卡原理示意图

2. OA1200 宽频功放运放卡

功率放大器的输入、输出均采用 LDMOS 宽带匹配技术,射频通路全频段耦合,使其能对信号进行全频段放大,功率放大器设计的难点是推动放大电路和末级放大电路的设计,如图 7-4 所示。

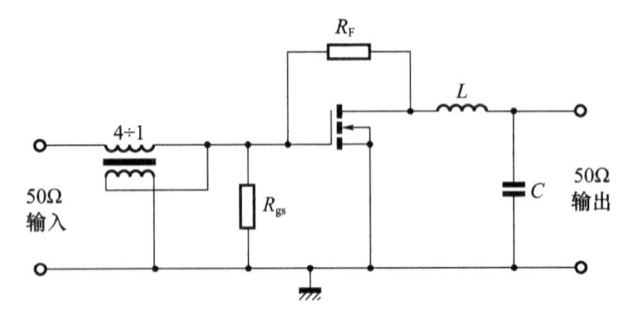

图 7-4　输入和输出匹配电路

对于推动放大电路,采用 M/ACOM 的射频 LDMOS 晶体管来实现,为使功放输出为 15W 时信号失真度小,选定 P1dB 输出功率为 18W、末级输出功率为 25W、增益为 10dB 的功率管。为使末级能输出 18W 的线性功率,前级采用 2W 的推动放大器。同时放大器的输入、输出匹配对其性能影响较大,图 7-4 所示为放大器的输入、输出匹配电路。当匹配好功放电路后,在功放前级串联一个增益调节范围为 30dB 以上的 PIN 管做成的电调衰减器,外部用精密电位器来调节增益的大小,从而实现输出功率的调节。

3. 多路复用器

多路复用器用于实现 16 组监测通道的切换。对于每组监测通道中的 4 个感应通道和 1 个激励通道,由于感应通道和激励通道中电流大小存在数量级上的较大差异,故分别对感应通道和激励通道的多路切换进行设计。针对感应通道,选用 8 组 8 选 1 开关实现感应通道中小电流信号的切换,通过逻辑转换控制实现 64 选 8 和 8 选 1,达到 64 选 1 的目的,并基于 MMIC 器件实现;而针对激励通道,由于存在大电流信号,普通的选通开关无法满足要求,选用 PIN 管来实现切换,在电路实现上,为达到有效导通和截止,在电流设计中加入正压和负压进行控制,如图 7-5 所示。考虑到线路较多,线路设计无法在单层板上实现,选用 8 层板。

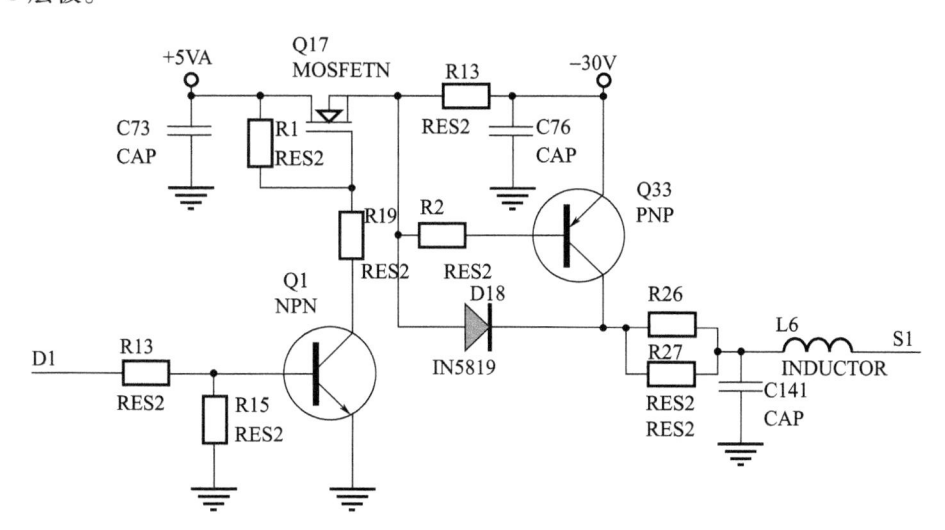

图 7-5 激励通道大电流信号的切换电路原理图

在硬件板子设计上,将 OA1200 宽频功放运放卡和多路复用器设计到同一块板子上,在缩减板子占用空间的同时也省略了功放运放电路和复用电路的外部连线,最终设计的板子如图 7-6 所示。

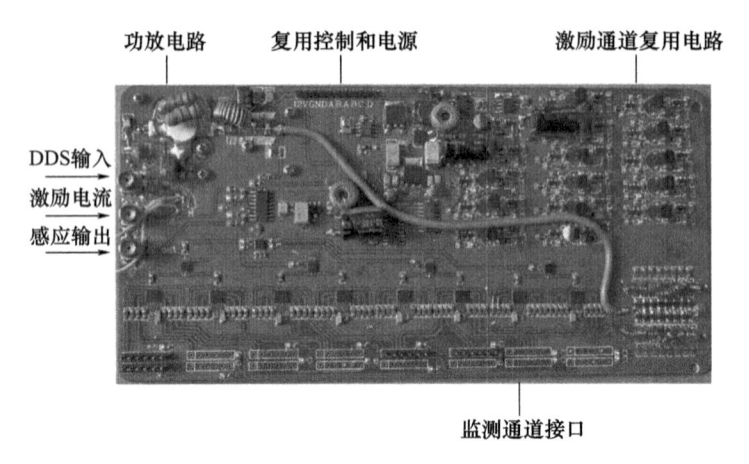

图 7-6 多路复用器各功能电路分布

7.1.2 系统软件框架

在 VS2008 IDE 编译环境下,基于 MFC 多视图框架类库,采用 C++语言完成系统软件的框架实现,单片机的控制程序在 Keil 环境下采用 C 语言编写。系统软件框架示意图如图 7-7 所示。

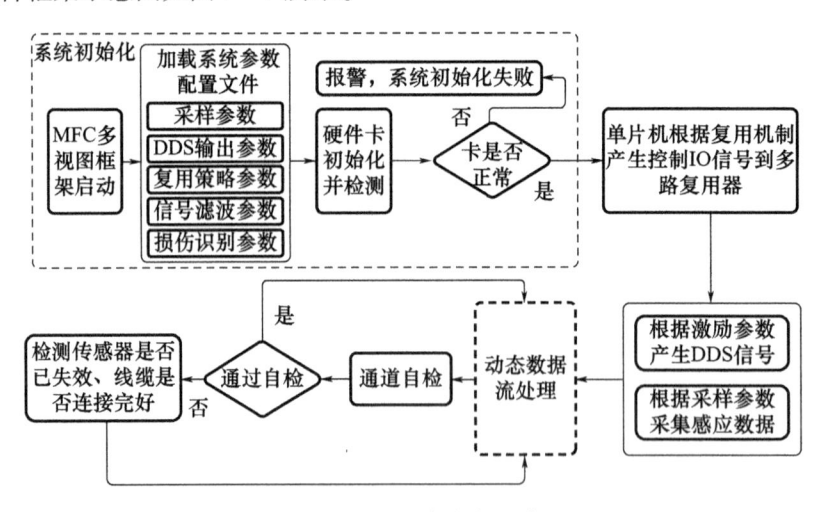

图 7-7 系统软件框架示意图

在图 7-7 中,MFC 多视图框架启动后,系统开始加载参数配置文件,获取采样参数、DDS 输出参数、复用策略参数、信号滤波参数、损伤识别等相关参数,系统参数采用配置文件而不是用户 GUI 输入的目的在于最大限度地降低系统运行复杂性并一定程度上降低系统与用户的交互性以保证系统运行的独立性；而后进行硬件卡初始化检测，如果硬件卡检测失败则报警提示系统初始化失败，硬件卡检测通过后，系统通过串口通信方式控制单片机程序根据复用机制产生IO 信号到多路复用器控制端口，同时系统根据激励参数产生 DDS 信号以及采样参数进行数据采集；采样后的双通道数据进入动态数据流处理流程并在首次动态数据流处理时进行通道自检，如果通道自检未通过则检查传感器是否已失效或者线缆连接是否完整，自检通过后再次进行动态数据流处理。动态数据流处理流程图如图 7-8 所示。

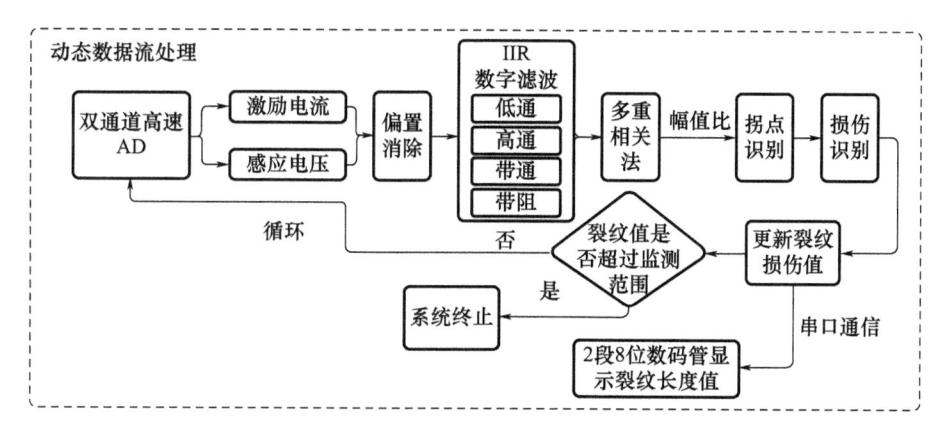

图 7-8 动态数据流处理流程

在图 7-8 中，经双通道高速 AD 采集后的激励电流和感应电压首先进行偏置消除处理。由于信号源采用 DDS 技术合成，偏置消除后的激励电流和感应电压必须进行 IIR 数字滤波处理，并通过多重相关法获取感应电压和激励电流信号的幅值比和相位差；最后根据幅值比信号曲线，基于曲线拐点特征及动态数据流趋势实时分析的损伤识别算法更新系统所监测到的裂纹损伤值，并通过串口通信控制单片机程序更新 2 段 8 位数码管中裂纹值的显示；判断裂纹损伤值是否超过传感器监测范围，如果超过则系统终止，否则循环进入下一动态数据流处理。

7.1.3 谐波信号幅值和相位提取的多重相关法

针对谐波激励的环状涡流阵列传感器，如何从阵列感应线圈的含噪声原始信号中提取出幅值和相位是后期对结构损伤进行定量和定性评价的关键。涡流阵列传感器原始输出信号具有强背景噪声、弱输出信号的特点，强背景噪声对结构损伤信号的识别存在很大的干扰。背景噪声主要来源为以下几部分：①测量噪声;②线圈抖动造成的提离变化产生的干扰信号;③被监测结构表面沉积物等非缺陷因素产生的干扰信号。一般说来,测量噪声主要为高频成分,提离噪声和表面沉积物产生的信号主要为低频成分,环状涡流传感器通过中心孔固定于被监测结构表面,保证了阵列感应线圈平面同被监测结构表面之间提离距离的稳定性,很好地消除了低频噪声。国内外对涡流信号中高频噪声的消噪处理研究比较成熟,文献采用小波变换对涡流检测信号进行去噪和特征提取处理,文献采用数字滤波滤除冲击噪声干扰,取得较好效果,但本书所研究的环状涡流阵列传感器实时在线监测能力的要求限制了小波等复杂消噪算法的应用范围,而多重相关法由于其算法简单,精确度高,在环状涡流阵列传感器的实时在线监测的软硬件信号处理上具有较好的应用前景。

信号的互相关和自相关描述的是两个时间序列之间或同一个时间序列在任意两个不同时刻的取值之间的相关程度,即互相关描述的是信号 $x(t),y(t)$ 在任意两个不同时刻 t_1,t_2 的取值之间的相关程度,而自相关描述的是信号 $x(t)$ 在任意两个不同时刻 t_1,t_2 的取值之间的相关程度。传统的自相关或互相关检测法是利用信号和噪声、噪声和噪声之间不相关的特性达到提高信噪比的目的。假设有两个同频信号 $x(t)$ 和 $y(t)$ 都被噪声污染,即

$$x(t) = A\sin(\omega_0 t + \phi_0) + N_x(t)$$
$$y(t) = B\sin(\omega_0 t + \phi_1) + N_y(t)$$

式中:A,B 分别为 $x(t)$ 和 $y(t)$ 的幅值;N_x、N_y 分别为噪声信号。

用传统相关法求相差的原理

$$R_{xy}(\tau) = \lim_{T\to\infty} \frac{1}{T} \int_0^T x(t) y(t+\tau) \mathrm{d}t$$

当 $\tau = 0$ 时,有

$$R_{xy}(0) = \lim_{T\to\infty} \frac{1}{T} \int_0^T [A\sin(\omega_0 t + \phi_0) + N_x(t)][B\sin(\omega_0 t + \phi_1) + N_y(t)]\mathrm{d}t \quad (7-1)$$

在理想白噪声状态下,噪声和信号不相关,且噪声之间也不相关,积分后可得

$$R_{xy}(0) = \frac{AB}{2}\cos(\phi_1 - \phi_0)$$

即

$$\Delta\phi = \phi_1 - \phi_0 = \arccos\left(\frac{2R_{xy}(0)}{AB}\right) \quad (7-2)$$

另外,信号的幅值和它在延时 $\tau = 0$ 时自相关函数值又有下述关系:

$$A = \sqrt{2R_x(0)} \quad (7-3)$$

$$B = \sqrt{2R_y(0)} \qquad (7-4)$$

通过信号内部的自相关以及信号之间互相关就可以求得信号相位差和幅值比。而相比于传统的相关法,多重信号相关法利用两路信号的自相关和互相关的多次运算提高信噪比,针对上述两路含噪声信号,对 $x(t)$ 进行自相关运算得

$$\begin{aligned}R_x(\tau) &= \lim_{T\to\infty}\frac{1}{T}\int_0^T A\sin(\omega_0 t + \phi_0) + N_x(t) \times A\sin(\omega_0(t+\tau) + \phi_0) + N_x(t+\tau)\mathrm{d}t \\ &= \lim_{T\to\infty}\frac{1}{T}\int_0^T A\sin(\omega_0 t + \phi_0) \times A\sin(\omega_0(t+\tau) + \phi_0)\mathrm{d}t + \\ &\quad \lim_{T\to\infty}\frac{1}{T}\int_0^T A\sin(\omega_0 t + \phi_0) \times N_x(t+\tau)\mathrm{d}t + \\ &\quad \lim_{T\to\infty}\frac{1}{T}\int_0^T A\sin(\omega_0(t+\tau) + \phi_0) \times N_x(t)\mathrm{d}t + \\ &\quad \lim_{T\to\infty}\frac{1}{T}\int_0^T N_x(t+\tau) \times N_x(t)\mathrm{d}t \qquad (7-5)\end{aligned}$$

式(7-5)中第一项是信号的自相关函数,第二项和第三项是信号和噪声之间的互相关函数,最后一行是噪声自身的自相关函数。在理想高斯白噪声情况下,当 T 趋于无穷时,后三项趋于0,即

$$R_x(\tau) = \frac{A^2}{2}\cos(\omega_0\tau) \qquad (7-6)$$

但是在实际测量过程中,由于 T 不可能趋于无穷,同时噪声不是理想高斯白噪声,故信号经一次自相关运算的实际信号为

$$R_x(\tau) = \frac{A^2}{2}\cos(\omega_0\tau) + N'_x(t) \qquad (7-7)$$

其中 $N'_x(t)$ 要比原来的 $N_x(t)$ 小很多,提高了信噪比。在考虑非理想白噪声和非无穷 T 下信号 $x(t)$ 和 $y(t)$ 一次互相关运算后的实际信号为

$$R_{xy}(\tau) = \frac{AB}{2}\cos(\omega_0\tau + \phi_1 - \phi_0) + N'_{xy}(t) \qquad (7-8)$$

经分析可知,信号经过一次自相关运算后相位变为0,频率不变;信号经过互相关运算后相位差和频率保持不变,同时提高了信噪比。把一次自相关输出信号和互相关输出信号进行多次相同的自相关和互相关运算则可以很大程度地提高信噪比。图7-9所示为某一通道原始含噪声输出信号的多重自相关运算比较结果。

在图7-9(a)的含强背景噪声原始输出信号经一次自相关运算后,在 $\tau=0$ 处自相关函数出现局部突变,体现了非理想白噪声以及非无穷 T 对传统自相关运算的影响,图7-9(c)所示的双重自相关运算效果较好,大大提高了信噪比。

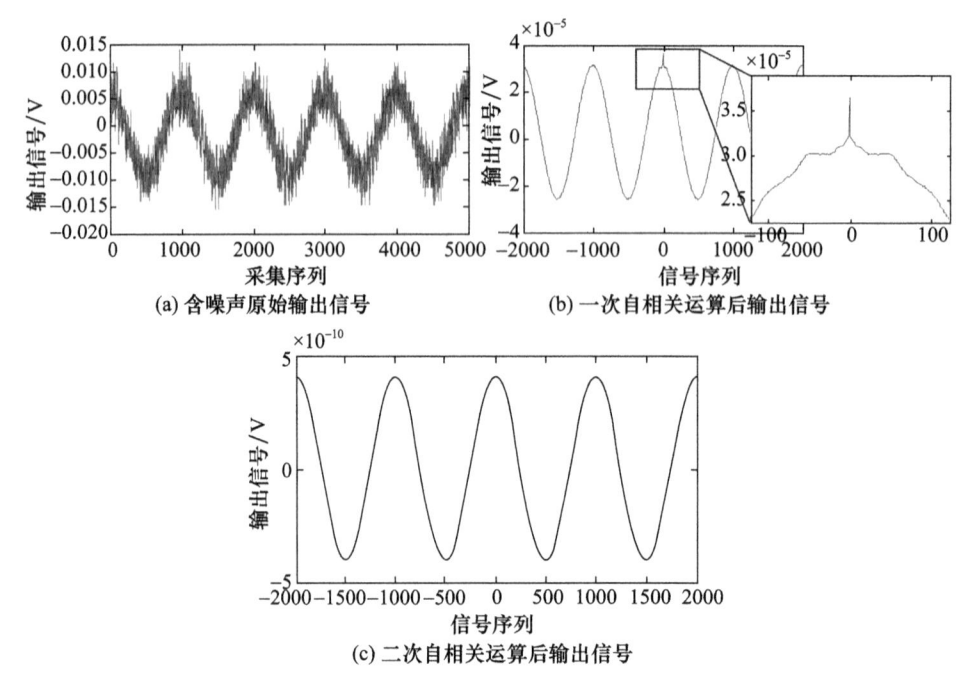

图 7-9　含噪声原始输出信号的多重自相关运算结果

7.1.4　基于监测数据流裂纹特征模式在线提取的损伤识别算法

根据环状涡流传感器的阵列化设计原理,传感器中各感应线圈幅值比信号开始快速增加的"拐点"是被监测结构表面裂纹前缘进入相应感应线圈的特征点,而处于不同位置的阵列化感应线圈对应的即是不同的裂纹长度,定义监测曲线中"拐点"为裂纹特征点,传感器监测数据流理论裂纹特征模式如图 7-10 所示。

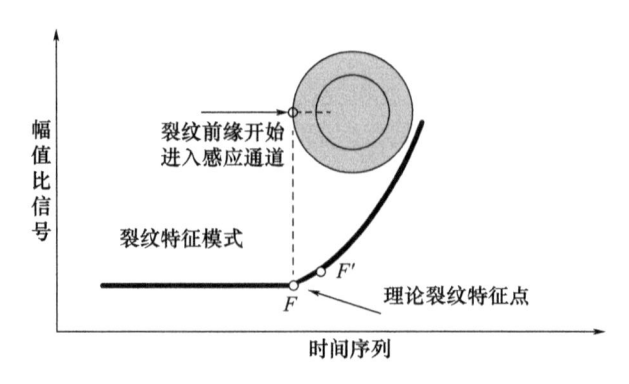

图 7-10　传感器监测数据流理论裂纹特征模式

在图 7-10 中,传感器感应通道幅值比信号的监测数据流在理论裂纹特征点 F 之后,即裂纹前缘进入感应通道后开始持续上升,上升趋势具有连续性,而这种信号特征即为传感器数据流的理论裂纹特征模式,识别出来的实际裂纹特征点 F' 一般会滞后于理论裂纹特征点 F。监测数据流裂纹特征模式的在线提取是系统损伤识别的关键。

监测数据流裂纹特征模式在线提取问题类似于传统的动态数据流实时趋势分析问题。所谓动态数据流是指由大量连续到达、潜在无限长、快速变化的数据组成的有序时间序列。动态数据流趋势分析的目的是提取趋势变化信息,为监控对象提供早期预警、状态评估和决策支持。由于动态数据流自身的特点,要求数据流分析算法计算效率高,满足实时性或近似实时性,并且计算过程资源消耗少,这种要求限制小波变换、奇异谱分析、神经网络等高级算法在动态数据流趋势分析中的应用,在现有常用的趋势提取算法中滑动窗口(SW)算法和外推式在线数据分割(OSD)算法得到较为广泛的应用。滑动窗口算法是一种连续建模分析数据流分割算法。即在当前已建立回归模型的数据段基础上,用新到达的每一数据扩充当前数据段,并重新建立新的回归模型。若该模型的拟合均方差大于预先给定的分割点阈值,则认为新到达的数据为当前数据段的分割点。该数据段的趋势特征值由已有回归模型的参数给出,并将后续到达的数据归入新的当前数据段,启动新的趋势分析过程;若上述分割点检测判据不成立,则继续分析下一个到达的数据。Sylvie 等人提出一次建模、连续分析的外推式在线数据分割算法。该算法待到当前数据序列达到一定长度时,才对其建立回归模型;此后对于新到达的数据,只将其代入已建立的模型,分析外推累积误差。若大于事先给定的阈值,则认为新到达的数据为当前数据段的分割点,并从已建立的模型中获得该数据段的趋势特征值;若上述分割点检测判据不成立,则继续分析下一个到达的数据。

传感器监测数据流裂纹特征模式的在线提取算法可参考 SW 和 OSD 算法,但与动态数据流实时趋势分析所不同的是,传感器监测数据流裂纹特征模式在线提取不需要提取数据流在全部时间序列上的趋势,而只需要在线提取裂纹特征模式,即传感器监测数据流裂纹特征模式问题提取在某种意义上是一种滤波器设计问题。考虑到单通道监测数据流上的裂纹特征模式及裂纹特征点在全部监测时间序列内只会出现一次,本书中传感器监测数据流裂纹特征模式在线提取采取滑动窗口分析方式,如所图 7-11 示。

在图 7-11 中,窗口在多通道监测数据流滑动,保证滑动窗口内的数据为实时更新的数据流集,而裂纹特征模式的实时在线提取即是针对滑动窗口内数据流集进行的。裂纹特征模式的实时在线提取算法必须考虑实际传感器多通道监测数据流的趋势流向及信号特征,如图 7-12~图 7-14 所示。

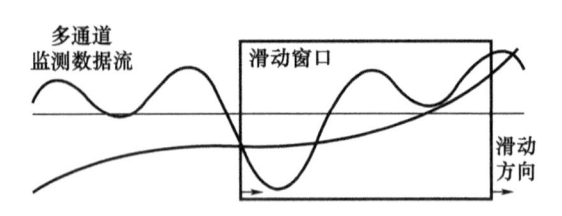

图 7-11 传感器多通道监测数据流的滑动窗口分析方式

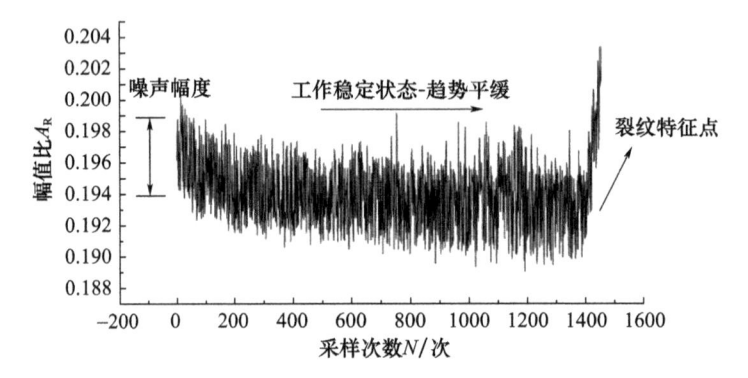

图 7-12 系统处于稳定工作状态时的传感器监测数据趋势及信号特征

图 7-12 所示是系统处于稳定工作状态时的传感器监测数据趋势及信号特征。由图中可知,在稳定工作状态下,监测数据流趋势较为平缓,只在出现裂纹特征模式时数据流在裂纹特征点之后逐渐上升。同时实际监测数据流的信噪比较低,信号的上下振荡幅度跟数据流在裂纹特征点之后的上升幅度处于同一水平,这要求裂纹特征模式实时在线提取算法必须具有抗噪能力。

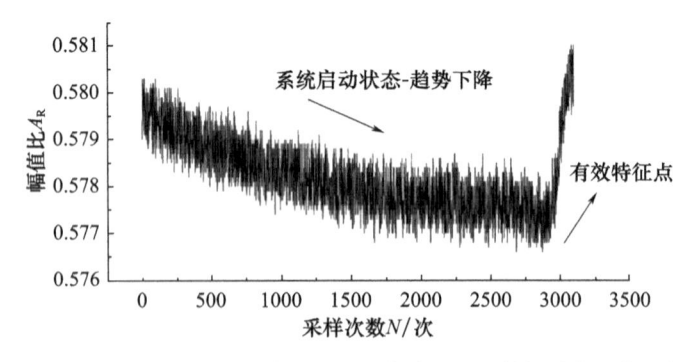

图 7-13 系统处于启动工作状态时的传感器监测数据趋势及信号特征

系统处于启动工作状态时的传感器监测数据趋势及信号特征如图 7-13 所示。区别于图 7-12 的是,监测数据流在系统启动初始阶段会呈现缓慢上升(上升监测数据流未示出)或下降趋势,虽然目前还无法得知造成数据流缓慢上升或下降趋势的准确原因,但经初步分析,该缓慢上升或下降趋势与传感器激励及感应线圈温度、系统组件中电子产品对环境温度的适应性及整体系统组件的匹配工作有关。

图 7-14 所示是系统外部工作状态改变时的传感器监测数据趋势及信号特征。由图中可知,监测系统在外部工作状态改变时,如传感器发生位置偏移、传感器与系统之间的连接电缆受到较大幅度的振荡、监测系统工作环境温度发生较大幅度的变化等,监测数据流会发生瞬态阶跃,而后趋势平缓。同时,在实际监测过程中发现,监测数据流中有时会发现不可预测的数据异常点,异常点处的幅值比信号明显大于理论信号值,虽然该类型异常点出现的概率较低,但是裂纹特征模式实时在线提取算法也必须考虑此类异常点的处理。

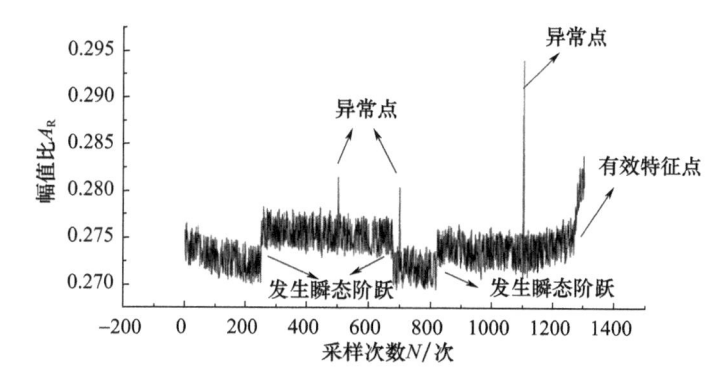

图 7-14 系统外部工作状态改变时的传感器监测数据趋势及信号特征

在考虑实际监测数据流的趋势流向及信号特征和算法对在线实时性的要求后,本书提出了基于最小二乘回归的裂纹特征模式实时在线提取算法,算法的流程框架图如图 7-15 所示。

在图 7-15 中,针对新流入滑动窗口的数据,首先进行异常点检测,如果异常则剔除该异常点,重新滑动窗口;如果不是异常点,则对窗口内的数据流进行最小二乘回归分析,根据回归参数及预定阈值分析数据流趋势。平滑、缓慢上升或缓慢下降趋势则重新滑动窗口,明显的上升趋势则从该新数据点开始进行递推最小二乘回归分析。根据每次回归分析参数判断此后数据流是否是持续上升,如果不是持续上升,可以判定该滑动窗口内数据流的上升趋势是由数据流发生瞬态阶跃造成的,则继续递推至数据长度滑动窗口长度。如果判定是逐渐上升,则发现裂纹特征模式,同时锁定该滑动窗口,对窗口内数据流进行回溯分析,寻找裂纹特征点。图中 P_1、P_2、P_3、P_4、P_5、P_6 各阶段的子算法描述如下:

P_1:滑动窗口长度为 n,窗口内数据流时间序列 $X=(x_1,x_2,\cdots,x_n)$,数据流的均值为 μ,方差为 σ,阈值 h_1。若 $x_{n+1} \geq h_1 * \sigma$,数据异常;若 $x_{n+1} < h_1 * \sigma$,数据正常。

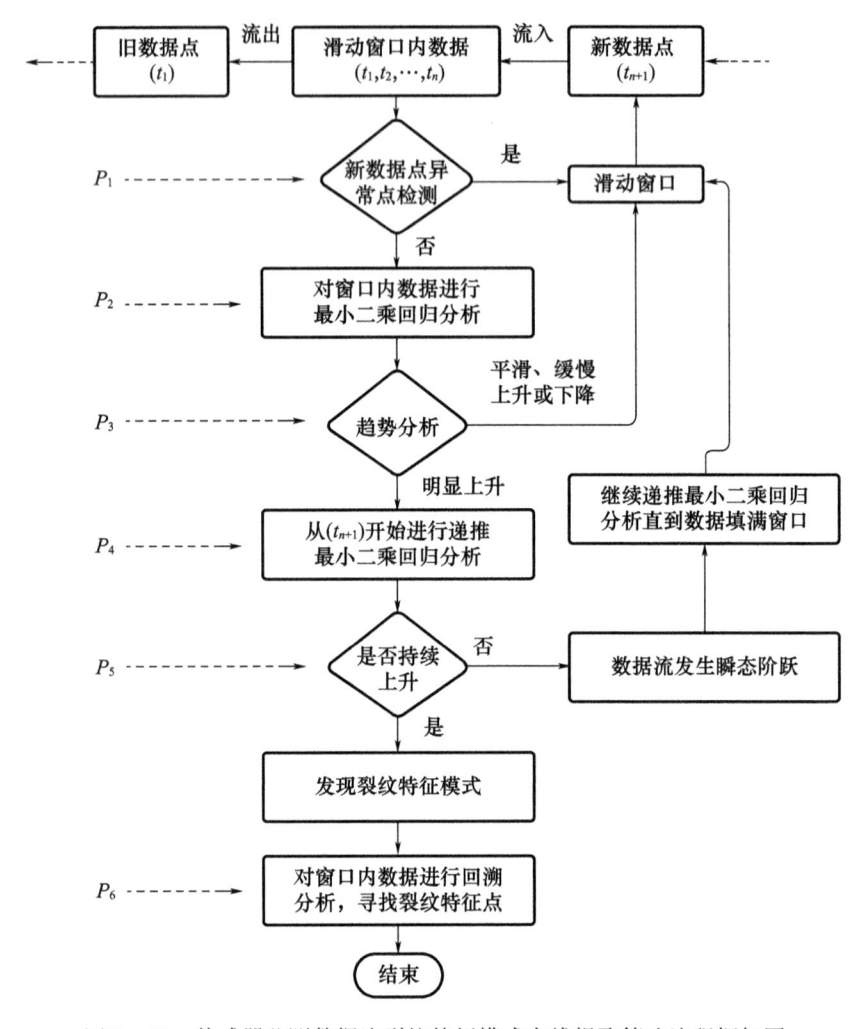

图 7-15 传感器监测数据流裂纹特征模式在线提取算法流程框架图

P_2：设 X 中数据流可用线性回归模型描述，即 $x(t) = f(t,\theta) + \varepsilon(t), t \in \{1, 2, \cdots, n\}$。其中 $f(t,\theta) = a*t + b$ 为数据流的线性回归模型，$\theta = [a,b]^T$ 为模型参数向量，$\varepsilon(t)$ 为独立同分布零均值白噪声，参数 a 为 X 的趋势特征值。将数据流表示成向量形式 $X = [x_1, x_2, \cdots, x_n]^T$，则有 $X = U\theta + \varepsilon$，其中 ε 为期望为 0 的随机误差向量。

$$U = \begin{bmatrix} 1 & \cdots & n \\ 1 & \cdots & 1 \end{bmatrix}^T$$

以最小二乘法估计参数 θ，即参数 θ 满足 $\min \| X - U\theta \|^2$ 得 $\theta = (U^T U)^{-1} U^T X = pq$。

P_3:定义阈值h_2,若$a \geq h_2$,滑动窗口内数据流趋势明显上升;若$a < h_2$,滑动窗口内数据流趋势平缓、缓慢下降或上升。

P_4:设滑动窗口内子数据流$\boldsymbol{X}_m = [x_1, \cdots, x_m]^T$,其中$m = 2, 3, \cdots, n$。根据$P_2$算法,$\boldsymbol{X}_m$和$\boldsymbol{X}_{m+1}$的模型参数向量$\boldsymbol{\theta}_m$和$\boldsymbol{\theta}_{m+1}$满足递推关系。$\boldsymbol{p}_{m+1} = \{\boldsymbol{p}_m^{-1} + \boldsymbol{u}_{m+1}^T \boldsymbol{u}_{m+1}\}^{-1}$,其中$\boldsymbol{u}_{m+1} = [m + 1 \ \ 1]$,$\boldsymbol{q}_{m+1} = \boldsymbol{q}_m + \boldsymbol{u}_{m+1}^T x_{m+1}$,$\boldsymbol{\theta}_m = (\boldsymbol{p}_m^{-1} + \boldsymbol{u}_{m+1}^T \boldsymbol{u}_{m+1})^{-1}(\boldsymbol{q}_m + \boldsymbol{u}_{m+1}^T x_{m+1})$,根据矩阵反演公式可知,$(\boldsymbol{p}_m^{-1} + \boldsymbol{u}_{m+1}^T \boldsymbol{u}_{m+1})^{-1} = \boldsymbol{p}_m - \boldsymbol{p}_m \boldsymbol{u}_{m+1}[\boldsymbol{I} + \boldsymbol{u}_{m+1}^T \boldsymbol{p}_m \boldsymbol{u}_{m+1}]^{-1} \boldsymbol{u}_{m+1}^T \boldsymbol{p}_m$,式中由于$[\boldsymbol{I} + \boldsymbol{u}_{m+1}^T \boldsymbol{p}_m \boldsymbol{u}_{m+1}]$项是标量,令$\boldsymbol{\gamma}_{m+1} = [\boldsymbol{I} + \boldsymbol{u}_{m+1}^T \boldsymbol{p}_m \boldsymbol{u}_{m+1}]^{-1}$有

$$\begin{aligned}\boldsymbol{\theta}_{m+1} &= \boldsymbol{p}_{m+1} \boldsymbol{q}_{m+1} = \boldsymbol{p}_{m+1}\{\boldsymbol{p}_m^{-1} \boldsymbol{\theta}_m + \boldsymbol{u}_{m+1}^T x_{m+1}\} \\ &= \boldsymbol{p}_{m+1}\{[\boldsymbol{p}_{m+1}^{-1} - \boldsymbol{u}_{m+1}^T \boldsymbol{u}_{m+1}]\boldsymbol{\theta}_m + \boldsymbol{u}_{m+1}^T x_{m+1}\} \\ &= \boldsymbol{\theta}_m + \boldsymbol{p}_{m+1} \boldsymbol{u}_{m+1}^T [x_{m+1} - \boldsymbol{u}_{m+1} \boldsymbol{\theta}_m]\end{aligned}$$

P_5:定义阈值h_3和常数$c < n$。若$a_m \geq h_3, m = 1, 2, \cdots, c$,则持续上升,否则数据流发生瞬态阶跃。

P_6:$\boldsymbol{X}_k = [x_{n-k}, x_{n-k+1}, \cdots, x_n]^T, k = 1, 2, \cdots, n - 1$。定义阈值$h_4$,若存在$h_4 \geq a_k > 0$,则数据点$x_{n-k+1}$即为裂纹特征点。

应用本节提出的裂纹特征模式提取算法,图7-16和图7-17所示分别为304不锈钢和TC4钛合金试件的疲劳裂纹特征点识别结果。在图7-16中,滑动窗口在2270采样次数处识别出幅值比信号持续上升的裂纹特征模式,经回溯识别出在2230采样次数处的裂纹特征点,而实际裂纹特征点在2200采样次数处,裂纹特征点识别的滞后可以通过降低算法阈值来减小,但降低阈值大小会影响算法的鲁棒性。在图7-17中,滑动窗口在1367采样次数处识别出幅值比信号持续上升的裂纹特征模式,经回溯识别出在1359采样次数处的裂纹特征点,而实际裂纹特征点在1348采样次数处。需要注意的是,在100采样次数处由于载荷改变出现信号阶跃。由于试验所设计的环状涡流传感器通道4内径为3mm,则根据损伤识别结果在2230采样次数(304不锈钢)和1359采样次数(TC4钛合金)时的裂纹长度裂纹为3mm,这与试验后的试件断口定量分析结果是一致的。304不锈钢和TC4钛合金的在线监测结果表明本书提出的基于裂纹特征模式在线提取算法的环状涡流传感器裂纹定量在线识别算法是有效的,虽然存在滞后,但满足工程要求。

综合系统硬件和软件框架,本书所研制的多通道结构裂纹在线监测系统可满足环状涡流传感器在实验室条件下的科研应用,并可工程推广到军用飞机全机疲劳试验的结构疲劳在线监测中。多通道结构裂纹在线监测系统的硬件实物图、软件界面图和数据流采集图分别如图7-18、图7-19和图7-20所示。需

要注意的是,在实验室应用条件下,本书通过软件模拟 16 组 2 段共阴数码管上并用于显示所监测到的裂纹监测值。

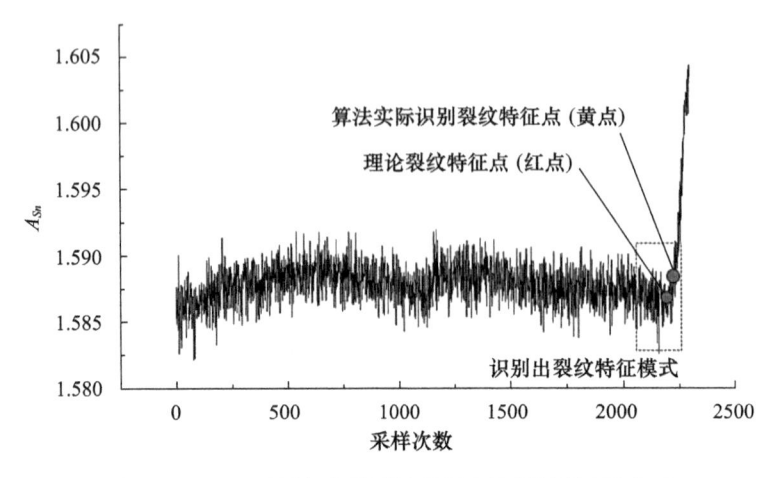

图 7-16　304 不锈钢疲劳裂纹特征点识别结果(通道 4)

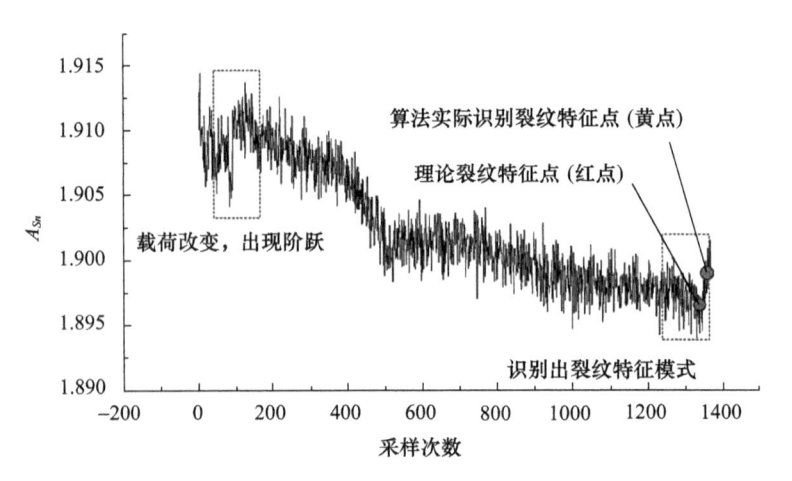

图 7-17　TC4 钛合金疲劳裂纹特征点识别结果(通道 4)

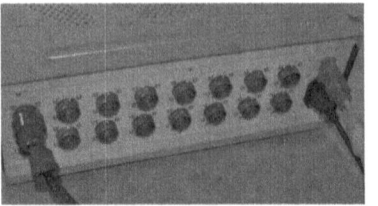

(a) 设备前面板　　　(b) 16通道Y2M标准10针航空接口

图 7-18　多通道结构裂纹在线监测系统硬件实物图

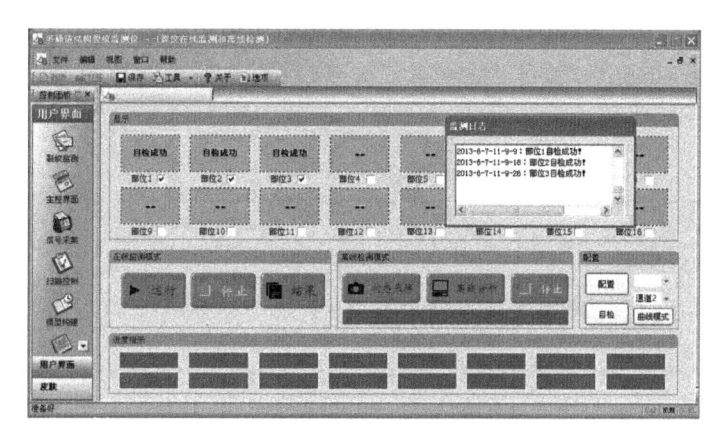

图 7-19 监测系统软件界面

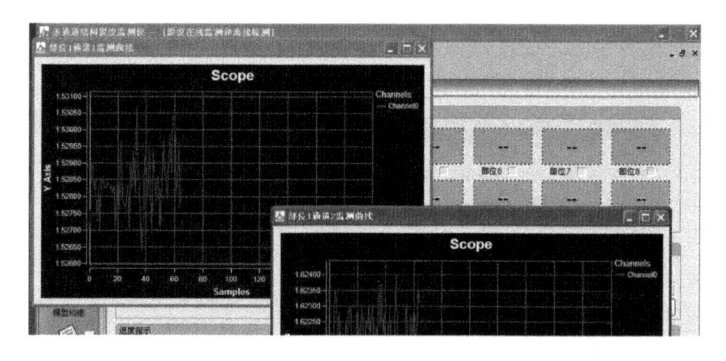

图 7-20 监测系统数据流采集图

由于时间和研究条件限制,可机载应用的多通道结构裂纹在线监测系统目前尚在研制中,故本书不对机载应用的多通道结构裂纹在线监测系统做进一步的描述。

7.2 柔性涡流阵列传感器制备

柔性电路板主要由 4 部分组成:铜箔基板(copper film)、保护胶片(cover film)、补强胶片(PI stiffener film)、接着剂胶片(adhesive sheet)。涉及的具体材料如下:

铜箔(copper):基本分为电解铜和压延铜两种,厚度上常见的为 1oz 与 1/2oz(铜厚度 1oz = 1.4mil = 0.036mm)。

基板胶片(base film):常用材料为 PI(聚酰亚胺),常见厚度有 1mil 与 1/2mil 两种。聚酰亚胺是一种分子结构含有酰亚胺基链节的芳杂环高分子化合物,是综合性能极佳的有机高分子材料,耐高温达 400℃以上,长期使用的温度范围为 -200~300℃,无明显的熔点。同时,它还拥有着优异的力学性能、耐磨损性、尺寸稳定性和绝缘性,具体力学性能参数见表 7-2。

表 7-2 聚酰亚胺薄膜的力学性能

试 样	拉伸强度/MPa	断裂伸长率/%	模量/GPa
单层聚酰亚胺胶黏膜	89.92	7.69	1.96
三层复合聚酰亚胺胶黏膜	95.00	8.04	2.09
聚酰亚胺薄膜	123.40	10.53	1.97

保护胶片:表面绝缘并保护铜箔层,常用材料为 PI,常见厚度为 1mil 和 1/2mil。FPCB 可分为单面柔性印制电路、双面柔性印制电路、多层柔性印制电路 3 种。涡流传感器采用柔性电路板(FPCB)工艺进行制作,属于多层结构,主要由基材、导电层和保护膜等构成,如图 7-21 所示。

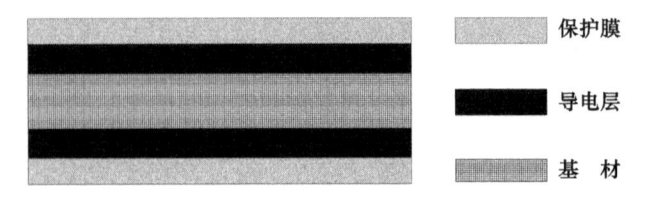

图 7-21 涡流传感器的结构示意图

环状涡流阵列传感器的制备通过现有成熟的柔性印刷电路板(FPCB)工艺来实现。采用柔性印刷电路板工艺制备的环状涡流阵列传感器具有轻、小、可挠性的特点,可按照被检结构改变形状,在扩大了传感器适用范围的同时能够最大程度减小对被监测结构的影响。FPCB 工艺的主要过程是在覆盖铜膜的柔性基底上,通过与 PCB 工艺相似的工艺过程,蚀刻出想要的形状,具体的工艺流程如图 7-22 所示。

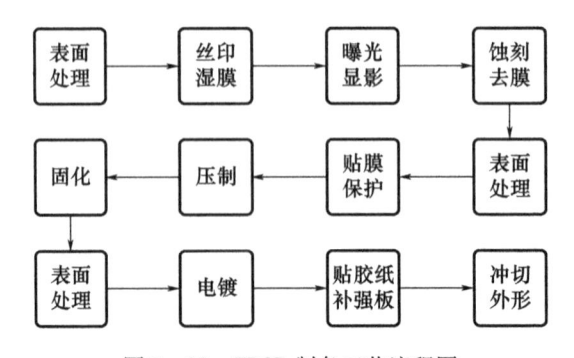

图 7-22 FPCB 制备工艺流程图

依据本书第 5 章和第 6 章中传感器响应特性及影响分析结果,再对环状涡流传感器中激励线圈及感应线圈的厚度和宽度、激励线圈和感应线圈的间隔分布距离以及过孔焊盘位置等相关传感器结构参数进行设计,并对传感器基材厚度、覆盖保护膜厚度以及基材材料等工艺参数进行优选,最后采用 FPCB 工艺制备出环状涡流阵列传感器,如图 7-23 所示。

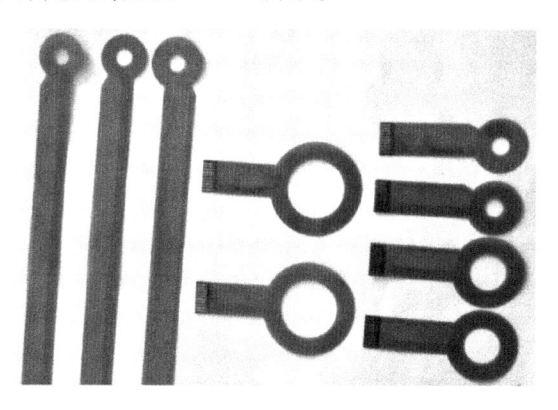

图 7-23 FPCB 制备好的环状涡流阵列传感器

为提高环状涡流传感器承载能力和耐久性,对环状涡流传感器进行垫片封装,垫片几何设计图如图 7-24 所示。

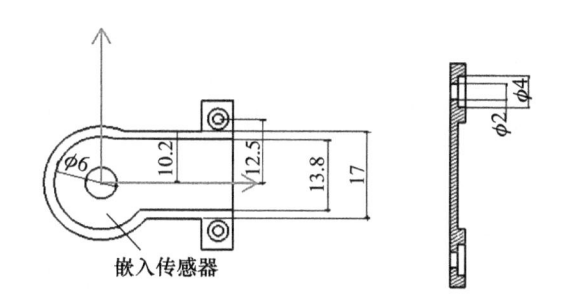

图 7-24 环状涡流阵列传感器封装所用垫片设计图

在图 7-24 中,环状涡流阵列传感器嵌入到垫片底部凹槽内。考虑到传感器耐久性需求且为使得传感器固定于垫片凹槽内,垫片方案中的弹性保护层采用聚硫密封剂 HM-109。聚硫密封剂 HM-109 是以液体聚硫橡胶经改性后为主要成分的二组分材料,室温可硫化为弹性体,具有耐喷气燃料、耐热空气和水浸泡特性,主要应用于飞机燃油及空气系统中工作的金属铆接、螺接结构的密封。研究表明,密封剂 HM-109 的耐老化性能优,在飞机结构内部使用时,其老化寿命能达到 20 年左右。

传感器与垫片封装步骤如下：

步骤1：使用清洁干燥的棉布蘸120号汽油对传感器和垫片凹槽进行清洗，直至擦拭干净为止，在空气中放置10～15min；然后用清洁干燥的棉布蘸丙酮仔细擦拭传感器和垫片凹槽，并放置10～15min。

步骤2：用脱脂棉蘸取NDJ-3粘接底涂剂轻轻擦拭清洗过的垫片凹槽和传感器上下表面，等底涂剂干后将垫片和传感器置于室温15min。

步骤3：密封剂施工。在温度24℃环境下，选用活化期为2h的聚硫密封剂HM-109，分别按基膏：硫化膏为100g：8g的比例，实际分别称量基膏：硫化膏=50g：4g。用刮刀将密封剂充分混合后将传感器和垫片固定黏贴。封装完成后的传感器如图7-25所示。

图7-25 采用垫片封装形式的环状涡流阵列传感器实物图

7.3 裂纹监测系统在典型金属结构件疲劳裂纹监测中的应用验证

通过对飞机结构疲劳损伤外场统计数据进行分析，发现大部分的疲劳裂纹出现在飞机连接结构的孔边、拐角及过渡面等应力集中的部位，其中孔边是裂纹的"多发部位"，故本书主要研究结构连接件的孔边裂纹监测。本节将基于多通道结构裂纹在线监测系统，通过制备中心孔板和典型连接试件，进行环状涡流传感器的飞机典型金属结构模拟件孔边裂纹的疲劳损伤监测试验研究。

7.3.1 疲劳试验相关概念

1. 载荷谱

飞机结构的载荷谱是通过飞行试飞和按有关标准与算法而得到的载荷-时间历程，结构在服役中受到的载荷通常是不规则的，不同的疲劳载荷谱具有不同的特点。常用的载荷谱有 3 种类型,即等幅载荷谱、随机载荷谱和块随机载荷谱。

1)等幅载荷谱

等幅载荷谱是指应力最大值 σ_{max} 和 σ_{min} 最小值不随时间而改变的载荷谱,如图 7-26 所示。等幅载荷谱常用于材料的疲劳性能试验,也用于疲劳寿命和分析方法的研究,有时还用于比较两种材料或两类结构疲劳性能的优劣。

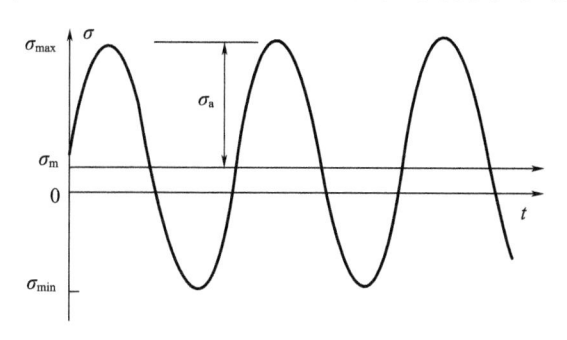

图 7-26 等幅载荷谱示意图

2)随机载荷谱

随机载荷谱是将实测和分析得到的载荷按结构服役过程中的受载特点进行随机编排,载荷的大小、应力比、频率等参数是不断变化的,如图 7-27 所示。

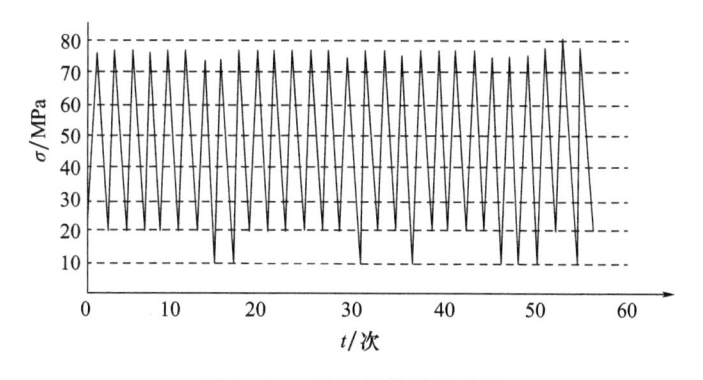

图 7-27 随机载荷谱示意图

根据试验与外场应用的区别,主要存在疲劳试验的随机载荷谱(主要是整机疲劳试验)和外场应用的起落随机载荷谱。

(1)整机疲劳试验随机载荷谱。

在开展整机疲劳试验的过程中,往往是以一个起落甚至若干起落为一循环周期,也称为载荷谱块,每一起落中又包括若干载荷循环,也就是循环周期—起落—载荷循环的层次关系。

(2)外场飞机起落随机载荷谱。

外场飞机起落随机载荷谱与整机疲劳试验起落随机载荷谱的主要区别是：外场飞机一个起落过程中，尤其是在飞行过程中，除了存在飞行规范中的载荷变化历程，还不可避免地存在各种振动和动作应用情况产生的较大载荷变化。

3）块随机谱试验

全机疲劳试验开展的块随机谱试验，一般是由不同幅值的等幅谱随机组合，一个块随机谱相当于一个试验周期，没有"起落"的概念。

2. 断口定量分析

疲劳断口定量分析是利用断口疲劳特征，如疲劳弧线、疲劳条带、临界裂纹长度等特征参数反推断裂过程的寿命、应力等。在疲劳断口定量分析的过程中，最重要的就是分析断裂特征的变化规律与试验条件之间的对应关系，确定用于疲劳断口定量分析的疲劳特征参量，并选用合适的疲劳裂纹扩展速率 da/dN 数学表达式或定量反推模型，对用于定量的特征进行分析，确定用于定量分析的特征与寿命之间的关系。在后续的章节中，我们将用到断口定量分析来确定裂纹长度与载荷循环次数之间的关系。

断口定量分析疲劳寿命的主要步骤如下：

(1)通过宏观观察确定疲劳源的位置和裂纹大致的扩展方向。

(2)在对载荷谱分析的基础上确定需定量测定的疲劳特征。

(3)断口观察及测量不同裂纹长度处疲劳特征，如疲劳条带间距的测量。

断口观察主要通过实体光学显微镜和扫描电镜进行。如果断面平坦，疲劳弧线清晰，可用实体光学显微镜对疲劳弧线进行测定，该方法简便、直观、准确。

(4)确定裂纹开始扩展的尺寸值 a_0 和裂纹扩展临界尺寸值 a_c。

疲劳寿命包括疲劳裂纹萌生寿命和疲劳裂纹扩展寿命。目前，通过断口定量的方法获得的是疲劳裂纹扩展寿命。疲劳裂纹萌生寿命即为疲劳总寿命减去疲劳扩展寿命。

(5)拟合裂纹扩展速率曲线并对扩展寿命进行反推计算。

根据裂纹扩展速率曲线的变化趋势选取相应的计算疲劳寿命的模型，对裂纹扩展速率随裂纹长度呈有规律变化的情况，对裂纹长度和裂纹扩展速率分别取常用对数或自然对数，然后用取对数之后的数据进行拟合，如果取对数之后的数值点有规律地分布在拟合曲线（直线）两侧，可用 Paris 公式进行疲劳扩展寿命定量计算；如果裂纹扩展速率随裂纹长度呈无规律的变化，或裂纹扩展速率和裂纹长度分别取对数后拟合的并非直线，可采用梯形法进行疲劳扩展寿命计算。

(6)获取裂纹长度与疲劳寿命之间的关系曲线。

根据计算的疲劳扩展寿命和试验的总寿命,得到裂纹萌生寿命,进而得到不同裂纹长度处的总寿命;根据不同裂纹长度处的总寿命给出不同裂纹长度处的寿命,即 $a-N$ 曲线。

试件断口观察测量设备为 PXS-5T 体式显微镜,如图 7-28 所示。其放大倍率为 45 倍,配合数显移动平台使用,测量精度为 0.01mm。

3. 结构疲劳试验系统

本书基于 MTS-810 材料试验系统进行飞机典型金属结构模拟件的疲劳试验,试验硬件框架如图 7-29 所示。在图中,505.20 静音泵为 MTS 载荷框架提供液压载荷动力,并通过外部配套的冷水机为泵源冷却;前端用户使用 Station Manager 站台管理软件对疲劳试验过程进行管理和控制,Station Manager 的管理和控制功能是基于 Flex Test 控制器以及安装在 MTS 上的各类载荷和位移传感器实现的;MTS 载荷框架是材料试验系统的核心,其载荷和位移传感和控制的准确性、框架可靠性以及灵活性是关键,MTS 载荷框架实物如图 7-30 所示。

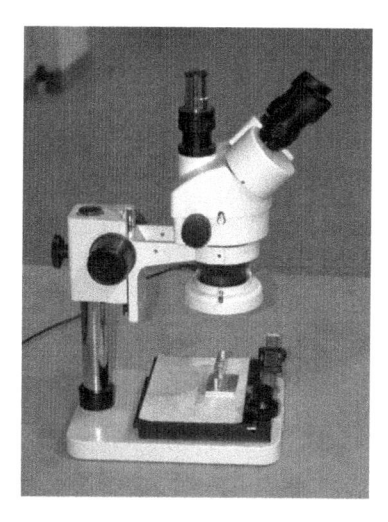

图 7-28 PXS-5T 体式显微镜

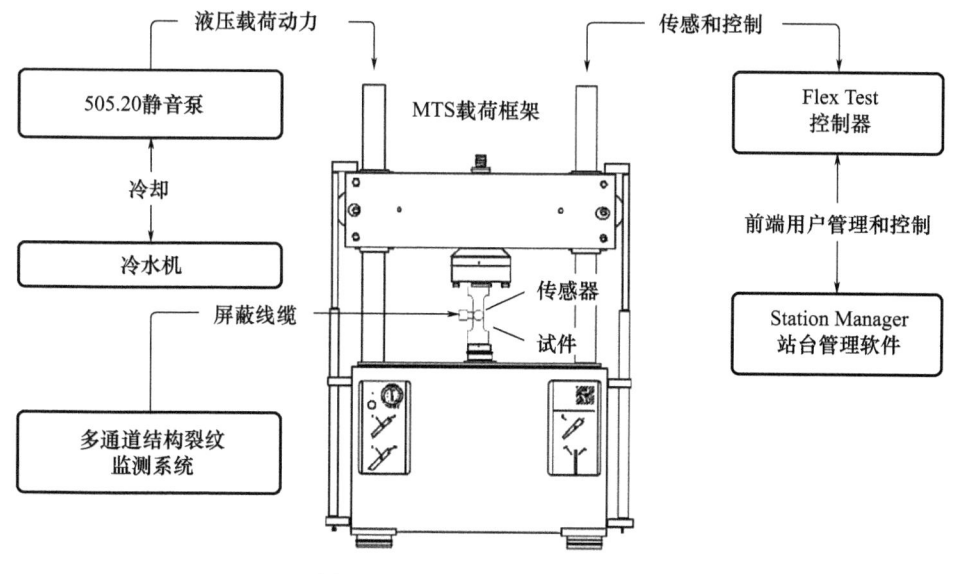

图 7-29 疲劳试验硬件框架图

图 7 – 30　MTS 材料试验系统载荷框架实物图

7.3.2　传感器在线监测功能验证试验

相对于传统的涡流检测技术，环状涡流传感器通过对感应单元的阵列化设计实现对结构裂纹的在线监测，阵列化设计方式避免了传统涡流检测逆向算法中所遇到的非线性和不适定问题。为验证本书所提出的环状涡流传感器的裂纹定量监测能力，本节使用裸封装的环状涡流传感器进行程序载荷谱下的 2A12 – T4 铝合金拉伸疲劳试验件的疲劳损伤在线监测试验，并对比分析传感器的监测结果和疲劳裂纹断口定量分析结果。

1. 试验方案

首先通过螺栓将裸封装的环状涡流传感器固定安装于 2A12 – T4 中心孔板铝合金试件，传感器和试件参数如表 7 – 3 所示，传感器与试件的安装状态如图 7 – 31 所示。然后，使用 MTS 材料试验

图 7 – 31　传感器安装状态

系统对中心孔板试件加载载荷谱,并启动多通道结构裂纹在线监测系统实时监测试件裂纹扩展直至试件断裂。在本节试验方案中,采取了高低载方式的程序载荷谱,如表7-4所示。高低载载荷谱设计的目的在于得到疲劳弧线,则试验结束后可通过对疲劳弧线进行断口定量分析得到疲劳裂纹扩展曲线,并将疲劳裂纹监测结果与断口定量分析结果进行对比。

表7-3 传感器和试件参数

传感器	通道数	三通道
	封装方式	裸封装
	p	0.2032mm
	g	0.1016mm
	s	0.1016mm
	d	0.1952mm
	r_p	3.0784mm
试件	类型	中心孔板试件
	材料	2A12-T4 铝合金
	厚度	4mm
	中心孔直径	6mm

表7-4 程序载荷谱

载荷类型	应力水平 σ/MPa	应力比 R	循环次数 C_N/次
低载	180	0.06	2900
高载	200	0.06	100

2. 实验结果分析

试验件在加载75个谱块和2099次(227099次)循环后断裂,根据监测结果进行分析,需要注意的一点是,本节选取传感器各感应线圈的输出电压信号与激励线圈的驱动电流信号(通过电流取样电路获得)之间的幅值比 A_R 和相位差 $\Delta\phi$ 作为传感器的特征量,而传感器各感应通道的幅值比和相位差特征量即为第4章分析中的感应线圈跨阻抗幅值和相位。

1) 传感器监测信号处理与分析

首先分析各感应线圈通道的相位差信号$\Delta\phi$,如图7-32所示。从图中可以得知,在试验件疲劳裂纹扩展过程中,相位差信号$\Delta\phi$有所变化,但其变化幅度较小,仅为0.5°左右。

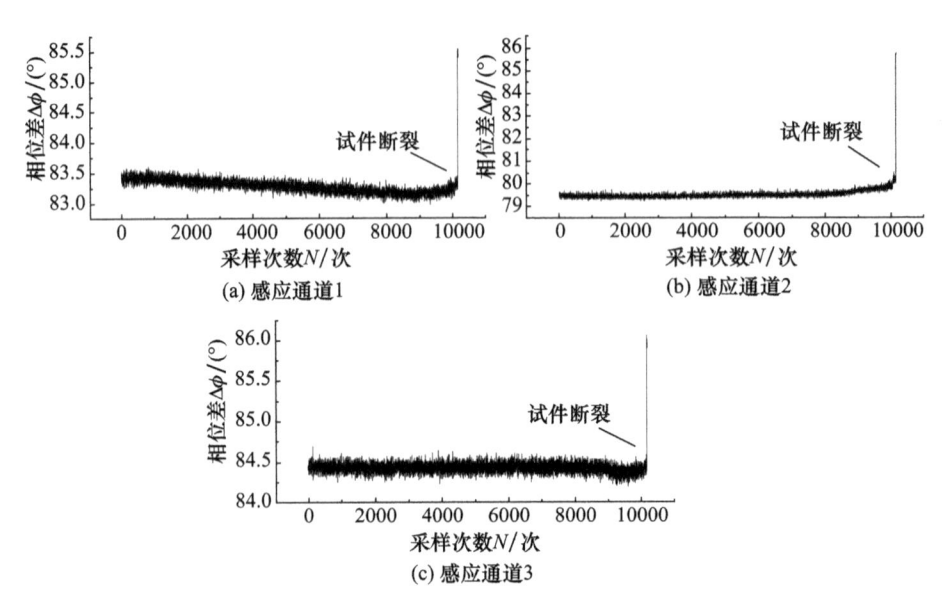

图7-32　传感器各通道相位差随采样次数变化曲线

图7-33所示是3个感应线圈通道的幅值比信号A_R随信号采样次数的变化规律,从图中可知在试件疲劳裂纹扩展过程中,幅值比信号的变化具有单调性且幅度较大。

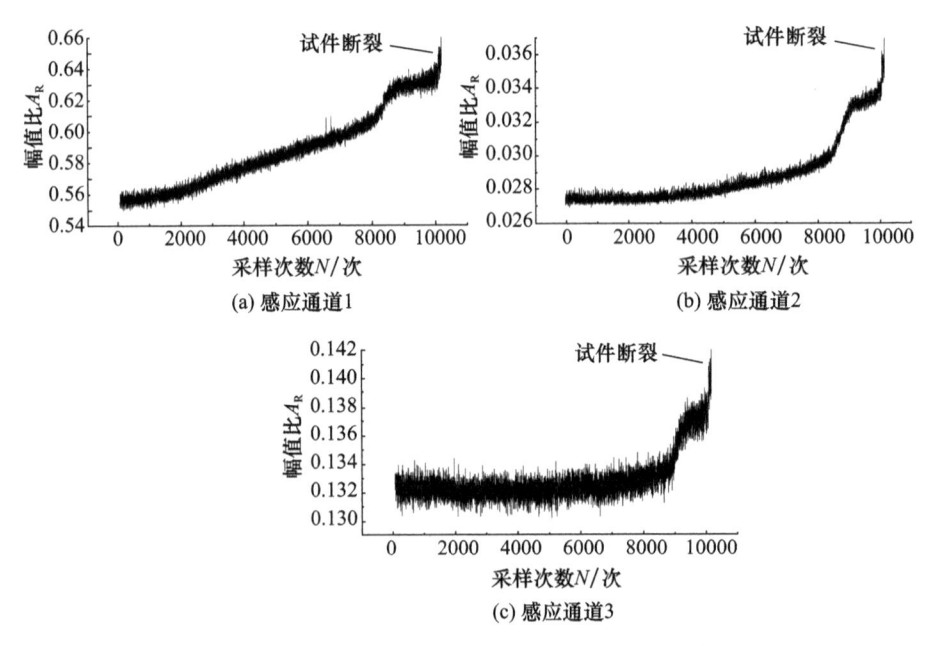

图7-33　传感器各通道幅值比随采样次数变化曲线

为进一步分析,根据采样周期与载荷施加频率对应关系,并使用平滑法对各通道数据进行降噪滤波处理,得到传感器输出信号随疲劳载荷循环次数变化的曲线,如图 7-34 所示。

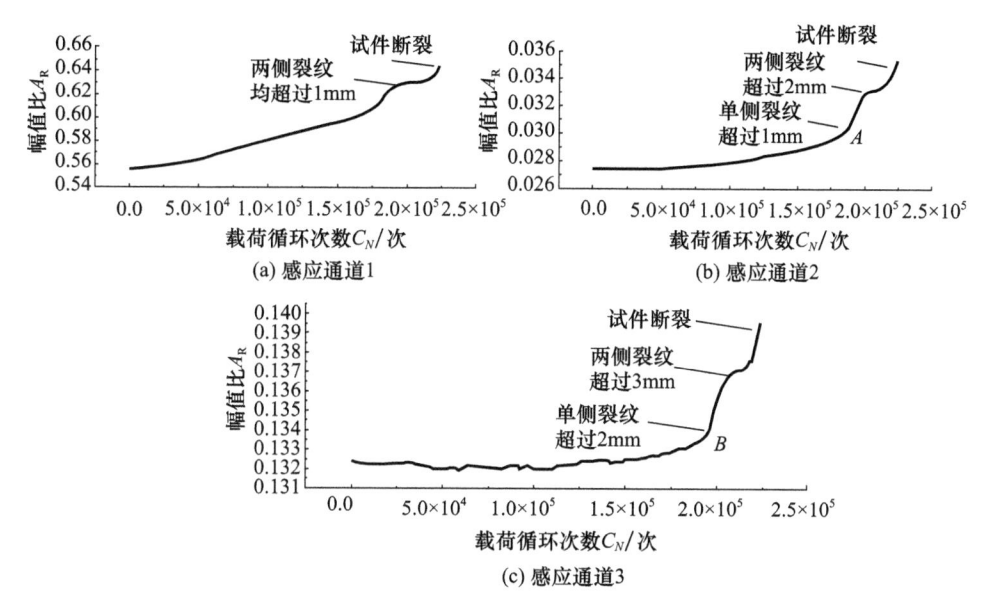

图 7-34 传感器各通道幅值比随采样次数变化曲线

由图 7-34 可知,在疲劳裂纹扩展至断裂的过程中,各通道的幅值比信号出现多个"拐点"。根据环状涡流传感器自身构造原理,各感应线圈幅值比信号开始快速增加的"拐点"即是裂纹前缘进入相应感应线圈的特征。根据这一特性,定义裂纹长度为在垂直于试件轴线平面内裂纹前缘到孔边之间的距离,可知孔边任一侧裂纹到达 1mm、2mm 时所对应的载荷循环次数分别为图 7-34(b)中的 A 点和图 7-34(c)中的 B 点。

2)断口定量分析

为获得疲劳源的位置、疲劳弧线的分布特点及裂纹长度等信息,使用 PXS-5T 光学体式显微镜对断口疲劳弧线进行观测,观察到的断口如图 7-35 所示。

试验件断口的疲劳弧线清晰可见,可以发现试验件左侧的裂纹萌生于圆孔内表面的缺陷部位,右侧裂纹萌生于孔边,然后以圆角裂纹向前扩展。通过对疲劳断口进行定量分析得到疲劳裂纹扩展曲线,并将疲劳裂纹监测结果与断口定量分析结果进行对比,如图 7-36 所示。

通过拟合得到试验件孔边裂纹在不同长度时对应的疲劳载荷循环次数,如表 7-5 所示。

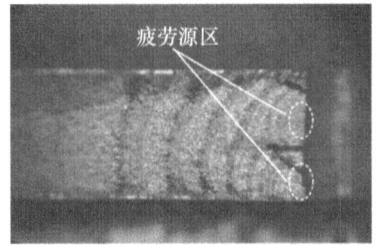

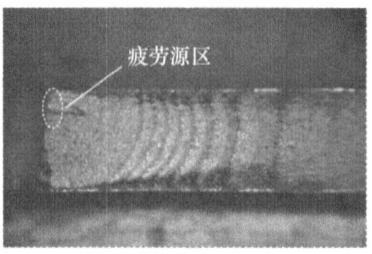

(a) 疲劳断口 (左侧)　　(b) 疲劳断口 (右侧)

图 7-35　试验件的断口形貌

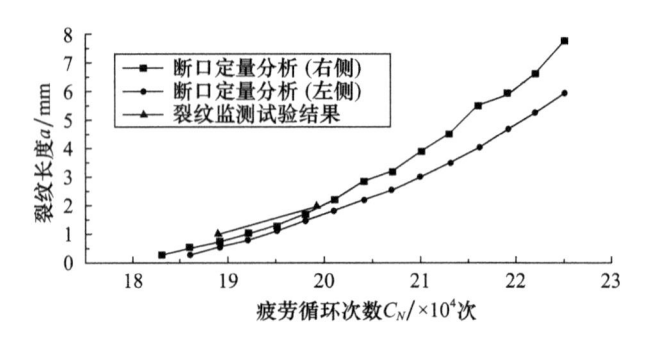

图 7-36　裂纹监测试验结果与断口定量分析结果对比

表 7-5　不同裂纹长度对应的载荷循环数

裂纹长度 a/mm	疲劳循环数 C_N/次
两侧≥1mm	194000
两侧≥2mm	202500
两侧≥3mm	210000

3) 试验结果与断口定量分析结果对比

由图 7-36 可知,监测结果与断口定量分析结果吻合较好。同时,根据表 7-5 中断口定量分析的结果,将两侧裂纹长度均超过 1mm、2mm、3mm 时对应的循环次数在图 7-34 中标出。在单侧裂纹长度达到 1mm 至两侧裂纹均超出 2mm 的过程中,感应通道 2 的幅值比信号急剧增加;当两侧裂纹长度均超过 2mm 后,感应通道 2 的幅值比增加速度显著减缓;当试验件断裂时,感应通道 2 的幅值比急剧增加。感应通道 3 的幅值比信号表现出与感应通道 2 相同的变化趋势。同时在图中可以看出,感应通道 1 的幅值比信号从疲劳试验开始就缓慢增加,感应通道 2 的幅值比信号也在疲劳试验开始后不久增加,而根据断口定量分析可知此时试件未产生裂纹,即这部分的信号增量对应于结构疲劳累积损伤。

综合上述分析可知,将各感应线圈通道的幅值比信号开始快速增加的"拐点"作为裂纹前缘进入相应感应线圈的特征,则环状涡流传感器可以实现疲劳裂纹的定量监测,监测精度为1mm。选取传感器各感应线圈的输出电压信号与激励线圈的驱动电流信号(通过电流取样电路获得)之间的幅值比 A_R 和相位差 $\Delta\phi$ 作为传感器的特征量(为便于表述,在后续节中,将该特征量简称为幅值比和相位差)。

7.3.3 中心孔板试件疲劳损伤监测试验

本节将应用不锈钢垫片封装后的环状涡流传感器(即智能损伤垫片,SECW)进行2A12-T4铝合金、304不锈钢以及TC4钛合金中心孔板试件的疲劳裂纹监测试验。随机载荷谱下的SECW对2A12-T4铝合金中心孔板试件的监测结果如图7-37所示。由图中可知,随机载荷谱下的SECW对结构疲劳裂纹的监测规律同表7-4中程序载荷谱下的监测规律是一致的,即当疲劳裂纹扩展至传感器某个感应通道下方时相应感应通道的幅值比信号会上升。同时由图中可知,相比于程序载荷下的信号曲线,随机载荷谱下各通道采集的幅值比信号曲线较为不平滑,这与结构在随机载荷作用下的不规律应变对传感器反射场的影响有关。

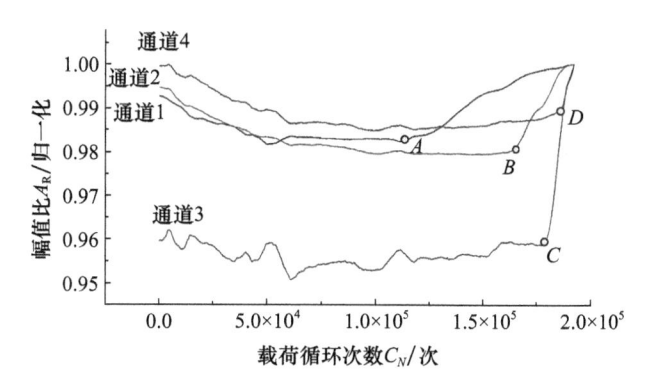

图 7-37 SECW 各感应通道归一化幅值比随疲劳载荷次数的变化
(2A12-T4 铝合金,随机谱)

上述试验所用随机谱是根据某型飞机的重心载荷谱编制的,随机谱中一段数据如图7-38所示。

除了铝合金,高强度钢和钛合金也是飞机金属结构的主要材料。而相比于铝合金,高强度钢和钛合金的电导率较低,而较低的结构电导率则可能会影响到SECW的监测效果。程序载荷谱下的SECW对304不锈钢和TC4钛合金中心孔板试件的疲劳损伤监测试验分别如图7-39和图7-40所示。试验结果表明了SECW对304不锈钢和TC4钛合金疲劳裂纹监测的有效性,以SECW第4通道为例,304不锈钢和TC4钛合金下的SECW第4感应通道幅值比原始数据随采集卡采样次数变化的曲线分别如图7-41和图7-42所示。由图中可知,针对304不锈钢和TC4钛合金,当裂纹前缘扩展至SECW第4感应通道下方时,该感应通道的幅值比信号同样会迅速上升,这与铝合金下的信号规律是一致的。同时,由图中可知,由于不锈钢和钛合金的电导率较低,其感应通道的幅值比信号值要大于铝合金,这与不锈钢和钛合金表面涡流场强度较弱有关。

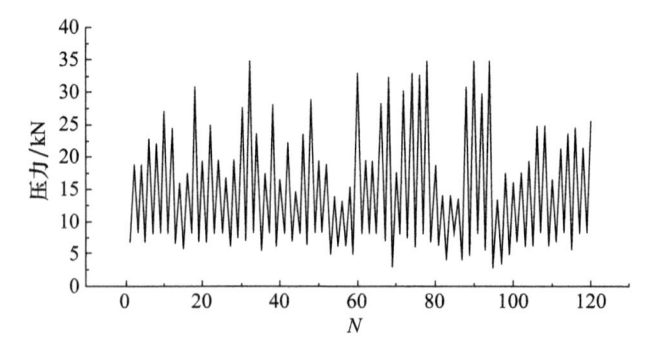

图7-38 一段根据某型飞机过载谱设计的试验用随机载荷谱

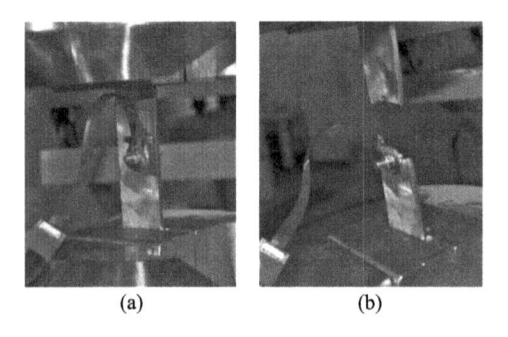

图7-39 SECW的304不锈钢疲劳裂纹监测,直至最后试件断裂

图7-40 SECW的TC4钛合金疲劳裂纹监测

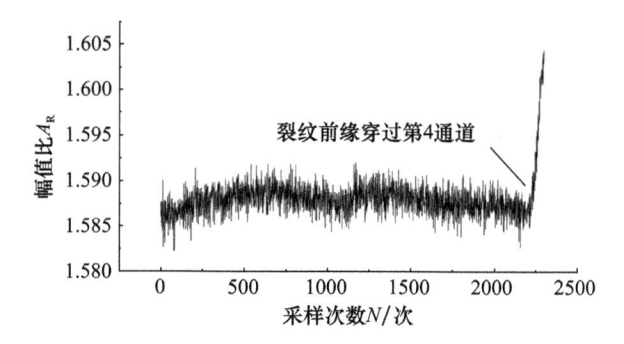

图 7-41　SECW 第 4 感应通道幅值比原始数据随采集卡
采样次数的变化(304 不锈钢,等幅谱)

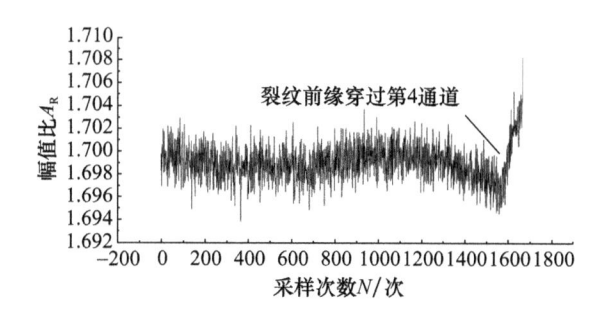

图 7-42　SECW 第 4 感应通道幅值比原始数据随采集卡
采样次数的变化(TC4 钛合金,等幅谱)

7.3.4　典型连接试件疲劳损伤监测试验

本节进行 SECW 搭接试件的疲劳损伤监测试验研究,如图 7-43 所示。图中,两片 SECW 通过螺栓固定安装于孔 1 和孔 2 上,并通过多通道结构裂纹在线监测系统同步监测孔 1 和孔 2 上的疲劳裂纹扩展。本次试验载荷谱选用等幅谱,试件材料为 2A12-T4 铝合金。

试验结束后发现试件从孔 1 处发生断裂,软件系统中保存的孔 1 位置处 SECW 各感应通道归一化幅值比随疲劳载荷次数的变化如图 7-44 所示,由图中 A、B、C 和 D 4 个拐点可得到孔 1 位置处各裂纹长度所对应试件疲劳载荷次数。图 7-45 所示是孔 2 位置处的 SECW 前 3 个感应通道的监测曲线,由图中可知该试件在孔 2 位置处也发生裂纹萌生和扩展,而且由图 7-46 所示的孔 2 位置处 SECW 第 4 感应通道监测曲线趋势可知,当试件从孔 1 处发生断裂时,孔 2 的裂纹也刚好穿过 SECW 第 4 个感应通道,即此时孔 2 的裂纹长度达到 4mm。

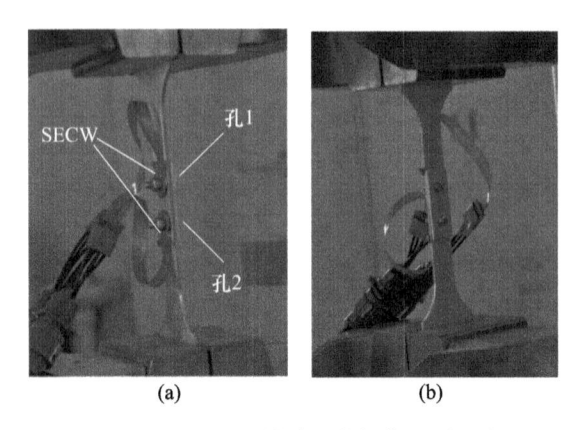

图 7-43　SECW 搭接试件损伤监测试验

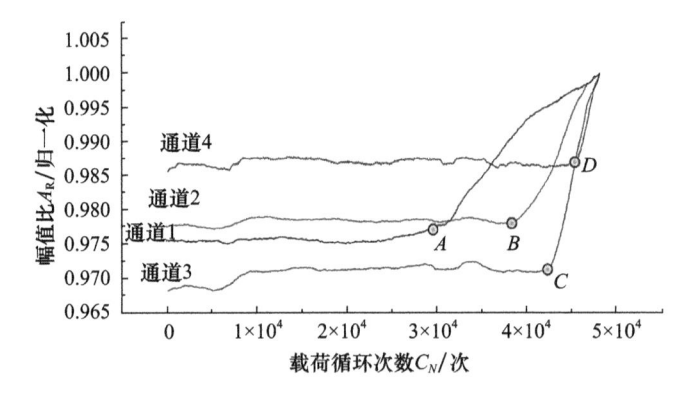

图 7-44　SECW 各感应通道归一化幅值比随疲劳载荷次数的变化
（2A12-T4 铝合金,孔 1）

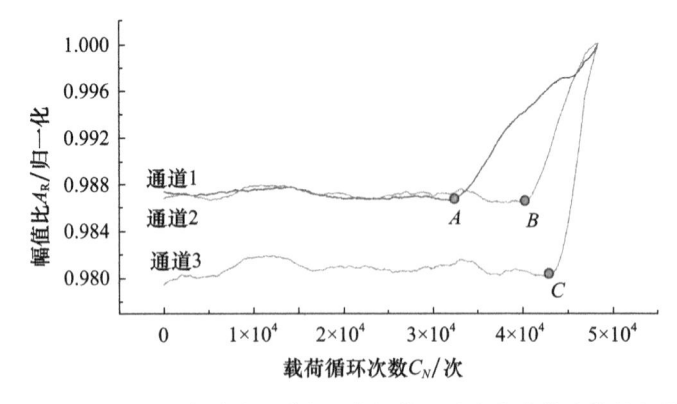

图 7-45　SECW 各感应通道归一化幅值比随疲劳载荷次数的变化
（2A12-T4 铝合金,孔 2）

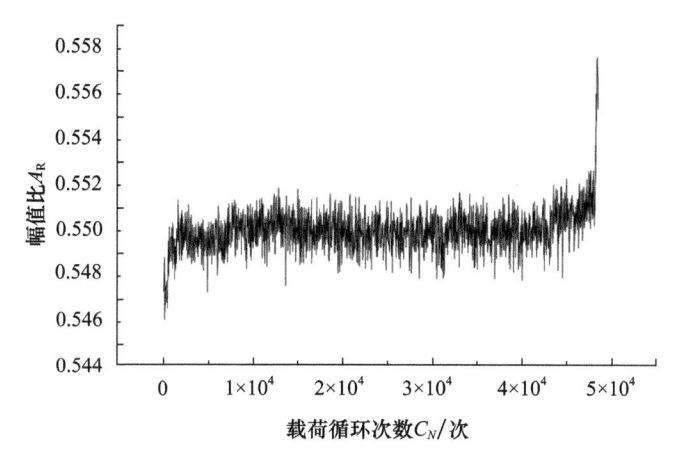

图 7-46 SECW 第 4 感应通道幅值比原始数据随试验载荷次数的变化
（试件从孔 1 断裂时，安装于孔 2 的 SECW 第 4 感应通道幅值比信号也上升）

同时，本节还进行了 SECW 单孔对称搭接试件的疲劳损伤监测试验，如图 7-47 所示。图中，两件薄试件（1.5mm 厚度）通过螺栓搭接在厚试件（4mm）两边，而且为了保证裂纹优先在 SECW 安装侧试件发生，在 SECW 安装侧的薄试件孔边预制微小裂纹。该试验结束后的试验结果分析验证了 SECW 对搭接试件孔边疲劳裂纹的定量监测能力，即当疲劳裂纹前缘进入到某一感应通道时，相应感应通道的幅值比就会上升。以第 3 通道为例，SECW 第 3 感应通道幅值比原始数据随载荷循环次数的变化如图 7-48 所示，当裂纹前缘进入第 3 感应通道时，该感应通道的幅值比信号上升。

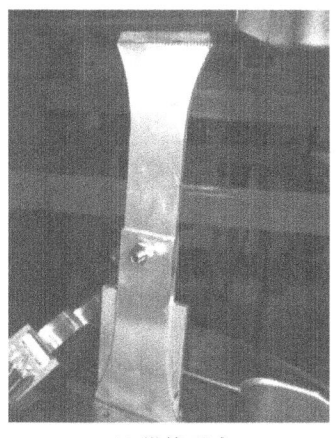

(a) 搭接形式　　　　(b) 搭接局部细节

图 7-47 SECW 单孔对称搭接试件损伤监测试验

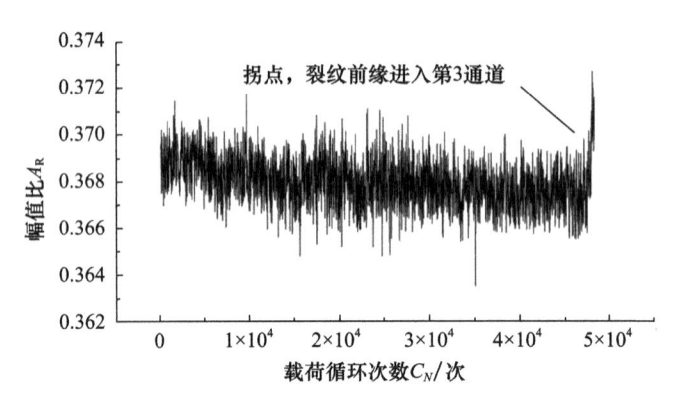

图 7-48 SECW 第 3 感应通道幅值比原始数据随载荷循环次数的变化

7.3.5 阳极氧化试件疲劳损伤监测试验

现代飞机结构中的铝合金构件普遍采用阳极氧化工艺制备 Al_2O_3 保护膜，以增强结构的耐腐蚀、抗磨损性能。为此，本节对 2A12-T4 铝合金拉伸疲劳试验件进行了阳极氧化处理，并应用不锈钢垫片封装后的环状涡流传感器（SECW）进行疲劳裂纹监测试验。

目前，航空工业中铝合金常规阳极化方法主要有硫酸阳极氧化和铬酸阳极氧化。由于铬酸盐会危害人体健康并污染环境，其应用日益受到严格限制，因此本书选用硫酸阳极氧化工艺来对试验件进行处理。硫酸阳极氧化具体的工艺流程，如图 7-49 所示。

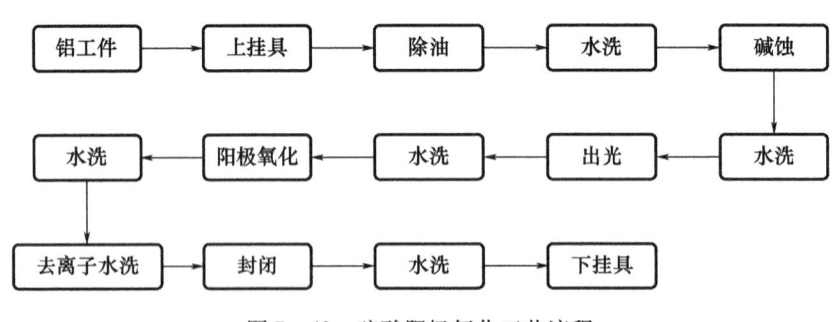

图 7-49 硫酸阳极氧化工艺流程

由于工艺条件的限制，委托西安博莱特表面精饰有限公司进行试验件阳极氧化处理，并分别制备了氧化膜厚度为 6μm 和 10μm 两种阳极氧化试件，阳极氧化膜的厚度通过 QuaNix4200/4500 型涂层测厚仪进行测量（精度 1μm）。以第 1 和第 2 通道为例，两种氧化膜厚度下的 SECW 感应通道幅值比原始数据随载荷循环次数变化的曲线分别如图 7-50 和图 7-51 所示,图 7-51 中所采用的随机谱同图 7-38 一致。由图中可知,6μm 和 10μm 两种阳极氧化试件在程序载荷谱和随机载荷谱作用下的 SECW 监测曲线均存在明显的上升拐点,阳极氧化试件中 SECW 监测曲线随结构裂纹扩展的变化规律同 5.2.5 节中心孔板试件的监测规律是一致的,验证了 SECW 对阳极氧化铝合金构件疲劳裂纹监测的有效性。

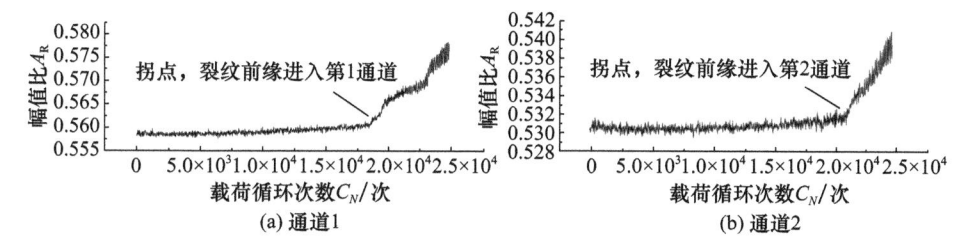

图 7-50 SECW 前两个感应通道幅值比原始数据随载荷循环次数的变化
(6μm 氧化膜厚度,程序载荷谱)

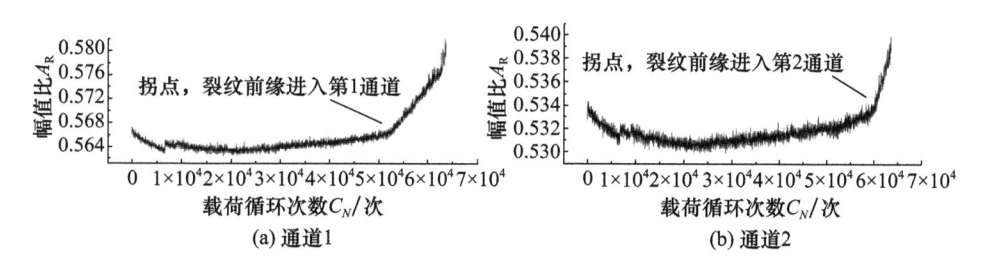

图 7-51 SECW 前两个感应通道幅值比原始数据随载荷循环次数的变化
(10μm 氧化膜厚度,随机载荷谱)

第 8 章

环状涡流阵列传感器的优化设计

通过第 7 章所开展的试验,可以看出传感器的裂纹监测灵敏度偏低,在环境干扰的影响下容易产生错误的指示。因此,亟须优化传感器设计,提高传感器的监测灵敏度。要提高传感器的监测灵敏度,需要先探明传感器的裂纹监测机理,即结构产生裂纹后传感器是如何感知到裂纹的。在本章中,首先,提出了用于结构孔边裂纹监测的半环状涡流阵列传感器。其次,通过建立仿真模型研究传感器用于裂纹监测的机理,并分析了被测结构的电磁特性(电导率和磁导率)、传感器与被测结构的距离(提离距离)对传感器输出可能造成的影响。在此基础上,提出了一种可有效提高裂纹监测灵敏度的传感器激励布局方式,并开展了模拟裂纹监测试验进行验证。

8.1 环状涡流阵列传感器的裂纹监测机理分析

飞机连接结构一般都是通过螺栓和铆钉等紧固件连接并传递载荷的,使得结构孔两边会产生应力集中,如图 8-1 所示。正是由于结构孔两边应力集中导致了该区域容易产生疲劳损伤,损伤逐渐累积就会产生疲劳裂纹。

为此,根据连接结构的受载特点,结构孔两侧都容易产生疲劳裂纹。本章设计了一类用于结构孔边裂纹监测的环状涡流阵列传感器,如图 8-2 所示。传感器主要由 1 个激励线圈和 4 个感应线圈绕制而成,激励线圈形成 2 个同心圆,感应线圈分别在孔的两侧形成 4 个环状的感应单元,感应线圈布局两侧主要是为了监测孔两侧的裂纹。如图 8-2(b)所示,传感器采用柔性印刷电路制板工艺制造,激励线圈和感应线圈分布在基材层的两侧,表面覆盖保护膜。

传感器工作时,给激励线圈施加时变正弦激励电流 I,就会在空间产生时变的激励磁场,被测导电结构表面会产生电涡流并影响空间磁场,感应线圈用于感应空间磁场并产生相应的感应电压 V。当被测结构的电磁特性参数(磁导率和电导率)变化(温度变化、应力变化、材料腐蚀、老化等)或空间边界条件变化(提离距离改变、结构表面产生裂纹等)时,就会引起感应电压发生变化,这即为柔性涡流阵列传感器监测结构裂纹的基本原理。

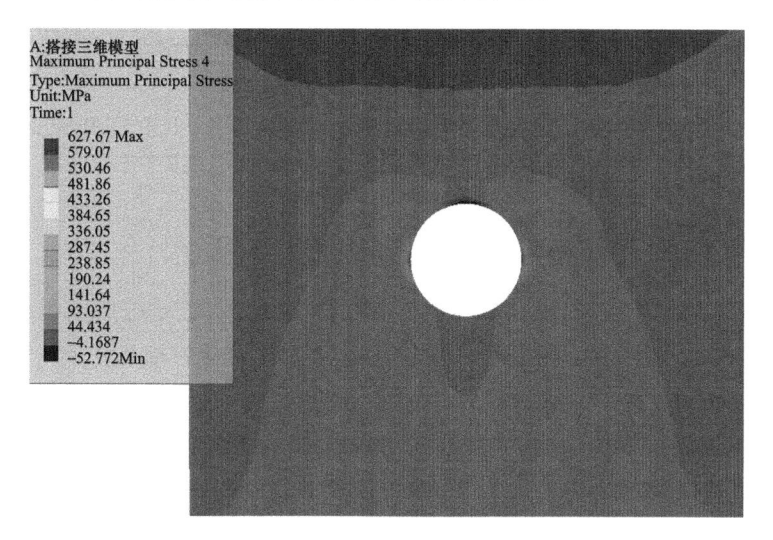

图 8-1 典型连接结构孔边的应力分布

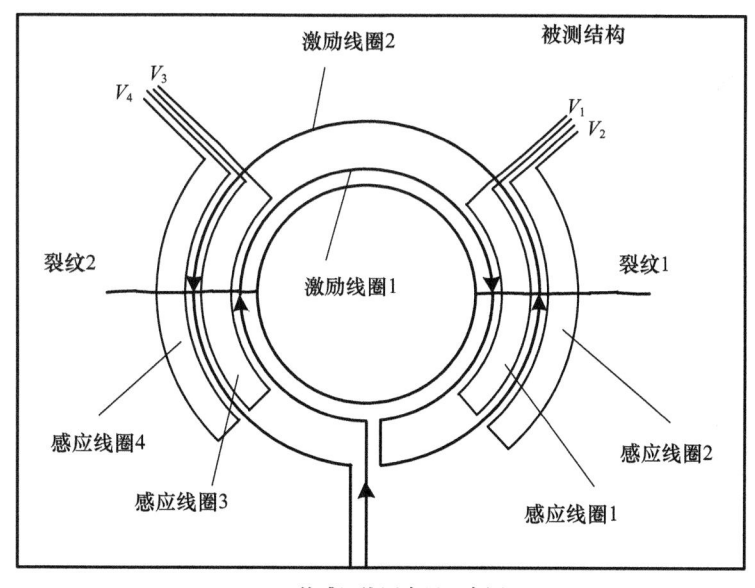

(a) 传感器线圈布局示意图

(b) 部面示图

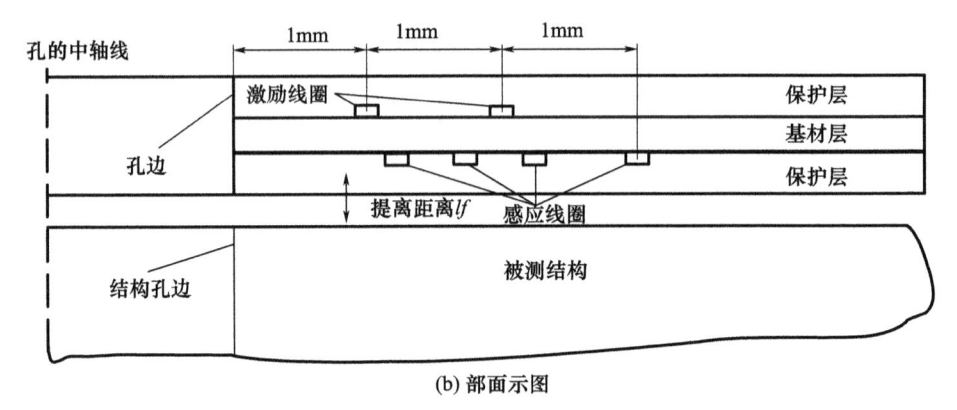

图 8-2　半环状涡流阵列传感器的典型结构示意图

需要指出的是,图 8-2 所示的传感器只是一类最基本的实例,实际应用中需要根据被测结构的尺寸、裂纹的临界长度、是否需要承受载荷、使用环境等具体应用条件来确定传感器的线圈的布局和具体尺寸,这在后面的章节里会有具体的叙述。

目前,研究涡流检测的理论方法主要包括建立损伤等效模型和含裂纹的电磁场模型。损伤等效模型将结构损伤等效为结构电磁特性参数的变化,其工程应用价值较大,但是没有分析裂纹对传感器输出的影响机理。

虽然第 6 章中建立的裂纹扰动半解析模型计算效率高,可用于传感器优化计算分析,但是无法直观清晰地显示裂纹长度的变化对涡流分布和磁场的影响。所以,本章通过一定的简化建立了含裂纹结构的三维有限元模型,以便分析传感器的监测机理。

8.1.1　含裂纹结构的三维有限元模型

传感器的三维结构如图 8-3 所示,线圈的厚度为 0.03mm,宽度为 0.1mm,工作时激励线圈流过时变的激励电流,频率范围为 100kHz～10MHz。

当激励线圈施加激励电流时,线圈和被测结构截面的电流分布从表面向内以幂指数规律逐渐衰减,这种现象称为趋肤效应。工程应用中,将涡流密度由表面最大值衰减到 1/e(37%) 的深度称为电涡流的标准趋肤深度 δ:

$$\delta = \sqrt{\frac{1}{\pi f \mu \sigma}} \quad (8-1)$$

式中:σ 为材料的电导率;μ 为材料的磁导率;f 为激励信号的频率。以常见的铜、2024 铝合金、304 不锈钢、碳钢为例,激励频率从 100kHz 变化到 1MHz 时,其对应的趋肤深度如图 8-4 所示。

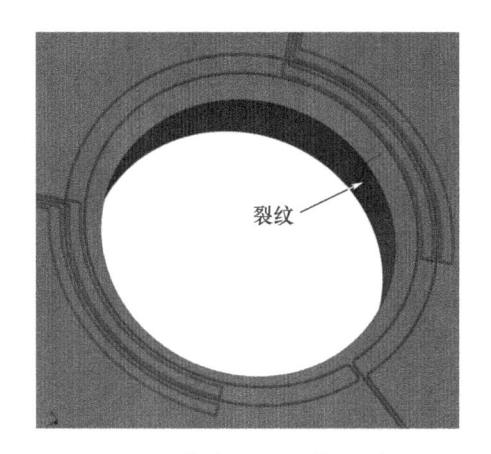

图 8-3 传感器三维结构示意图

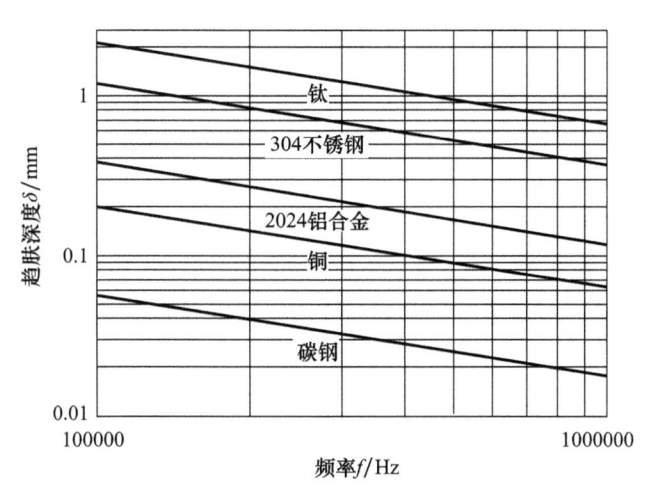

图 8-4 常见材料的趋肤深度

为了得到较为精确的计算结果,网格的大小必须解析金属中的渐逝场,需要使用 2 个或以上的网格单元来解析趋肤深度。本书研制的传感器的线圈厚度只有约 0.03mm,宽度约 0.1mm。以碳钢为例,在 1MHz 的激励电流下,涡流的趋肤深度为 0.0183mm。此时若考虑传感器线圈厚度和宽度的影响,需要将线圈沿厚度方向划分 4 个单元以上,沿宽度方向划分 12 个单元才能得到较为精确的计算结果,同时线圈周围的空气域也必须细化到与线圈单元匹配的程度,这必将导致网格过多计算量过大的问题。

为了减少网格的数量、提高求解的精度,本书采用 Comsol 软件中的 AC/DC 模块建立了如图 8-5 所示的三维模型。其中,采用两个圆形的线模拟激励线圈,用两个环状的弧面模拟感应单元 1 和感应单元 2,并忽略了引线的影响;建立了环状的柱体模拟被测结构,周围为球体状的空气域。为了模拟裂纹的扩展,建立了 0.01mm 宽的模拟裂纹,通过给定不同的裂纹长度值即可模拟裂纹的扩展。

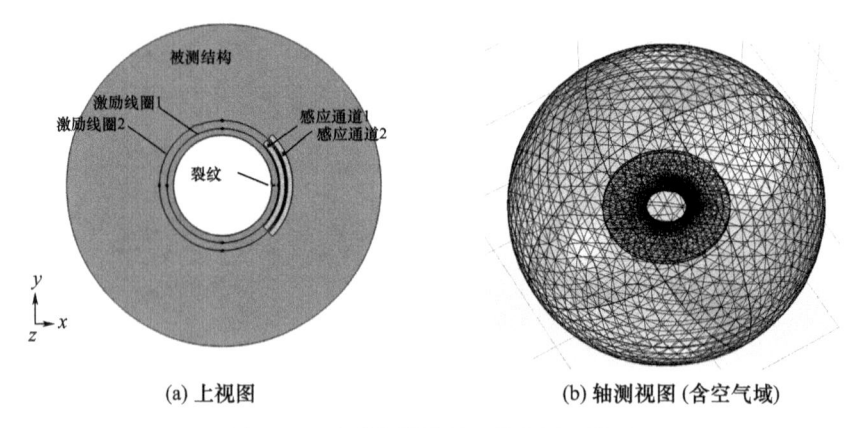

(a) 上视图

(b) 轴测视图(含空气域)

图 8-5　含裂纹结构的三维有限元模型

8.1.2　裂纹对传感器跨阻抗输出的影响机理研究

本节以 2024 铝合金为例,分析裂纹对传感器跨阻抗输出的影响。当传感器位于被测结构表面时,时变的激励电流 I 会在空间形成时变的电磁场,使得被测结构表面产生电涡流(图 8-6),感应线圈形成的感应单元会因有时变的磁通(图 8-7)穿过而产生与激励电流同频的感应电压 V。根据法拉第电磁感应定律,利用式(8-2)即可得到感应通道的感应电压 V:

$$V = -\iint \frac{\mathrm{d}B}{\mathrm{d}t} \cdot \mathrm{d}S \tag{8-2}$$

式中:B 为磁通密度;S 为感应单元的面积。

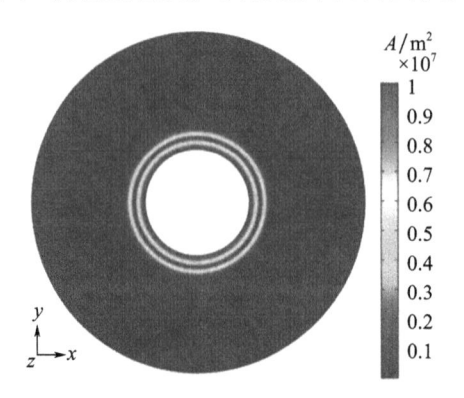

图 8-6　结构表面的电涡流分布　　　图 8-7　感应单元的磁通密度

如图 8-8 所示，结构裂纹的扩展，将影响结构表面的电涡流分布和感应单元磁通密度的分布。从图中可以看出，当结构表面未产生裂纹时，涡流集中在激励线圈的下方区域，并沿着与激励电流相反的方向流动；当裂纹扩展至激励线圈 1 时，裂纹长度为 1mm，裂纹附近的涡流，沿着裂纹尖端流动，此时感应通道 1 左侧的磁通密度已经开始增大；当裂纹继续扩展时，部分涡流继续沿着裂纹尖端流动，但由于激励线圈 2 与激励线圈 1 的电流方向相反，导致了裂纹下方的部分内侧的涡流直接流向了外侧方向相反的涡流，而裂纹上方则有部分外侧的涡流流向了内侧的涡流，此时感应通道 1 与裂纹对应的区域的磁通密度明显增大；当裂纹尖端扩展至激励线圈 2 时，裂纹下方的内侧涡流均直接流向了外侧的涡流，裂纹下方的部分外侧涡流开始流向内侧的涡流，此时感应通道 1 后侧区域的磁通密度明显增大；当裂纹继续扩展时，由于部分涡流流向了内侧涡流，使得只有部分涡流沿着裂纹尖端流动，此时感应通道 2 的磁通密度也有一定程度的增大，但没有感应通道 2 的磁通密度变化明显。

定义传感器跨阻抗 Z_T 为

$$Z_T = \frac{V}{I} = A_R e^{j\theta} \tag{8-3}$$

式中：A_R 为传感器跨阻抗幅值；θ 为传感器的跨阻抗相位。

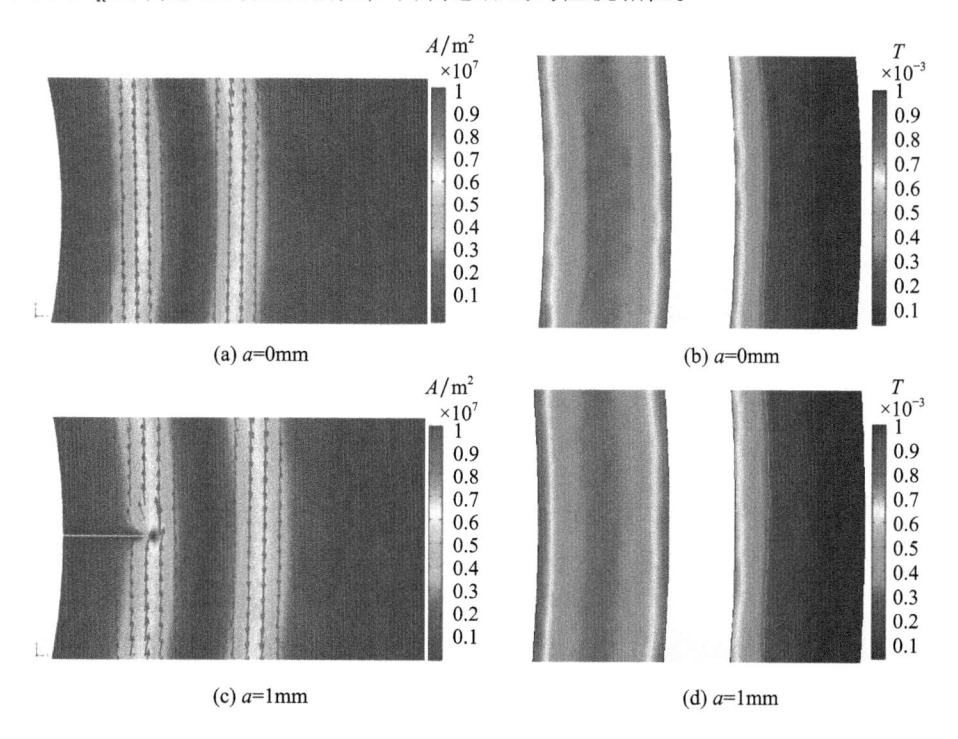

(a) $a=0\text{mm}$

(b) $a=0\text{mm}$

(c) $a=1\text{mm}$

(d) $a=1\text{mm}$

(e) a=1.5mm

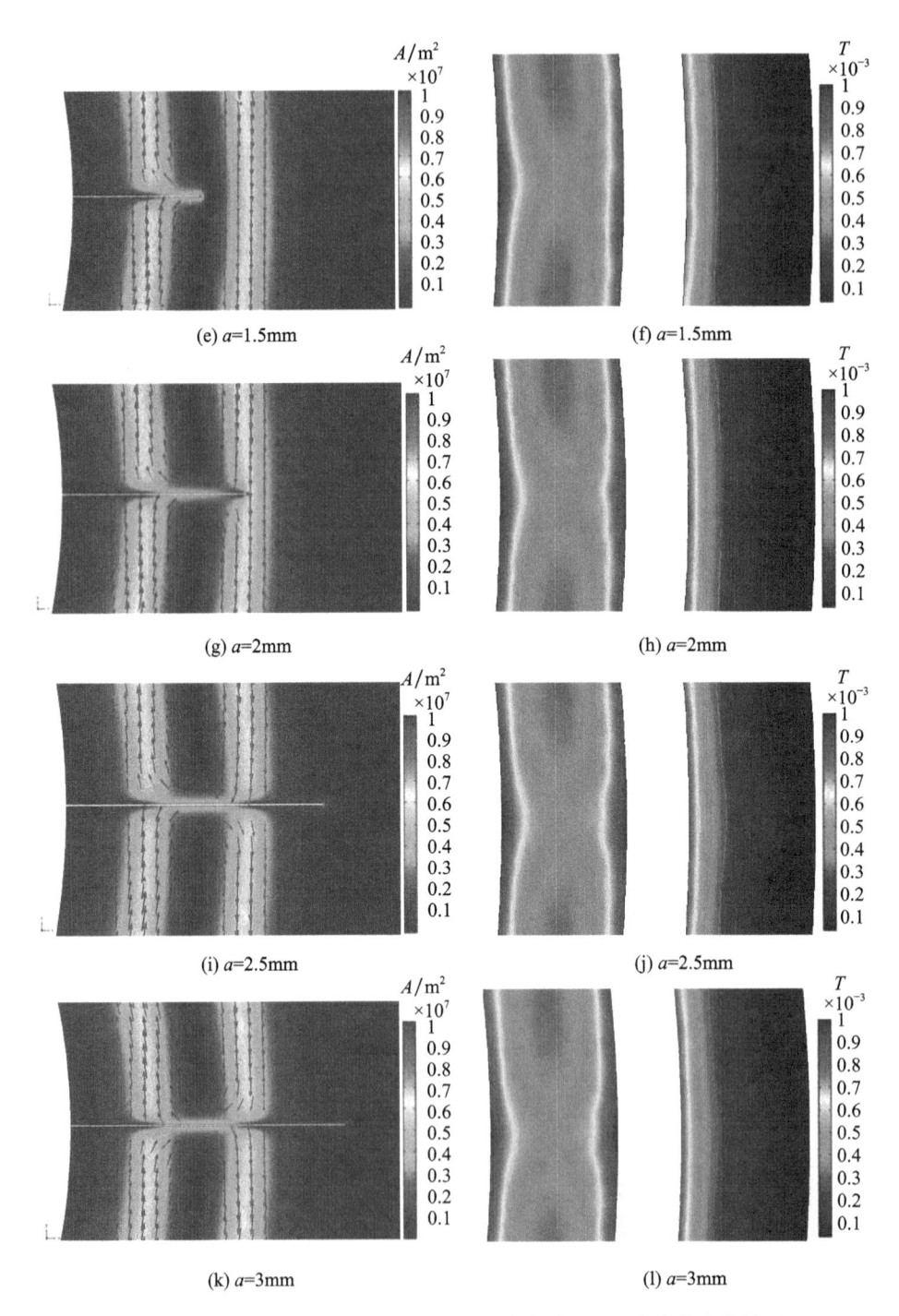

(f) a=1.5mm

(g) a=2mm

(h) a=2mm

(i) a=2.5mm

(j) a=2.5mm

(k) a=3mm

(l) a=3mm

图 8-8 裂纹扩展时结构表面电涡流和感应单元磁通密度的变化情况
(左侧图为结构表面的电涡流分布,右侧图为感应单元的磁通密度)

图 8-9 给出了两个感应通道的 A_R(归一化)随裂纹扩展的变化情况。从图中可以看出：

(1) 在裂纹尖端扩展至激励线圈 1 时，裂纹长度为 1mm，通道 1 的跨阻抗幅值开始快速增大。结合图 8-8 可以发现，此时结构表面的电涡流已经受到裂纹尖端的扰动作用，裂纹附近的涡流沿着裂纹尖端流动，使得裂纹尖端对涡流的扰动作用开始快速增大，导致了通道 1 的跨阻抗幅值开始快速增大；但是，随着裂纹的扩展，由于部分涡流不再流经裂纹尖端，而是流向了激励线圈 2 下方的涡流，使得裂纹尖端对涡流的扰动作用开始减小，导致了通道 1 的跨阻抗幅值的增长率开始减小。

(2) 当裂纹尖端到达激励线圈 2 时，裂纹长度为 2mm，通道 1 的跨阻抗幅值达到最大，此后缓慢减小。这主要是由于随着裂纹的扩展，越来越多的涡流不再流经裂纹尖端，裂纹尖端对涡流的扰动作用越来越弱，当裂纹尖端到达激励线圈 2 时，激励线圈 1 下方的涡流均不再流经裂纹尖端，导致了通道 1 的跨阻抗幅值不再增大。

(3) 通道 2 的跨阻抗输出从裂纹尖端到达激励线圈 1 时就开始增大，当裂纹尖端到达通道 2 后侧时，裂纹长度为 3mm，通道 2 的跨阻抗幅值达到最大，此后缓慢减小。当裂纹尖端到达激励线圈 1 时，涡流沿着裂纹尖端流动使得裂纹尖端的扰动作用增强，随着裂纹的扩展，裂纹尖端离感应通道 2 越来越近，流经裂纹尖端的涡流已经使得通道 2 的磁通密度开始缓慢增大，导致了通道 2 的跨阻抗幅值的增大；当裂纹尖端到达激励线圈 2 时，虽然激励线圈 1 下方的涡流不再流经裂纹尖端，但激励线圈 2 下方的部分涡流开始沿着裂纹尖端流动，使得裂纹尖端的扰动作用继续存在；随着裂纹的继续扩展，从激励线圈 2 下方沿裂纹尖端流动的涡流由于距离的增大而开始衰减，使得裂纹尖端对涡流的扰动作用越来越弱，当裂纹尖端到达通道 2 的后侧时，裂纹尖端开始离开通道 2，对通道 2 的扰动作用也开始减小，使得通道 2 的跨阻抗幅值开始缓慢减小。

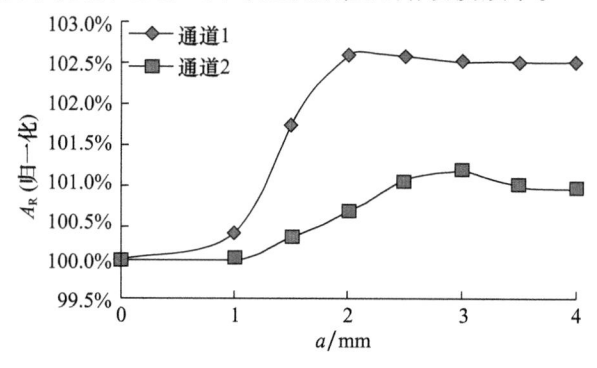

图 8-9　2024 铝合金结构的裂纹扩展对传感器跨阻抗幅值的影响

此外,当裂纹尖端到达传感器相应的位置($a=2mm$ 和 $a=3mm$)时,传感器的跨阻抗幅值到达相应的特征点,据此就可以判断裂纹的长度。

8.1.3 被测材料电磁特性参数与提离距离对传感器跨阻抗的影响研究

从 8.1.2 节的分析可以看出,裂纹主要通过改变被测结构表面涡流的分布来改变传感器的跨阻抗输出。而影响传感器跨阻抗输出的其他因素还包括被测材料的电磁特性参数(电导率 σ 和磁导率 μ)、激励信号的频率 f 以及传感器到被测结构的提离距离 lf,可以用式(8-4)来表征:

$$Z_T = f(lf, \sigma, \mu, f) \quad (8-4)$$

由于本书主要采用固定的激励频率,下面采用三维模型分别研究电导率、磁导率和提离距离变化对传感器跨阻抗输出的影响。

1. 电导率的影响

在实际应用时,温度、应力、金属加工变形、热处理等因素都会影响金属材料的电导率。因此,需要研究电导率变化对传感器跨阻抗输出的影响。以 2024 铝合金为例,随着结构电导率的减小,跨阻抗幅值随之增大;当电导率降低 10% 时,通道 2 的跨阻抗幅值已经变化了 1%,已经接近了该通道跨阻抗幅值的最大变化量;当电导率降低 25% 时,通道 1 的 A_R 增大了 3.2%,此时已超过该通道跨阻抗幅值的最大变化量。因此,电导率的变化对此种类型的传感器跨阻抗输出影响很大,以致于无法分辨传感器跨阻抗幅值的变化到底是由电导率变化引起的,还是由裂纹导致的。

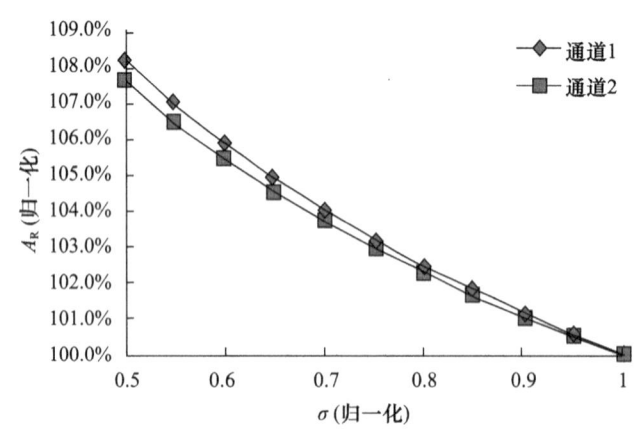

图 8-10 电导率 σ 变化对传感器跨阻抗幅值的影响

2. 磁导率的影响

对于非铁磁性材料来说,除了部分材料会由于材料相变从不具有磁性变成具有磁性的材料外(如奥氏体不锈钢),绝大部分非铁磁性材料的磁导率基本上不会受外界因素的影响(如铝合金、钛合金、铜等)。这类材料不用考虑磁导率变化对传感器跨阻抗输出的影响。但是,对于诸如飞机结构中常用的碳钢等铁磁性材料而言,很多因素都会导致材料磁导率的变化,包括环境温度、结构应力、热处理、含碳量等。以 30CrMnSiA 钢为例,首先计算了结构裂纹扩展对传感器跨阻抗幅值的影响。如图 8-10 所示,当裂纹扩展至激励线圈 1 时,通道 1 的 A_R 开始增大,当裂纹尖端扩展至激励线圈 2 时,通道 1 的 A_R 增大至最大,变化了 2.1%;当裂纹继续扩展时,通道 2 的跨阻抗幅值几乎没有变化。然而,如图 8-12 所示,当材料的磁导率增大 15% 时,两个通道的跨阻抗幅值已经变化了 2.3%。

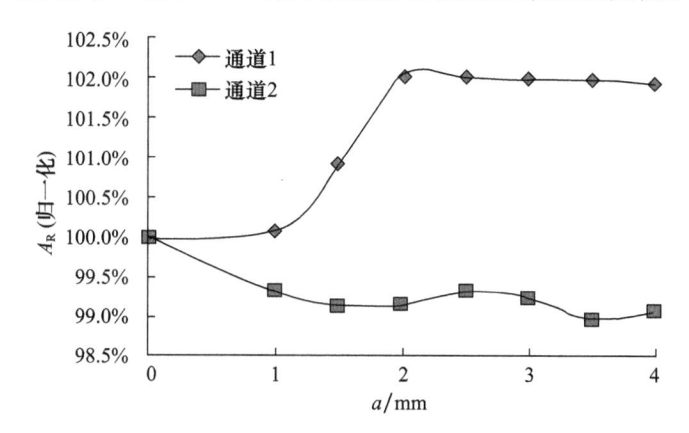

图 8-11 30CrMnSiA 钢结构的裂纹扩展对传感器跨阻抗幅值的影响

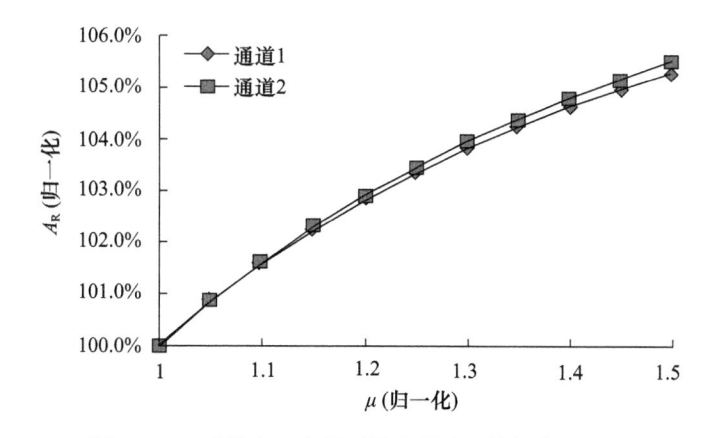

图 8-12 磁导率 μ 变化对传感器跨阻抗幅值的影响

由此可见,铁磁性材料的磁导率变化对传感器跨阻抗输出影响很大,单就跨阻抗幅值的变化无法判断结构是否产生了裂纹。

3. 提离距离的影响

如图 8-13 所示,提离距离的变化对传感器跨阻抗输出的影响显著,以 2024 铝合金为例,即使提离距离从 0.05mm 增大到 0.1mm,传感器的跨阻抗输出也会变化 30%。因此,在传感器安装使用时,一定要考虑提离距离变化对传感器跨阻抗输出的影响。例如,使用黏贴剂安装时,一定要考虑实际使用环境下黏贴的耐久性和可靠性,同时还必须采用热膨胀系数较小的黏贴剂,防止因热胀冷缩导致提离距离发生较大的波动。

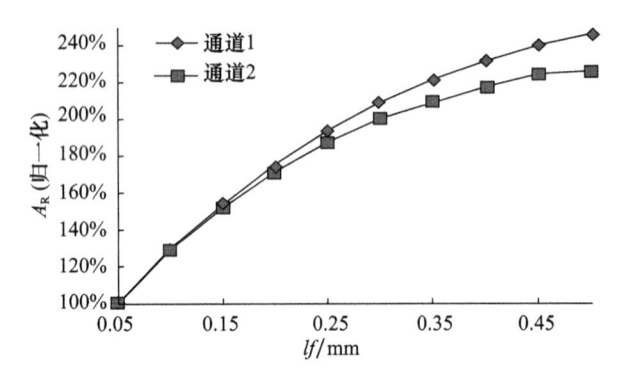

图 8-13 提离距离变化对传感器跨阻抗幅值的影响

8.2 环状涡流阵列传感器裂纹监测灵敏度优化

8.2.1 激励反向传感器的裂纹监测灵敏度分析

本章前面所研究的传感器的激励线圈是由单根线圈蜿蜒绕成内、外两个圆形的激励线圈,且内、外两层的激励电流方向相反。这里为了区分,将这种内、外激励电流方向相反的传感器命名为激励反向传感器。

灵敏度是用来表征传感器输出量对输入量敏感程度的特性参数,对于本书而言,输入量即是裂纹扩展至感应通道后侧。因此,本章定义传感器的裂纹监测灵敏度 S_{Cmax} 为

$$S_{Cmax} = \left| \frac{A_{Rmax} - A_{R0}}{A_{R0}} \right| \qquad (8-5)$$

式中：A_{Rmax} 为传感器跨阻抗幅值的最大值；A_{R0} 为跨阻抗幅值的初始值（结构无裂纹时）。

从图 8-9 可以看出，传感器用于 2024 铝合金结构的裂纹监测时，通道 1 的灵敏度为 2.6%，而通道 2 的灵敏度为 1.1%；传感器用于 30CrMnSiA 钢结构的裂纹监测时，通道 1 的灵敏度只有 2.1%，而通道 2 的灵敏度不到 1%。在实际结构使用中，服役环境的变化会导致被测材料电导率和磁导率以及提离距离的变化，从而影响传感器跨阻抗输出。如果这些因素对传感器信号的影响超过了裂纹的影响，就会导致"虚警"或"漏警"的发生。因此，需要研究提高传感器裂纹监测灵敏度的方法。

从图 8-8 中的分析结果可以看出，由于内、外两层激励线圈的电流方向正好相反，使得裂纹尖端在通道 1 的监测区域扩展时，部分涡流在内、外两个涡流之间流动，使得流过裂纹尖端的涡流越来越少，裂纹对涡流的扰动作用越来越小，传感器跨阻抗输出的幅值的增长率也越来越少，导致传感器的裂纹监测灵敏度较低。

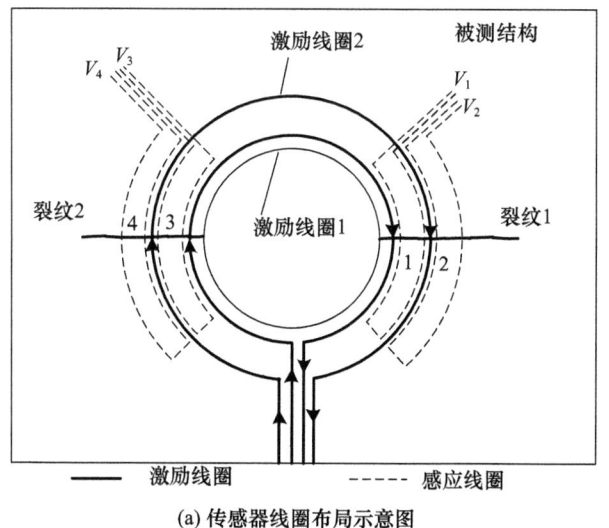

8.2.2 分时激励传感器的裂纹监测灵敏度优化

为了提高传感器的裂纹监测灵敏度，本书提出了如图 8-14 所示的传感器。该传感器具有两个相互独立的激励线圈，采用分时交替的工作机制：激励线圈 1 通过激励电流时，激励线圈 2 无电流，此时只有内侧的感应通道 1 和感应通道 3 工作；然后，激励 2 通过电流时，激励 1 无电流，此时只有感应通道 2 和感应通道 4 工作。这两种模式交替进行。

(a) 传感器线圈布局示意图

(b) 剖面示图

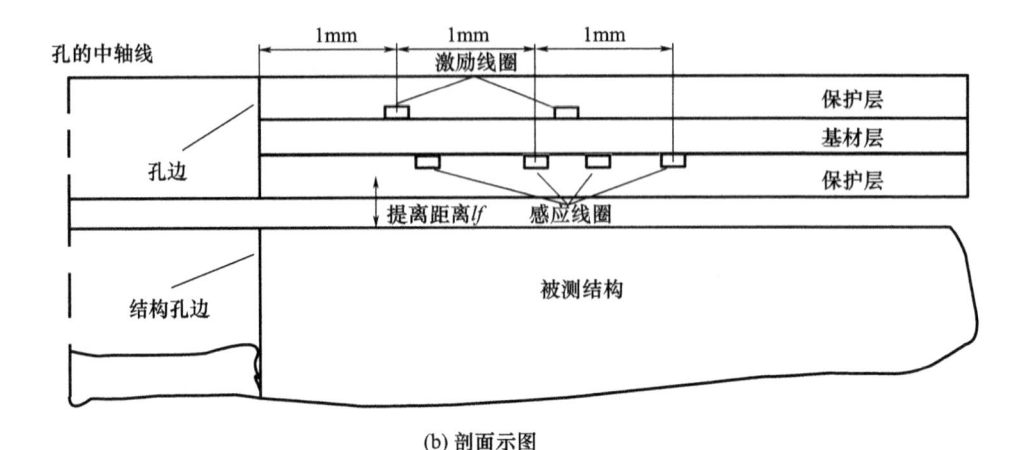

图 8-14 分时激励传感器

本书采用图 8-5 所示的有限元模型,分别分析分时激励传感器工作时,2024 铝合金结构和 30CrMnSiA 钢结构的裂纹扩展对传感器跨阻抗输出的影响。

如图 8-15 所示,当激励线圈 1 工作、激励线圈 2 不工作时,结构表面的涡流均是由激励线圈 1 感应的。当裂纹尖端到达激励线圈 1 开始,裂纹区域下方的涡流均沿着裂纹尖端流动,使得裂纹尖端的电流密度明显大于激励反向传感器的结果,裂纹尖端对涡流的扰动作用也得到明显的增强。因此,如图 8-16 所示,裂纹尖端到达激励线圈 2 时,通道 1 的跨阻抗幅值变化了 4.8%,灵敏度得到了较大的提高。如图 8-17 所示,对于通道 2 也具有相同的规律,当裂纹尖端到达通道 2 的后侧时,通道 2 的跨阻抗幅值变化了 4.1%。因此,用于 2024 铝合金结构的裂纹监测时,分时激励传感器的内、外感应通道的裂纹监测灵敏度分别为 4.8% 和 4.1%,分别是激励反向传感器的两个通道的 1.85 倍和 3.72 倍。

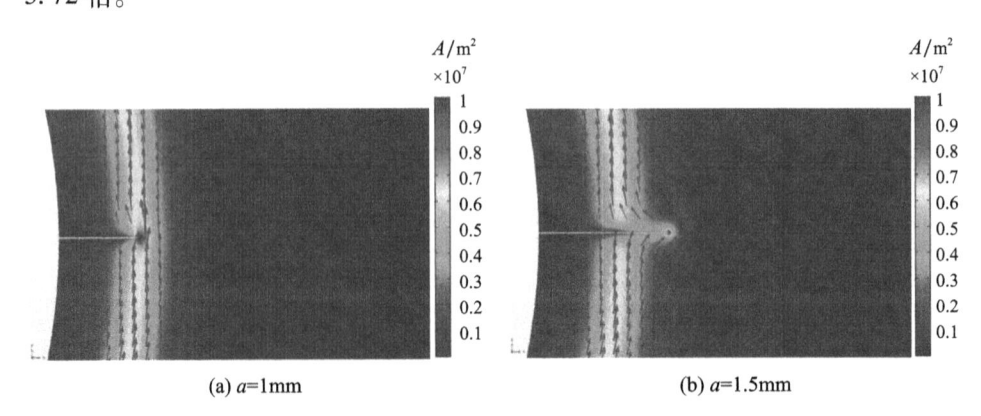

(a) $a=1\text{mm}$ (b) $a=1.5\text{mm}$

(c) a=2mm   (d) a=2.5mm

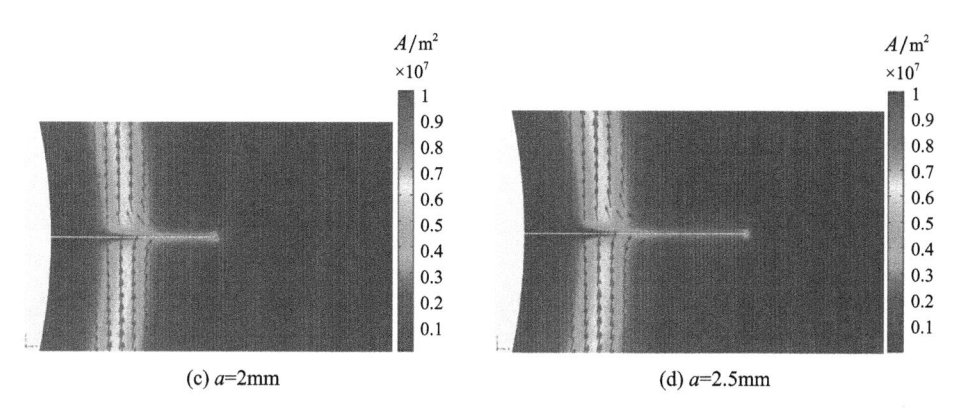

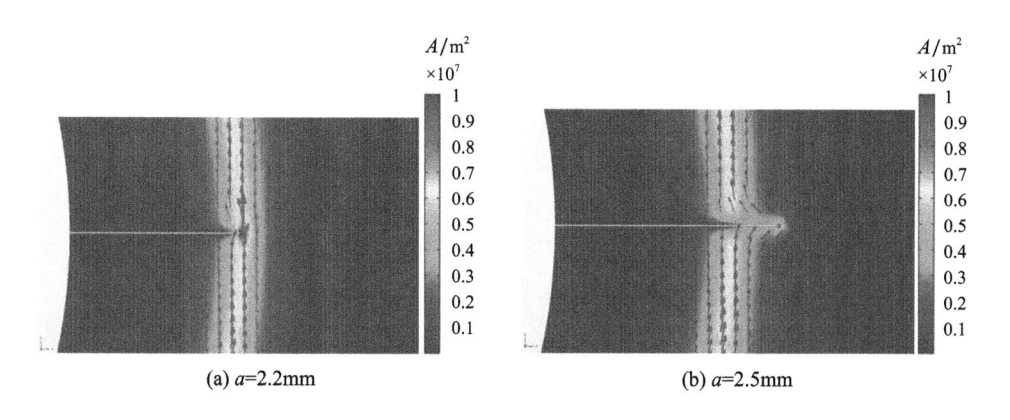

图 8-15 激励线圈 1 工作时 2024 铝合金结构的涡流分布

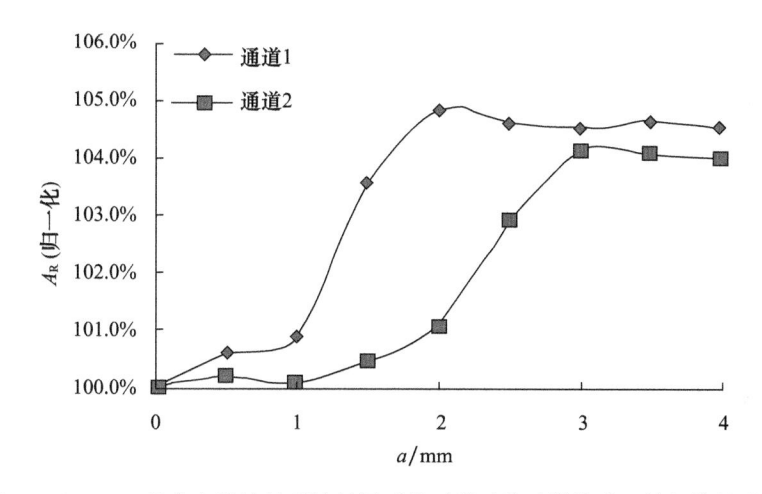

图 8-16 2024 铝合金结构的裂纹扩展对分时激励传感器的跨阻抗幅值的影响

(a) a=2.2mm   (b) a=2.5mm

(c) a=3mm　　　　　　　　　　　(d) a=3.5mm

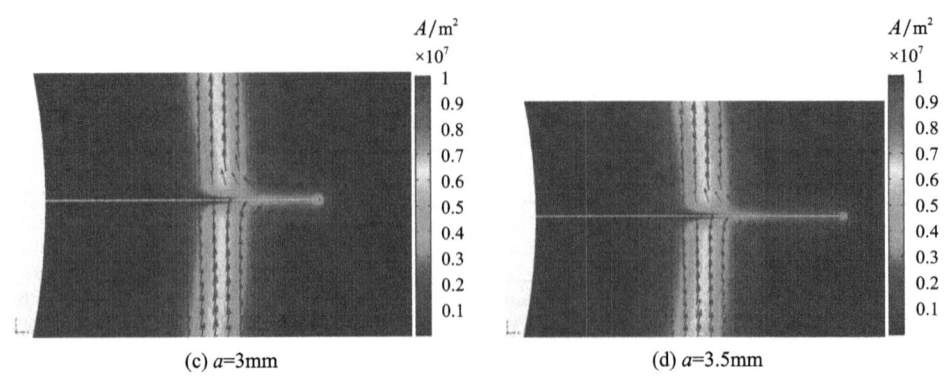

图 8-17　激励线圈 2 工作时 2024 铝合金结构的涡流分布

如图 8-18 所示，用于 30CrMnSiA 钢结构的裂纹监测时，分时激励传感器的内、外层感应通道的裂纹监测灵敏度分别为 8.4% 和 6.9%，分别是激励反向传感器的内、外两个通道的 4 倍和 6.9 倍。

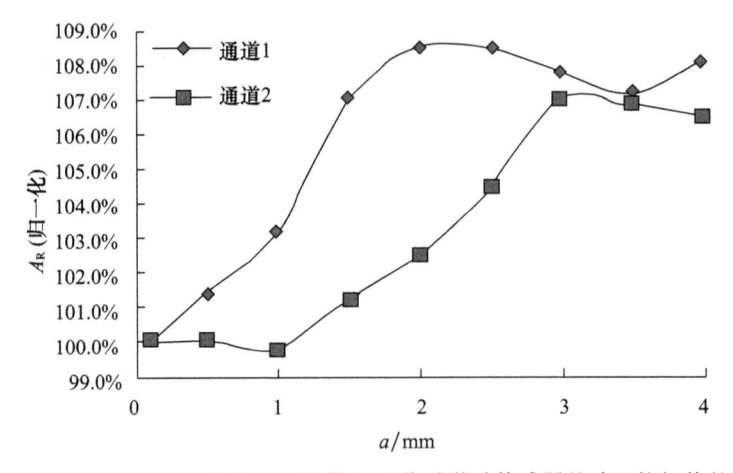

图 8-18　30CrMnSiA 钢结构的裂纹扩展对分时激励传感器的跨阻抗幅值的影响

因此，分时激励传感器的裂纹监测灵敏度得到了较大幅度的提高，提高的主要原因是：激励反向传感器由于具有内、外相反的激励电流使得裂纹扩展过程中内、外圈涡流相互流动，减小了裂纹尖端对涡流的扰动作用；采用分时交替激励的传感器布局模式，使得裂纹附近的涡流均沿着裂纹尖端流动，提高了裂纹尖端对涡流的扰动作用，从而提高了传感器的裂纹监测灵敏度。

如图 8-19 和图 8-20 所示，虽然传感器的裂纹监测灵敏度提高了，但是当被测结构材料的电导率或磁导率变化一定值后，分时激励传感器的跨阻抗输出还是会产生较大的改变，以致于影响监测结果。因此，需要进一步开展研究以消除被测材料电导率、磁导率和提离距离变化对监测信号的影响。

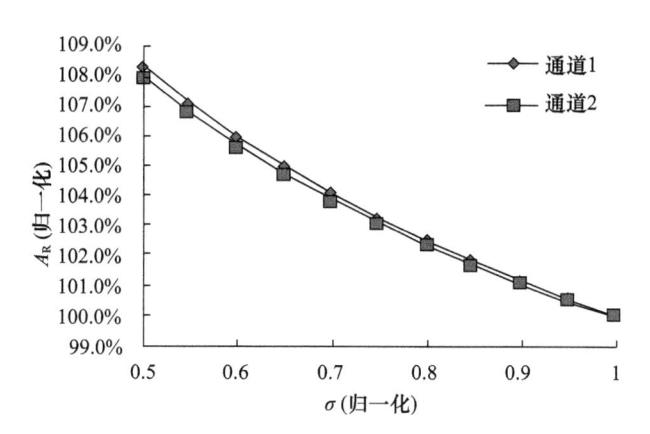

图 8-19　2024 铝合金的电导率 σ 变化对分时激励传感器跨阻抗幅值的影响

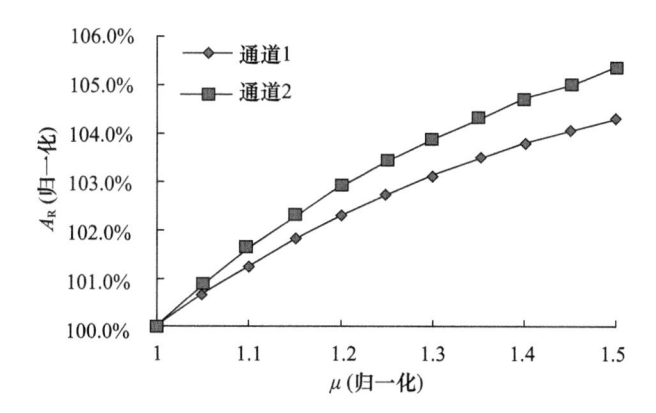

图 8-20　30CrMnSiA 钢的磁导率 μ 变化对分时激励传感器跨阻抗幅值的影响

8.3　传感器裂纹监测灵敏度的试验验证

为了验证传感器布局方式对裂纹监测灵敏的影响,本节开展了模拟裂纹监测试验。

如图 8-21 所示,该试验系统包括传感器、带预制裂纹的 2024 铝合金试验件、位移平台、信号源、功率放大器、运算放大器、高速采集卡和工控计算机。由信号源产生的正弦信号经功率放大器后产生驱动电流驱动传感器,使得传感器各个感应通道产生感应电压信号;感应电压信号经过运算放大后由高速采集卡采集并转换为数值信号,再传输给工控计算机分析处理,得到传感器各通道的跨阻抗的幅值 A_R 和相位 θ。

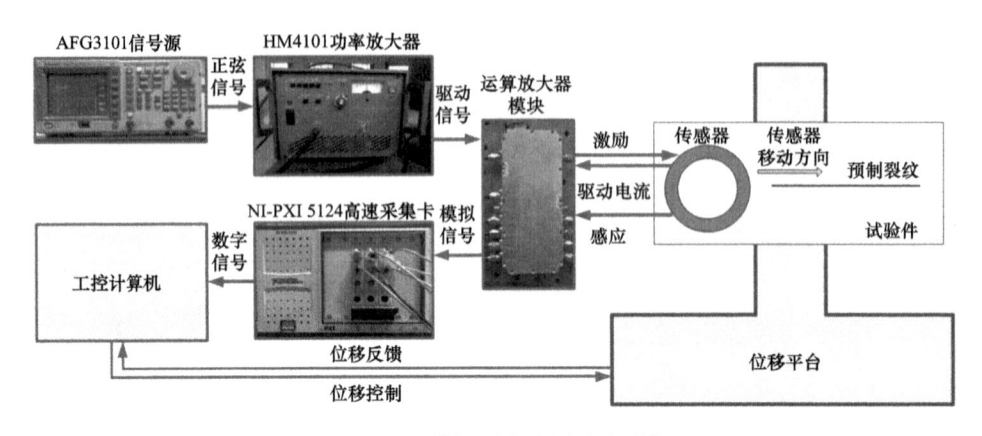

图 8-21 模拟裂纹监测试验系统

如图 8-22 所示,带预制裂纹的 2024 铝合金试验件固定在位移平台上,传感器固定在位移平台的探头上并紧贴试验件表面;通过工控计算机即可控制位移平台探头及传感器的移动,并获取传感器的实时位移。传感器的初始位置如图 8-23 所示,感应通道 3 前端的激励线圈 1 离裂纹尖端的距离为 1mm;传感器移动时,裂纹尖端相当于向左侧扩展,同时采集感应通道 3 和通道 4 的跨阻抗信号以及传感器的位移,即可获得通道 3 和通道 4 的跨阻抗信号与裂纹长度的关系。

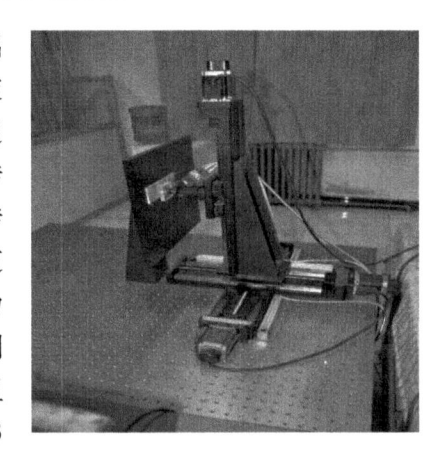

图 8-22 位移平台

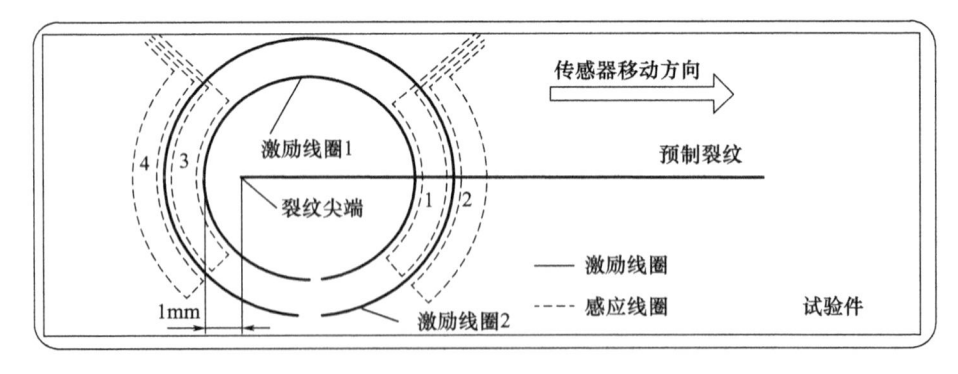

图 8-23 传感器的初始位置

图 8-24 和图 8-25 分别给出了激励反向传感器和分时激励传感器的跨阻抗幅值与模拟裂纹长度的对应关系。从图中可以看出,当裂纹尖端位于激励线

圈 1 下方时,通道 3 的跨阻抗幅值开始增大,此时可以认为模拟裂纹向左扩展了 1mm;当裂纹尖端到达通道 3 的后侧感应线圈下方时,通道 3 的跨阻抗幅值达到最大值,此时模拟裂纹的长度可以认为是 2mm,此时通道 4 的跨阻抗幅值也开始增大;当裂纹尖端到达通道 4 的后侧感应线圈下方时,通道 4 的跨阻抗幅值达到最大值,此时模拟裂纹的长度为 3mm。从图中可以看出,试验结果与仿真结果类似,传感器的跨阻抗幅值均在裂纹长度达到相应的值时达到最大值,这也说明了仿真结果的准确性。

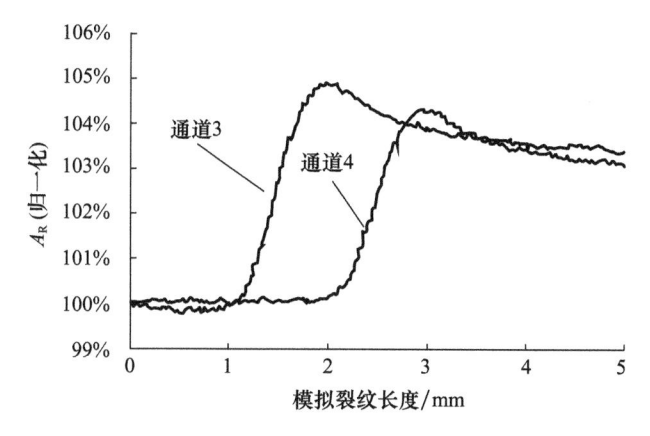

图 8-24 激励反向传感器的跨阻抗幅值与模拟裂纹长度的对应关系

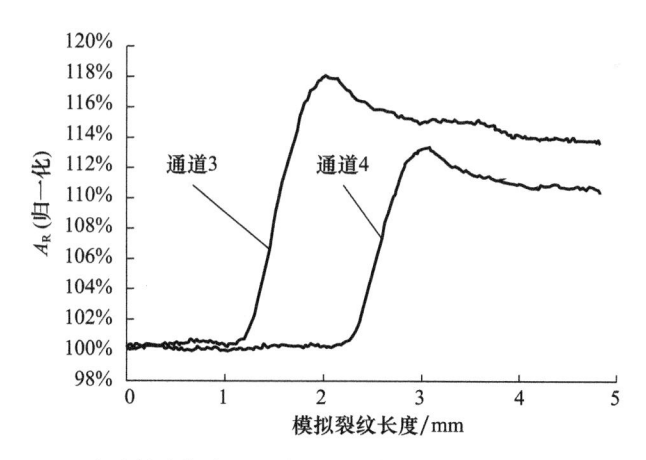

图 8-25 分时激励传感器的跨阻抗幅值与模拟裂纹长度的对应关系

同时,根据式(8-5),激励反向传感器的内、外感应通道的裂纹监测灵敏度分别为 4.9% 和 4.3%;分时激励传感器的内、外感应通道的裂纹监测灵敏度分别为 17.6% 和 13%,分别为激励反向传感器的 3.6 倍和 3 倍。这说明本书提出的分时激励传感器在实际应用中可有效提高裂纹监测的灵敏度。

第 9 章

基于传感器跨阻抗特性的被测材料电导率逆向求解

虽然第8章提出的分时激励传感器的裂纹监测灵敏度有较大的提高,但是被测材料电磁特性和提离距离的变化仍然对传感器的跨阻抗值有较大的影响。本章利用第4章建立的传感器正向等效模型,分析材料电磁特性和提离距离变化下的传感器跨阻抗特性;然后,建立了传感器跨阻抗测量结果转化为计算模型对应结果的修正方法,并开展验证试验;最后,建立基于跨阻抗特性的逆向算法,将传感器的跨阻抗值转化为材料电导率和提离距离,并利用第8章的试验结果进行了验证应用。

9.1 基于正向等效模型的传感器跨阻抗特性分析

如图9-1所示,传感器正向等效模型将结构的裂纹损伤等效为被测材料电磁特性的变化,将给定的结构参数、激励参数、材料电磁特性(电导率 σ 和磁导率 μ)和提离距离 lf 作为模型的输入参数,经过模型的计算就可以得到传感器跨阻抗幅值 A_R 和相位 θ。

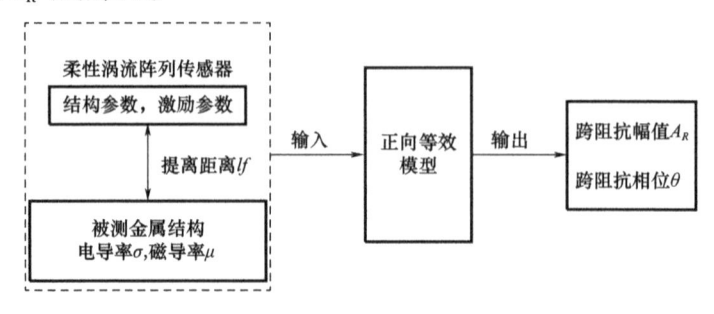

图 9-1 传感器正向等效模型的基本原理

在第 4 章中建立的半解析正向等效模型就是一种正向等效模型,利用该模型可以得到跨阻抗网格平面图,从而对传感器跨阻抗特性进行分析。本章首先利用正向等效模型分别得到了非铁磁性材料和铁磁性材料的传感器跨阻抗特性图,并对传感器的跨阻抗特性进行了分析。

9.1.1 非铁磁性材料的传感器跨阻抗特性分析

当传感器结构参数和激励参数确定后,传感器的跨阻抗只与被测材料的磁导率、电导率和提离距离有关,对于非铁磁性材料来说,其磁导率一般不会发生变化,一般认为其相对磁导率μ_r为1。在传感器结构参数不变的情况下,通过给定不同的电导率值和提离距离值就可以得到电导率和提离距离对传感器跨阻抗的影响特性图。图 9-2~图 9-4 分别为计算得到的激励频率为 100kHz、1MHz 和 10MHz 的电导率-提离距离影响下的传感器跨阻抗特性图。图中的提离距离以 0.05mm 等间隔地从 0.05mm 增大到 0.55mm,材料的电导率从 0.3MS/m 变化到 63.5MS/m,其变化规律可以表示为

$$\sigma_{i-1} = (1-0.2)\sigma_i \quad (i=1,2,3,\cdots) \tag{9-1}$$

式中:σ_i 表示第 i 个电导率值;σ_{i-1} 表示第 $i-1$ 个电导率值,该公式表示第 $i-1$ 个电导率值是在第 i 个电导率值的基础上减小 20% 得到的。

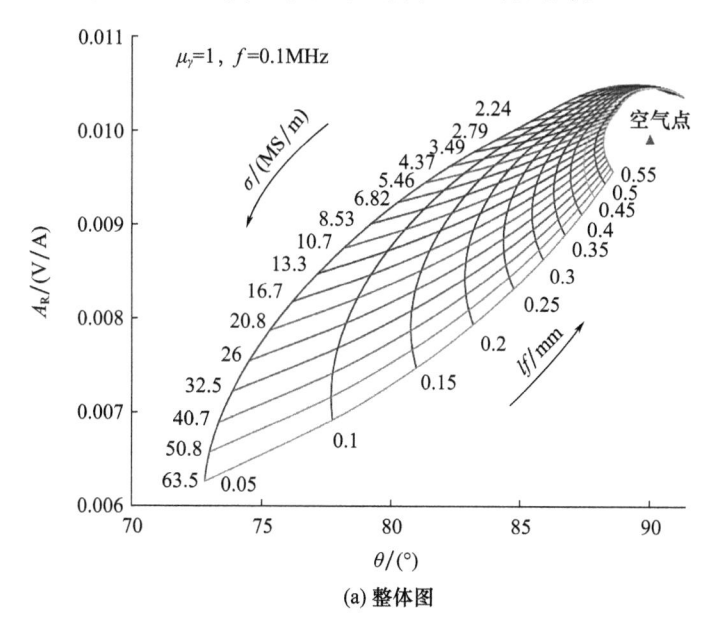

(a) 整体图

(b) 局部放大图

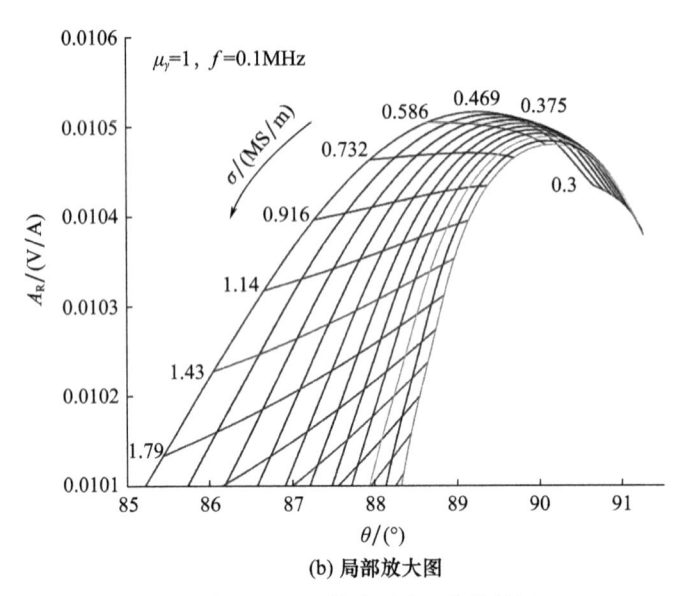

图 9-2 电导率-提离距离影响下的传感器跨阻抗特性图($\mu_\gamma = 1, f = 0.1\text{MHz}$)

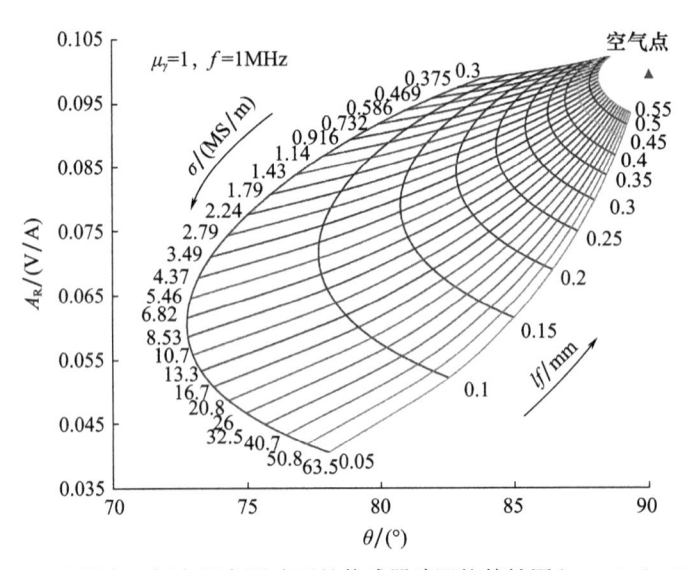

图 9-3 电导率-提离距离影响下的传感器跨阻抗特性图($\mu_\gamma = 1, f = 1\text{MHz}$)

在传感器跨阻抗特性图中,每一条曲线都对应着给定一种参数条件下另一种参数变化对传感器跨阻抗输出的影响。在本书中,将给定电导率条件下因提离距离变化而得到的跨阻抗变化曲线称为等电导率曲线;将给定提离距离条件下因电导率变化而得到的曲线称为等提离曲线。所有的等电导率曲线和等提离曲线组合在一起就形成了传感器的跨阻抗网格图。在等电导率曲线上,除了部分畸变网格外,传感器的跨足幅值和相位基本上均随着提离距离的增大而增大;在等提离距曲线上,跨阻抗幅值会随着电导率的增大而减小,但是跨阻抗相位的变化则与激励频率有关。

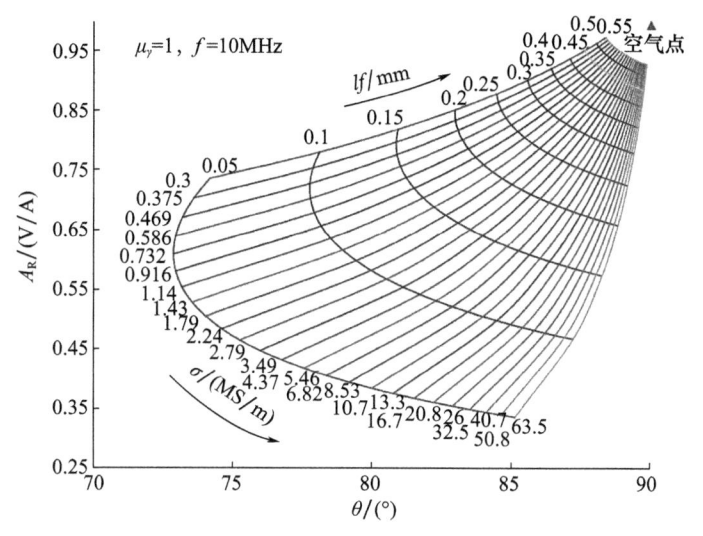

图 9-4　电导率-提离距离影响下的传感器跨阻抗特性图($\mu_\gamma = 1, f = 10\text{MHz}$)

图中"空气点"代表的是传感器在空气中的跨阻抗值,也可以看成是传感器离被测结构足够远时的跨阻抗输出。从图中可以看出,随着提离距离的增大,所有的等电导率曲线均朝着空气点收缩。

如果定义传感器对材料的特性参数的灵敏度为由于该材料特性参数变化引起的传感器跨阻抗输出的变化量,那么可以表示为

$$S_{P_n} = \sqrt{\left(\frac{\partial A_\text{R}}{\partial P_n}\right)^2 + \left(\frac{\partial \theta}{\partial P_n}\right)^2} \tag{9-2}$$

式中:S_{P_n}为传感器对材料某特性参数的灵敏度,P_n为材料的某种特性参数,可以为材料的电导率或磁导率。

从图 9-2~图 9-4 可以看出,几乎所有的单个网格都可以看成是由线段连接而成的四边形。图中的相邻的电导率值是按 20% 的比例减小的,图中任意一个四边形网格所代表的电导率变化率均是一个定值。因此,可以用式(9-3)来计算传感器对电导率的灵敏度:

$$S_\sigma(i,j) = \sqrt{\left(\frac{\frac{\Delta A_\text{R}}{A_{\text{R}ij}}}{\frac{\Delta \sigma}{\sigma_i}}\right)^2 + \left(\frac{\frac{\Delta \theta}{\theta_{ij}}}{\frac{\Delta \sigma}{\sigma_i}}\right)^2} \tag{9-3}$$

式中：$S_\sigma(i,j)$ 为第 i 条等导电率曲线与第 j 条等提离曲线的交点 $P(i,j)$ 处的传感器对电导率的灵敏度；$A_{R_{ij}}$ 为该交点的跨阻抗幅值；θ_{ij} 为该交点的跨阻抗相位；ΔA_R 为从交点 $P(i,j)$ 变到交点 $P(i-1,j)$ 时跨阻抗幅值的变化量；$\Delta\theta$ 为从点 $P(i,j)$ 变到点 $P(i-1,j)$ 时跨阻抗相位的变化量；$\Delta\sigma/\sigma_i$ 为从点 $P(i,j)$ 变到点 $P(i-1,j)$ 时电导率的变化率（图中为0.2）。该公式表示的是第 i 条等导电率曲线与第 j 条等提离曲线的交点，在电导率沿着第 j 条等提离曲线减小至第 $i-1$ 条等导电率曲线时传感器跨阻抗的相对变化量。

图9-5给出了3种激励频率下，不同提离距离下的传感器跨阻抗对被测材料电导率的灵敏度；图中还示出了对应的激励频率下，涡流趋肤深度 δ 随电导率 δ 的变化关系。图中横坐标显示的是以10为底的对数坐标刻度，左侧的纵坐标表示的是灵敏度值，右侧的纵坐标表示涡流的趋肤深度值。

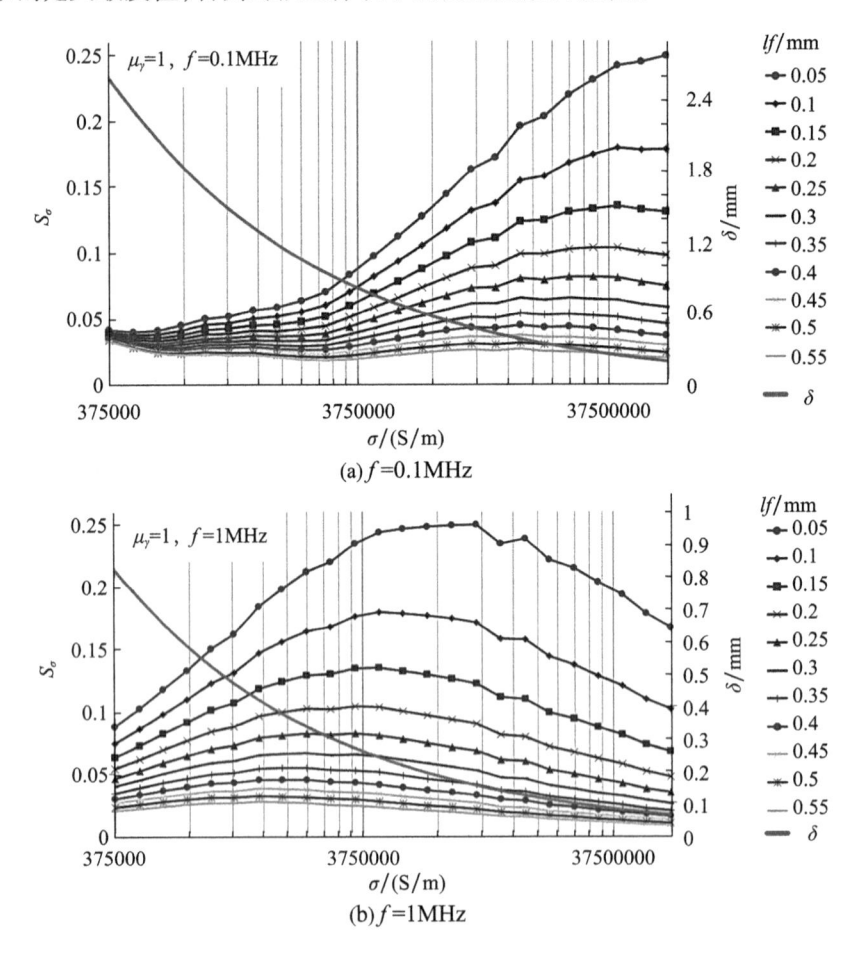

(a) $f=0.1\text{MHz}$

(b) $f=1\text{MHz}$

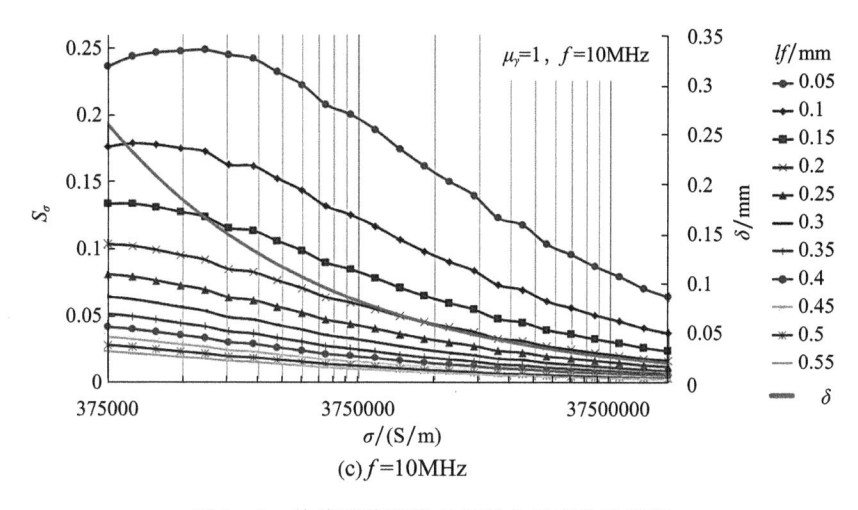

图 9-5　传感器跨阻抗对材料电导率的灵敏度

从图 9-2～图 9-5 中可以得到以下结论：

(1)在给定激励频率的情况下，随着提离距离的增大，网格逐渐减小，传感器对材料电导率的灵敏度减小。这是因为穿过感应单元的磁通主要是由激励线圈产生的磁场和材料中的涡流产生的磁场叠加产生的，激励电流相对于感应单元的位置是不变的，提离距离的增大只会使得被测结构中涡流的影响减弱，从而降低了传感器对材料中涡流和电导率的敏感度。因此，在传感器使用时，需要尽可能减小提离距离。

(2)在激励频率为 0.1MHz 时，随着材料电导率的减小，网格逐渐减小，传感器对材料电导率的灵敏度也减小。当电导率小于 0.586MS/m 后，网格已经开始发生了畸变。但是，当激励频率为 10MHz 时，情况正好相反，即随着材料电导率的减小，网格逐渐增大，灵敏度也增大。当激励频率为 1MHz 时，情况介于两者之间，即随着材料电导率的增大，灵敏度先增大后减小。值得注意的是，传感器对材料电导率的灵敏度 S_σ 与涡流的趋肤深度 δ 有着一定的对应关系：①在提离距离 lf 为 0.05mm 时，0.1MHz 激励频率下的最大灵敏度 S_σ 对应的 δ 为 0.2mm（对应的 σ 为 63.5MS/m），1MHz 激励频率下的最大 S_σ 对应的 δ 为 0.16mm（对应的电导率 σ 为 10.7MS/m），10MHz 激励频率下的最大 S_σ 对应的 δ 为 0.17mm（对应的电导率 σ 为 0.916MS/m）；②随着提离距离的增大，最大 S_σ 对应的 δ 也逐渐增大，且最大 S_σ 对应的 δ 范围为 0.16～0.4mm。

穿过感应单元的磁通可以看成是由激励线圈产生的磁场和材料中涡流产生的磁场叠加产生的，由于激励线圈相对于感应线圈的位置是不变的，且激励线圈产生的磁场与被测材料的电磁特性无关。因此，可以通过被测材料中涡流的变化来解释这些现象。根据式(8-1),激励频率和材料电导率的变化将改变涡流的趋肤深度,而趋肤深度是涡流密度从表面最大值衰减到37%的深度,反映的是涡流集中区域的大小。通过图9-5可以发现,在0.05mm提离距离下,当趋肤深度在0.2mm附近时,灵敏度总是比较接近最大值的。如图9-6(a)和图9-6(b)所示,随着趋肤深度的减小,涡流分布更加集中,涡流集中区离感应单元的距离也就增大,材料中的涡流对感应单元中的磁通的影响也减小;但是,如图9-6(a)和图9-6(c)所示,随着趋肤深度的增大,就意味着材料中的涡流分布范围更广,且电流密度降低,这就导致了材料中涡流对感应单元中的磁通的影响也随之减小。无论是趋肤深度过大还是过小,都会导致传感器对材料电导率敏感性的降低。

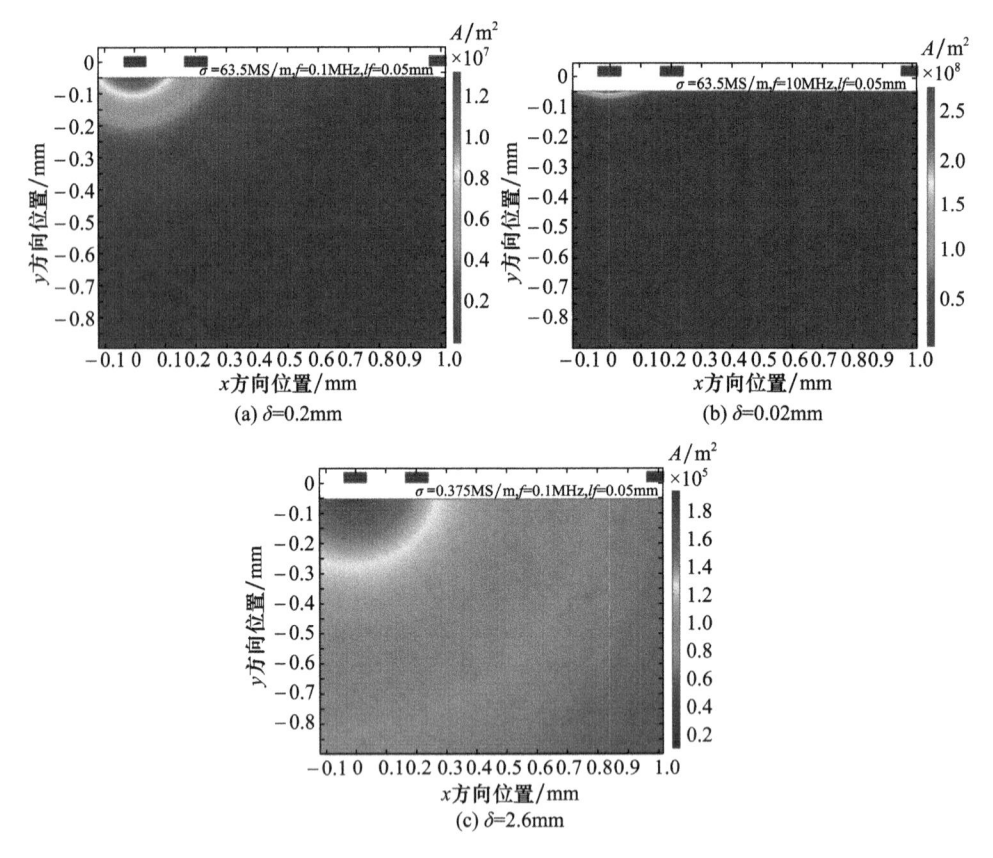

图9-6 趋肤深度对结构涡流分布的影响

通过上述分析可以发现,被测结构表面涡流的趋肤深度与传感器对材料电导率的灵敏度有着密切的关系。图9-7进一步示出了部分电导率值下,传感器对电导率的灵敏度随激励频率的变化关系。随着激励频率的增大,灵敏度 S_σ 先增大后减小,最大灵敏度值对应的激励频率即为最优频率点,且该点随着材料电导率值的增大而减小。

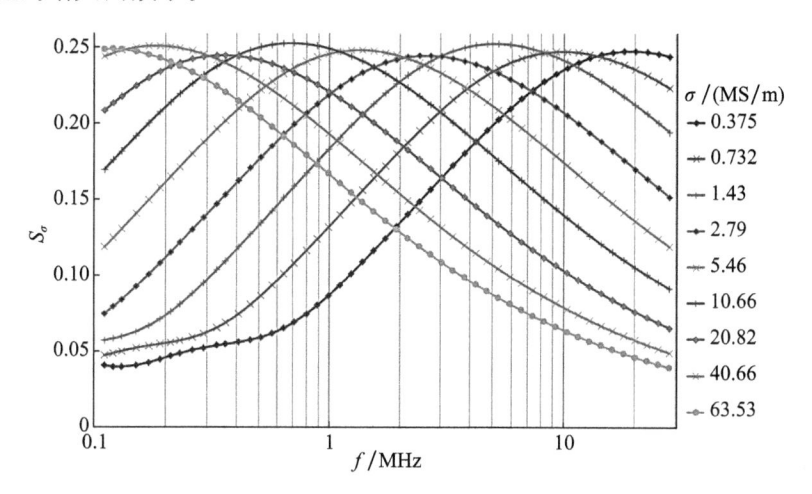

图 9-7 传感器对电导率的灵敏度随激励频率的变化关系($lf=0.05$mm)

本书将最大灵敏度值对应的趋肤深度称为最优趋肤深度。在 0.05mm 提离距离下,不同电导率值对应的最大灵敏度和最优趋肤深度如图 9-8 所示。从中可以发现,不同电导率值下,传感器对电导率变化的最大灵敏度均在 0.25 附近,而最优灵敏度对应的趋肤深度也均在 0.183mm 附近。这进一步说明了,给定提离距离下,传感器对材料电导率的最大灵敏度与趋肤深度存在一个确定的对应关系,根据这个关系在传感器的应用中可以确定传感器的最优频率点。以提离距离为 0.05mm 为例,最大灵敏度对应的趋肤深度可以认为是 0.183mm,如果被测材料的材料属性已知,那么就可以根据式(8-1)确定传感器的最优频率点。

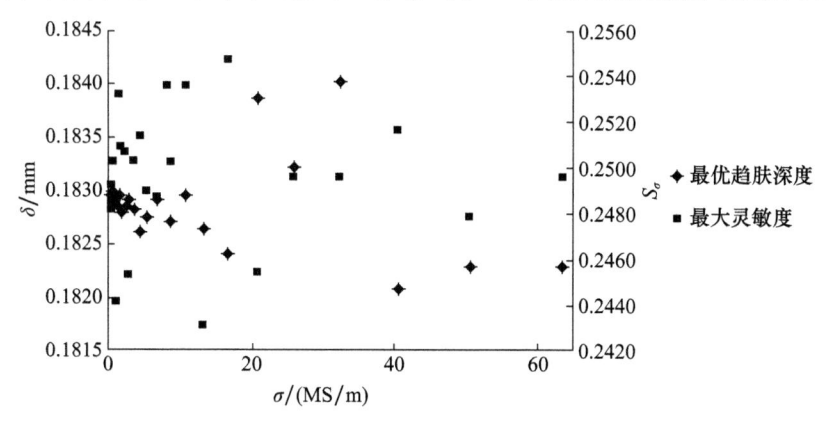

图 9-8 不同电导率下的最大灵敏度和最优趋肤深度($lf=0.05$mm)

如图9-9所示,给定不同提离距离值,也可以求得相应的最优趋肤深度和最大灵敏度,进而可以求得最优趋肤深度和最大灵敏度与提离距离的关系。随着提离距离的增大,被测结构中的涡流对穿过感应线圈的磁通的影响也随之减弱,导致了最大灵敏度的降低。同时,由于提离距离的增大,传感器感应单元离涡流集中区的距离也随之增大,所以最大灵敏度对应的最优趋肤深度也随着提离距离的增大而增大。根据计算结果,可以分别拟合得到最优趋肤深度与提离距离、最大灵敏度与提离距离的关系式:

$$S_\sigma = -0.103\ln(lf) - 0.0609 \quad (9-4)$$

$$\delta = 0.0716\ln(lf) + 0.3947 \quad (9-5)$$

式(9-5)的意义在于:传感器结构参数确定的情况下,根据提离距离的值即可快速获取最优趋肤深度;再根据材料的电导率范围,利用式(8-1)即可求得最优频率。

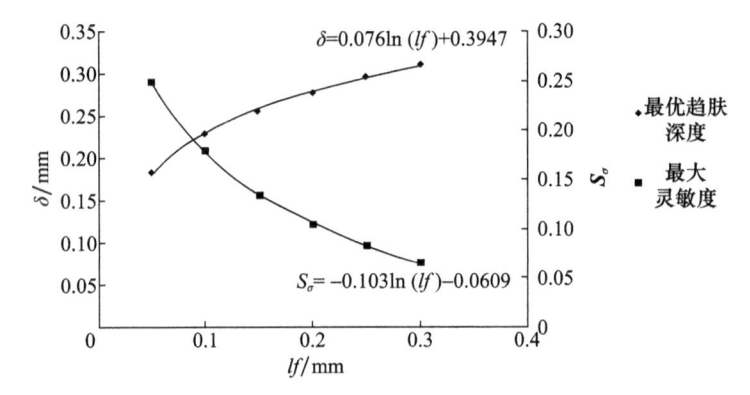

图9-9　最优趋肤深度和最大灵敏度与提离距离的关系

9.1.2　铁磁性材料的传感器跨阻抗特性分析

对于非铁磁性材料而言,被测材料的电导率和提离距离在使用过程中是会受到环境因素影响的,而磁导率一般认为是一个常数。9.1.1节的研究中,利用传感器正向等效模型建立了非铁磁性材料电导率和提离距离对传感器跨阻抗的影响特性图,并得到了获取最优灵敏度的频率优选方法。但是,对于铁磁性材料而言,环境因素的变化不仅会导致被测材料电导率和提离距离的变化,还会引起材料磁导率的改变。因此,需要研究铁磁性材料的磁导率、电导率和提离距离对传感器跨阻抗特性的影响。

本节同样采用了正向等效模型研究了磁导率、电导率和提离距离对传感器跨阻抗值的影响。在该模型中,传感器的结构参数和激励频率是固定的,给定了

10 个电导率(σ)值、10 个相对磁导率(μ_γ)值和 10 个提离距离(lf)值求得了 10 组给定磁导率条件下的电导率-提离距离影响下的传感器跨阻抗特性图,如图 9-10 所示。图中的电导率值和相对磁导率值是从小到大以 20% 逐次递增的,即 $\sigma_i = 1 + 0.2\sigma_{i-1}$,$\mu_{\gamma,j} = 1 + 0.2\mu_{\gamma,j-1}$,$i,j = 1,2,3,\cdots,10$。

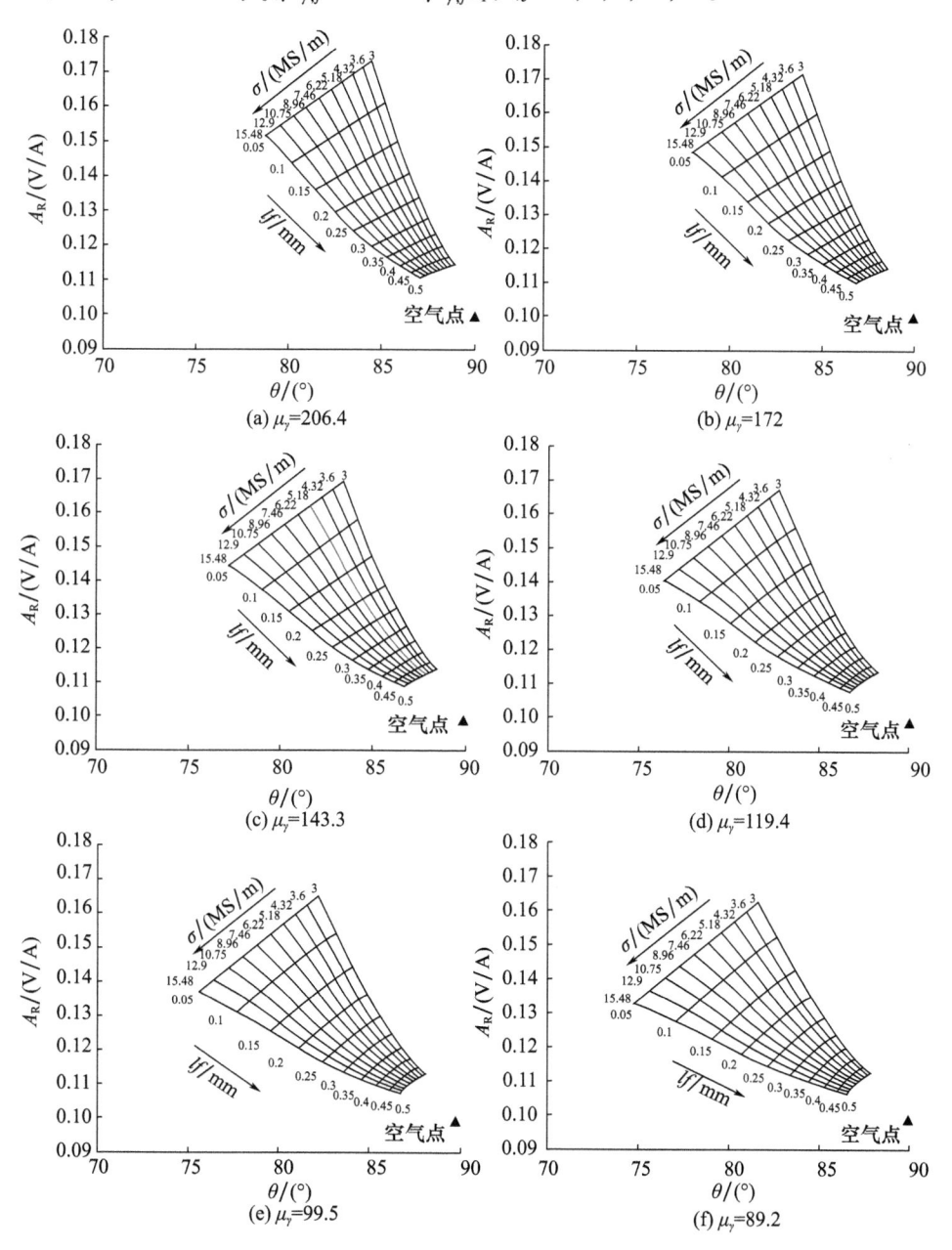

(a) $\mu_\gamma = 206.4$

(b) $\mu_\gamma = 172$

(c) $\mu_\gamma = 143.3$

(d) $\mu_\gamma = 119.4$

(e) $\mu_\gamma = 99.5$

(f) $\mu_\gamma = 89.2$

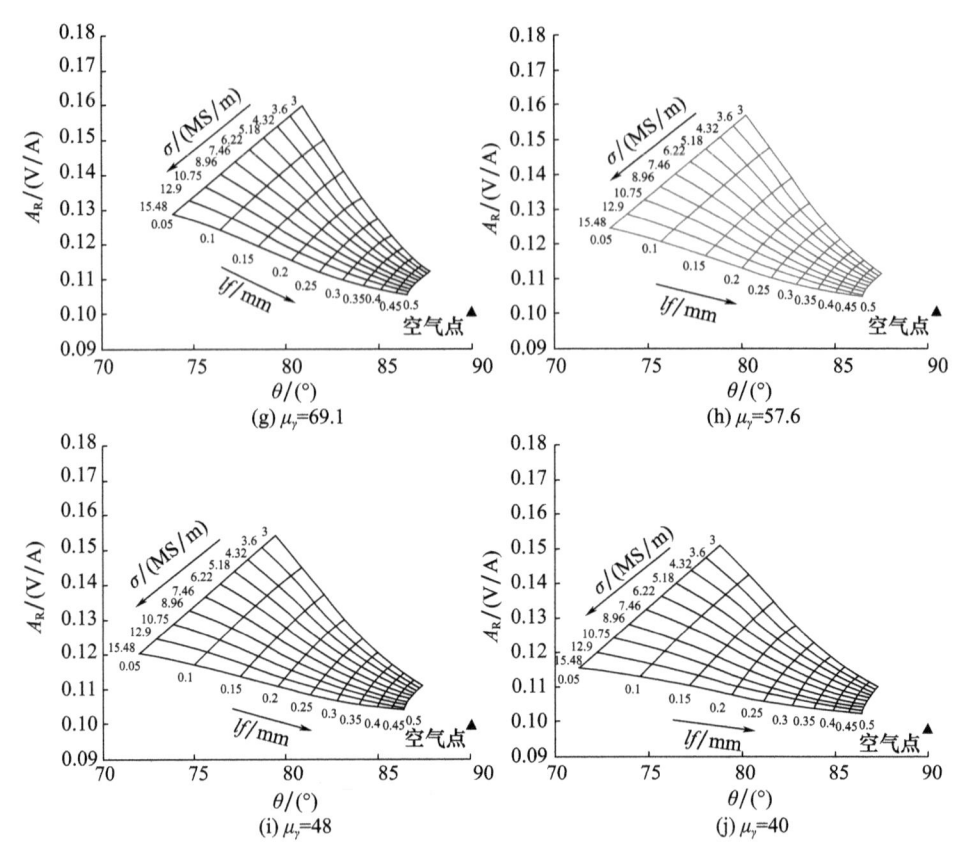

图 9-10 不同磁导率下的电导率-提离距离影响下的传感器跨阻抗特性图

从图 9-10 中可以看出,在给定磁导率条件下,传感器各通道的跨阻抗幅值和相位受到材料的电导率和提离距离的影响类似;随着提离距离的增大,所有的等电导率曲线均朝着空气点收缩。同时,还可以看出,当磁导率减小时,传感器跨阻抗特性图似乎是以空气点为轴逆时针转动的。

为了进一步研究磁导率变化对传感器跨阻抗幅值和相位的影响,将 10 种给定磁导率条件下电导率-提离距离影响下的跨阻抗网格图都放在图 9-11 中。从图中可以发现,磁导率每减小一级(即从 $\mu_{\gamma,j}$ 减小为 $\mu_{\gamma,j-1}$),所有的等电导率曲线相当于沿着等提离曲线移动至大一级的等电导率曲线上。例如,当相对磁导率 $\mu_{\gamma,10}=206.4$ 减小一级变为 $\mu_{\gamma,9}=172$ 时,代表电导率值 $\sigma_1=3\mathrm{MS/m}$ 的等电导率曲线相当于沿着等提离曲线移动到了代表电导率值 $\sigma_2=3.6\mathrm{MS/m}$ 的等电导率曲线上;依此类推,相当于在相对磁导率 $\mu_{\gamma,10}=206.4$ 条件下,代表电导率 σ_i 的等电导率曲线移动到了代表电导率 σ_{i+1} 的等电导率曲线上。这说明,按比例 λ 增大电导率的值和按比例 $\lambda/(1+\lambda)$ 减小磁导率的值使得传感器跨阻抗的变化是等效的。

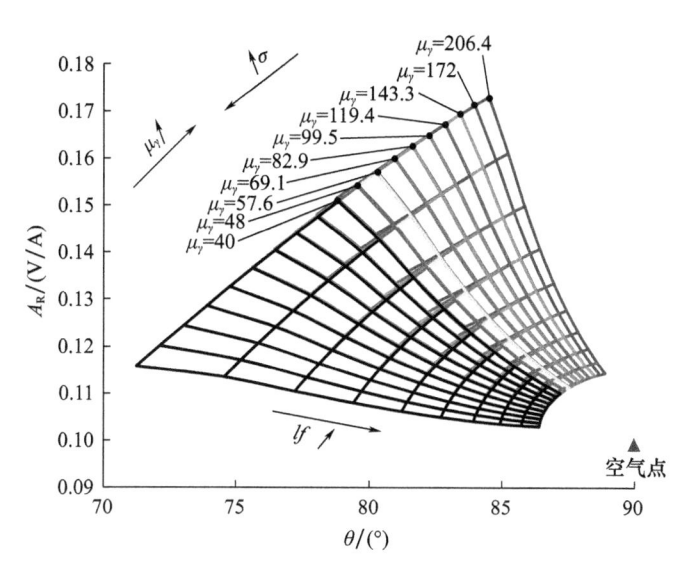

图 9-11 磁导率影响下的传感器跨阻抗图

因此,磁导率增大一定的值对跨阻抗的影响可通过减小电导率的值来等效表征,也就是说磁导率变化对传感器跨阻抗造成的影响实际上可转换为电导率变化对跨阻抗的影响。如图 9-12 所示,在给定相对磁导率 $\mu_\gamma = 40$ 的条件下,通过增加了 9 组电导率值($\sigma = 2.5\text{MS/m}$、2.08MS/m、$\cdots$、0.581MS/m)就可以表征相对磁导率从 40 逐级增大到 206.4 时传感器跨阻抗的变化。

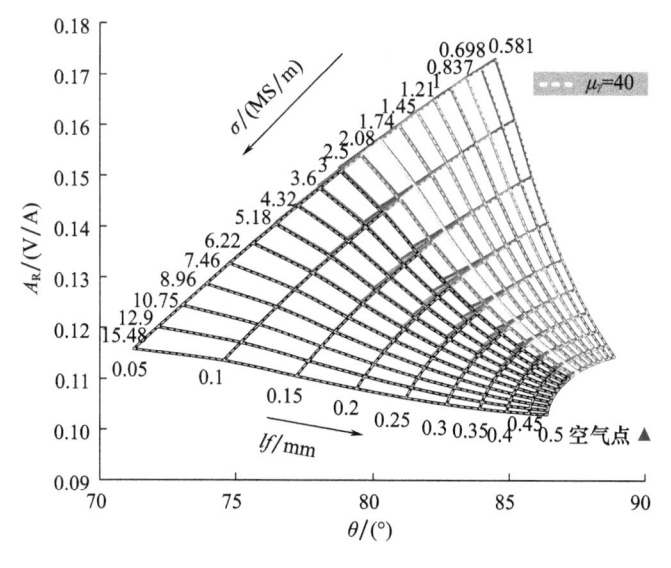

图 9-12 磁导率变化对跨阻抗的影响等效为电导率变化的影响
(图中电导率的值只对应 $\mu_\gamma = 40$ 时的等电导率曲线)

因此，在给定磁导率条件下，可以通过电导率 – 提离距离影响下的传感器跨阻抗图来表征材料电导率、磁导率和提离距离的变化对传感器跨阻抗的影响，将三个变量的问题简化为两个变量的问题。

9.2 传感器跨阻抗测量结果的修正方法

在通过传感器等效模型得到的跨阻抗特性图中，包含了被测材料的电磁特性和提离距离两类信息，本节通过建立修正模型将传感器跨阻抗测量结果转化为计算模型对应的结果，通过反推就可以得到被测材料的电磁特性和提离距离。

9.2.1 传感器跨阻抗修正模型的建立

如图 9 – 13 所示，计算时传感器可以简化成互感式变压器模型，图中 I_e 为激励电流，V_s 为感应电压，利用式(9 – 6)即可求得传感器的计算跨阻抗 Z_c。如图 9 – 14 所示，在考虑引线的电容效应和线圈之间的杂散耦合效应的情况下，传感器的感应电压 V_s 经选通放大后可测得电压 $U_s = k_s V_s$，取样电阻 R_e 两端的电压 V_e 经放大后可以测得电压 $U_e = k_e V_e$。由于信号在选通放大过程中的相位和幅值都会发生变化，所以这里的 k_s 和 k_e 都是复数形式的变量，表示由于电路引起的信号幅值和相位的变化，传感器的测量跨阻抗 Z_m 可以用式(9 – 7)求得。

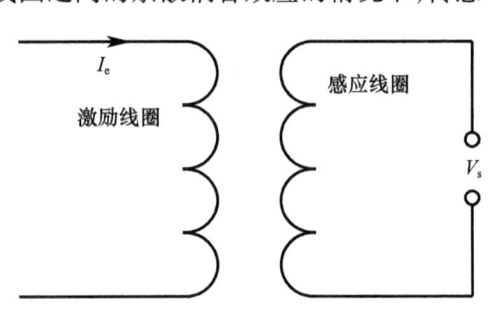

图 9 – 13 计算模型的等效电路

$$Z_c = \frac{V_s}{I_e} \tag{9 – 6}$$

$$Z_m = \frac{U_s}{U_e} = \frac{k_s V_s}{k_e R_e I_e} = k \frac{V_s}{I_e} = k Z_c \tag{9 – 7}$$

式中：k 用来表征由于电路引起的跨阻抗幅值和相位的变化，在激励参数确定的情况下是一个常复数。需要指出的是，该公式只有在计算模型中的传感器工作参数、被测材料的电磁特性和提离距离与实际测量中的条件一致时才能成立。因此，需要找到一种能满足这一条件的状态才能求出参数 k。

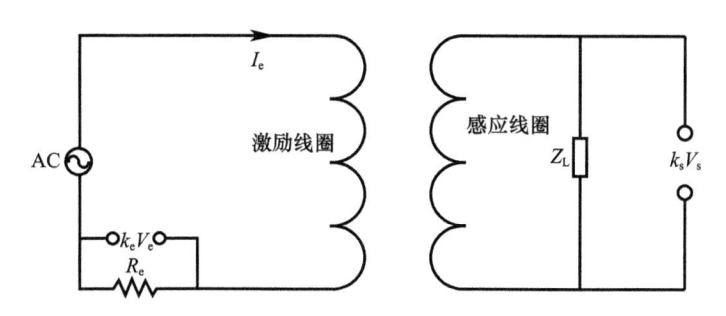

图 9-14 测量电路的等效电路

实际测量中,传感器在被测结构表面难以准确确定提离距离和被测材料的电磁特性参数,无法准确与计算条件匹配。传感器在空气中不需要考虑被测结构的电磁特性和提离距离的影响,在传感器的激励参数不变的情况下,测量条件和计算条件可以匹配,可以用式(9-8)求得修正系数 k:

$$k = \frac{Z_{m,a}}{Z_{c,a}} \quad (9-8)$$

式中:$Z_{m,a}$ 为传感器置于空气中测得的跨阻抗值;$Z_{c,a}$ 为传感器置于空气中计算得到的跨阻抗值。

在传感器的激励参数不变的情况下,系数 k 是一个常数值,当传感器置于被测结构表面时,可以测量得到跨阻抗的测量值 $Z_{m,m}$,再根据式(9-9)就可以求得计算结果对应的跨阻抗值 $Z_{c,m}$。将 $Z_{c,m}$ 放到传感器跨阻抗网格中,就可以反推出被测材料的电磁特性和提离距离。

$$Z_{c,m} = \frac{Z_{m,m}}{k} \quad (9-9)$$

9.2.2 传感器跨阻抗修正方法的试验验证

本验证试验先通过直流电位法测得了 2A14 铝合金的电导率值,采用柔性涡流阵列传感器测量得到了不同提离距离下传感器的跨阻抗值,并采用本书的修正方法将测量结果转化到通过模型计算得到的跨阻抗网格中,然后与直流电位法测得的结果进行对比。

1. 直流电位法测定 2A14 铝合金电导率

鉴于标准电导率试样的尺寸较小,用于传感器测量时存在边缘效应,影响测量结果的准确性。为此选用 2A14 铝合金制作了"狗骨状"试验件 4 件,采用直流电位法测定该试验件的电导率,如图 9-15 所示。A、D 两端连接直流电源,

B、C两端连接纳伏表,B、C处于试件的对称轴上,其间距为50mm。

图9-15 电导率测量试验系统

测取每个试件中间截面的宽度与厚度,测取每个试件20组电压值数据并取平均值,根据式(9-10)计算试件的电导率:

$$\sigma = \frac{IL}{Uab} \quad (9-10)$$

式中:I为直流电源幅值;L为B、C两端的距离;U为B、C两端的电压值;a、b分别为试件中间截面的宽度与厚度。

测量得到了4个试验件的电导率数值,如表9-1所示。

表9-1 电导率测量数据

试件编号	1	2	3	4
宽/mm	40	40	40	40
厚/mm	6.06	6.12	6.125	6.08
电压值/(10^{-6}mV)(2A)	16494	16192	16263	16747
电压值/(10^{-6}mV)(5A)	41342	40715	40878	41577
电导率/(MS/m)(2A)	25.012	25.229	25.098	24.553
电导率/(MS/m)(5A)	24.947	25.083	24.962	24.724
电导率平均值	24.951			

2. 传感器跨阻抗的修正

本节通过研究传感器在不同提离距离下的跨阻抗修正值,对修正方法的正确性进行验证,但在实际测量中,提离距离是一个难以准确测量的量。主要原因在于:①传感器采用柔性电路板(FPCB)工艺制作,在传感器线圈的表面覆盖有一层胶层和保护膜,胶层和保护膜的厚度难以准确测量;②试验中通过在传感器和被测结构之间放入不同厚度的纸片来模拟不同的提离距离,压紧程度不同,提离距离差异较大。

基于上述考虑,本节先将传感器置于空气中,测得空气中的测量跨阻抗,根据计算得到的空气点的跨阻抗值,利用式(9-8)即可得到修正系数 k;然后将传感器压附于 2A14 铝合金试件上,测量 4 个不同提离距离下传感器的跨阻抗值,并利用式(9-9)计算得到修正后的跨阻抗。

将修正后的跨阻抗值在传感器跨阻抗网格中表示,如图 9-16 所示。该图采用图 9-3 所示的跨阻抗网格图,所有 4 个修正结果均靠近代表电导率值 26MS/m 的等电导率曲线。为了更进一步验证修正方法的正确性,计算了电导率细化后的传感器跨阻抗网格图(电导率从 19.67MS/m 变化至 31.64MS/m,按 2% 的比例逐级递增)。为了便于观察,在图 9-17 中分别显示 4 个跨阻抗值附近的网格图。从图中可以看出,4 个提离距离下测得的跨阻抗值修正后均落在了代表电导率值 24.95MS/m 的等电导率曲线附近,且均在与该等电导率曲线紧邻的等电导率曲线之间。如果根据修正后的跨阻抗值在网格图中位置来反推被测材料的电导率,那么很明显在提离距离 1、提离距离 2 和提离距离 4 下得到的电导率值在 24.46MS/m 到 24.95MS/m 之间,提离距离 3 得到的电导率值在 24.95MS/m 到 25.45MS/m 之间。因此,通过本书的修正方法得到的电导率值与电位法测得的值误差小于 2%,这说明本书提出的修正方法是合理的。

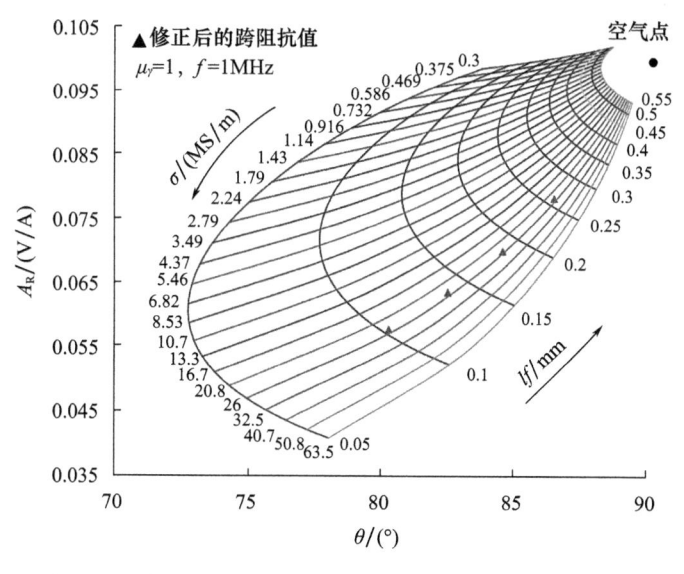

图 9-16 传感器的跨阻抗修正值在跨阻抗网格图中的位置

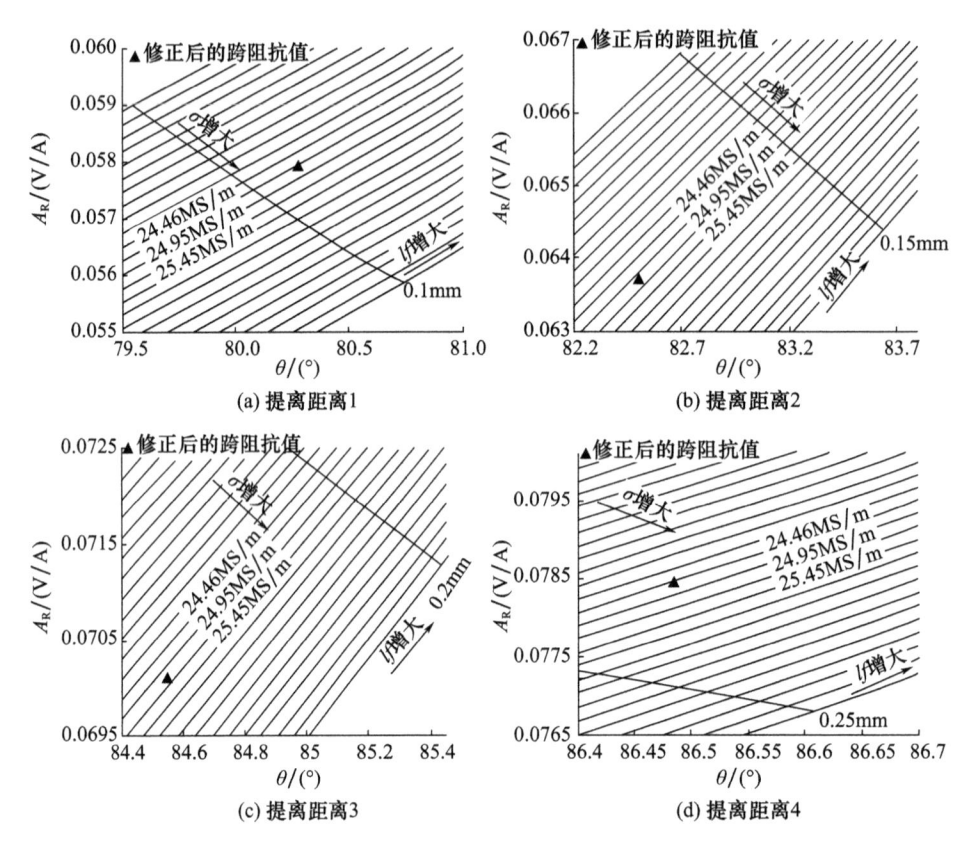

图 9-17 不同提离距离下修正后的跨阻抗值在跨阻抗网格图的位置

9.3 被测材料电导率的逆向求解算法

根据 9.2 节的研究,将修正后的跨阻抗值放入传感器跨阻抗特性网格中,可以很直观地估计被测材料电导率和提离距离这两个物理参数。本节的目的是建立基于传感器跨阻抗网格的物理参数逆向求解算法,求得被测材料的电导率和提离距离。整个逆向求解的过程如图 9-18 所示:将结构的裂纹损伤等效为被测材料电磁特性的变化,通过传感器正向等效模型可以得到电导率和提离距离影响下的传感器跨阻抗特性网格,将其作为逆向算法的数据库;利用传感器跨阻抗修正模型将测量得到的跨阻抗修正为模型计算结果对应的跨阻抗值,再利用传感器逆向算法就可以求得被测材料电导率和提离距离。

传感器逆向算法需要利用传感器跨阻抗特性网格中包含的电导率和提离距

离与跨阻抗值的关系,将修正后的跨阻抗值转换为被测材料电导率和提离距离。要实现这种转换,需要进行两个步骤:一是定位,即定位修正后的跨阻抗值在哪个网格中;二是定值,即通过插值方法计算跨阻抗值对应的电导率和提离距离。

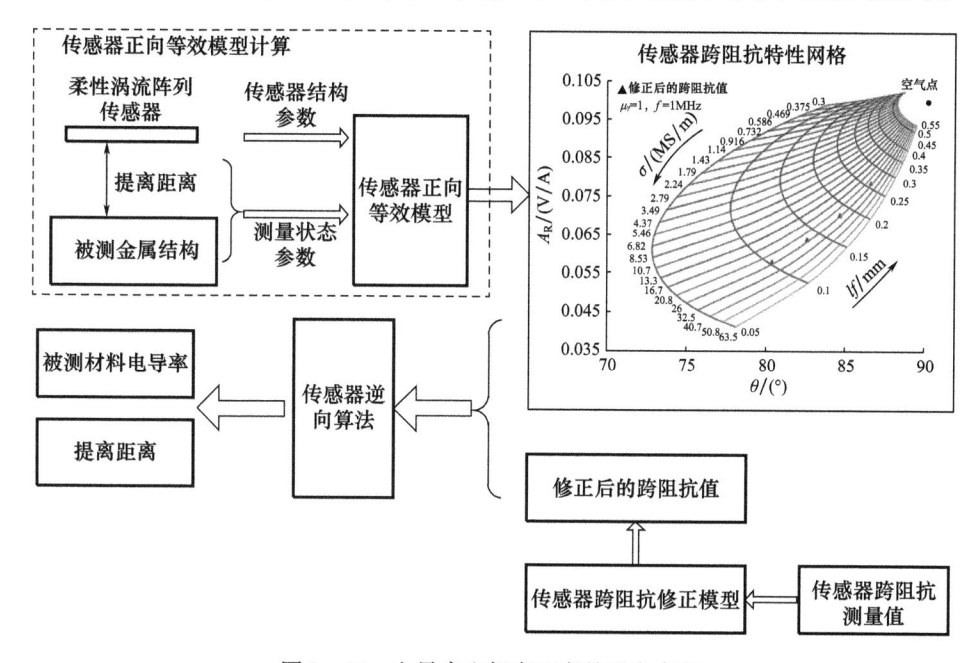

图 9-18　电导率和提离距离的逆向求解

9.3.1　目标点的定位算法

由于要采用插值方法计算电导率和提离距离的值,所以计算网格需要足够细化才能得到较高的精度。因此,网格数据库的数据量较大,一个一个查证效率太低,需要建立合理的定位方法减少计算量。Sheiretov[169]提出了一种改进型算法,即先对初始点进行逐个网格搜索查证确定初始网格,下一个点在初始网格附近进行搜索。这种方法虽然效率有所提高,但是在对第一个点进行定位时效率不高。本书建立的定位算法主要思想为:先进行区域定位查找,找到目标点或附近的初始网格;然后对初始网格及其附近的点进行逐一查证,就可以对目标点进行精确定位。

如图 9-19 所示,通过区域定位查找确定目标点的初始位置主要包括以下几个步骤:

(1)初始化。如果跨阻抗网格中的等提离曲线数目为 m、等电导率曲线数目为 n,那么就可以从小到大分别给等电导率曲线和等提离曲线编号。网格中任意一交点可以用(p,q)表示,p代表第p条等提离曲线,q代表第q条等电导率曲线,$p=1,2,3,\cdots,m$,$q=1,2,3,\cdots,n$。

(2) 取中心网格将目标网格分成4个区域。定义$p1$为目标网格中最小提离距离对应的编号,初始状态下$p1=1$;定义$q2$为目标网格中最大提离距离对应的编号,初始状态$p2=m$;定义$q1$为目标网格中最小电导率对应的编号,初始状态下$q1=1$;定义$q2$为目标网格中最大电导率对应的编号,初始状态$q2=n$。选取中间点A,编号为(p,q),其中$p=(p1+p2)/2$,$q=(q1+q2)/2$,如果有小数均取整数部分;再取点B和点C,编号分别为$(p,q-1)$和$(p+1,q)$,形成AB和AC两条直线,将目标网格划分成4个区域。

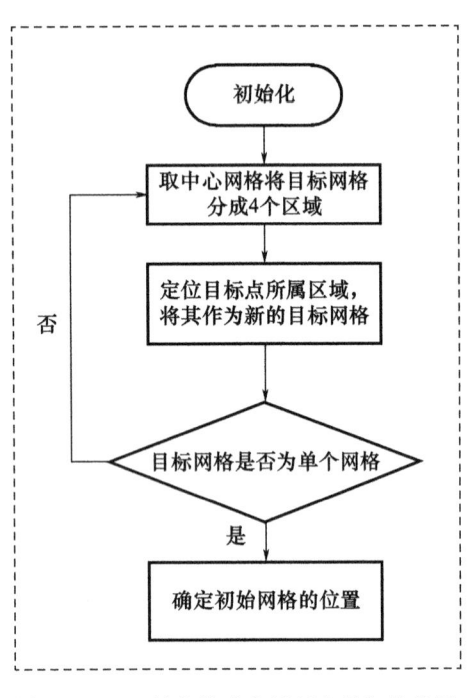

图9-19 区域定位确定目标点的初始位置

(3) 定位目标点所属区域,将其作为新的目标网格。定义变量M_{ijt}如式(9-11)所示,若$M_{ijt}>0$,则从i到j到t为顺时针方向;若$M_{ijt}<0$,则从i到j到t为逆时针方向。因此,通过计算M_{abt}和M_{act}可以判断目标点T与图中直线AB和AC的关系。若$M_{abt}>0$,则T在直线AB的右侧区域,则令$p1=p$;反之,则T在直线AB左侧区域,则令$p2=p$。若$M_{act}>0$,则T在直线AC的下侧区域,则令$q1=q$;反之,则T在直线AC上侧区域,则令$q2=q$。

$$M_{ijt}=x_i(y_t-y_j)+x_j(y_i-y_t)+x_t(y_j-y_i) \quad (9-11)$$

式中:i、j、t为平面中的三个点,其坐标分别为(x_i,y_i)、(x_j,y_j)和(x_t,y_t)。

(4) 判断目标网格是否为单个网格。计算$p2-p1$和$q2-q1$是否均等于1,若是,则该目标网格即为初始网格;若否,继续回到步骤(2)~步骤(4)。根据最终的$p1$、$p2$、$q1$和$q2$的值即可确定初始网格的位置。

在得到初始网格$DEFG$之后,可通过4条线段延长形成的直线将整个网格区域划分为9个区域(从$A1$到$A9$),如图9-21所示。当目标点分别位于9个不同区域时,根据变量M_{DET}、M_{EFT}、M_{FGT}、M_{GDT}的正负就可以判断目标点T位于9个区域中的位置,然后将初始网格$DEFG$移动到该区域,如表9-2所示。例如,如果M_{DET}、M_{EFT}、M_{FGT}、M_{GDT}正负分别为负、正、正、负,则可以判断目标点在$A1$区域,将初始网格 $DEFG$ 移动到 $A1$ 区域中与 $A9$ 网格相邻的网格后再进行判断,直到 M_{DET}、M_{EFT}、M_{FGT}、M_{GDT} 均为正时(目标点在 $DEFG$ 内),即完成了目标点的精确定位。具体流程如图 9-22 所示。

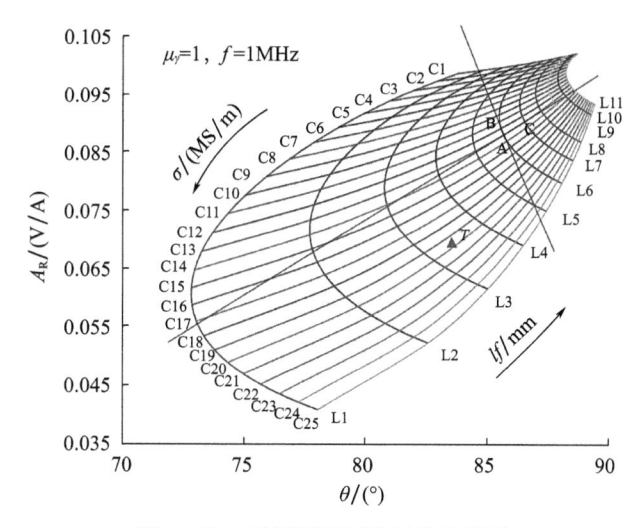

图 9-20 目标网格区域划分示意图

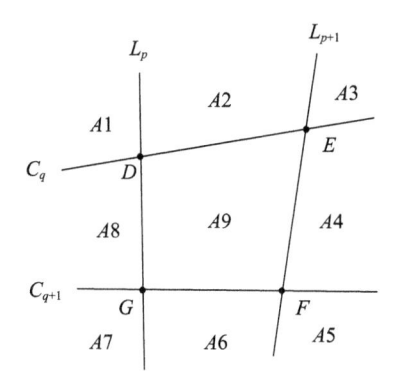

图 9-21 初始网格移动方向示意图

表 9-2 目标点在不同区域时变量 M_{ij} 的正负(正用 + 表示,负用 - 表示)

目标点所在区域	A1	A2	A3	A4	A5	A6	A7	A8	A9
M_{DET}	-	-	-	+	+	+	+	+	+
M_{EFT}	+	+	-	-	-	+	+	+	+
M_{FGT}	+	+	+	+	-	-	-	+	+
M_{GDT}	-	+	+	+	+	+	-	-	+

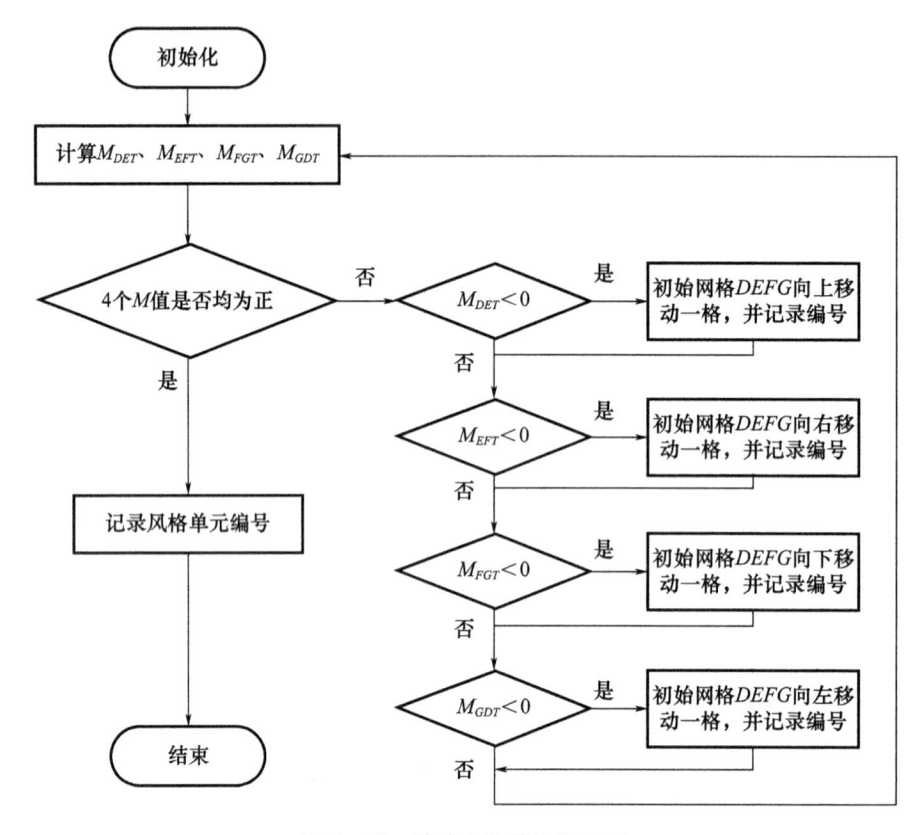

图 9-22 精确定位算法流程图

9.3.2 电导率与提离距离的插值求解

9.3.1 节通过定位算法得到了目标点 T 所在网格 $DEFG$ 的位置，本节根据几何关系，插值求得电导率和提离距离。如图 9-23 所示，网格 $DEFG$ 的 4 条边 DE、EF、FG 和 GD 分别代表电导率值 σ_1、提离距离 lf_2、电导率值 σ_2、提离距离 lf_1，插值的目的就是根据点 T 和各边的几何关系，估算出点 T 对应的电导率值和提离距离值。通过模型计算中得到的网格一般是四边形，本书插值的方法是在网格各边上选取点 1、2、3、4，形成平行四边形 $D'E'F'G'$，再根据平行四边形的几何性质插值得到点 T 对应的电导率值和提离距离值。

首先，根据式(9-12)可以求得点 T 到各边的距离，式中分母为各边的距离，分子 M 值可通过式(9-11)求得。

$$d_1 = \frac{M_{TDE}}{|DE|}; d_2 = \frac{M_{TEF}}{|EF|}; d_3 = \frac{M_{TFG}}{|FG|}; d_4 = \frac{M_{TGD}}{|GD|} \quad (9-12)$$

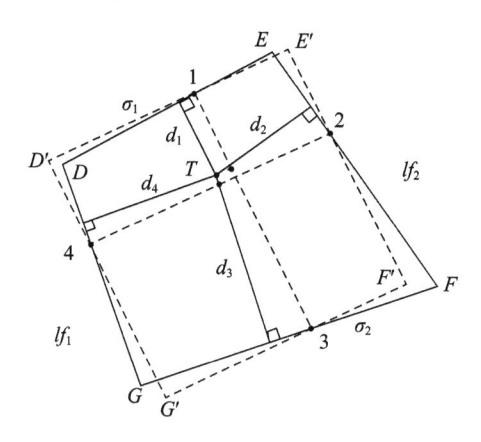

图 9-23 插值算法中的几何变换示意图

图中,点 1、2、3、4 为网格各边上的点,其坐标由式(9-13)确定:

$$\begin{cases} x_1 = \dfrac{x_D d_2 + x_E d_4}{d_2 + d_4}, y_1 = \dfrac{y_D d_2 + y_E d_4}{d_2 + d_4} \\ x_2 = \dfrac{x_F d_1 + x_E d_3}{d_1 + d_3}, y_2 = \dfrac{y_F d_1 + y_E d_3}{d_1 + d_3} \\ x_3 = \dfrac{x_G d_2 + x_F d_4}{d_2 + d_4}, y_3 = \dfrac{y_G d_2 + y_F d_4}{d_2 + d_4} \\ x_4 = \dfrac{x_G d_1 + x_D d_3}{d_1 + d_3}, y_4 = \dfrac{y_G d_1 + y_D d_3}{d_1 + d_3} \end{cases} \quad (9-13)$$

式中:x_i 和 y_i 分别为点 i(1、2、3、4、D、E、F、G、T)在跨阻抗网格图中的横坐标和纵坐标。

如图 9-24 所示,根据平行四边形的性质,可采用式(9-14)进行线性插值得到点 T 对应的电导率 σ_T 和提离距离 lf_T:

$$\sigma_T = \dfrac{a_1}{a_1 + a_2}\sigma_2 + \dfrac{a_2}{a_1 + a_2}\sigma_1 = a\sigma_2 + (1-a)\sigma_1$$

$$lf_T = \dfrac{b_1}{b_1 + b_2}lf_2 + \dfrac{b_2}{b_1 + b_2}lf_1 = blf_2 + (1-b)lf_1 \quad (9-14)$$

式中,系数 a、b 可用式(9-15)计算:

$$a = \dfrac{\begin{vmatrix} x_4 - x_2 & x_T - x_1 \\ y_4 - y_2 & y_T - y_1 \end{vmatrix}}{\begin{vmatrix} x_4 - x_2 & x_3 - x_1 \\ y_4 - y_2 & y_3 - y_1 \end{vmatrix}}; b = \dfrac{\begin{vmatrix} x_4 - x_T & x_3 - x_1 \\ y_4 - y_T & y_3 - y_1 \end{vmatrix}}{\begin{vmatrix} x_4 - x_2 & x_3 - x_1 \\ y_4 - y_2 & y_3 - y_1 \end{vmatrix}} \quad (9-15)$$

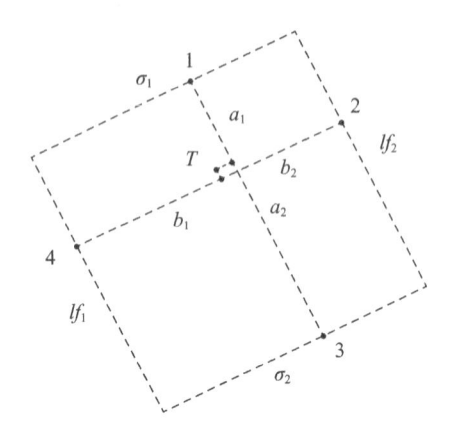

图 9-24 平行四边形中目标点的插值求解

9.3.3 电导率和提离距离逆向求解的应用

通过开展了模拟裂纹监测试验，测得了分时激励传感器在 2024 铝合金试验件表面移动时的跨阻抗幅值和相位。本节采用本章的修正方法将测量得到的跨阻抗幅值和相位转化到通过模型计算得到的跨阻抗网格中，如图 9-25 所示。

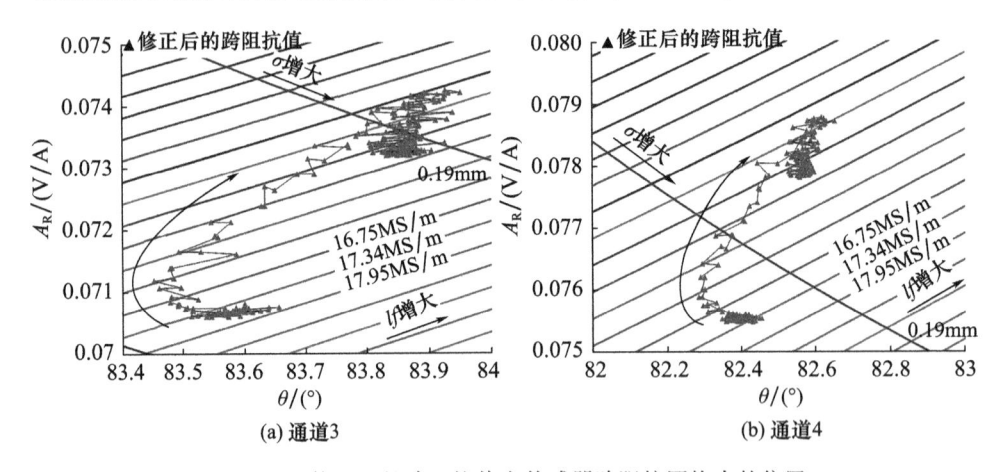

图 9-25 修正后的跨阻抗值在传感器跨阻抗网格中的位置

通道 3 修正后的跨阻抗值初始部分落在了代表电导率值 17.34MS/m 的等电导率曲线和代表电导率值 17.95MS/m 的等电导率曲线之间，而通道 4 修正后的跨阻抗值初始部分则落在了代表电导率值 17.34MS/m 的等电导率曲线附近，此阶段传感器下方没有裂纹。标准 2024 铝合金试样的电导率为 17.4MS/m，这进一步证明了本书所提出的修正方法的准确性。随着传感器的移动，传感器下方的裂纹逐渐增加,跨阻抗值也朝着电导率减小、提离距离增大的方向移动。

采用本书建立的逆向算法,将修正后的跨阻抗值转化为电导率和提离距离,并得到其与模拟裂纹长度的对应关系,如图9-26和图9-27所示。为了便于比较,将电导率的值进行归一化处理。从图中可以看出,当裂纹尖端位于激励线圈1下方时,通道3测得的电导率开始减小、提离距离开始增大,此时对应的模拟裂纹长度为1mm;当裂纹尖端位于通道3的后侧感应线圈下方时,通道3测得的电导率减小到最小值、提离距离增大到最大值,此时对应的模拟裂纹长度为2mm;当裂纹尖端位于激励线圈2下侧时,通道4测得的电导率开始减小、提离距离开始增大;当裂纹尖端位于通道4的后侧感应线圈下方时,通道4测得的电导率减小到最小值、提离距离增大到最大值,此时对应的模拟裂纹长度为3mm。

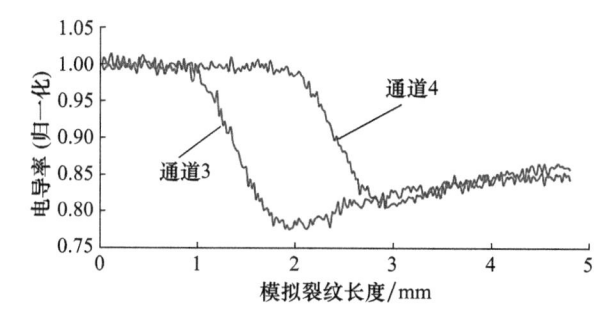

图9-26 传感器测得的电导率值与模拟裂纹长度的对应关系

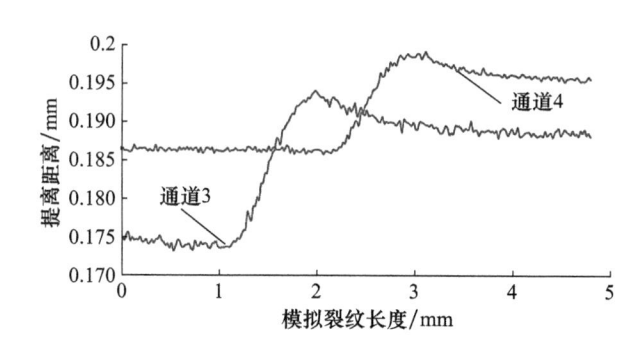

图9-27 传感器测得的提离距离值与模拟裂纹长度的对应关系

从图中还可以看出,通道3和通道4的提离距离不一致,这主要是由于传感器的压紧程度不一致和测量误差造成的。由于在实际应用中,提离距离是一个绝对的测量值,环境因素(温度、应力等)的变化对传感器各个通道的影响是难以定量描述的。因此,本书选用电导率作为传感器的一种特征信号,而不选用提离距离。

第 10 章

典型服役环境干扰下传感器输出特性表征

飞机结构的服役环境复杂恶劣,包括高低温、应力、振动、腐蚀等。这些服役环境会对监测信号产生较大的影响,从而导致监测时出现"虚警"或"漏警"。因此,服役环境对监测信号的干扰问题已经成为制约结构健康监测技术实际应用于飞机结构的主要障碍之一。根据前面章节的研究来看,被测材料的电导率、磁导率和提离距离的改变会导致传感器跨阻抗输出发生改变。而结构所承受的载荷变化、环境温度变化会导致被测材料电导率、磁导率和提离距离发生改变,从而导致传感器跨阻抗信号发生改变。因此,本章主要研究应力和温度变化对传感器监测信号的影响及其机理,并提出消除干扰的方法。

10.1 具有校准通道的环状涡流阵列传感器

通过前面章节中的研究可以发现,在传感器结构参数和激励参数确定、结构不含缺陷损伤的情况下,结构材料的电磁特性(电导率和磁导率)和提离距离是影响传感器跨阻抗值的两种因素。对于非铁磁性材料来说,磁导率一般为常数,电导率和提离距离是主要影响因素;而对于铁磁性材料来说,通过9.1.2 节的研究可以发现,磁导率的影响可以转化为电导率的影响,所以对铁磁性材料也只需考虑电导率和提离距离的影响。在第 9 章中,通过建立传感器跨阻抗修正模型和逆向算法,可以将传感器测量得到的跨阻抗值转化为被测材料的电导率和提离距离。

本书提出了一种具有校准通道(参考通道)的环状涡流阵列传感器,如图 10 – 1 所示。该传感器与所示的传感器类似,包含两个独立分时工作的激励线圈和 4 个测量通道,最大的区别就是该传感器还具有一个参考通道。该传感器同样采用分时交替的工作机制:激励 1 通过电流时,激励 2 无电流,此时只有感应通道 1、感应通道 3 和参考通道工作;然后,激励线圈 2 通过激励电流时,激励线圈 1 无激励电流,此时只有感应通道 2 和感应通道 4 工作。

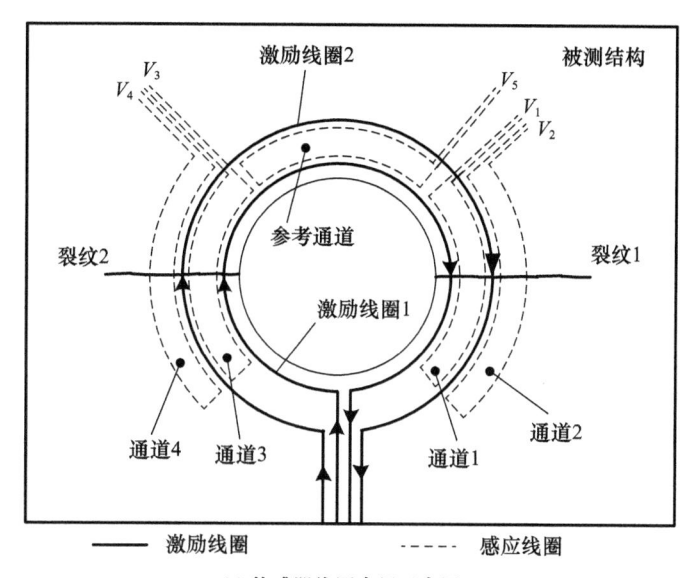

(a) 传感器线圈布局示意图

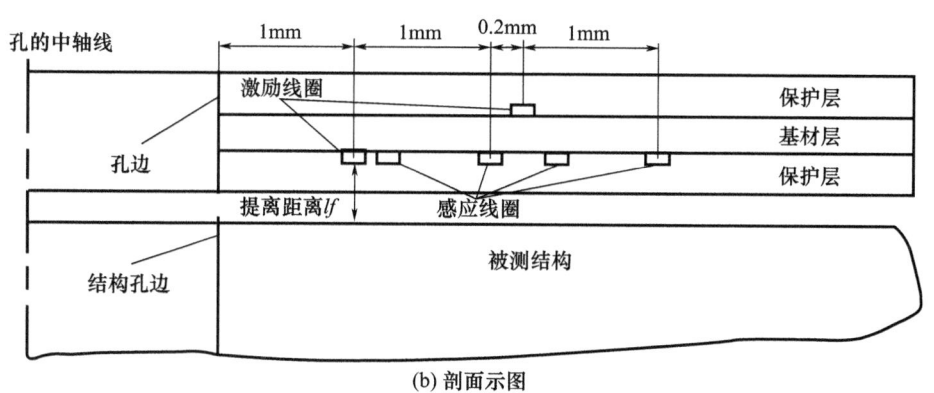

(b) 剖面示图

图 10-1 具备消除环境干扰能力的环状涡流阵列传感器示意图

传感器安装时，4个测量通道安装在结构应力集中的区域，参考通道则位于应力较小的区域。应力集中的区域是结构裂纹萌生和扩展的区域，产生裂纹时，就可以通过测量通道监测信号的变化判断结构裂纹的扩展情况；而参考通道下方区域的应力较小，不会产生裂纹，其监测信号不会发生变化。当被测材料的电磁特性由于服役环境的改变而改变时，一般可以认为整个区域的变化量是相等的。例如，环境温度的变化使得孔边区域的材料电导率、磁导率的变化一致，4个测量通道和参考通道测得的电导率信号应当是同步一致变化的，通过比较其变化量就可以消除环境温度对监测的影响。这就是该传感器消除环境干扰的基本原理。为此，定义传感器的特征信号为

$$\Delta C = \frac{C_{\mathrm{r}} - C_{\mathrm{m}}}{C_{\mathrm{r}}} \times 100\% \qquad (10-1)$$

式中：ΔC 为特征信号；C_{r} 为参考通道测得的电导率值；C_{m} 为测量通道测得的电导率值。特征信号 ΔC 代表的是测量通道测得的电导率值相对于参考通道电导率值的变化量。

10.2 结构应力变化对传感器输出特性的影响

环状涡流阵列传感器主要用于连接结构孔边的裂纹监测，这些部位是应力集中的区域，结构应力的变化也最大。对于非铁磁性材料来说，结构应力的变化会引起材料电导率的变化；对于铁磁性材料来说，结构应力的变化不仅会引起材料电导率的变化，还会导致磁导率的改变。因此，本节将分两种情况讨论结构应力变化对传感器输出特性的影响。

10.2.1 结构应力变化对非铁磁性材料裂纹监测的影响

本节通过试验研究结构应力变化对传感器跨阻抗信号和电导率信号的影响。如图 10 – 2 所示，试验系统包括金属结构裂纹监测仪、集成了传感器的试验件、MTS 810 材料试验系统以及显微镜。试验件为 2024 铝合金试验件（图 10 – 3），传感器如图 10 – 1 所示，传感器安装于试验件孔边。试验时，将试验件夹持于疲劳试验机上，并施加频率为 0.02Hz 的等幅载荷（最大拉应力 $S_{\max}=180\mathrm{MPa}$，应力比 $R=0$，加载精度为 0.5%）。同时，采集传感器的信号。

图 10 – 4 所示为传感器的通道 1、通道 2 和参考通道采集到的跨阻抗幅值信号随结构应力的变化情况。图中左侧的纵坐标为传感器的跨阻抗幅值，右侧纵坐标为结构所受到的应力值。从图中可以看出，通道 1 的跨阻抗幅值随着应力的波动会有相同的变化趋势，且这种变化较为明显；虽然通道 2 的跨阻抗幅值也会随着应力的变化而变化，但是信号变化的情况没有通道 1 的明显；而参考通道的信号基本没有变化。这可以通过对试验件进行受力分析来说明（图 10 – 5）：试验件在受到 180MPa 的拉伸应力时，通道 1 靠近结构孔边，下方区域的结构受到更大的应力，而通道 2 下方区域的结构受到的应力较小；参考通道下方区域的结构受到的应力最小。因此，当载荷变化时，通道 1 的跨阻抗信号受应力的影响较大，而通道 2 的跨阻抗信号受到载荷变化的影响较小，参考通道的跨阻抗信号基本上不受载荷变化的影响。

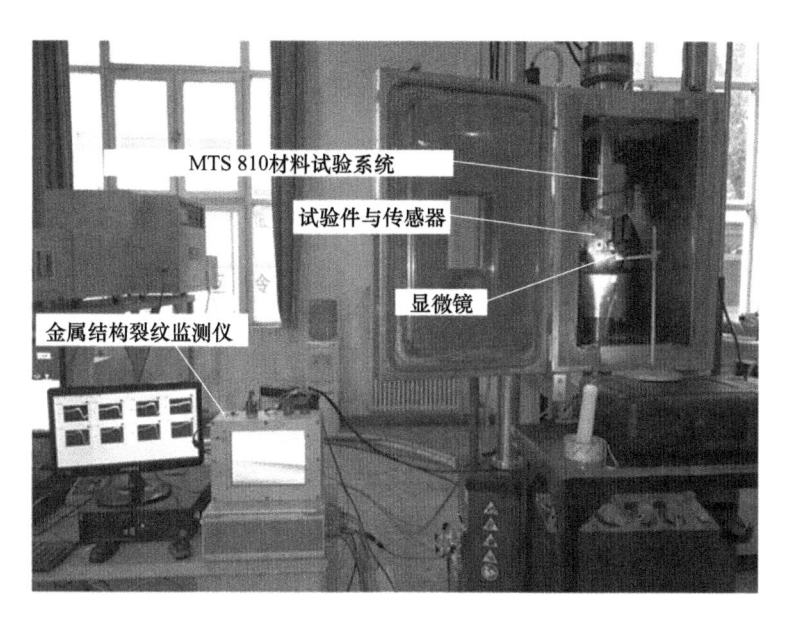

第三篇 基于环状涡流阵列传感器的金属结构裂纹监测技术

图 10-2 结构应力变化对传感器的疲劳裂纹监测特性研究的试验系统

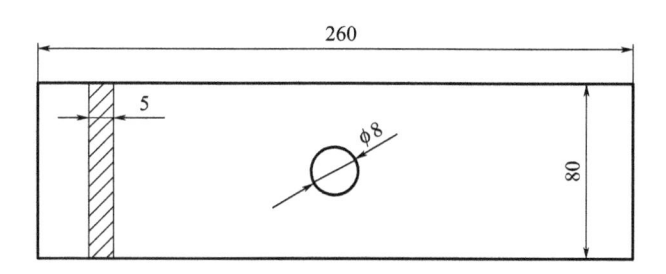

图 10-3 试验件尺寸

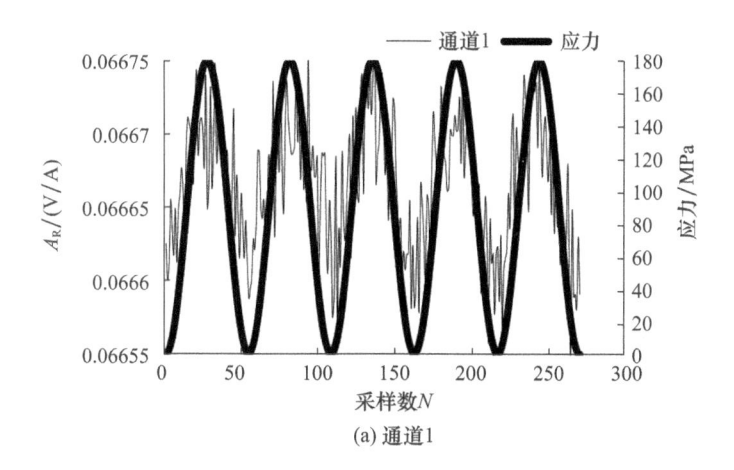

(a) 通道1

(b) 通道2

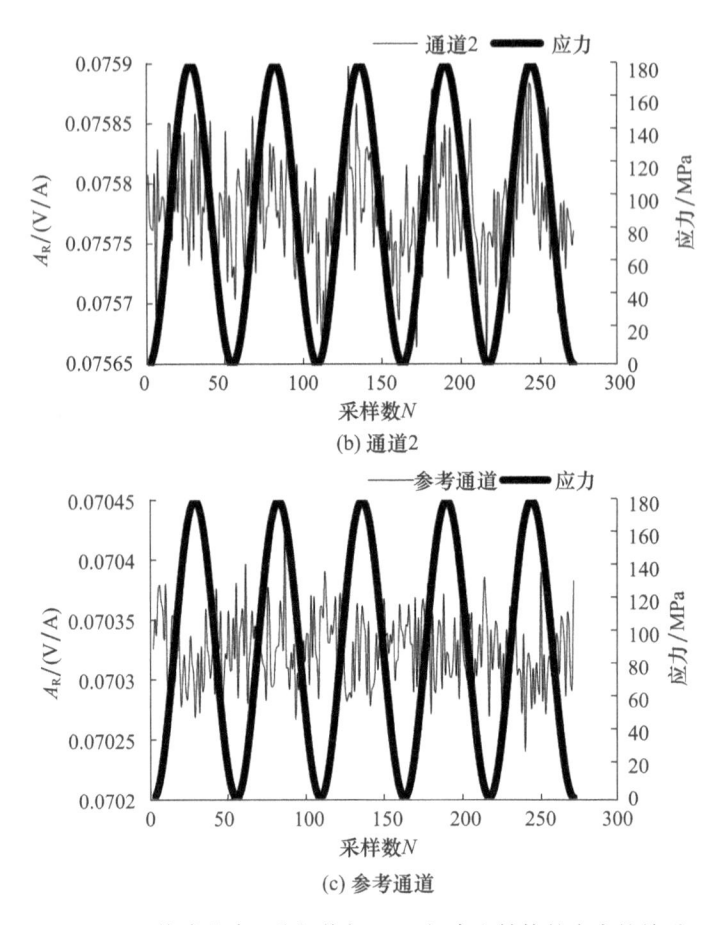

(c) 参考通道

图 10-4　传感器跨阻抗幅值与 2024 铝合金结构的应力的关系

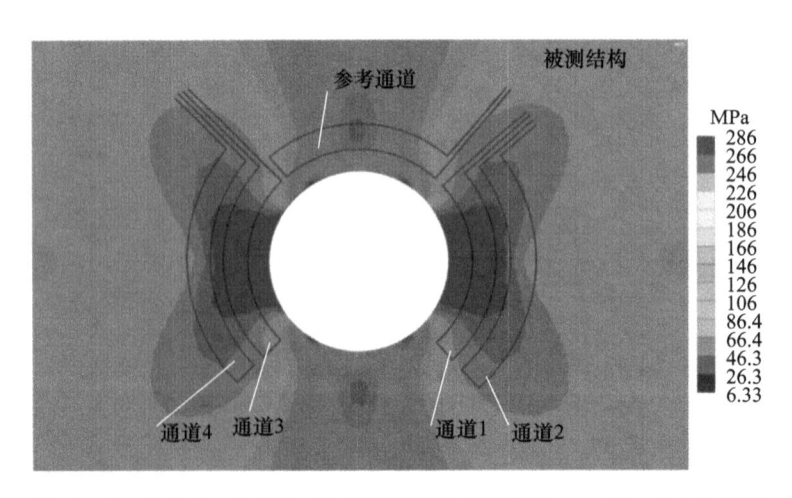

图 10-5　应力 $S=180\mathrm{MPa}$ 时，试验件孔边的等效(von-Mises)应力分布

图 10-6 给出了通道 1 和参考通道测得的电导率随应力的变化情况。从图中可以看出,应力对非铁磁性材料电导率的影响较小,基本上可以忽略应力变化对电导率信号的影响。

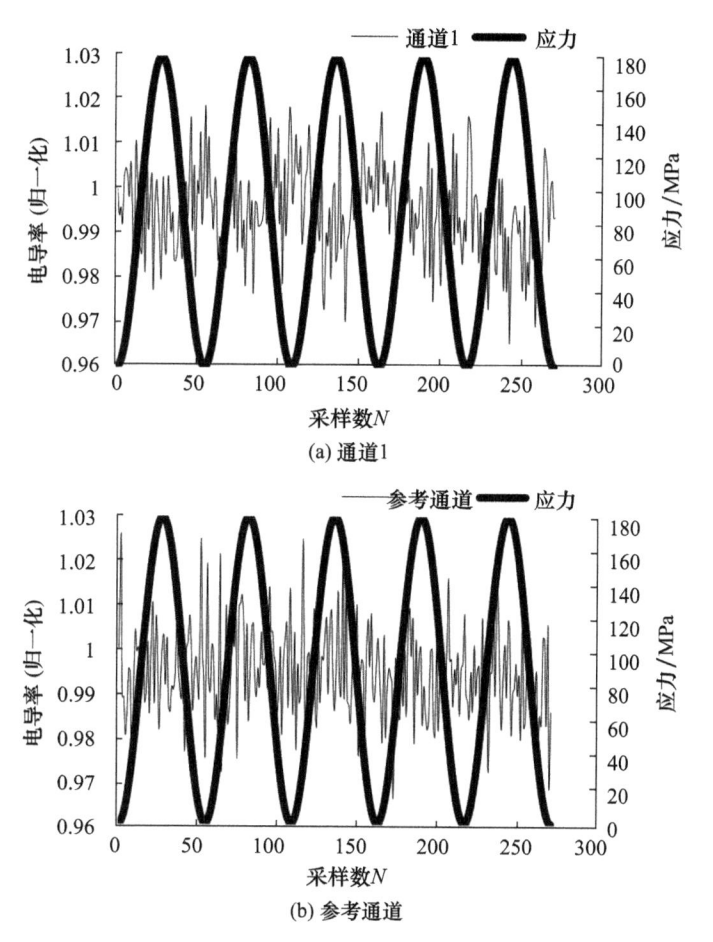

图 10-6 传感器测得的电导率与 2024 铝合金结构的应力的关系

为了进一步验证应力变化对传感器监测信号的影响,开展了 2024 铝合金试验件的疲劳裂纹监测试验。试验系统均不变,如图 10-2 所示,只有试验件所施加的等幅疲劳载荷发生了变化:最大拉应力 S_{max} = 170MPa,应力比 R = 0.06,加载频率为 5Hz。试验过程中,观察传感器各通道特征信号的变化情况,并通过显微镜密切观察裂纹在传感器下方的扩展情况,如图 10-7 所示。

通过试验得到了传感器的特征信号 ΔC 与载荷循环数的对应关系,如图 10-8 所示。当左侧裂纹的尖端扩展至激励线圈 1 下方时,通道 3 的特征信号 ΔC 到达 A 点,此时的循环数为 9344,裂纹 2 的长度为 1mm;当左侧裂纹的尖端扩展至通道 3 后侧的感应线圈下方时,通道 3 的特征信号 ΔC 到达 B 点,此时的载荷循环数为 11473,裂纹 2 的长度为 2mm;当左侧裂纹的尖端扩展至激励线圈 2 下方时,通道 4 的特征信号 ΔC 到达 C 点,此时的载荷循环数为 11594,裂纹 2 的长度为 2.2mm;当左侧裂纹的尖端扩展至通道 4 后侧的感应线圈下方时,通道 4 的特征信号 ΔC 到达 D 点,此时的载荷循环数为 12364,裂纹 2 的长度为 3.2mm。

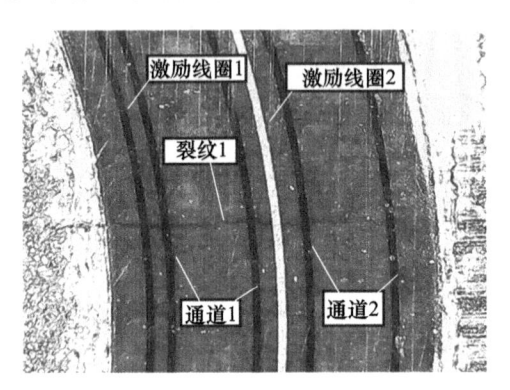

图 10-7 显微镜观察到的结构裂纹扩展情况

如图 10-8(b)所示,当右侧裂纹的尖端扩展至激励线圈 1 下方时,通道 1 的特征信号 ΔC 到达 E 点,此时的载荷循环数为 10175,裂纹 1 的长度为 1mm;当右侧裂纹尖端扩展至通道 1 后侧的感应线圈下方时,通道 1 的特征信号 ΔC 到达 F 点,此时的载荷循环数为 11624,裂纹 1 的长度为 2mm;当右侧裂纹尖端扩展至激励线圈 2 下方时,通道 2 的特征信号 ΔC 到达 G 点,此时的载荷循环数为 11745,裂纹 1 的长度为 2.2mm;当右侧裂纹尖端扩展至通道 2 后侧的感应线圈下方时,通道 2 的特征信号 ΔC 到达 H 点,此时的载荷循环数为 12590,裂纹 1 的长度为 3.2mm。

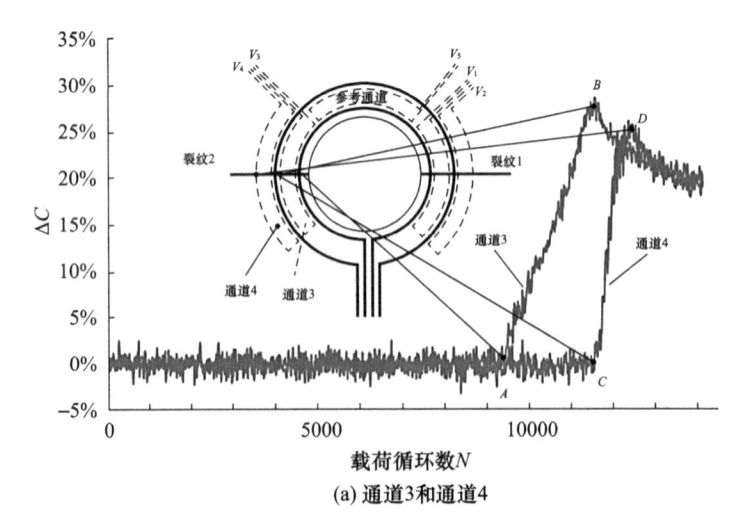

(a) 通道3和通道4

(b) 通道1和通道2

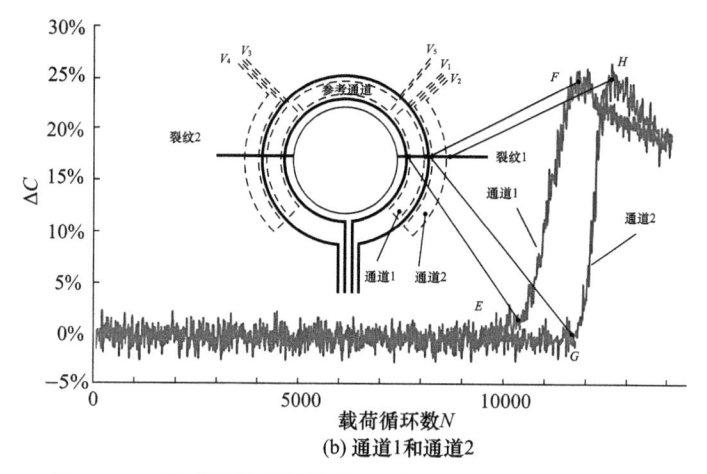

图 10-8　传感器的特征信号 ΔC 与载荷循环数的对应关系

因此，只需要根据传感器各通道的特征信号的变化情况就可以知道裂纹尖端的位置，再结合传感器线圈的尺寸就可以得到裂纹的长度。通过试验还可以看出，产生裂纹后的特征信号的最大变化率均约为 25%，结构应力的变化基本上不会对特征信号产生影响。

图 10-9 所示为传感器通道1、通道3 和参考通道修正后的跨阻抗值在跨阻抗特性网格中的变化情况。由于通道 1 和通道 3 下方区域产生裂纹，其代表跨阻抗值的数据点先朝着电导率减小的方向运动，然后又朝着电导率增大的方向运动，并且该段数据点较为分散，反应的是提离距离的波动；由于参考通道下方区域没有产生裂纹，所以代表参考通道跨阻抗值的数据点始终集中在初始区域。

图 10-10、图 10-11 和图 10-12 所示分别为试验过程中传感器各通道的跨阻抗幅值、电导率和提离距离的变化情况。从图中可以看出，当裂纹扩展至测量通道的后侧时，该测量通道的跨阻抗幅值的波动幅度在应力的作用下越来越大。这主要是因为随着裂纹的扩展，该通道下方区域的裂纹张开角越来越大，造成了该通道下方区域的空气域增多，相当于提离距离增大了。这在图 10-12 中得到了验证，当裂纹尖端扩展至测量通道的后侧时，该通道测得的提离距离信号的波动幅度也开始逐渐增大，而该通道测得的电导率信号的波动幅度却未发生变化。这说明，结构产生裂纹后，应力使得裂纹处于张开、闭合两种状态，裂纹张开使得测量通道下方区域的提离距离增大，传感器的跨阻抗幅值也增大，而传感器测得的电导率并未受到裂纹张开、闭合两种状态的影响。

此外，传感器参考通道下方区域并未产生裂纹，所以参考通道测得的信号并没有显著的变化。因此，采用式(10-1)得到的传感器特征信号可以有效地消除结构应力对监测的影响。

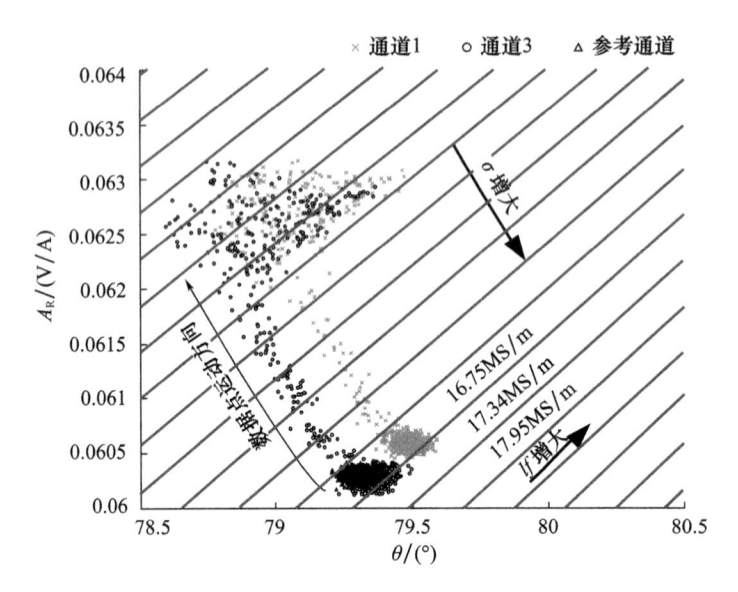

图 10-9 修正后的跨阻抗值在跨阻抗特性网格中的变化情况

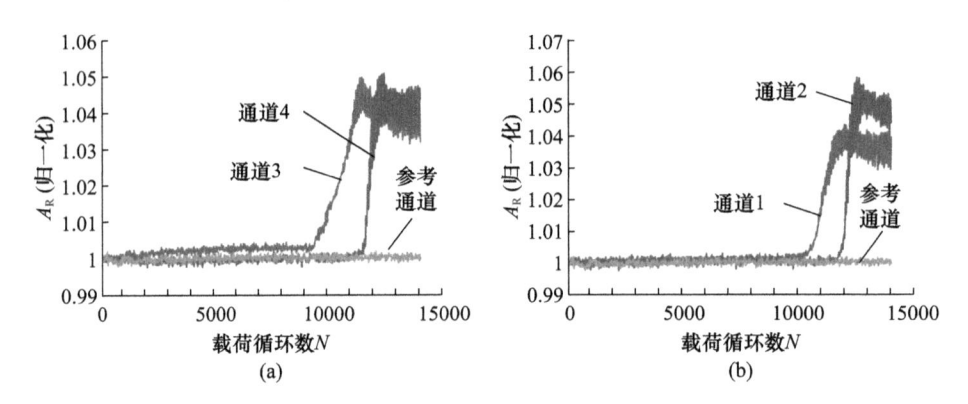

图 10-10 传感器各通道跨阻抗幅值的变化情况

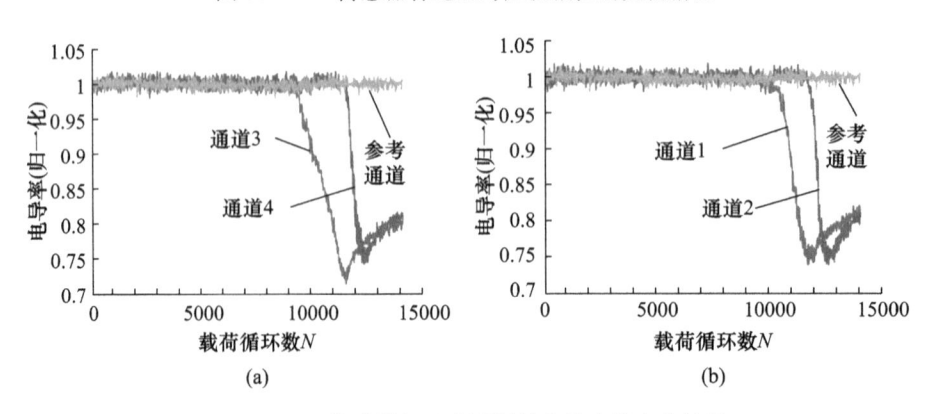

图 10-11 传感器各通道测得的电导率的变化情况

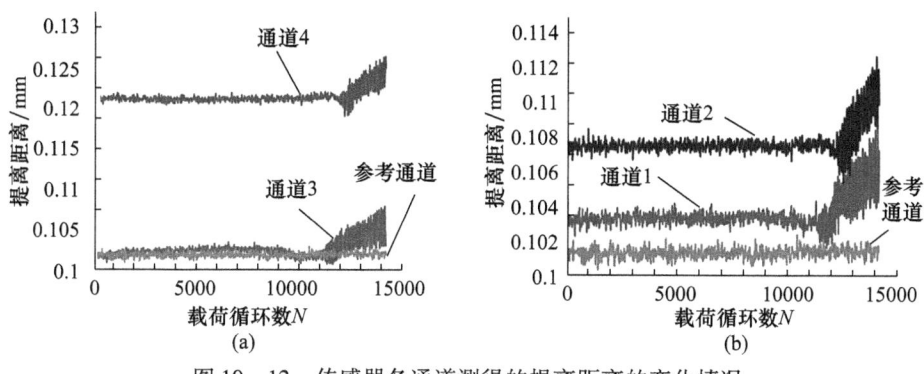

图 10 - 12　传感器各通道测得的提离距离的变化情况

10.2.2　结构应力变化对铁磁性材料裂纹监测特性的影响

应力对非铁磁性材料的电导率影响较小,对传感器的特征信号基本上没有影响。而铁磁性材料的磁特性在应力的作用下会发生改变,因此需要专门研究结构应力的变化对铁磁性材料裂纹监测特性的影响。

本试验的试验系统如图 10 - 2 所示,试验件材料为常见的 45#钢材料,尺寸如图 10 - 3 所示。试验时,传感器如图 10 - 1 所示安装于试验件孔边,然后将试验件夹持于疲劳试验机上,连接传感器与测量仪器,采集传感器的信号,同时施加频率为 0.02Hz 的等幅载荷(最大拉应力 $S_{max}=180$MPa,应力比 $R=0$,加载精度为 0.5%)。

传感器的通道 1、通道 2 和参考通道采集到的电导率信号随应力的变化情况如图 10 - 13 所示。从图中可以看出,通道 1 和通道 2 的电导率信号随着拉应力的增大而减小,随着拉应力的减小而增大,且两个通道电导率的最大变化率分别约为 10% 和 5%;而参考通道的电导率信号基本上不随着载荷的变化。这主要是由于材料的磁导率随着结构应力的增大而增大,本书根据 9.1.2 节的结果将磁导率的变化转化为电导率的变化,磁导率的增大等效为电导率的减小,所以测量通道的电导率随着拉应力的增大而减小;同时,如图 10 - 14 所示,测量通道位于孔边应力集中的区域,而参考通道下方区域的受载较小,并且通道 1 位于传感器的内侧,其下侧区域的应力比通道 2 的更大,所以通道 1 电导率信号的变化幅度大于通道 2 的变化幅度。

根据图 10 - 13 的结果可知,当传感器用于铁磁性材料监测时,结构应力对传感器的特征信号有较大的影响。为了判断这种影响是否会对裂纹监测产生干扰,本节还开展了裂纹监测试验。试验系统均不变,试验件施加等幅循环载荷(最大拉应力 $S_{max}=160$MPa,应力比 $R=0.06$,加载频率为 5Hz)。试验过程中,观察传感器各通道特征信号的变化情况,并通过显微镜密切观察裂纹在传感器下方的扩展情况。

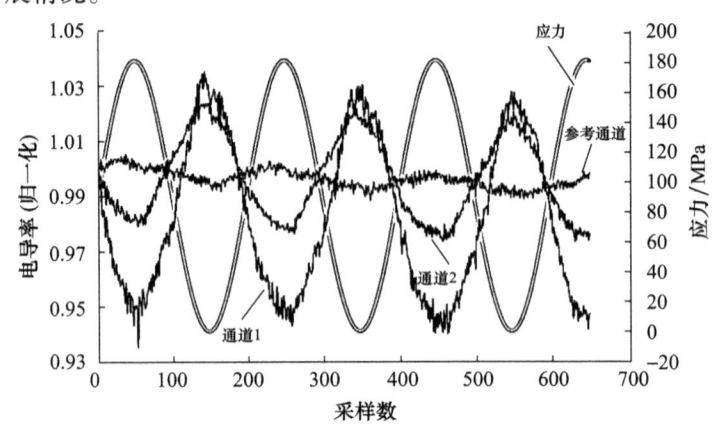

图 10-13　传感器测得的电导率与 45#钢结构应力的对应关系

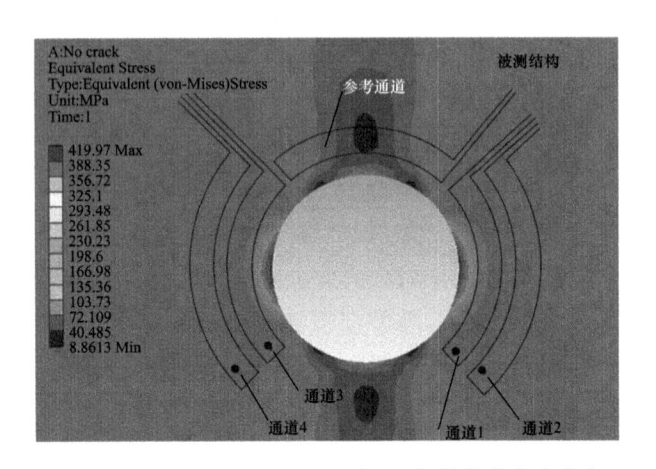

图 10-14　应力 $S=180\mathrm{MPa}$ 时,45#钢结构的应力分布

通过试验可以观察传感器特征信号的变化情况和结构裂纹的扩展情况,得到裂纹尖端扩展至传感器各个线圈下方时的载荷循环数,最后得到的特征信号 ΔC 与载荷循环数、传感器特征信号与裂纹尖端位置的对应关系如图 10-15 所示。当右侧裂纹的尖端扩展至激励线圈 1 下方时,通道 1 的特征信号 ΔC 到达 E 点,此时的载荷循环数为 24221,裂纹 1 的长度为 1mm;当右侧裂纹尖端扩展至通道 1 后侧的感应线圈下方时,通道 1 的特征信号 ΔC 到达 F 点,此时的载荷循环数为 32286,裂纹 1 的长度为 2mm;当右侧裂纹尖端扩展至激励线圈 2 下方时,通道 2 的特征信号 ΔC 到达 G 点,此时的载荷循环数为 33446,裂纹 1 的长度为 2.2mm;当右侧裂纹尖端扩展至通道 2 后侧的感应线圈下方时,通道 2 的特征

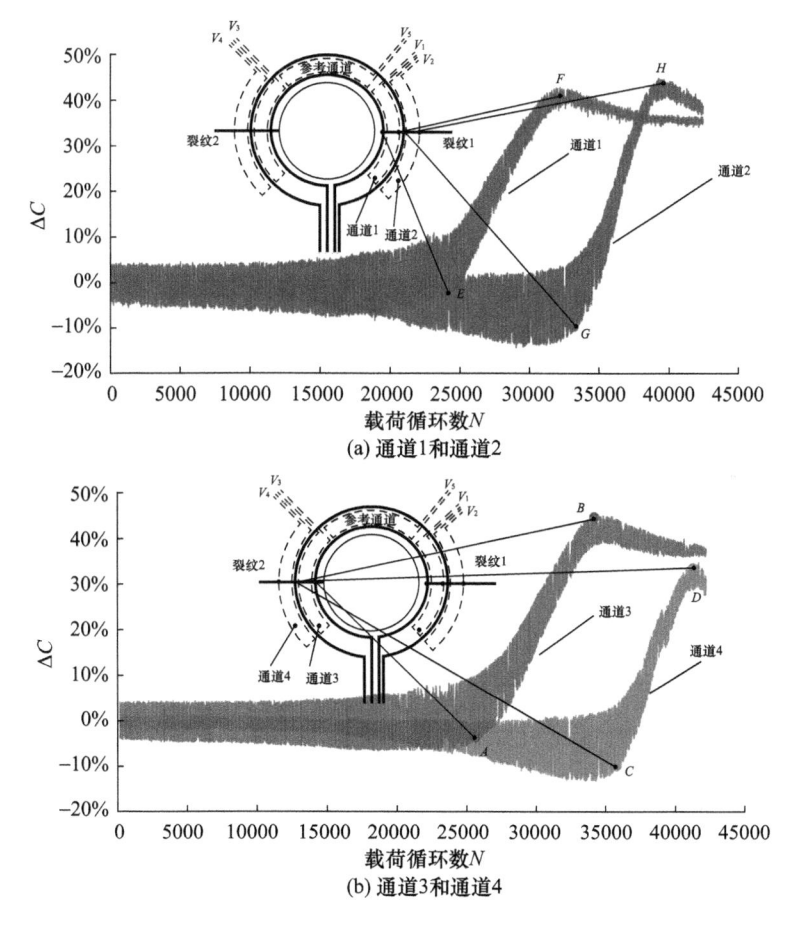

信号 ΔC 到达 H 点,此时的载荷循环数为 40026,裂纹 1 的长度为 3.2mm。当左侧裂纹的尖端扩展至激励线圈 1 下方时,通道 3 的特征信号 ΔC 到达 A 点,此时的循环数为 25916,裂纹 2 的长度为 1mm;当左侧裂纹的尖端扩展至通道 3 后侧的感应线圈下方时,通道 3 的特征信号 ΔC 到达 B 点,此时的载荷循环数为 35001,裂纹 2 的长度为 2mm;当左侧裂纹的尖端扩展至激励线圈 2 下方时,通道 4 的特征信号 ΔC 到达 C 点,此时的载荷循环数为 36221,裂纹 2 的长度为 2.2mm;当左侧裂纹的尖端扩展至通道 4 后侧的感应线圈下方时,通道 4 的特征信号 ΔC 到达 D 点,此时的载荷循环数为 41776,裂纹 2 的长度为 3.2mm。

图 10-15 传感器特征信号 ΔC 与载荷循环数的对应关系

在结构未产生裂纹时,内侧应力较大区域对应的内侧通道(通道 1 和通道 3)特征信号的波动幅度在 10% 左右,而外侧应力较小区域对应的外侧通道(通道 2 和通道 4)的特征信号波动幅度则较小。当结构产生裂纹后,各个测量通道的特征信号的变化量均在40%左右。这说明,传感器用于铁磁性材料的裂纹监测时,结构应力的变化虽然会造成传感器特征信号的波动,但是并不会对裂纹监测造成干扰。

此外,在试件裂纹扩展过程中,由于裂纹的出现也会导致孔边应力的重新分布。以通道3为例,如图10-16所示,当裂纹从出现(裂纹长度 $a=0$ mm)到裂纹扩展至通道3前端时($a=1$ mm),通道3下方区域的应力是逐步增大的,通道3输出信号的波动幅度也是逐渐增大的;当裂纹尖端由通道3前端($a=1$ mm)刚穿过感应通道3($a=2$ mm)时,通道3下方区域的应力是逐渐减小的,通道3特征信号的波动幅度也是逐步减小的。因此,在裂纹扩展过程中,随着裂纹的萌生扩展,传感器特征信号的波动幅度先增大,当裂纹扩展至感应通道前端开始,该通道传感器输出信号的波动幅度开始减小。

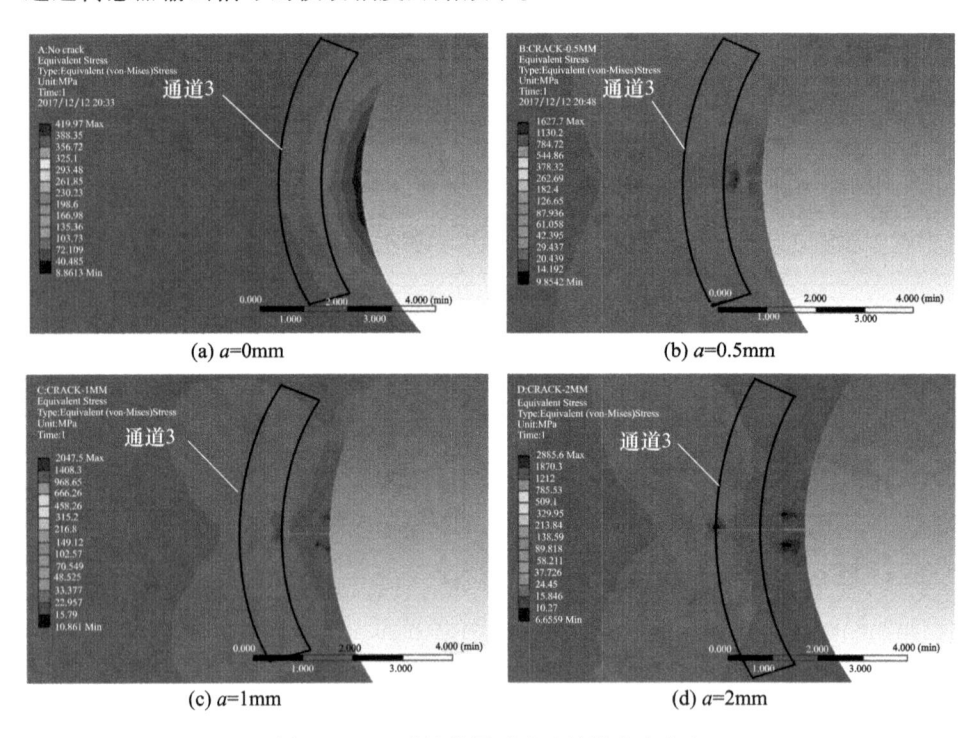

图10-16 裂纹扩展时试验件的应力分布

10.3 环境温度变化对传感器裂纹监测特性的影响

飞机结构的服役使用空间广阔,时刻都会经历环境温度的剧烈变化。飞机的一个爬升就可能从温度为60℃的地面飞到-20℃的高空,一次转场飞行就可能从寒冷的北极到达炎热的赤道。

环境温度的变化对结构裂纹监测的影响主要体现在两个方面：一是当结构未产生裂纹时，环境温度的升高使得传感器的输出信号增大，从而使得监测系统产生"虚警"；二是当结构产生裂纹并在测量通道下方扩展时，环境温度的降低使得传感器的输出信号保持不变，从而使得监测系统发生"漏警"。"虚警"的发生会导致对结构的损伤检测次数增加，导致维护成本增长，尤其是对于需要拆卸检测的结构，"虚警"的发生不仅会增加维修费用，还会导致装备较长的停机次数和时间，这对装备使用方来说是无法承受的。"漏警"的情况则会危害结构的使用安全，使得监测系统形同虚设。

因此，在使用柔性涡流阵列传感器进行结构裂纹监测时，必须充分研究环境温度变化对传感器输出信号的影响。

10.3.1 环境温度变化对传感器信号的影响研究

一般情况下，环境温度的变化只会改变非铁磁性材料的电导率而不会改变其磁导率。对于铁磁性材料而言，环境温度的变化不仅会改变材料的电导率，还会改变磁导率。因此，本节研究了环境温度变化对非铁磁性材料和铁磁性材料的影响。

为了研究温度变化对传感器输出信号的影响，验证本书提出的传感器能否消除环境温度的影响，开展了温度对传感器输出信号的影响试验研究。试验系统包含裂纹监测仪、传感器、试验件和环境试验箱，如图 10-17 所示。试验件分别采用 2024 铝合金和 45#钢两种材料，试验件的尺寸如图 10-18 所示。试验时，将传感器安装于试验件上，并将其置于环境箱内；控制环境箱内的温度从 -20℃升高到 70℃，并采集传感器信号。

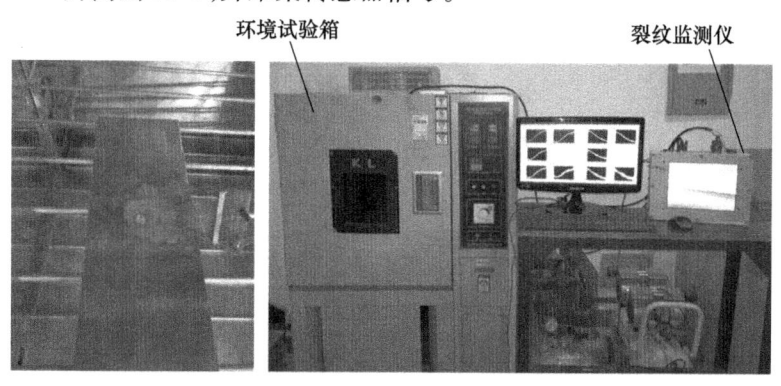

图 10-17　环境温度对传感器输出信号的影响研究实验

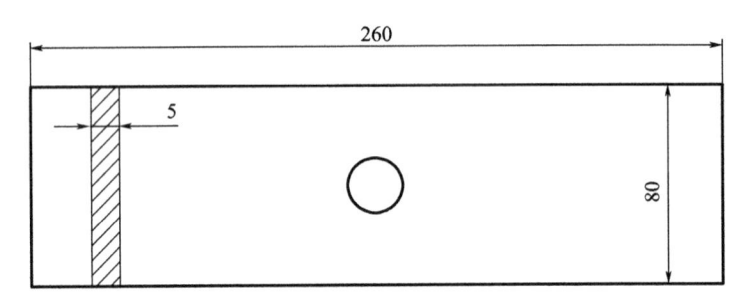

图 10-18　环境温度影响试验的试验件尺寸

1. 2024 铝合金试验结果分析

如图 10-19 所示,传感器各通道的跨阻抗幅值随着温度的升高而显著增大,并且各测量通道均有相同变化趋势。如果只采用传感器的跨阻抗幅值作为传感器的特征信号,那么在温度升高时,跨阻抗幅值的变化情况与结构产生裂纹时的变化情况是一致的,在这种情况下监测系统就会错误地判断结构产生了裂纹,即发生了"虚警"。

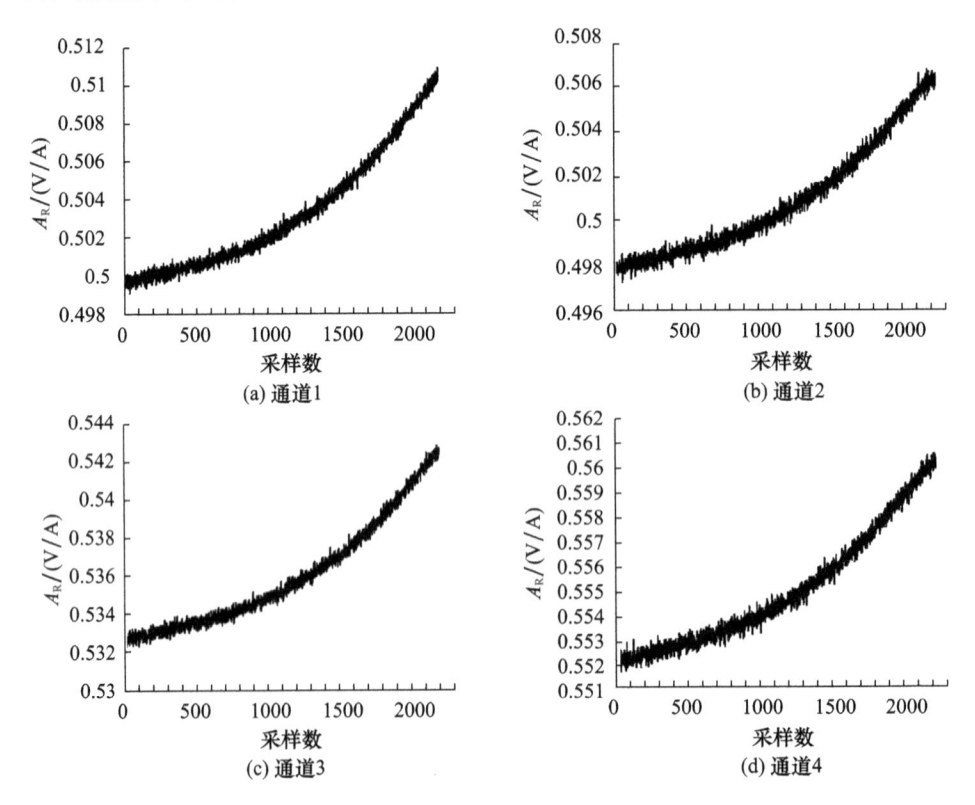

(a) 通道1

(b) 通道2

(c) 通道3

(d) 通道4

(e) 参考通道

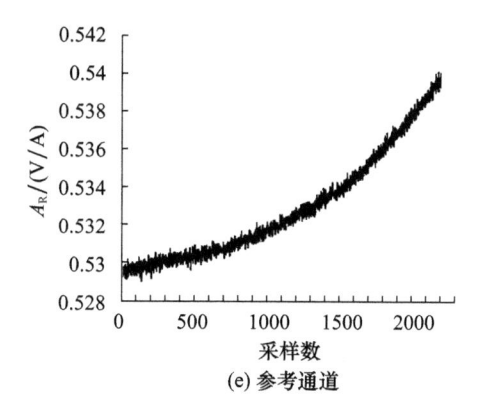

图 10-19　环境温度由 -20℃ 增加至 70℃ 时，传感器各测量通道的跨阻抗幅值的变化情况

环境温度的变化对传感器跨阻抗值的影响机理可以通过图 10-20 来说明。将传感器各通道测得的跨阻抗幅值修正后转化到传感器跨阻抗特性网格中，可以发现代表修正后的跨阻抗值的数据点均朝着电导率减小、提离距离增大的方向移动。这是由于温度的升高使得 2024 铝合金材料的电导率减小；同时，由于"热胀冷缩"效应的影响，温度的升高使得黏接传感器与被测结构间的密封剂受热而膨胀，从而使得提离距离也会增大。

同时，还可以看出对于黏贴在结构表面的传感器而言，各通道的提离距离是不一样的，各通道测得跨阻抗幅值和相位也是不等的。并且在升温过程中，各个通道提离距离增大的量也是不相同的，所以无法使用提离距离作为消除环境温度影响的特征量。

将传感器各通道的跨阻抗值转化为电导率后，可以得到传感器各通道电导率的变化情况，如图 10-21 所示。图中以参考通道作为参考，分别比较各个测量通道与参考通道所测得的电导率值的变化情况，从中可以发现：当环境温度从 -20℃ 增加至 70℃ 时，传感器各通道测得的电导率均随着温度的升高而减小，且最大变化量约为 25%。这与结构产生裂纹时测量通道的电导率信号变化量是接近的，如果采用电导率信号作为特征信号，难以判别结构是产生了裂纹还是环境温度发生了变化。同时，从图中可以发现，传感器各个测量通道得到的电导率信号与参考通道均有着高度一致的变化趋势。因此，对非铁磁性材料而言，环境温度的变化对同一部位不同区域材料的电导率的影响是均匀一致的。本书正是利用这一关系，提出了利用式 (10-1) 定义的特征信号 ΔC 来消除环境温度变化对监测的影响。

(a) 通道1

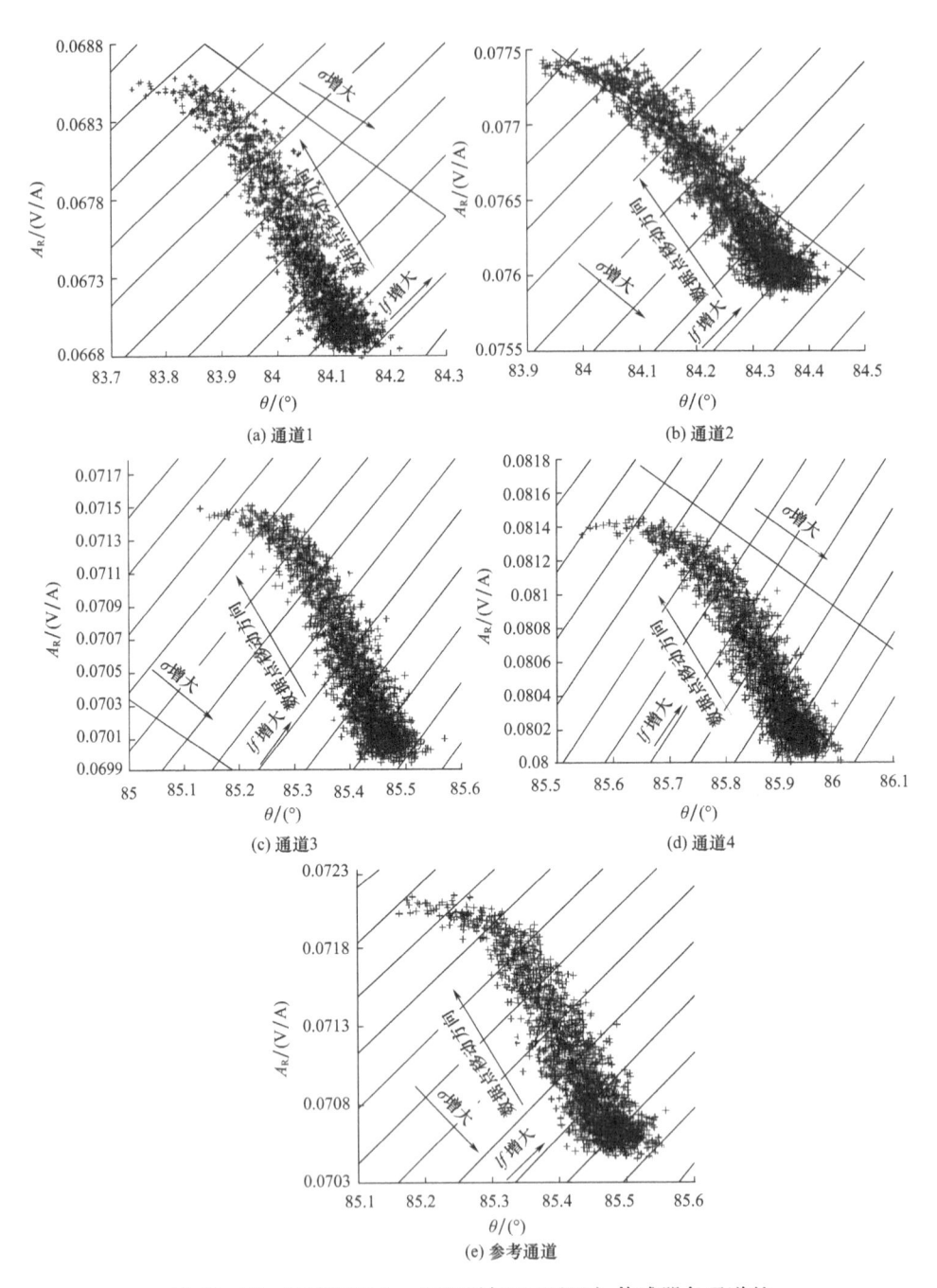

(b) 通道2

(c) 通道3

(d) 通道4

(e) 参考通道

图 10-20　环境温度由 -20℃增加至 70℃时，传感器各通道的跨阻抗值在网格中的变化情况

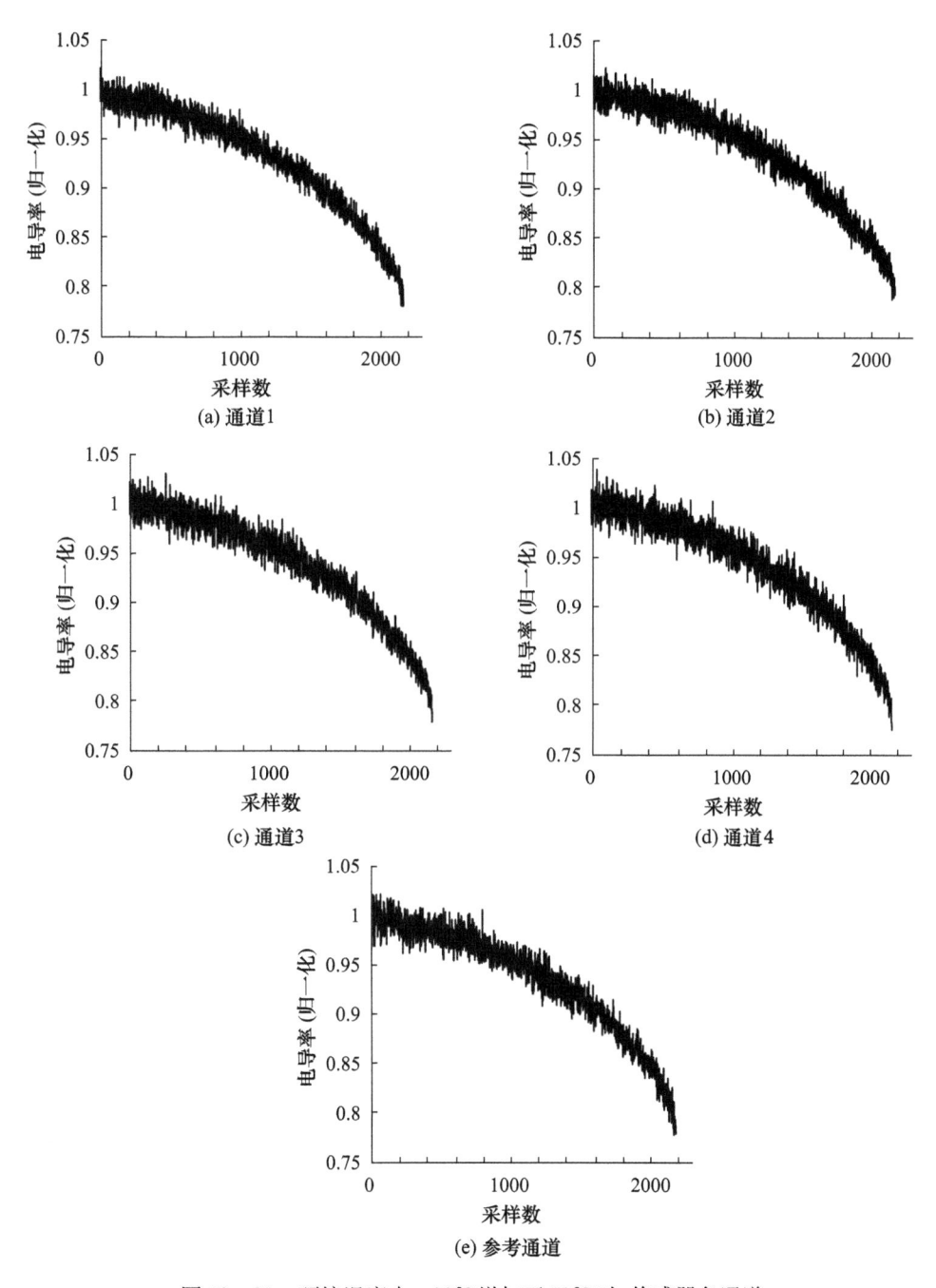

图 10-21　环境温度由 -20℃ 增加至 70℃ 时，传感器各通道电导率信号的变化情况

如图 10-22 所示,传感器各通道的特征信号在整个升温过程中始终在初始值附近变化,而根据图 10-8 中的裂纹监测试验结果可知,结构裂纹扩展时测量通道的特征信号最大变化量为 25%,采用本书建立的方法就可以有效判断结构是否产生裂纹。这说明本书建立的温度补偿方法可以有效消除环境温度变化对非铁磁性材料裂纹监测的影响。

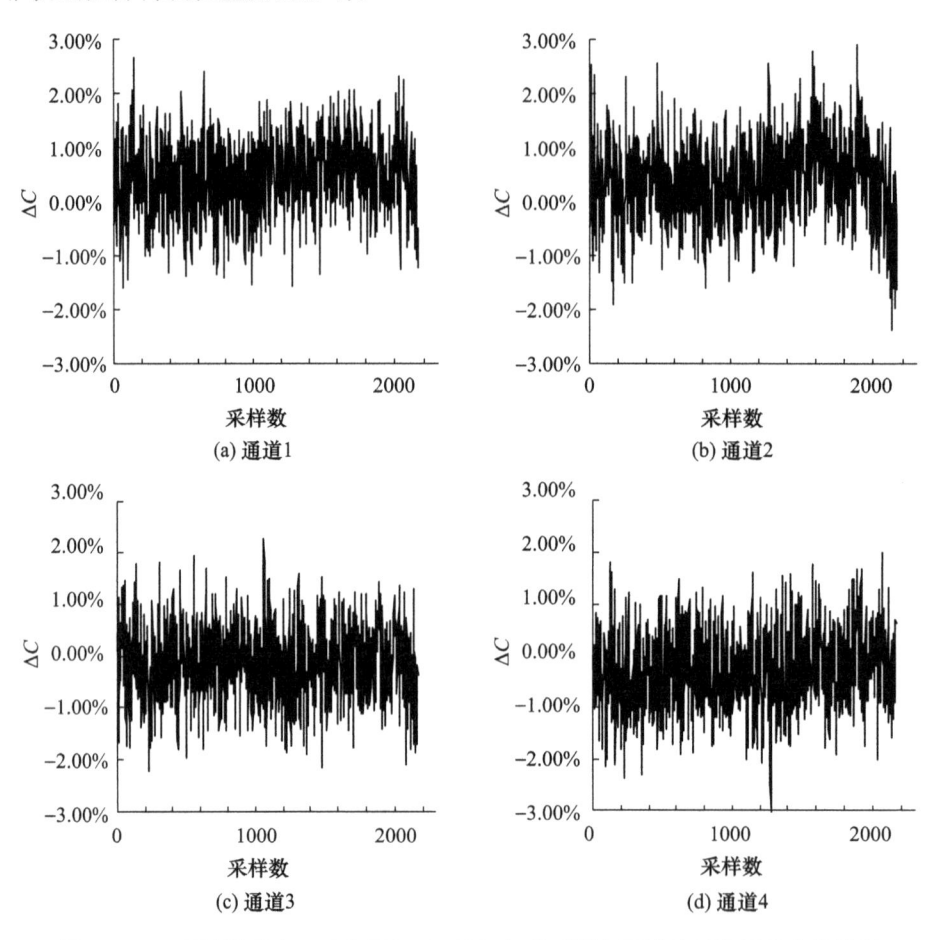

图 10-22 环境温度由 -20℃ 增加至 70℃ 时,传感器各通道特征信号的变化情况

2. 45#钢试验结果分析

如图 10-23 所示,环境温度由 -20℃ 增加至 70℃ 时,传感器各通道的跨阻抗幅值均随着温度的升高而增大,这种变化与结构产生裂纹时传感器跨阻抗幅值的变化趋势是类似的,且变化的幅度较大。如果将跨阻抗幅值作为特征信号,无法判断信号是因为结构产生了裂纹而增大的,还是因为环境温度的升高而增大的。

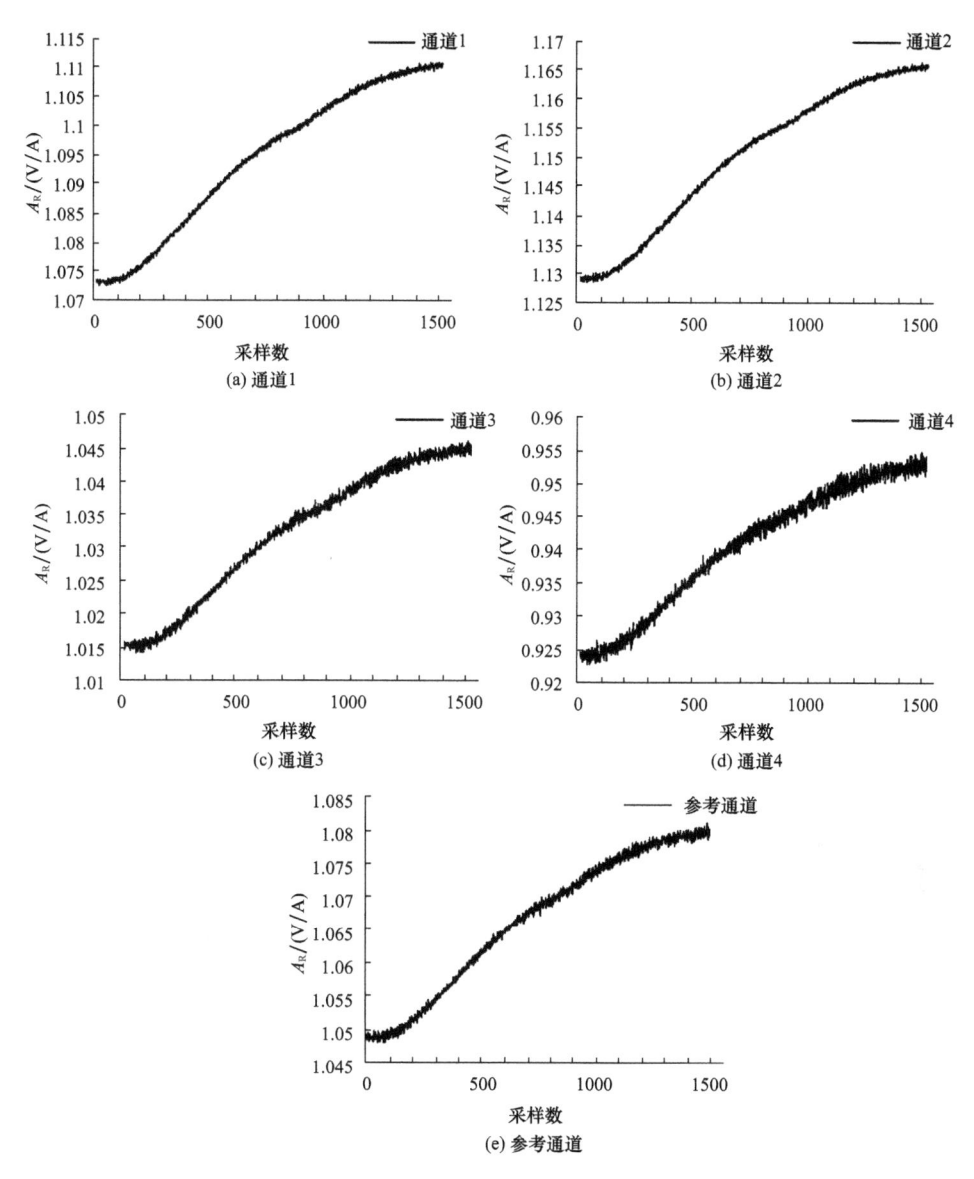

图 10-23　环境温度由 -20℃增加至 70℃时,传感器各通道跨阻抗幅值的变化

对于铁磁性材料而言,温度、应力、裂纹等都会引起材料表面电导率、磁导率和提离的变化,通过采集传感器的跨阻抗幅值和相位就可以在跨阻抗特性网格图中表征这些变化。如图 10-24 所示,将修正后的跨阻抗值转化到跨阻抗特性网格中,可以发现:环境温度升高时,代表跨阻抗值的数据点朝着电导率减小的方向移动,同时也朝着磁导率增大的方向移动。这种变化是受到了电导率、磁导率和提离的综合影响。通过 9.1.2 节的分析可以知道,磁导率增大对跨阻抗值

的影响可以等效为电导率的减小。因此,通过第 8 章建立的逆向求解算法将传感器的跨阻抗值转化为电导率值。

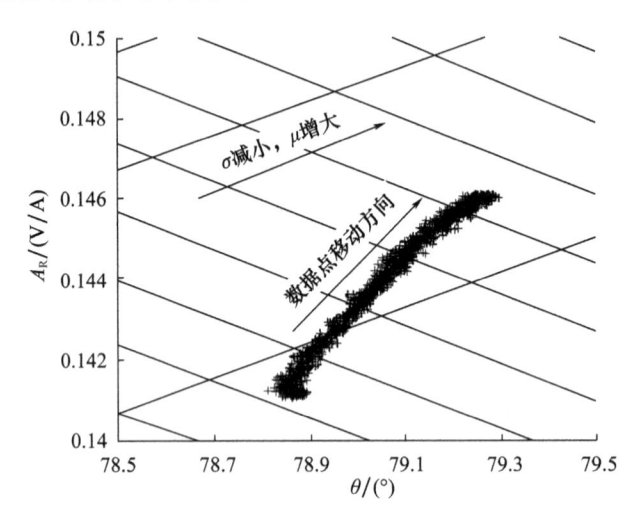

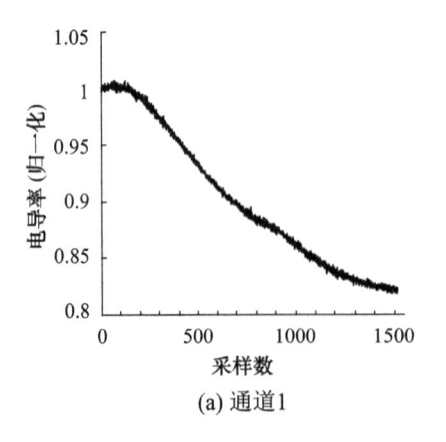

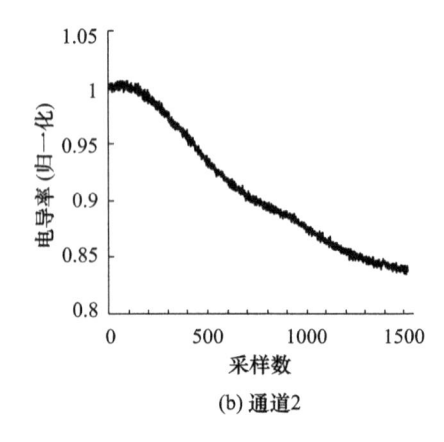

图 10 - 24　环境温度由 - 20℃ 增加至 70℃ 时,通道 1 的跨阻抗幅值在跨阻抗特性网格中的变化

传感器跨阻抗值逆向求解得到的电导率随温度的变化情况如图 10 - 25 所示。从图中可以看出,环境温度的升高使得传感器各通道测得的电导率信号均减小,减小的最大变化量约为 20%。但是,各个测量通道与参考通道测得的电导率信号在整个升温过程中均是高度变化一致的。因此,对铁磁性材料来说,环境温度的变化对监测同一部位不同区域的电导率和磁导率的影响是均匀一致的。本书正是利用这一关系,提出了利用新定义的特征信号 ΔC 来消除环境温度变化对监测的影响。

(a) 通道1

(b) 通道2

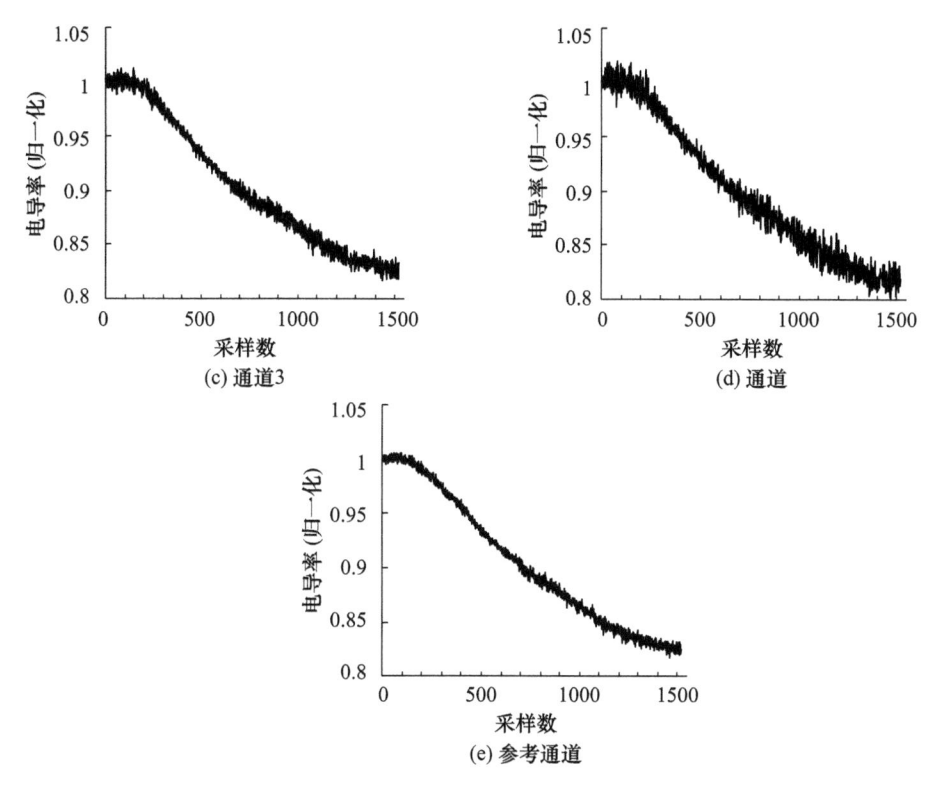

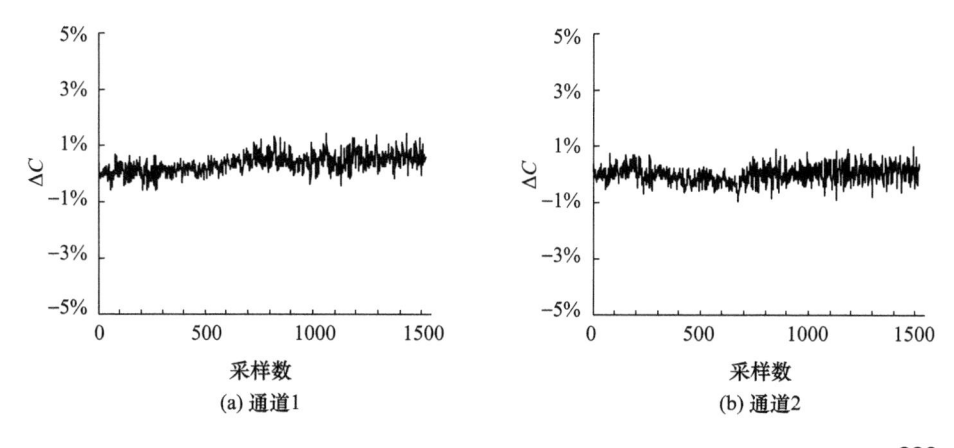

图 10-25 环境温度由 -20℃增加至 70℃时,传感器各通道电导率的变化

如图 10-26 所示,在整个升温过程中,传感器各通道的特征信号 ΔC 基本上不变,而根据图 10-15 中的裂纹监测试验结果可知,结构裂纹扩展时测量通道的特征信号最大变化量为 40%,采用本书建立的方法就可以有效判断结构是否产生裂纹。这说明本书建立的温度补偿方法可以有效消除环境温度变化对非铁磁性材料裂纹监测的影响。

(c) 通道3　　　　　　　　　　　　(d) 通道4

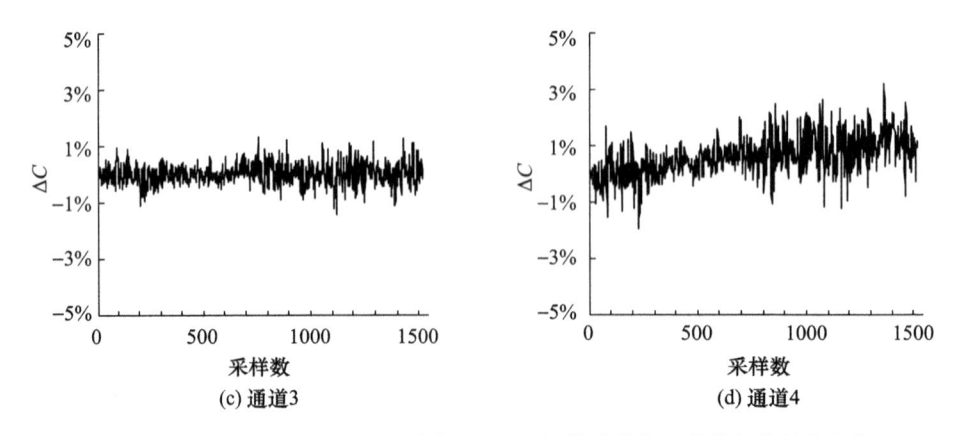

图 10-26　环境温度由 -20℃升高至 70℃时,传感器各通道特征信号的变化

因此,本书通过设置参考通道,并定义特征信号 ΔC 来消除环境温度影响,其原理可总结如下:由于参考通道位于孔边应力较小、不会产生裂纹的部位,测量通道位于孔边应力集中、裂纹可能产生的部位,所以当裂纹萌生并扩展到测量通道时,该测量通道测得的电导率会急剧增大,而参考通道得到的等效电导率不会变化,特征信号 ΔC 会开始增大。而环境温度的变化会引起所有通道下方区域被测材料的磁导率和电导率的均匀变化,因此所有通道测得的电导率的变化应该是一致的,特征信号 ΔC 不会受到温度变化的影响。

10.3.2　环境温度影响抑制方法在结构裂纹在线监测中的有效性研究

10.3.1 节研究了结构未受载、未产生裂纹时,环境温度的变化对传感器各种输出信号的影响,并验证了本书提出的温度影响抑制方法的有效性。本节在开展疲劳裂纹在线监测试验的同时施加环境温度干扰,研究结构承受疲劳载荷、产生裂纹时,环境温度变化对传感器输出信号的影响,验证本书提出的环境温度影响抑制方法在结构裂纹监测中的有效性。

本试验的试验系统如图 10-27 所示,包括金属结构裂纹监测仪、传感器与试验件、MTS 810 材料试验系统和 MTS 651 环境箱。试验时,将传感器集成于试验件孔边,夹持于 MTS 810 材料试验系统,连接传感器与裂纹监测仪,给试验件施加等幅疲劳载荷(最大拉应力 $S_{max}=160$ MPa,应力比 $R=0.06$,频率 $f=5$ Hz)的同时采集处理传感器的信号。材料试验系统的夹头和试验件均在 MTS 651 环境箱内部,通过计算机即可控制和获取环境箱内部的温度。试验中,分别研究了2024 铝合金和 45#钢两种材料。

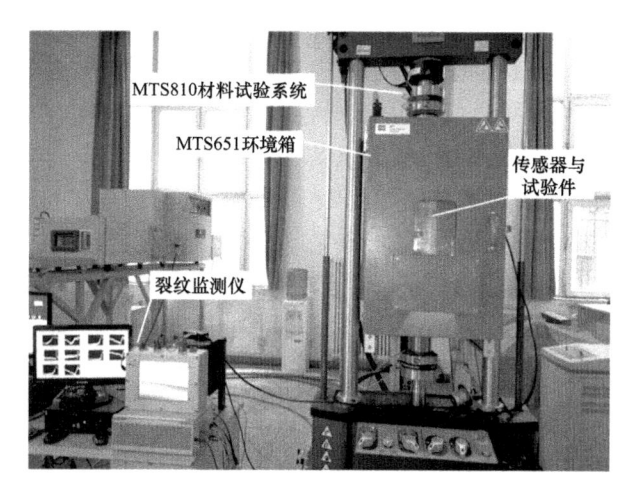

图 10 - 27　环境温度干扰下的疲劳裂纹监测实验

1. 2024 铝合金试验结果分析

经过 47193 个循环后停止 2024 铝合金试验,试验结果如图 10 - 28 所示。图中的横坐标为载荷循环数,左侧的纵坐标代表特征信号 ΔC、右侧的纵坐标代表电导率(归一化),该图分别表示了各个测量通道的特征信号 ΔC、测量通道的电导率(归一化)和参考通道的电导率(归一化)随着载荷循环数的变化情况。

第一次温度变化在结构未产生裂纹时进行,先从 $T1 = 20℃$ 升至 $T2 = 90℃$,再降至 $T3 = 23℃$,再升至 $T4 = 90℃$,最后再降至室温。此时结构在疲劳载荷作用下未产生裂纹,传感器各通道测得的电导率随着温度的升高而减小,随着温度的降低而增大。如果只采用单个通道测得的电导率或跨阻抗作为特征信号,那么监测系统在温度升高时就会认为结构产生了裂纹,从而导致"虚警"。在第一次温度变化过程中,测量通道电导率值的变化与参考通道的变化是高度一致的,所以传感器各测量通道的特征信号未发生明显的变化。这说明,结构未产生裂纹时,本书通过增加参考通道、定义新的特征信号可以有效消除温度变化对传感器输出信号的影响,避免"虚警"问题的发生。

由于测量通道位于会产生裂纹的区域上方,而参考通道位于应力较小、不会产生裂纹的区域上方。因此,参考通道电导率在整个试验过程中,只会受到环境温度的影响,参考通道电导率信号的变化情况反过来又可以反映环境温度的变化情况。

第二次温度干扰是在结构裂纹扩展时施加的,先从 $T5 = 21℃$ 升至 $T6 = 100℃$,再降至 $T7 = 22℃$,再升至 $T8 = 80℃$,最后降至室温。在第二次施加温度干扰前,通道 1 的电导率信号已经开始减小,参考通道的电导率信号不变,通道

1 的特征信号到达拐点 A 并开始增大,说明此时裂纹 1 已经扩展至通道 1 前端的激励线圈,此时裂纹 1 的长度为 1mm。当温度从 $T5=21℃$ 升至 $T6=100℃$ 的过程中,参考通道的电导率信号开始减小,通道 1 的电导率信号继续减小,并在环境温度升高至 $T6=100℃$ 时,电导率信号减到最小;通道 1 的特征信号继续随着裂纹的扩展而增大,并在环境温度从 $T6=100℃$ 降至 $T7=22℃$ 的过程中达到最大值点 $A1$,此时裂纹 1 的长度为 2mm。在整个环境温度变化过程中,尽管通道 1 的电导率信号随着环境温度的变化而变化,但是通道 1 的特征信号与图 10-8 所示的监测结果是一致的,这说明通道 1 的特征信号在裂纹扩展过程中未受到环境温度变化的影响。

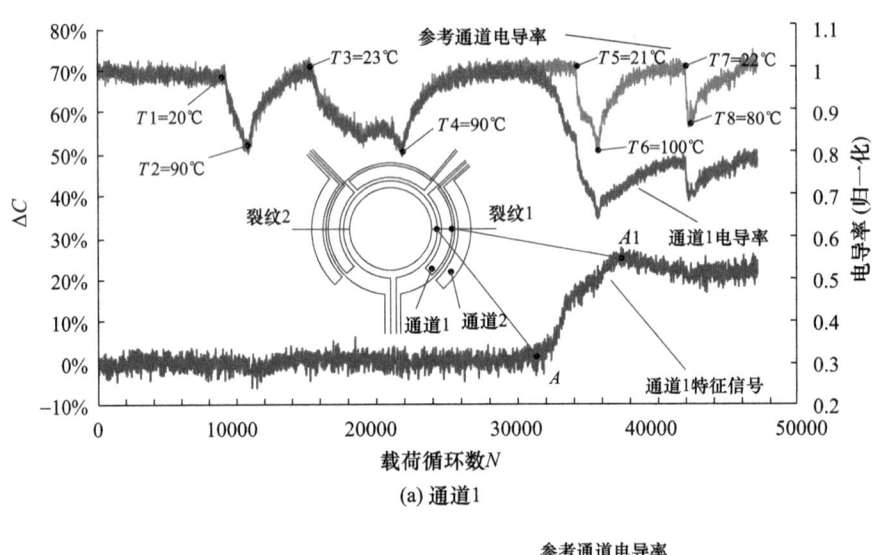

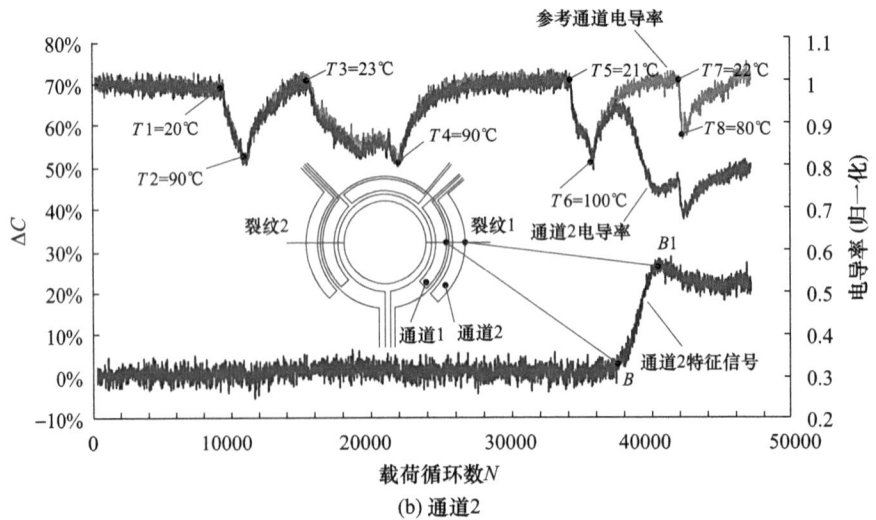

(a) 通道1

(b) 通道2

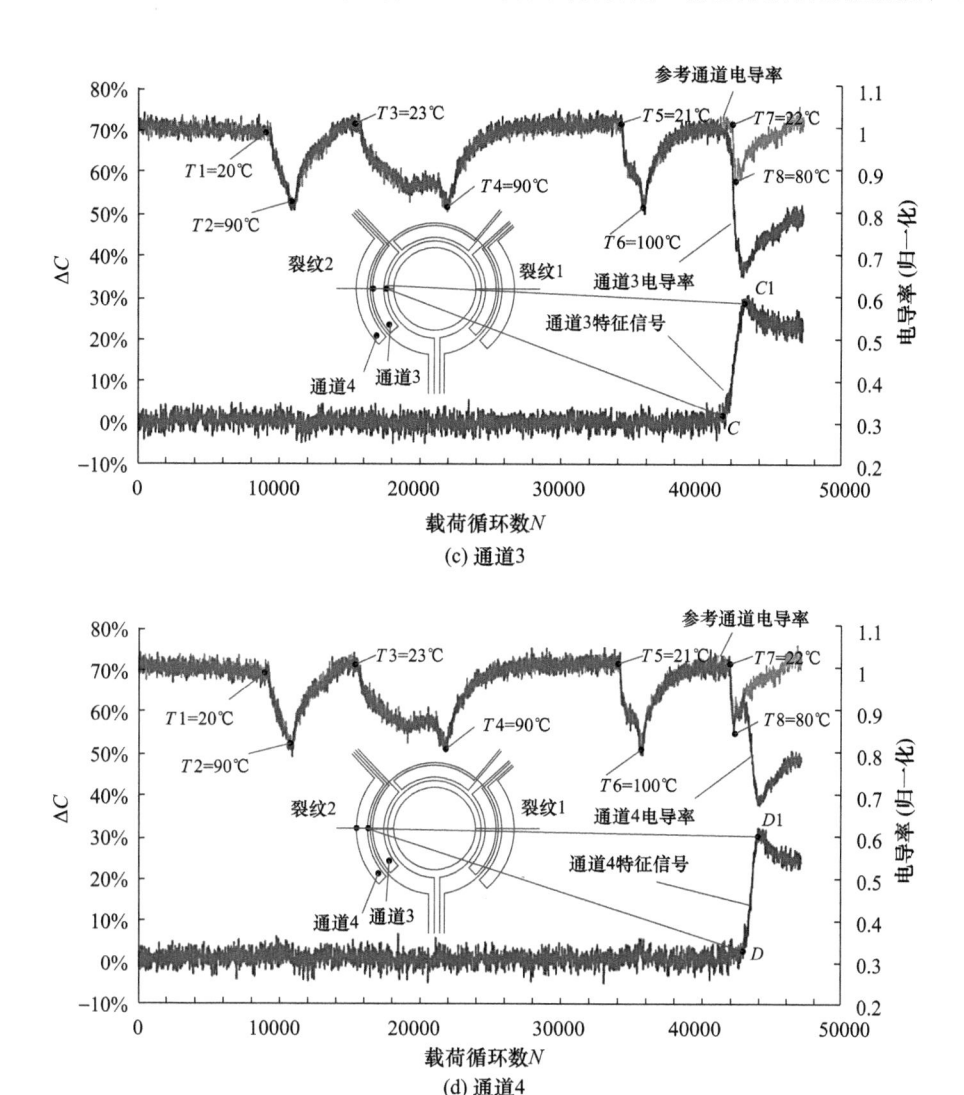

图 10–28 环境温度干扰下 2024 铝合金结构的疲劳裂纹监测试验结果

在温度从 $T5=21℃$ 升至 $T6=100℃$ 的过程中，通道 2 的电导率信号与参考通道的电导率信号几乎是同步变化的，说明此时裂纹尖端未扩展至通道 2 的监测区域。当温度从 $T6=100℃$ 降至 $T7=22℃$ 的过程中，通道 2 的电导率信号与参考通道的电导率信号发生了"分离"，分离点对应着通道 2 的特征信号拐点 B，此后参考通道的电导率继续随着温度的降低而增大，而通道 2 的电导率在裂纹扩展和温度变化的综合影响下先减小后增大。虽然通道 2 的电导率信号受到温度的影响，发生了阶段性的变化，但是通道 2 的特征信号与图 10–8 所示的无温度干扰下的裂纹监测结果是一致的，即在裂纹扩展至通道 2 前端的激励线圈时开始增大,而后随着裂纹的扩展到达拐点 $B1$,随后开始缓慢减小。

与通道 1 和通道 2 类似,虽然通道 3 和通道 4 的电导率信号均受到了环境温度变化的影响,但是在未产生裂纹时,均与参考通道的电导率是同步变化的,所以其特征信号均与图 10-8 所示的无温度干扰的裂纹监测结果是一致的。当通道 3 的特征信号到达 C 点时,裂纹 2 的长度为 1mm,到达 $C1$ 点时,裂纹 2 的长度为 2mm;当通道 4 的特征信号到达 D 点时,裂纹 2 的长度为 2.2mm,到达 $D1$ 点时,裂纹 2 的长度为 3.2mm。

在结构未产生裂纹时,环境温度变化使得传感器各个测量通道的电导率信号与参考通道的电导率信号变化一致,并未使得传感器的特征信号发生明显变化;在结构裂纹萌生和扩展的过程中,环境温度的变化也没有使得传感器的特征信号发生明显变化,而结构裂纹使得传感器各个测量通道的特征信号的最大变化量均约为 30%。这充分说明了本章提出的环状涡流阵列传感器和温度补偿方法可以有效地消除环境温度变化对结构裂纹监测的影响,该传感器可以在变化的环境温度下用于非铁磁性材料的裂纹定量监测。

2. 45#钢试验结果分析

经过 66781 个循环后停止 45#钢试验,试验结果如图 10-29 所示。该图分别表示了各个测量通道的特征信号 ΔC、测量通道测得的电导率(归一化)和参考通道测得的电导率(归一化)随着载荷循环数变化的情况,图中的横坐标为载荷循环数,左侧的纵坐标代表特征信号 ΔC,右侧的纵坐标代表电导率(归一化)。

第一次升温变化在试验刚开始阶段进行,先从 $T1=21℃$ 升至 $T2=90℃$ 后再降至室温。此时结构受载、未产生裂纹,传感器各通道测得的电导率先随着温度的升高而减小,再随着温度的降低而增大。在整个温度变化过程中,测量通道电导率值的变化趋势与参考通道的变化趋势是高度一致的,所以传感器各测量通道的特征信号未发生变化。这说明,结构未产生裂纹时,本书提出的环状涡流阵列传感器可以有效消除温度变化对传感器特征信号的影响。

从图中还可以看出,由于测量通道位于应力集中的区域上方,而参考通道位于应力较小的区域上方,在应力的作用下,测量通道测得的电导率信号波动幅度大于参考通道的波动幅度。因此,参考通道电导率在整个试验过程中,只会受到环境温度的影响,参考通道的变化情况可以反应环境温度的变化情况。

第二次温度干扰是在结构裂纹萌生并扩展时施加的,先从 $T3=22℃$ 升至 $T4=100℃$ 再降至室温。升温时传感器各通道的电导率均减小,但是通道 1 电导率的减小速率明显大于其他通道;此时,通道 1 的特征信号已经开始增大,说明此时通道 1 处已经产生裂纹并扩展。在降温时,参考通道的电导率开始增大,通道 1 的电导率则继续减小,通道 1 的特征信号继续增大,并到达最大值点 A,代表裂纹尖端到达了通道1后侧的感应线圈,此时的裂纹1的长度为2mm。在降温过程中,通道2的电导率先保持不变,随着裂纹的扩展又快速减小;通道2的特征信号则一直增大,并到达最大值点 B,此时裂纹1的长度为3.2mm。这主要是由于降温时,裂纹1已经扩展至通道2的前端,裂纹的扩展使得电导率减小,而温度的降低使得电导率增大,两者综合作用,使得此时通道2的电导率刚好保持不变。这种情况下,若只是使用单个通道测得的信号作为传感器的特征信号将会使得监测系统无法识别到裂纹,导致"漏警",而使用本书提出的传感器及温度补偿方法则可以有效消除温度变化对监测过程的影响,避免"漏警"问题的产生。

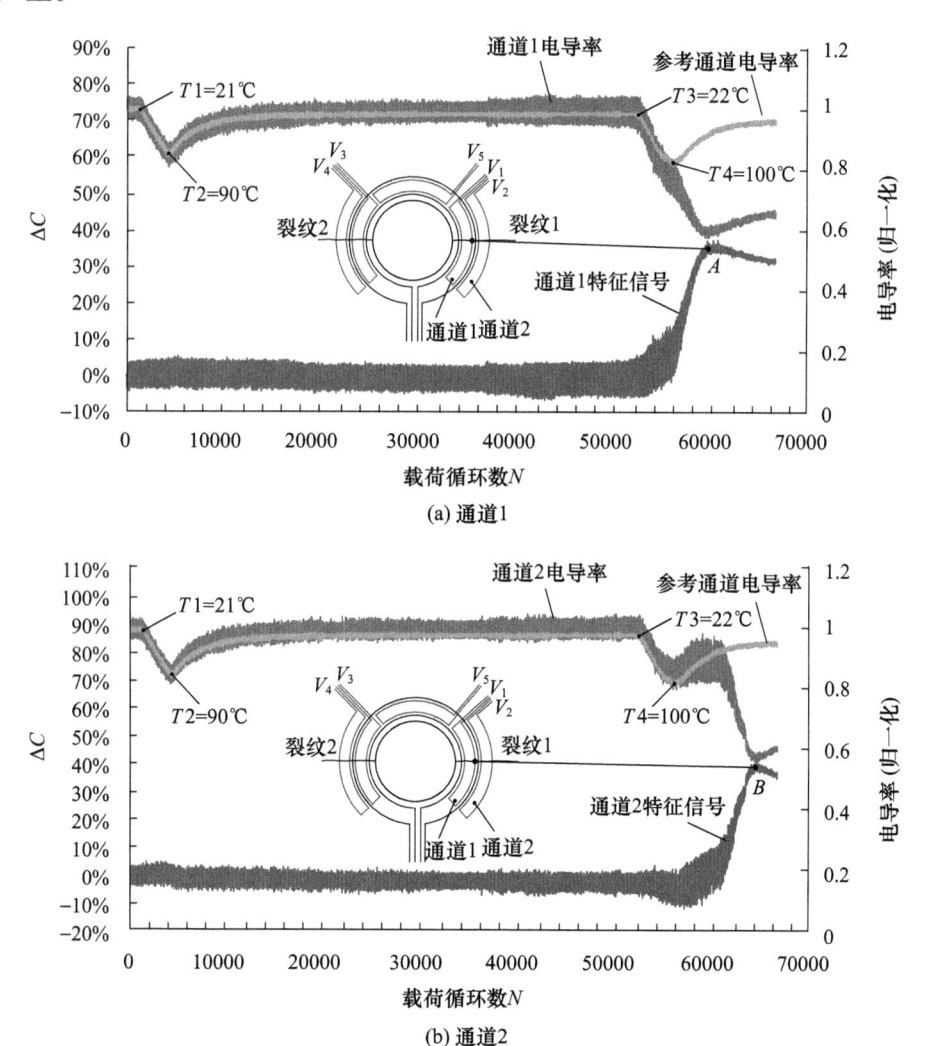

(a) 通道1

(b) 通道2

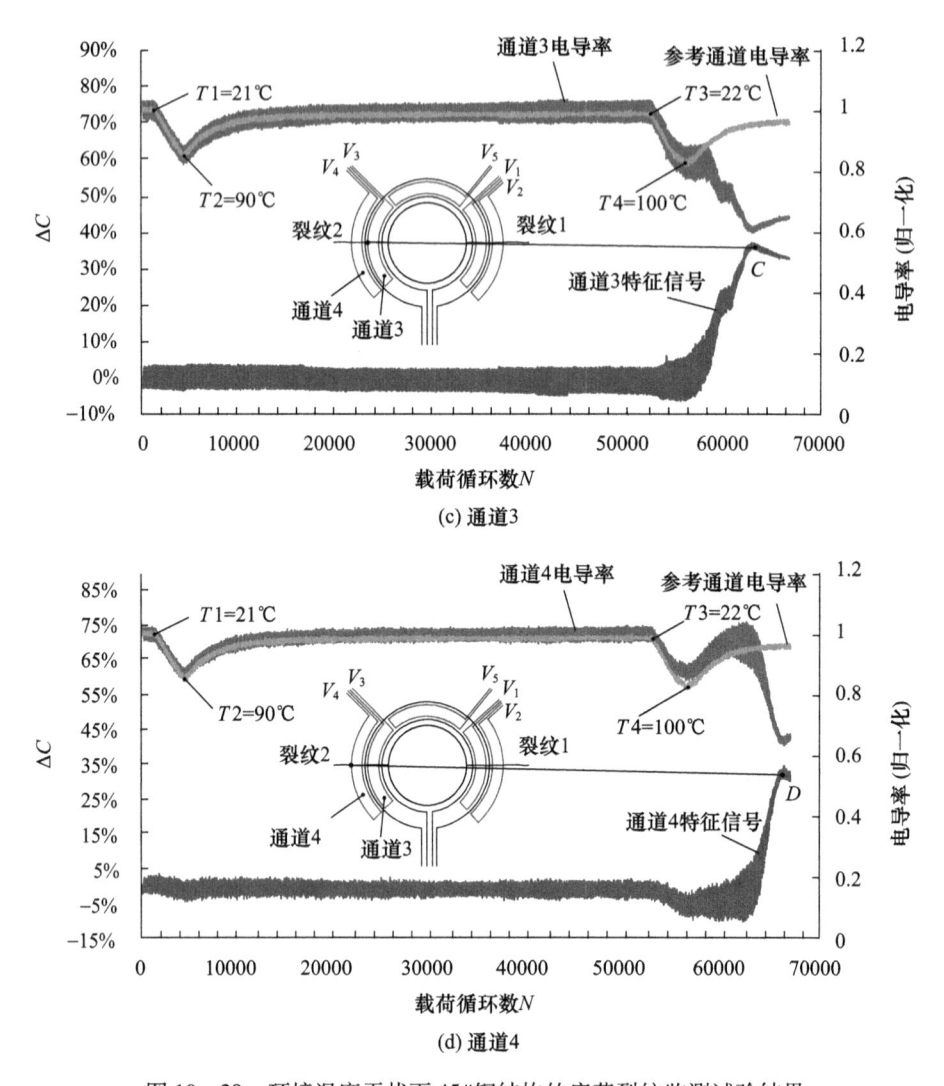

图 10-29 环境温度干扰下 45#钢结构的疲劳裂纹监测试验结果

降温时,与通道2类似,通道3的电导率先保持不变后快速减小,其特征信号则一直增大,并到达最大值点 C,此时裂纹2的长度为 2mm。通道4的电导率信号开始快速减小时,裂纹尖端已经到达通道4的前端;特征信号开始快速增大,并到达最大值点 D,此时裂纹2的长度为 3.2mm。

在结构未产生裂纹时,环境温度的变化并未使得传感器的特征信号发生明显的变化;在结构裂纹扩展过程中,环境温度的变化也没有使得传感器的特征信号发生明显的变化,而结构裂纹使得传感器各个测量通道的特征信号的最大变化量均约为 40%。这充分说明了本章提出的环状涡流阵列传感器和温度补偿方法可以有效地消除环境温度变化对传感器特征信号的影响,该传感器可以在变化的环境温度下用于铁磁性材料的裂纹定量监测。

10.4 电磁辐射干扰对传感器特征信号的影响

电磁干扰是所有航空电子设备工作时都会遇到的问题。虽然飞机对所有设备的电磁所能产生的电磁噪声做出了严格的研制,但是在实际使用过程中还是存在电磁干扰。电磁干扰可以分为辐射干扰和传导干扰。辐射干扰主要是通过空间辐射产生干扰,传导干扰则主要是电磁能通过导体传导产生干扰。本节主要通过试验研究电磁辐射干扰对传感器信号的影响。

电磁辐射影响试验的试验系统如图 10-30 所示,图中左侧将传感器集成在试验件上,并与结构裂纹监测样机连接,同时采集传感器的信号,右侧的射频电源给激励器提供正弦激励信号产生电磁辐射。试验过程中,射频电源的输出功率设为 100W,输出电压为峰值是 ±100V 的正弦电压,施加到激励器上就会形成电磁场干扰源,柔性涡流阵列传感器激励电流的频率为 1MHz,保持测量系统的采集参数不变。

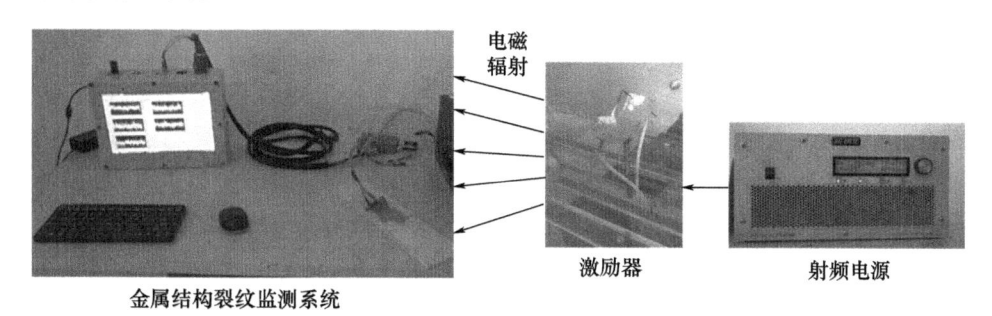

图 10-30 电磁辐射影响试验的试验系统

保持射频电源的输出功率不变,分别测试了无干扰情况下和 10MHz、1MHz、100kHz 辐射信号干扰下传感器的特征信号,得到的结果如图 10-31 所示。从图中可以看出,无干扰情况下,特征信号的波动幅度在 ±1% 左右;10MHz 和 100kHz 辐射信号干扰下,特征信号的波动幅度略有增加,在 ±2% 左右;1MHz 辐射信号干扰下,特征信号的波动幅度达到最大,在 ±7% 左右。分析其原因,主要是由于结构裂纹监测系统采用的相关算法可以有效地滤除信号中频率与传感器激励频率(试验中为 1MHz)不同的信号,起到了降低其他频率信号噪声干扰的作用。所以,虽然 1MHz 辐射信号干扰下特征信号的波动幅度为正常情况下的 7 倍,但是10MHz和100kHz辐射信号干扰下特征信号的波动幅度只是略有增加。这也证明了本书提出的相关算法可以起到滤除与测量信号不同频信号的滤波作用。

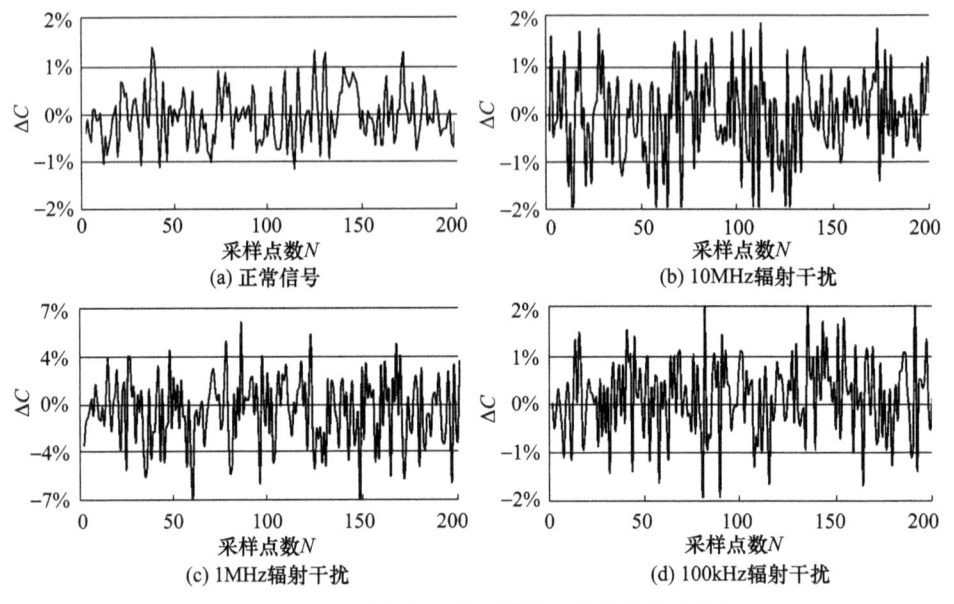

图 10-31 电磁辐射对传感器特征信号的影响研究

此外,还可以看出,电磁辐射干扰下,虽然传感器的特征信号受到了一定程度的干扰,导致信号的波动幅度较大,但此时信号的波动中值均在零点附近。因此,在软件中使用简单的中值滤波方法就可以显著地降低信号的波动幅度,如图10-32所示。滤波处理后的特种信号,波动幅度则在±2%以内波动,并不会超过裂纹扩展时传感器信号的最大变化量(铝合金约为25%)。

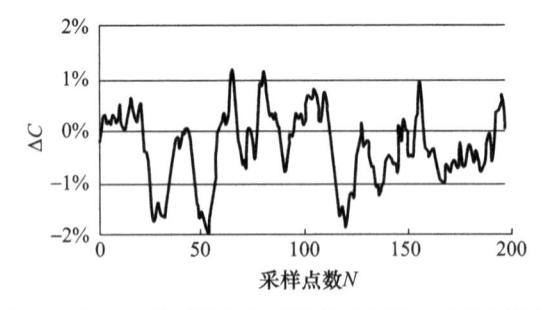

图 10-32 中值滤波后的特征信号(1MHz 辐射干扰)

因此,试验结果说明:在电磁辐射干扰下,柔性涡流阵列传感器的特征信号对同频的干扰信号敏感,表现为信号的波动幅度增大,使用中值滤波方法就可以有效地降低信号的波动幅度。

第 11 章

典型服役环境下柔性涡流阵列传感器耐久集成征

  飞机结构长期在振动、盐雾腐蚀、液体浸泡、湿热与紫外辐射等环境中服役使用,安装在结构危险部位的传感器同样需要经受这些环境的考验。安装传感器的时机一般为飞机制造阶段或飞机结构大修阶段,完成安装后必须要保证传感器至少能够在服役环境中使用至下一次大修期。这就要求传感器与结构集成后具有很高的耐久性,能够经受住环境的考验,不能先于结构失效。本章以环状涡流阵列传感器为例,针对传感器的两种应用模式,研究服役环境下柔性涡流阵列传感器耐久集成问题:首先,研究非承载部位下柔性涡流阵列传感器的集成方法;其次,通过开展试验验证传感器在振动、盐雾腐蚀、液体浸泡、湿热与紫外辐射等服役环境下的耐久集成性能;最后,研究传感器用于承载部位的失效模式,并进行耐久性设计,提高传感器的集成耐久性。

11.1 柔性涡流阵列传感器的集成方法

  为了观察传感器制造成形后的实际构造,将传感器剪断,用 HY605 – S 冷镶嵌料制备传感器断口试样,在金相显微镜下可以观察到传感器的断口形貌如图 11 – 1 所示。从图中可以看出,铜导线附着在中间层的聚酰亚胺(PI)基材层上,外表面为 PI 保护层。由于 PI 具有很好的力学性能、耐磨性能、耐热性能、耐腐蚀性能、耐老化性能,即使在各种复杂的环境中使用也具有很高的可靠性,所以柔性电路板广泛用于军事、航天、移动通信等领域的产品上。因此,采用柔性电路制板工艺制造得到的柔性涡流阵列传感器自身就具有良好的耐久性能。

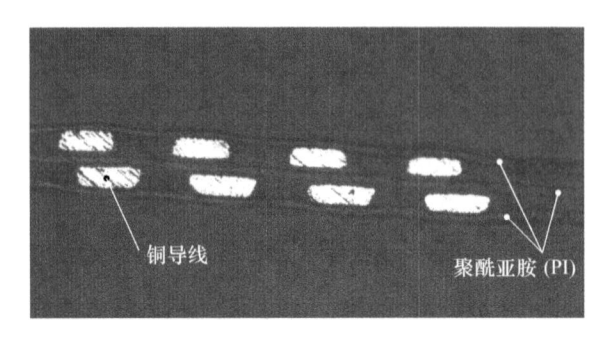

图 11-1 金相显微镜下观察到的柔性涡流阵列传感器断口

传感器用于结构裂纹监测时,需要通过一定的方式与结构集成。传统的应变片、光纤传感器通过与被测结构紧密结合才能感知结构的变形;相对真空度传感器、智能涂层传感器需要与被测结构紧密结合,并随着结构裂纹产生随附损伤才能监测结构裂纹。这些传感器必须使用黏贴力较大的胶水,而这些胶黏剂在固化后往往硬度较高,这就导致了这些传感器在飞机恶劣的服役环境下容易出现耐久性不足的问题。柔性涡流阵列传感器是一类非接触式传感器,相比于其他必须与结构紧密接触的传感器而言,该传感器可以选用种类更多、更可靠的集成方式。如图 11-2 所示,对于环状涡流阵列传感器而言,其典型的集成方式主要有两种:一是如图 11-2(a)所示,传感器主要用于螺栓的外侧,不承受载荷,这种方式主要用于裂纹临界长度较长的部位;二是如图 11-2(b)所示,传感器集成在垫片下方,要承受较大的载荷,这种集成方式主要用于裂纹临界长度较短的部位。

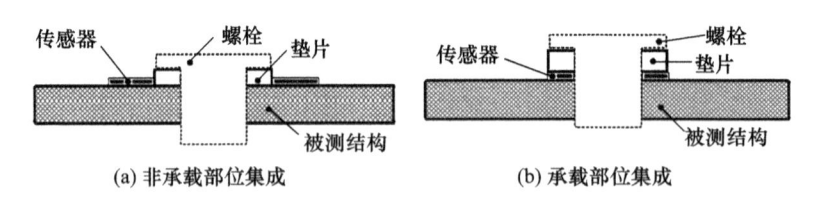

图 11-2 环状涡流阵列传感器用于螺栓连接结构的典型集成方式

飞机结构的油箱及空气系统中通常采用一些特殊的航空密封剂来密封,其中使用较为广泛的一种为 HM109 航空密封剂。该型密封剂固化后为弹性体,具有耐油、耐溶剂、耐水、耐老化、耐腐蚀的特性,并且具有良好的力学性能和黏结性能,可以在 -60~120℃ 温度下长时间工作,可以在飞机油箱和气密部位有效工作 20 年。图 11-3 所示为该型密封剂在飞机整体油箱中使 10 年后,飞机大修检查时的形貌。经检查,即使在油箱中服役使用了如此长时间,该密封剂仍然没有失效。

图 11-3　HM109 航空密封剂在飞机整体油箱中的应用

因此,本书的传感器使用 HM109 型航空密封剂封装,具体的方法如下:
(1)清除结构表面的污渍、灰尘等杂物,并晾干;
(2)将密封剂的基膏和硫化膏按照质量比 10∶1 的比例调配混合均匀;
(3)将调配好的密封剂在传感器的监测面上涂抹均匀,并抹平;
(4)将传感器黏贴在被测结构表面,并用密封剂将传感器外表面密封;
(5)在室温环境中固化 24h,或在 70℃温度下固化 2h。

11.2　典型服役环境下传感器集成后的耐久性试验

当传感器采用如图 11-4 所示的方式集成时,传感器通过密封剂与试验件黏贴,并由密封剂在传感器表面形成一层保护层,其可能的失效模式主要来自于服役环境造成的失效。本节主要通过试验研究振动、盐雾腐蚀、液体浸泡、湿热与紫外辐射等典型服役环境下传感器的耐久性问题,主要目的是验证柔性涡流阵列传感器集成后能否适应飞机结构的服役环境。

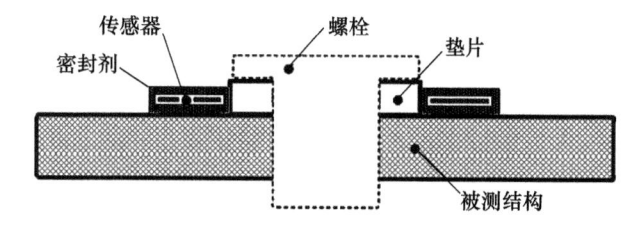

图 11-4　环状涡流阵列传感器用于非承载部位的安装示意图

11.2.1 振动环境下传感器耐久性试验

在飞机结构使用中,气流流动、发动机工作都会引起结构振动。振动对传感器的影响可能表现在两个方面:一是传感器通过密封剂黏贴在结构表面,密封剂和传感器随着结构同时振动,这可能使得密封剂脱黏失效,从而使得传感器监测功能失效;二是振动环境使得传感器与被测结构间的提离距离发生改变,从而使得传感器输出信号的波动幅度大大增大。因此,本节通过开展振动试验,验证集成后传感器的耐久性和可靠性。

1. 试验件及振动模态

本试验设计的试验件如图 11-5 所示,材料为 2024-T351 铝合金,尺寸 115mm×115mm×2mm 的上部结构为振动部位,下部为夹持区,4 个孔便于夹具的安装。

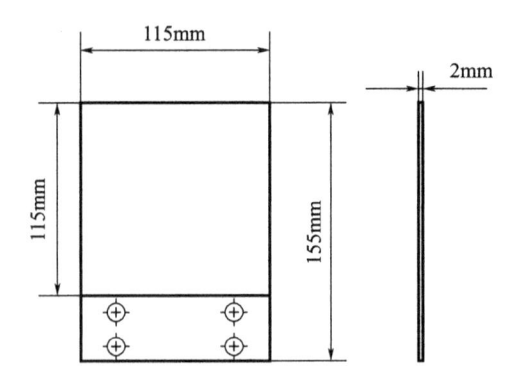

图 11-5 振动试验试验件尺寸

对试验件进行有限元模态分析后,得到了前 8 阶模态的应力分布图和位移变化图,如图 11-6 所示;同时,还得到了各阶模态对应的共振频率,如表 11-1 所示。从图中可以看出,试验件在各阶振动模态下的应力分布和形变均不相同,除了第 4 阶和第 8 阶模态外,试验件应力集中的区域均在靠近夹持端的根部,这并不适合安装柔性涡流阵列传感器。虽然第 8 阶模态的应力集中区域在试验件的自由端且该区域的变形较大,但是该阶模态的共振频率为 2358.5Hz,远大于本书所使用的振动夹具的最佳工作频率 600~1000Hz。第 4 阶模态的应力集中区域位于试验件自由端的中间区域,且共振频率为 1005Hz,可有效发挥振动夹具的效率。因此,本书选择第 4 阶振动模态作为试验研究的模态。

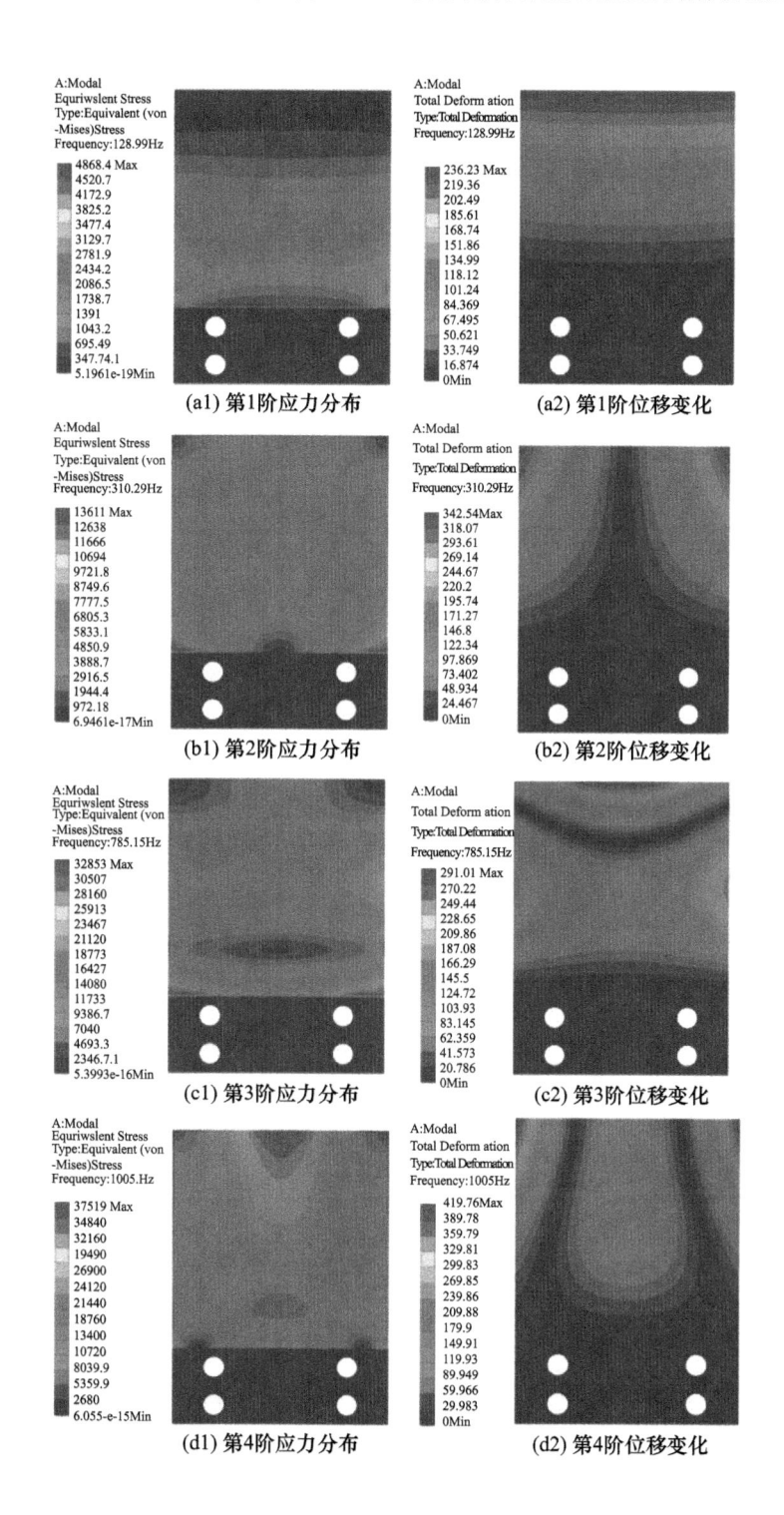

(a1) 第1阶应力分布　　(a2) 第1阶位移变化

(b1) 第2阶应力分布　　(b2) 第2阶位移变化

(c1) 第3阶应力分布　　(c2) 第3阶位移变化

(d1) 第4阶应力分布　　(d2) 第4阶位移变化

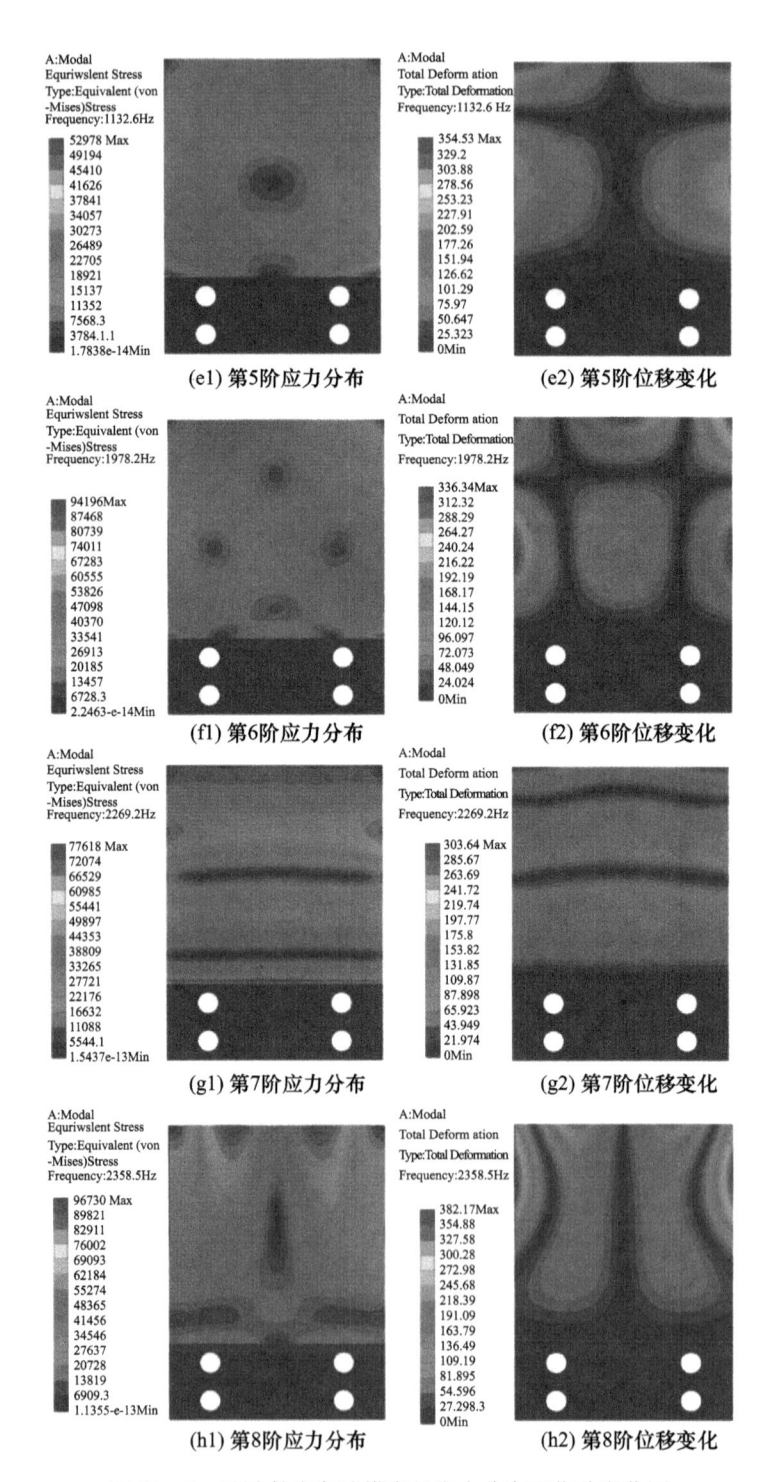

(e1) 第5阶应力分布　　(e2) 第5阶位移变化

(f1) 第6阶应力分布　　(f2) 第6阶位移变化

(g1) 第7阶应力分布　　(g2) 第7阶位移变化

(h1) 第8阶应力分布　　(h2) 第8阶位移变化

图 11-6　试验件在各阶模态的应力分布和位移变化图

表 11-1 试验件各阶模态对应的共振频率

模态阶次	第1阶	第2阶	第3阶	第4阶	第5阶	第6阶	第7阶	第8阶
共振频率/Hz	129.0	310.3	785.2	1005.0	1132.6	1978.2	2269.2	2358.5

试验时,将传感器的监测区域黏贴在试验件自由端的中部,如图 11-7 所示。在第 4 阶模态振动时,该区域为应力集中区,也是试验件应变最大的区域。在一个振动循环内,试验件的两个最大变形状态如图 11-8 所示,振动过程中该部位处于往复弯曲的状态,且频率达到了 1005 次/s。在如此大变形、高频率的变化状态下,传感器与试验件的黏结极有可能失效。因此,在此部位考核集成后传感器的耐久性具有代表性,能满足除发动机转子以外的大部分飞机结构的耐久性要求。

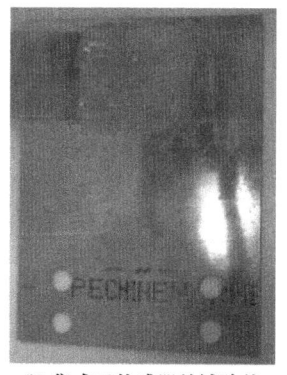

(a) 传感器安装示意图   (b) 集成了传感器的试验件

图 11-7 柔性涡流阵列传感器的安装

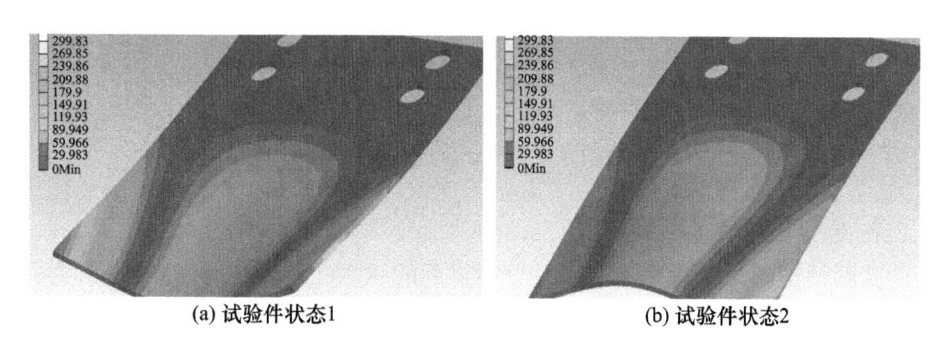

(a) 试验件状态1   (b) 试验件状态2

图 11-8 第 4 阶振动模态下试验件的变形情况(彩图见书末)

2. 振动试验试验系统

如图 11-9 所示,本试验的试验系统包括 ES-50-445 振动试验系统、集成了柔性涡流阵列传感器的试验件和金属结构裂纹监测仪。将柔性涡流阵列传感器安装在试验件自由端应力集中的区域处,然后将试验件安装在振动夹具上,并将位移传感器安装在柔性涡流阵列传感器的正对面用来测量试验件的振幅,如图 11 - 10(a)所示。振动试验系统通过采集加速度传感器的信号来实现对振动平台的控制,使得振动台能够稳定输出。在开展振动试验的过程中,使用金属结构裂纹监测仪采集柔性涡流阵列传感器的信号。

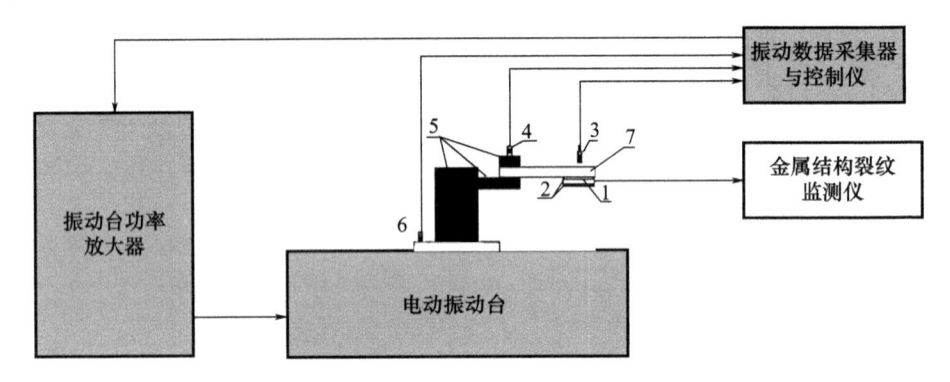

图 11 - 9　振动环境下传感器耐久性研究试验系统
1—柔性涡流阵列传感器;2—密封剂;3—位移传感器;4—加速度传感器 1;
5—振动夹具;6—加速度传感器 2;7—试验件。

(a) 试验件的安装　　(b) 试验系统整体图

图 11 - 10　振动试验试验现场

3. 试验振动频率的确定

实际结构的共振频率与有限元分析得到的频率必然存在一定的差别,为此,在开展正式试验前需要进行扫频以确定试验的频率。扫频在 $0.8g$ 的激振量级下完成,扫频得到了试验件在第 4 阶振动模态的共振频率为 1055Hz。第 4 阶模态时,试验的变形情况应当如图 11 - 8 所示,图中位移为零的蓝色弯曲条带区域始终存在。利用这一特性,本书采用沙形法验证扫频得到的共振频率是否为第 4 阶模态的共振频率。振动开始前,在试验件上表面撒上细沙,如图 11 - 11(a)

所示。随后在振动频率 1055Hz、激振量级 0.8g 条件下试验,沙粒在振动开始后突然朝着试验件位移为零的区域移动,形成了图 11-11(b)所示的沙粒条带。该条带的形貌正是试验件为第 4 阶振动模态时位移为零的蓝色条带的形貌。这就验证了试验采用的频率是第 4 阶模态的共振频率。

(a) 振动前沙粒形貌　　　　　(b) 振动时的沙粒形貌

图 11-11　沙形法确定振动模态

4. 振动试验结果分析

正式试验开始后,将振动频率设定为 1055Hz,激振量级从 0.8g 逐渐增大至 8g,此时位移传感器测得的振动幅值稳定在 0.85mm,此刻开始循环计数并采集柔性涡流阵列传感器的信号。试验过程中,位移传感器测得的振动幅值始终稳定在 0.85mm,试验最终进行了 10^7 个循环后停止,环状涡流阵列传感器的特征信号始终保持稳定,如图 11-12 所示。试验结束后,检查试验件和传感器的安装情况,试验件没有发现裂纹,密封剂与试验件的黏贴情况也没有发生变化。

这说明即使结构振幅达到 0.85mm,振动频率达到 1055Hz,传感器集成后,密封剂和传感器随着结构同步振动,传感器在进行 10^7 个循环后也没有脱黏失效,传感器的特征信号也没有受到结构振动的影响。这说明集成后的传感器即使在振动环境下也具有很高的耐久性。

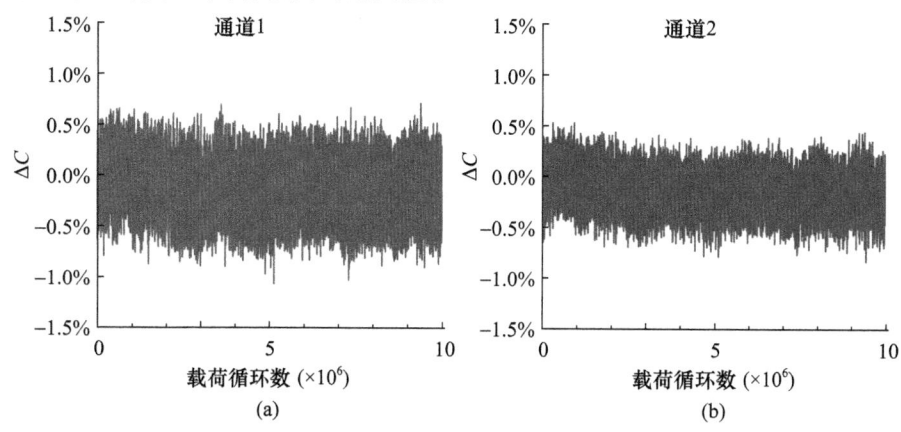

(a)　　　　　　　　　　　(b)

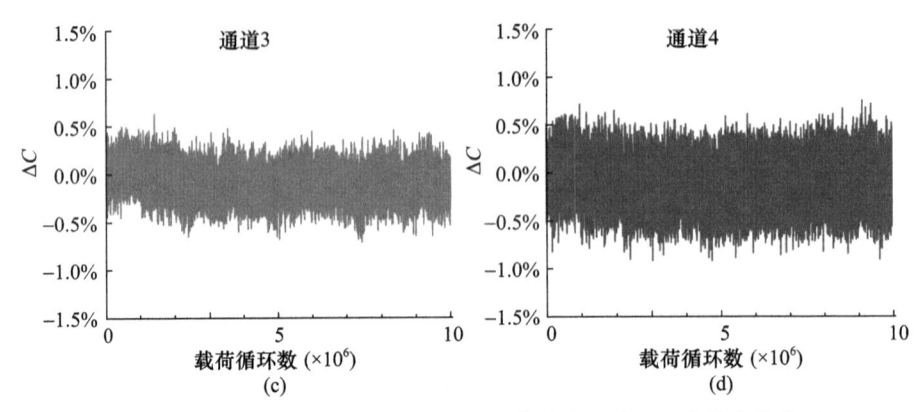

图 11-12　柔性涡流阵列传感器的特征信号在振动过程中的变化情况

11.2.2　盐雾腐蚀环境下传感器耐久性试验

盐雾环境是飞机结构使用中时常遇到的一种腐蚀性环境,尤其是对于经常在沿海、大气污染严重区域使用的飞机来说,飞机结构直接暴露于含腐蚀介质的空气中,其危害主要体现在腐蚀结构涂层和金属基体、导致电路触点损害失效、绝缘故障等。

1. 盐雾腐蚀试验

本节将环状涡流阵列传感器集成后置于盐雾腐蚀试验箱中开展盐雾腐蚀试验,研究传感器集成后是否能经受盐雾腐蚀环境的考验。如图 11-13 所示,试验件为 2024-T351 铝合金双孔试件,试验件具有完整的防护涂层,将两个环状涡流阵列传感器集成在同一件试件上。根据 GB/T 10125—2021,将试验件通过塑料扎带悬挂在试验箱内,试验件互不接触。配制包含 $NaCl$、H_2SO_4、HNO_3 的盐雾腐蚀溶液,其成分及浓度如表 11-2 所示,该溶液是根据我国沿海某地近 10 年的环境数据得到的加速试验溶液[209]。试验时,盐雾箱内的温度保持在 (38 ± 2)℃,每隔 24h 测定盐雾沉降速度,确保沉降速度在 $1 \sim 3 mL/h \cdot 80cm^2$,试验时间 600h。盐雾试验结束后,将试验件干燥处理。盐雾腐蚀试验如图 11-14 所示。

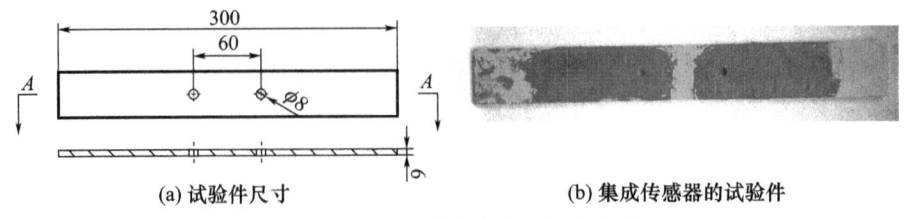

图 11-13　盐雾腐蚀试验的试验件

图 11 - 14 盐雾腐蚀试验

表 11 - 2 加速盐雾腐蚀试验的溶液浓度

腐蚀溶液	大气浓度	加速试验溶液浓度(100 倍)
H_2SO_4(98%)/(mg/L)	0.09337	9.337
HNO_3(67%)/(mg/L)	7.16×10^{-5}	7.16×10^{-3}
NaCl/(g/L)	2.27	227

试验结束后,试验件密封剂的表面分布着许多白色的盐渍,如图 11 - 15(a)所示。检查后发现,密封剂与试验件黏贴紧密、完整,没有出现脱黏的现象;而试验件有两个部位的防护涂层已经失效,导致了试验件基体产生了腐蚀,如图 11 - 15(b)和图 11 - 15(c)所示。随后,将传感器接头部位的密封剂刮开,测量各线圈的电阻,发现传感器各线圈的电阻阻值均正常,初步判断传感器完好。盐雾腐蚀环境作用下,即使结构的防护涂层部分腐蚀失效,集成后的传感器也未失效。这说明采用本书的集成方式可有效抵抗盐雾腐蚀环境对传感器的腐蚀。

(a) 密封剂表面形貌　　(b) 试验件腐蚀部位1　　(c) 试验件腐蚀部位2

图 11 - 15 盐雾腐蚀试验后的试验件形貌

2. 结构疲劳裂纹监测试验

利用盐雾腐蚀试验后的试验件在疲劳试验机上开展结构疲劳裂纹监测试

验,如图 11 - 16 所示。试验的载荷为:最大应力 S_{max} = 145MPa,应力比 R = 0.06,加载频率 15Hz。

图 11 - 16　盐雾腐蚀试验后的结构疲劳裂纹监测试验

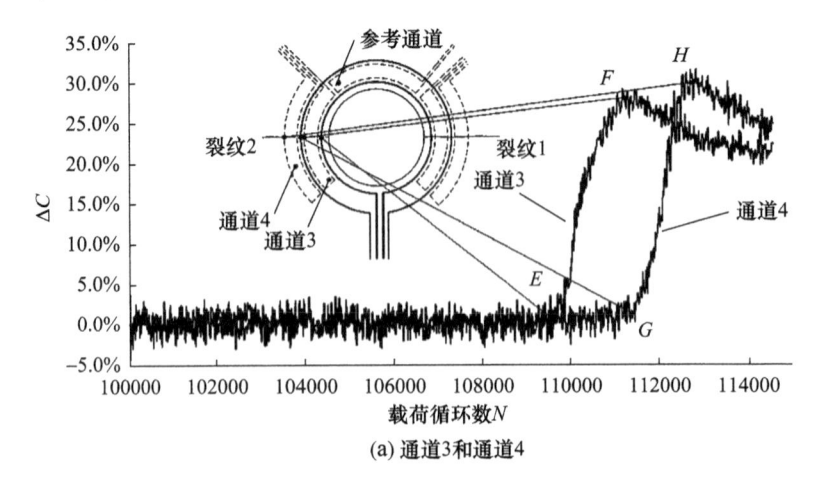

试验进行到 114526 个循环时试验件从上部的螺栓孔处断裂,停止试验。上部传感器的特征信号如图 11 - 17 所示,为了清楚地表示特征信号的变化情况,图中只给出了 100000 个循环以后的特征信号变化情况,在此之前各通道的特征信号保持水平未发生变化。传感器通道 3 的特征信号在载荷循环数 N = 109618 时开始增大,此时结构左侧的裂纹长度为 1mm;当载荷循环数 N = 111144 时,通道 3 的特征信号到达最大值拐点,表明左侧的裂纹长度为 2mm;当载荷循环数 N = 111340 时,通道 4 的特征信号开始增大,表明左侧的裂纹长度为 2.2mm;当载荷循环数 N = 112593 时,通道 4 的特征信号到达最大值拐点,表明左侧的裂纹长度为 3.2mm。传感器通道 1 和通道 2 的特征信号分别在载荷循环数为 110042、111536、111778、112865 时到达拐点 A、B、C、D,分别对应右侧裂纹长度为 1mm、2mm、2.2mm、3.2mm。

(a) 通道3和通道4

230

(b) 通道1和通道2

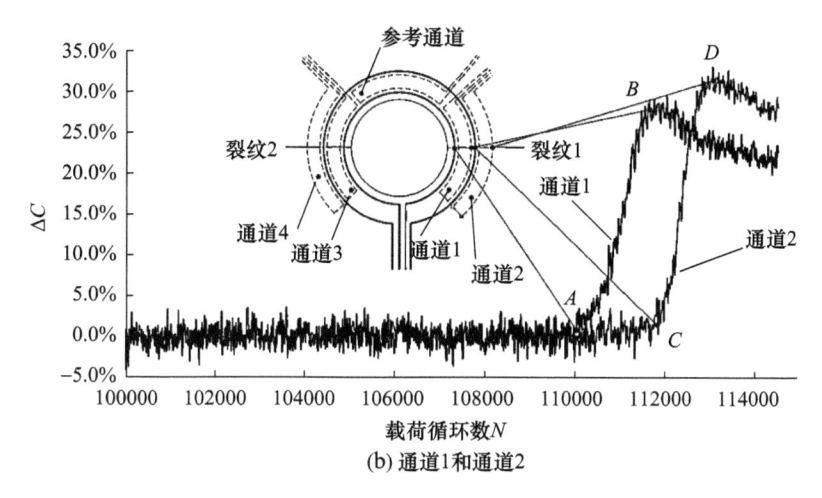

图 11-17　传感器特征信号与载荷循环数的关系

试验结果表明,即使腐蚀介质的浓度为环境监测值的 100 倍,集成后的传感器仍能有效抵抗盐雾腐蚀环境的影响,传感器与结构的黏结未受到盐雾腐蚀环境的影响,传感器仍然能够有效监测结构裂纹。

11.2.3　液体浸泡环境下传感器耐久性试验

飞机的部分结构可能长期处于液体的浸泡中。例如,飞机的整体油箱长期浸泡于喷气燃料中,液压油的渗漏也会使得附近的结构浸泡于液压油中。安装在这些部位的传感器也会受到这些液体的浸泡,必须考核传感器是否会因为液体的浸泡而失效。传感器的失效体现在两个方面:一是集成后传感器受到液体的有害影响,导致传感器的结构功能失效;二是黏结传感器与结构的密封剂受到液体的有害影响,导致密封剂脱黏,使得传感器无法监测结构。

本节依次选用飞机结构中常用的喷气燃料和液压油开展浸泡试验,并采用浸泡后的试验件开展结构疲劳裂纹监测试验。与图 11-13 所示的试验件一样,试验件为 2024-T351 铝合金单排双孔试件,试验件具有完整的防护涂层,将两个环状涡流阵列传感器集成在同一件试件上。

1. 喷气燃料浸泡试验

试验先进行喷气燃料浸泡试验,选用 RP-5 喷气燃料进行试验,该燃料的闪点高,大于 60℃,主要用于装有燃气涡轮发动机的陆基及舰载飞机。如图 11-18 所示,根据美国的 RTCA DO-160G 标准,将试验件完全浸泡在 RP-5 喷气燃料中,容器置于环境试验箱中,试验箱的温度保持在 45℃,浸泡 800h。由于喷气燃料具有挥发性，因此在试验过程中需适时检查，并及时添加燃料使得试验件完全浸泡在燃料中。

图 11-18　喷气燃料浸泡试验

试验后将试验件表面的燃料烘干，试验件形貌如图 11-19 所示。检查发现，密封剂完好、黏贴紧密，未出现脱黏的情况。

图 11-19　燃料浸泡后的试验件

2. 液压油浸泡试验

将喷气燃料浸泡过的试验件烘干后用于液压油浸泡试验，选用 15 号航空液压油。15 号航空液压油是一种石油基液压油，由石油馏分、增黏剂和其他添加剂调和制成，用于飞机的主、辅液压系统。该液压油闪点大于 82℃，试验时，浸泡温度 80℃，密封容器，浸泡 500h。如图 11-20 所示，根据美国的 RTCA DO-160G 标准，将试验件完全浸泡在液压油中，将容器置于环境试验箱中，试验箱的温度保持在 70℃，浸泡 500h。在试验过程中需适时检查，并及时添加液压油使得试验件完全浸泡在油液中。

图 11-20　液压油浸泡试验

试验后将试验件表面烘干,试验件形貌如图 11-21(a)所示。检查发现,密封剂完好、黏贴紧密,未发现脱黏的情况。随后,如图 11-21(b)所示,将传感器接头部分的密封剂刮开测量各个线圈的电阻,发现各个线圈的电阻值均为正常值,说明传感器正常、未失效。这说明,喷气燃料和液压油的浸泡不会对集成后的传感器造成有害影响,也不会使得密封剂脱黏失效。

(a) 液压油浸泡后的试验件

(b) 去除传感器接头的密封剂

图 11-21 浸泡后的试验件

3. 结构疲劳裂纹监测试验

利用浸泡试验后的试验件在疲劳试验机上开展结构疲劳裂纹监测试验,试验的最大应力 $S_{max}=145\text{MPa}$,应力比 $R=0.06$,频率为 15Hz。

试验进行到 116097 个循环时,试验件从下部的螺栓孔断裂,停止试验。下部传感器的特征信号如图 11-22 所示,为了清楚地表示特征信号的变化情况,图中只给出了 100000 个循环以后的特征信号的变化情况,在此之前各通道的特征信号保持水平未发生变化。传感器的通道 3 最先监测到裂纹的产生,通道 3 的特征信号在载荷循环数 $N=110313$ 时开始增大,此时结构左侧的裂纹长度为 1mm;当载荷循环数 $N=112246$ 时,通道 3 的特征信号到达最大值拐点,表明左侧的裂纹长度为 2mm;当载荷循环数 $N=112578$ 时,通道 4 的特征信号开始增大,表明左侧的裂纹长度为 2.2mm;当载荷循环数 $N=113771$ 时,通道 4 的特征信号到达最大值拐点,表明左侧的裂纹长度为 3.2mm。传感器的通道 1 和通道 2 的特征信号分别在载荷循环数为 111521、112926、113152、114315 时到达拐点 A、B、C、D,分别对应右侧裂纹长度为 1mm、2mm、2.2mm、3.2mm。

试验结果表明,集成后的传感器能够经受喷气燃料和液压油的有害影响,传感器与结构的黏结也不会受到浸泡液体的影响,传感器仍然能够有效监测结构裂纹。

(a) 通道3和通道4

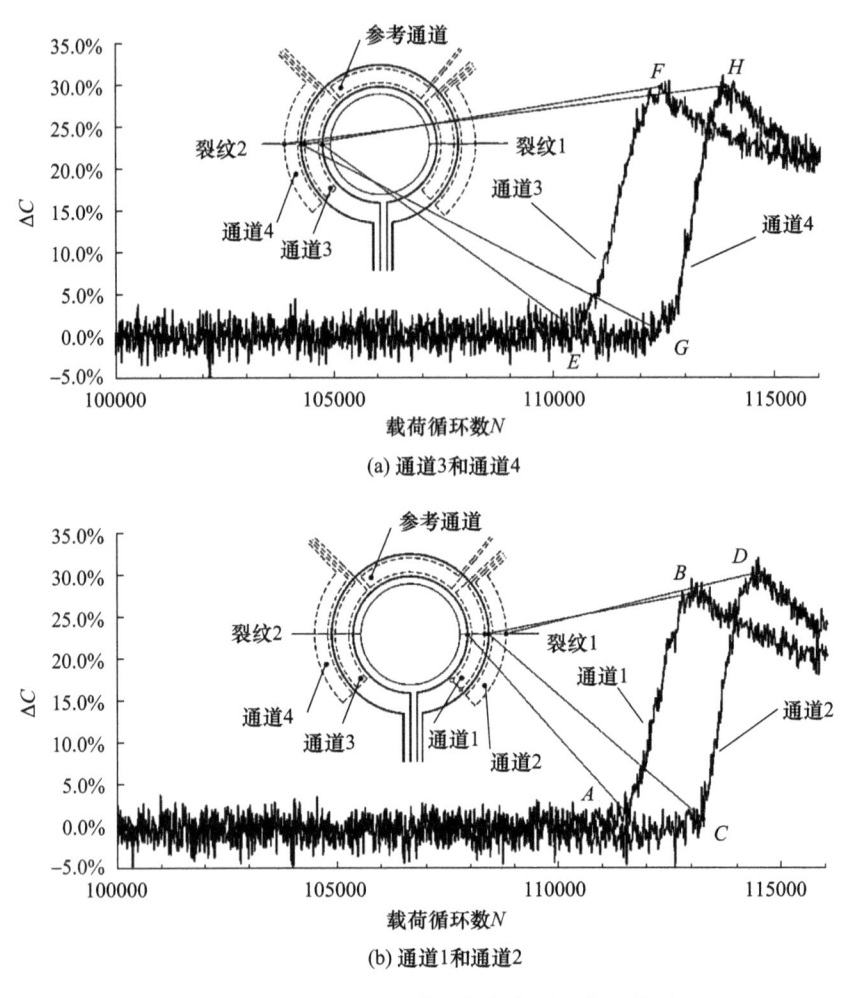

(b) 通道1和通道2

图 11-22　传感器特征信号与载荷循环数的关系

11.2.4　湿热与紫外辐射环境下传感器耐久性试验

湿热和紫外辐射环境是飞机结构服役使用中的两种典型环境。湿热可能会导致金属腐蚀和密封剂的老化,从而引起传感器的失效,或者密封剂的脱黏;而紫外辐射会导致材料的老化,从而导致密封剂的失效。

1. 湿热与紫外辐射环境试验

如图 11-23 所示,本节在环境试验箱中同时开展湿热试验和紫外辐射试验。试验件为 2024-T351 铝合金中心孔试验件,如图 11-24 所示,试验件表面防护涂层完好，传感器通过密封剂集成于试验件表面。试验时，保持环境温度为 80℃，相对湿度为 95%，紫外辐射强度为 70W/m²，试验进行 600h。试验过程中，使用蒸馏水，适时检查补充试验用水。

图 11-23　湿热与紫外辐射试验

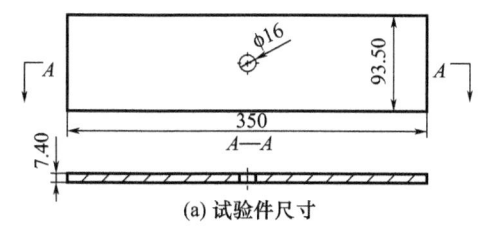

(a) 试验件尺寸　　(b) 集成传感器的试验件

图 11-24　湿热与紫外辐射试验的试验件

试验结束后，烘干试验件，试验件形貌如图 11-25 所示。检查发现，密封剂的黏贴完好，传感器与试验件的黏结依然紧密；刮开传感器的接头部位测量各线圈的电阻后发现，各个线圈电阻值正常，说明传感器的线圈完好无损。

2. 结构疲劳裂纹监测试验

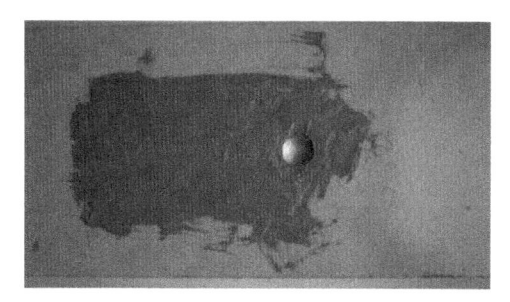

图 11-25　湿热与紫外辐射试验后的试验件表面

如图 11-26 所示，利用湿热与紫外辐射试验后的试验件在疲劳试验机上开展结构疲劳裂纹监测试验，试验的最大应力 $S_{max} = 145$MPa，应力比 $R = 0.06$，频率为 15Hz。

图 11-26 湿热与紫外辐射试验后的结构疲劳裂纹监测试验

试验进行到 126032 个循环时试验件从孔边断裂,停止试验。传感器的特征信号如图 11-27 所示,为了清楚地表示特征信号的变化情况,图中只给出了 100000 个循环以后的特征信号的变化情况,在此之前各通道的特征信号保持水平。传感器的通道 3 最先监测到裂纹的产生,通道 3 的特征信号在载荷循环数 $N=114617$ 时开始增大,此时结构左侧的裂纹长度为 1mm;当载荷循环数 $N=117712$ 时,通道 3 的特征信号到达最大值拐点,表明左侧的裂纹长度为 2mm;当载荷循环数 $N=118241$ 时,通道 4 的特征信号开始增大,表明左侧的裂纹长度为 2.2mm;当载荷循环数 $N=120944$ 时,通道 4 的特征信号到达最大值拐点,表明左侧的裂纹长度为 3.2mm。传感器的通道 1 和通道 2 的特征信号分别在载荷循环数为 118845、121548、122182、124145 时到达拐点 A、B、C、D,分别对应右侧裂纹长度为 1mm、2mm、2.2mm、3.2mm。

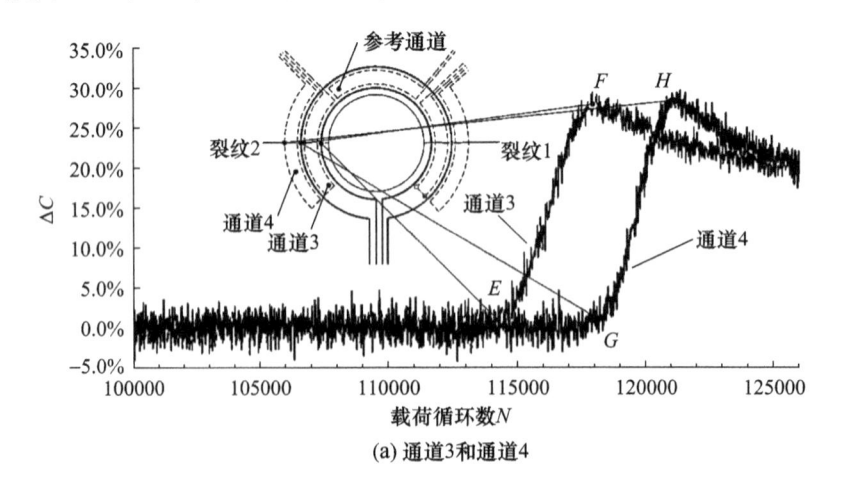

(a) 通道3和通道4

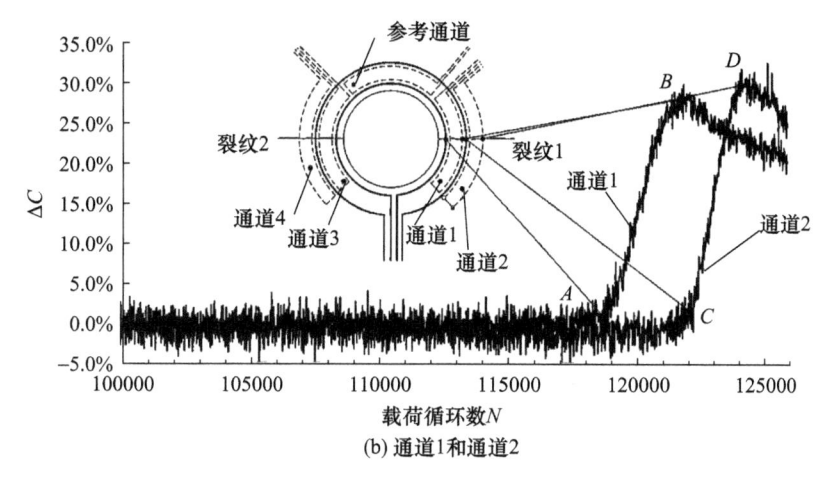

图 11-27 传感器特征信号与载荷循环数的关系

试验结果表明,湿热和紫外辐射环境不会对集成后的传感器产生有害影响,传感器与结构的黏结也不会受到影响,传感器仍然能够有效监测结构裂纹。

11.3 承载部位传感器失效模式及耐久性设计

当被监测结构的临界裂纹长度较短时,环状涡流阵列传感器只有安装在垫片下方才能监测到裂纹,此时的安装方式如图 11-28 所示。螺栓拧紧过程中,螺栓拧紧力一部分转化成了螺栓的预紧力 Q,从而起到压紧连接结构的作用,传感器也因此会受到压紧力的作用。预紧力可用式(11-1)进行计算:

$$M = kQd \tag{11-1}$$

式中:d 为螺栓直径;k 为拧紧系数。

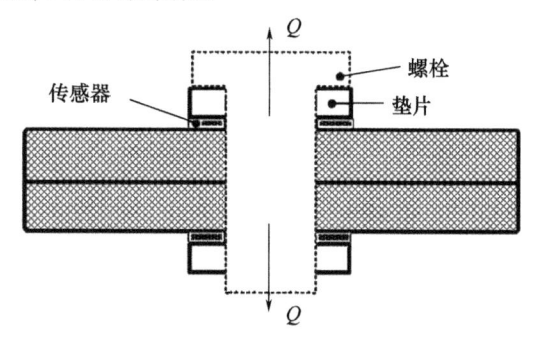

图 11-28 承载部位传感器的安装示意图

为了研究传感器的失效模式,首先分别对 6.5N·m、10N·m、15N·m 3 种拧紧力矩下传感器的承载能力进行了研究。

11.3.1 承载集成时传感器的有限元应力分析

传感器与金属结构集成时采用如图 11-29 所示的连接方式,将传感器直接安装于金属结构螺栓孔的孔边,然后安装金属垫片和螺栓,对通过定力矩扳手给螺栓施加设定的拧紧力矩,传感器将承受垫片传递的压力、传感器与垫片间的摩擦力、传感器与试验件间的摩擦力。

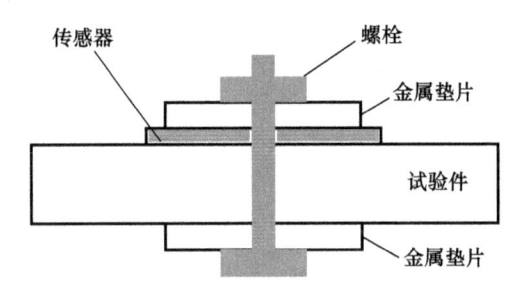

图 11-29 有限元模型中传感器的安装示意图

本节首先研究了无裂纹试验件在 6.5N·m、10N·m、15N·m 3 种拧紧力矩下传感器的受载情况。将传感器简化为聚酰亚胺薄片,所建立的有限元模型如图 11-30 所示。

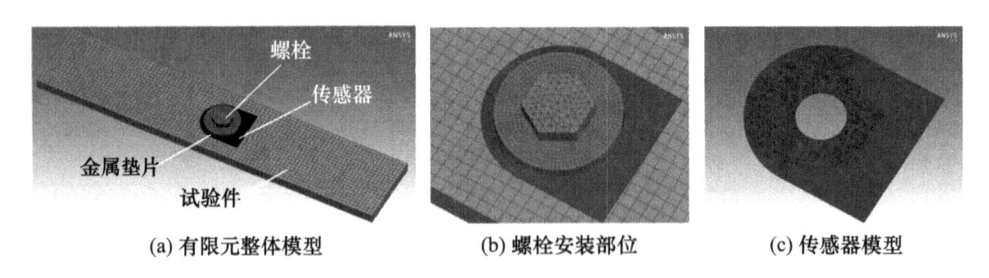

(a) 有限元整体模型　　(b) 螺栓安装部位　　(c) 传感器模型

图 11-30 传感器应力分析的有限元模型

计算时,首先给传感器施加螺栓的拧紧力,然后给试验件施加 160MPa 的拉应力,传感器应力分布图如图 11-31~图 11-33 所示,从图中可以看出,施加拧紧力后,传感器受到压力的作用,孔边受力最大,变形最严重,且拧紧力越大,受载变形越大;当对试验件施加 160MPa 的拉应力后,由于传感器与试验件之间存在静摩擦力,传感器受到拉伸应力的作用,应力水平增大,在沿拉伸载荷作用的方向受载最严重。图 11-34 给出了不同拧紧力作用下试验件拉伸前后传感器的最大应力,可见,试验件被拉伸前后传感器的最大应力分别增大了58%、29%和15%。

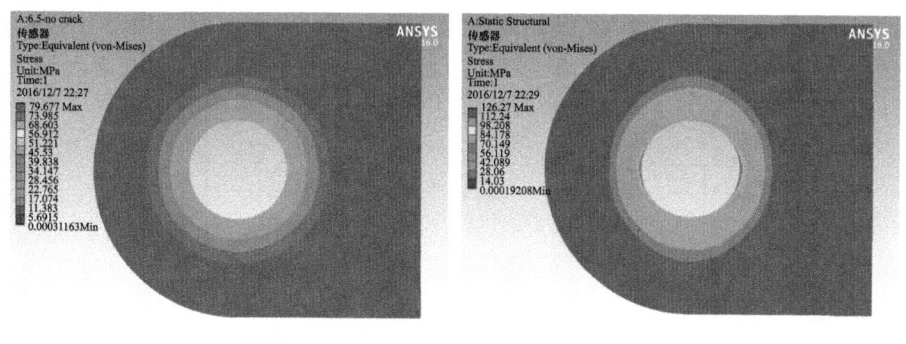

(a) 试件拉伸前　　　　　　　　(b) 试件拉伸后

图 11-31　6.5N·m 拧紧力矩下传感器应力分布

(a) 试件拉伸前　　　　　　　　(b) 试件拉伸后

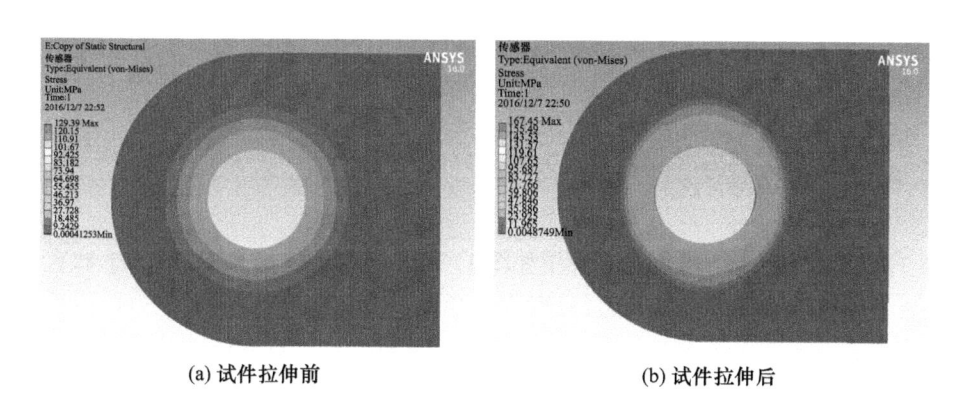

图 11-32　10N·m 预紧力下传感器应力分布

(a) 试件拉伸前　　　　　　　　(b) 试件拉伸后

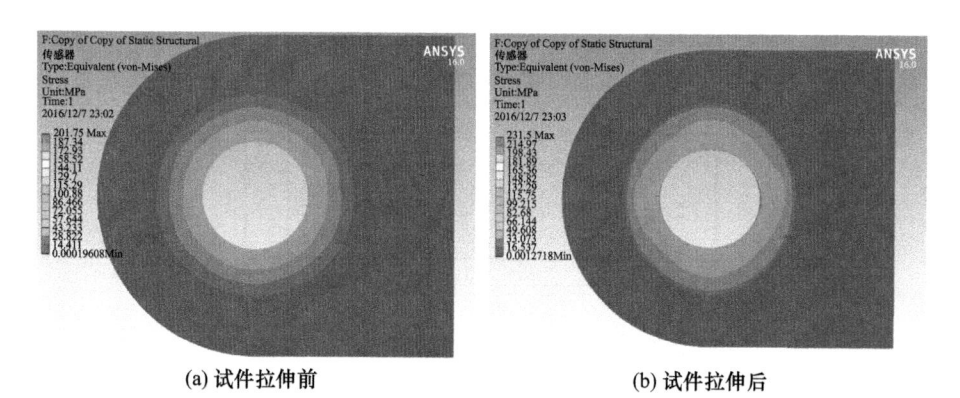

图 11-33　15N·m 拧紧力矩下传感器应力分布

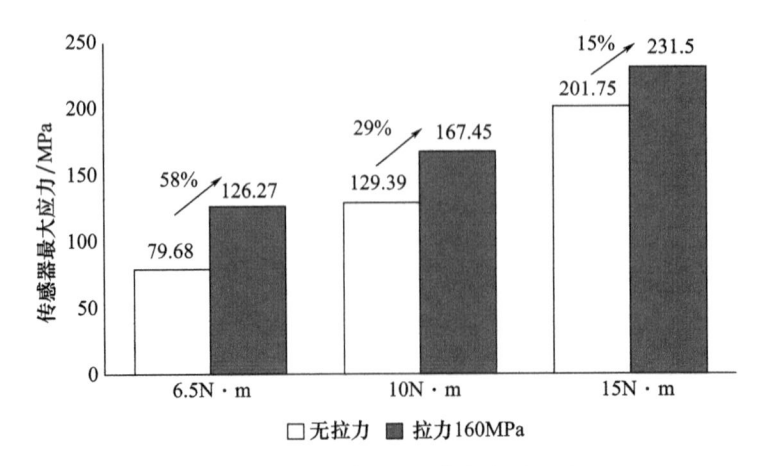

图 11-34 传感器的最大应力对比图

本节通过有限元方法分析了传感器在 3 种拧紧力作用下的受载情况,分析结果表明:传感器拧紧后,传感器在孔边的受载最严重,对试验件施加拉应力会使传感器的受载情况加剧,从而加速传感器的失效。

11.3.2 传感器失效模式试验

传感器与金属结构集成时采用如图 11-29 所示的连接方式,将传感器直接安装于金属结构螺栓孔的孔边,然后安装金属垫片和螺栓,对通过定力矩扳手给螺栓施加设定的拧紧力矩,分别研究了 6.5N·m、10N·m、15N·m 3 种拧紧力矩下传感器的失效模式。

1. 试验方案

试验件:2024-T351 铝合金中心孔试验件,试验件加工完成后进行表面阳极氧化处理,并在表面涂装一层 H06-3 锌黄底漆,尺寸如图 11-35 所示。

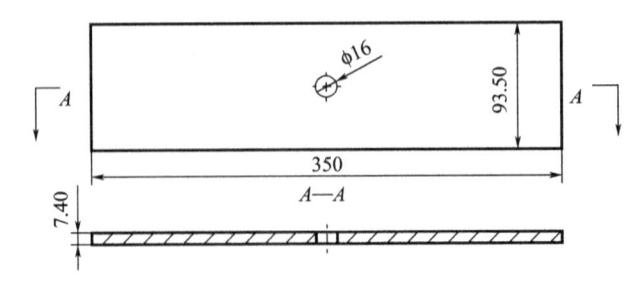

图 11-35 传感器失效模式试验的试验件尺寸

传感器：环状涡流阵列传感器。

疲劳载荷：等幅载荷谱（最大应力 $S_{max}=150\text{MPa}$，应力比 $R=0.06$，加载频率 15Hz）。

拧紧力矩：6.5N·m、10N·m、15N·m。

试验方法：如图 11－36 所示，直接将传感器压于垫片下分别施加 3 种拧紧力矩，试验件分别编号为 LS－Y－1#、LS－Y－2#、LS－Y－3#。将集成传感器的试验件安装于 MTS 810 疲劳试验机进行疲劳裂纹监测。

2. 6.5N·m 拧紧力矩传感器失效模式研究

图 11－36 试验件的安装

LS－Y－1#试验件的拧紧力矩为 6.5N·m，在疲劳试验机上进行到 65856 个循环时传感器突然失效，停止试验。将传感器从试验件上拆解，检查发现试验件表面已出现裂纹。通过 PXS－5T 体式显微镜对传感器表面进行观察（图 11－37），在传感器上与裂纹相对应的部位发现了如图 11－38 所示的裂缝。

图 11－37 PXS－5T 显微镜观察断口

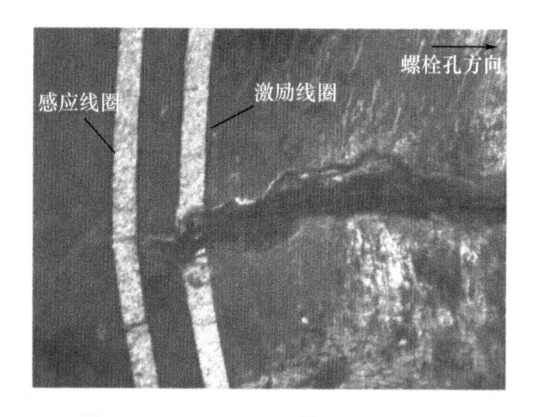

图 11－38 6.5N·m 拧紧力矩作用下传感器的破坏形貌

从图 11－38 中可以看出，传感器的裂缝形貌与试验件裂纹走向的形貌非常类似，在靠近试验件裂纹源区域，传感器相对应的部位裂缝较大、较深；在靠近试验件裂纹尖端区域，传感器的裂缝较小、较浅。在如图 11－30 所示的有限元模型中，在试验件的一侧建立一条 1mm 长的裂纹，如图 11－39 所示。通过计算，可以得到 150MPa 拉伸应力和 6.5N·m 拧紧力矩作用下传感器的应力分布，如图 11－40 所示。这主要是由于螺栓压紧力作用下，传感器被紧紧压附于被测试验件表面，传感器与试验件之间存在较大的静摩擦力。当试验件承受疲劳载荷循环时,试验件拉伸变形,传感器在静摩擦力的作用下,随着试验件一起变形。随着疲劳载荷的持续,试验件的危险部位逐渐形成裂纹,裂纹在疲劳载荷的作用下往复张开、闭合。在静摩擦的作用下,传感器与试验件之间的相对移动较小或者没有相对运动,裂纹的张开使得传感器在裂纹所对应的区域产生较大的变形和应力;随着裂纹的扩展,裂纹的张开角越来越大,传感器在该区域的受力也越来越大,当传感器的应力达到一定值时,该区域的传感器膜就会被静摩擦力拉断,产生裂缝,导致传感器断裂失效。

图 11-39 含裂纹的试验件模型

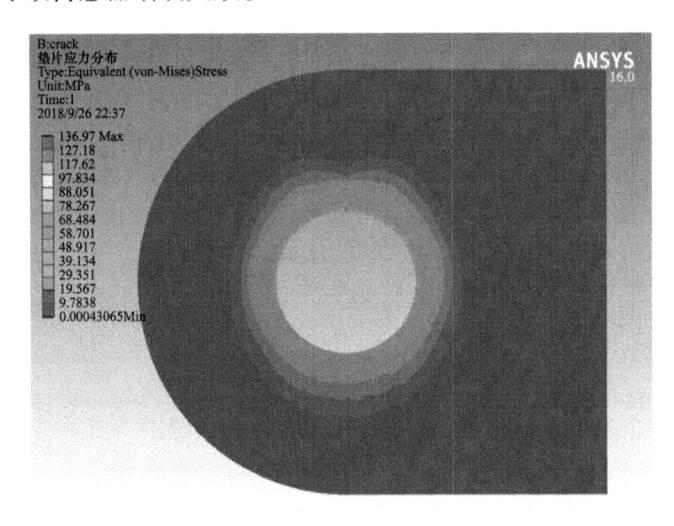

图 11-40 含裂纹试验件的传感器应力分布

3. 10N·m 拧紧力矩传感器失效模式研究

LS-Y-2#试验件的拧紧力矩为 10N·m,通过 MTS 810 疲劳试验机对试验件施加等幅载荷谱,应力水平与 6.5N·m 试验相同。当加载到 15856 个循环时传感器失效,停止试验。

将传感器与试验件拆分,通过目视检测和 SMART-2097 涡流仪进行检测,没有在试验件表面发现裂纹。用万用表测量传感器的激励线圈和感应线圈,发现传感器激励线圈断路。应用 PXS-5T 体式显微镜观察传感器,在激励线圈上发现多处裂纹,如图 11-41 所示。

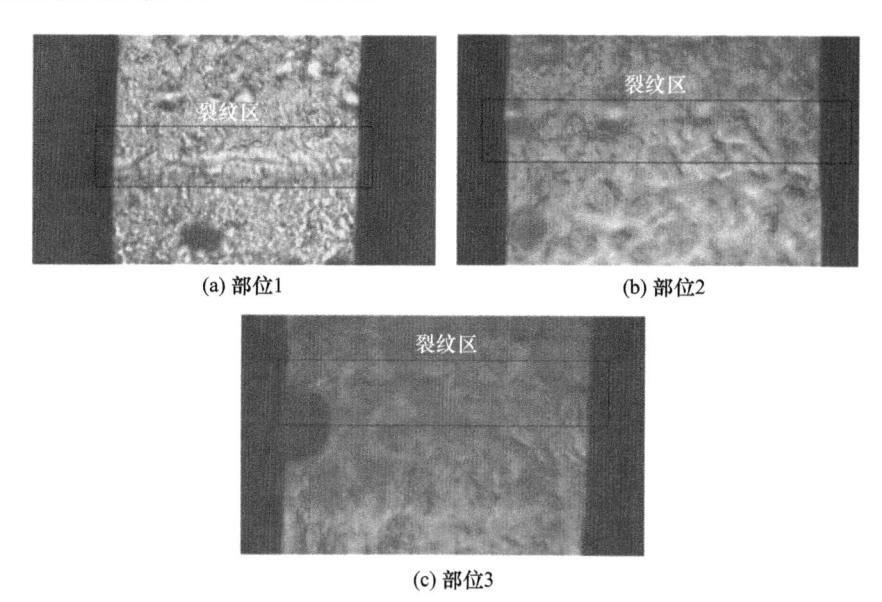

(a) 部位1

(b) 部位2

(c) 部位3

图 11-41 10N·m 拧紧力矩作用下传感器失效时的裂纹

在对螺栓施加拧紧力矩的时候,当拧紧到一定程度,传感器与试验件、传感器与垫片以及垫片与螺母之间均存在较大的静摩擦力。继续拧紧,垫片会在摩擦力的作用下相对于试验件发生转动,在垫片与传感器之间产生较大的摩擦力,而传感器与试验件之间也存在较大静摩擦力,这会使传感器受到剪切作用。但此时的剪切力还不大,不会使得传感器直接失效。

相比于 6.5N·m 拧紧力矩,由于拧紧力矩的增大,在拧紧过程中传感器受到的压紧力更大,传感器与试验件之间的静摩擦力更大,当试验件受到拉-拉疲劳载荷的作用时,传递到传感器的疲劳载荷也更大,较大的剪切力、压紧力和增大的疲劳载荷使得传感器因线圈产生裂纹而失效。

4. 15N·m 拧紧力矩传感器失效模式研究

对 LS-Y-3#试验件施加的拧紧力矩为 15N·m,将试验件安装在疲劳试验机上进行疲劳试验,刚加载了 1230 个循环时就发现传感器已经失效。

将传感器与试验件分解,通过目视检测和 SMART-2097 涡流仪进行检测,没有在试验件表面发现裂纹。用万用表测量传感器的激励线圈和感应线圈,发现传感器激励线圈断路。应用 PXS-5T 体式显微镜观察传感器,发现在传感器表面较大的挤压变形,如图 11-42 所示,甚至导致了线圈局部发生了较大的扭曲变形,如图 11-43 所示;并且传感器激励线圈在试验件受力最严重的对应部位出现了断裂,如图 11-44 所示。

图 11-42　传感器表面挤压变形 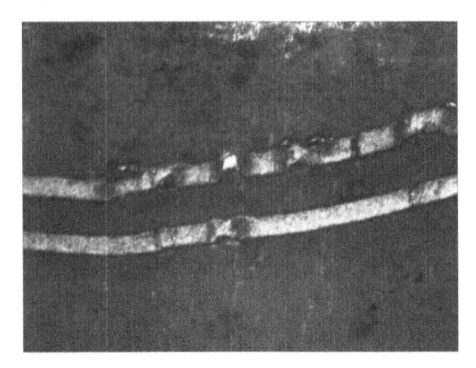　　　　图 11-43　传感器线圈扭曲变形

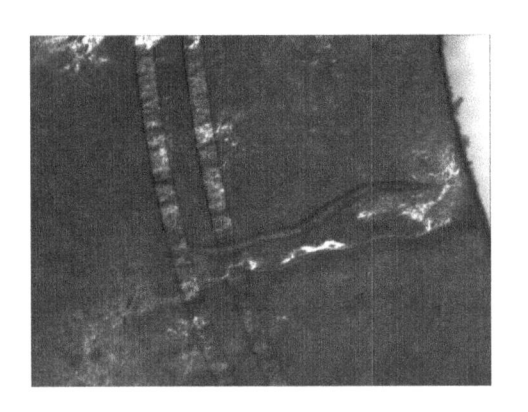

图 11-44　传感器线圈出现裂缝

当给螺栓施加 15N·m 拧紧力矩时,传感器表面随着垫片的转动而受到了较大的挤压和剪切作用,表面的保护层出现了较为明显的变形,如图 11-42 所示。同时,在部分区域这种挤压和剪切作用导致传感器线圈导线也出现了较为严重的变形,如图 11-43 所示。图 11-44 所示的区域中出现了一条明显的裂缝,出现裂缝的部位正好对应着试验件受力最严重的区域。在裂缝的下方有一处明显的剪切变形的痕迹,由于传感器的剪切变形,必然会在相邻的部位产生较大的拉伸应力。当试验件受到拉-拉疲劳载荷时,由于传感器与试验件之间存在极大的静摩擦力,进而使传感器受到拉-拉载荷的作用。在较大的拉伸应力和拉-拉疲劳载荷的共同作用下,加上传感器在安装过程中拧紧力的作用下产生了较大的剪切变形,这些因素共同作用导致传感器在极短的时间内就发生了破坏。

综上所述，传感器的主要失效形式包括传感器线圈导线变形、导线断裂和传感器开裂，可以认为传感器的主要失效模式为：传感器在拧紧力矩的作用下，会受到压紧力和剪切力的作用，这会在传感器上产生一定的残余应力和变形；当对试验件进行疲劳加载时，由于传感器与试验件之间存在较大的摩擦力，传感器会和试验件一起往复变形；传感器安装中的残余应力、变形与试验件的疲劳载荷一起，导致了传感器的破坏和失效。

通过上述试验可以发现，直接将传感器压附于飞机金属结构螺栓孔的孔边，传感器极易破坏失效，无法实现对裂纹的有效监测。

11.3.3 基于弹性保护胶层的传感器承载能力试验

11.3.2 节的研究表明，在拧紧螺栓的过程中，传感器会受到螺栓的挤压作用和垫片的剪切作用，其中剪切作用与垫片和传感器、传感器和试验件之间的静摩擦力密切相关。在对试验件进行疲劳加载过程中，传感器会受到来自试验件的疲劳载荷的作用，试验件向传感器传递载荷的大小取决于传感器与试验件之间静摩擦力的大小。

本节利用柔性涡流阵列传感器具备非接触式监测的优势，提出了一种基于弹性保护胶层的传感器集成方案，并开展疲劳裂纹监测试验验证该方法的可行性。该传感器集成方案如图 11-45 所示，在传感器上下表层涂覆一层有弹性的保护胶层，从而达到对传感器进行集成保护的目的。按照如图 11-45 所示的方式将传感器集成螺栓孔边，开展了疲劳裂纹监测试验。

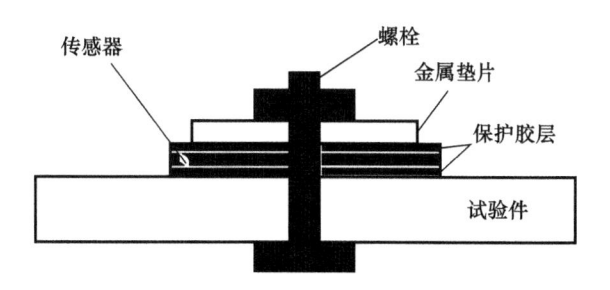

图 11-45 基于保护胶层的传感器安装方式

1. 试验方案

试验件：2024-T351 铝合金中心孔试验件，试验件加工完成后进行表面阳极氧化处理，并在表面涂装一层 H06-3 锌黄底漆，尺寸如图 11-35 所示。

传感器：环状涡流阵列传感器。

疲劳载荷:等幅载荷谱(最大应力 $S_{max}=145\mathrm{MPa}$,应力比 $R=0.06$,加载频率 15Hz)。

拧紧力矩:15N·m、30N·m。

试验方法:本试验共2件试验件,按照图11-45所示的方法安装传感器,安装后的传感器如图11-46所示,试验件分别编号为LS-R-1#、LS-R-2#,分别施加15N·m和30N·m的拧紧力矩。将集成传感器的试验件安装于MTS 810疲劳试验机上,开展监测试验。

图11-46 安装后的传感器

2. 15N·m 拧紧力矩

LS-R-1#试件施加的扭矩为15N·m,试验件经过134941个疲劳载荷循环后断裂,传感器各通道的特征信号如图11-47所示。为了清楚地表示传感器特征信号的变化情况,图中只给出了100000个循环以后的特征信号值,100000个循环之前的特征信号均保持水平。从图中可以看出,传感器各通道的特征信号变化非常明显,分别出现了拐点 A、B、C、D、E、F、G、H,分别对应着试验件孔边两侧不同的裂纹长度,这说明传感器可以有效地监测到裂纹。

试件断裂后传感器并未断裂,只是弹性保护胶层在裂纹扩展区域留下了一道裂纹,并且该裂缝与试件裂纹扩展路径是一致的,如图11-48所示。这道裂缝是在试验件断裂过程中产生的,弹性保护胶层自身的破坏对传感器起到了保护作用。

(a) 通道1和通道2

(b) 通道3和通道4

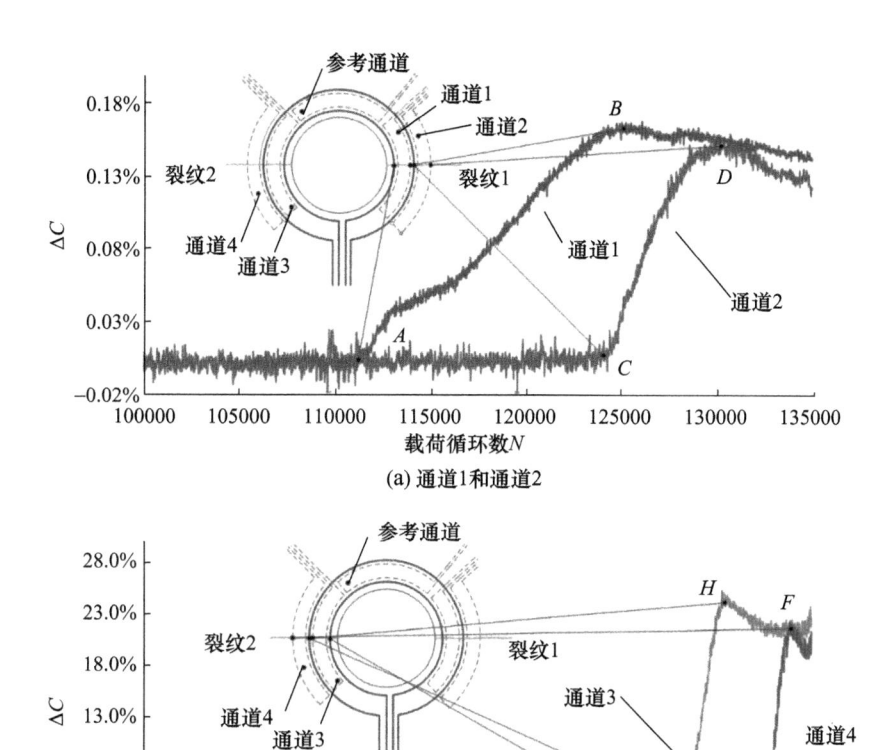

图 11-47 LS-R-1#试件疲劳裂纹监测试验传感器特征信号

图 11-48 弹性保护胶层破坏裂缝形貌

可见,通过采用密封剂对传感器进行集成保护,可以有效提高传感器在螺栓孔处集成的耐久性,这为传感器的工程应用提供了借鉴和参考。

3. 30N·m 拧紧力矩

LS-R-2#试件施加的扭矩为30N·m,在螺栓拧紧的过程中,传感器及弹性保护胶层直接破坏,如图11-49所示。在对螺栓施加拧紧力矩时,由于摩擦力的作用,垫片随着螺栓一起转动,使得传感器和密封剂形成的整体受到试验件、垫片很大的静摩擦力,对传感器和密封剂产生很大的剪切作用,从而导致传感器和密封剂直接破坏失效。因此,在大拧紧力矩的作用下,采用弹性保护胶层来避免传感器破坏失效的办法是不可行的。

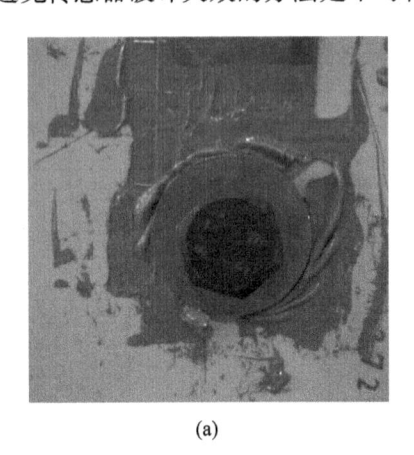

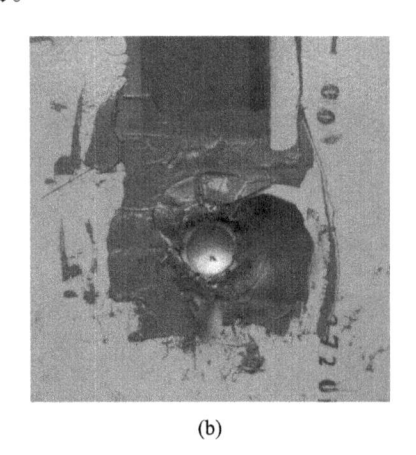

(a)　　　　　　　　　　(b)

图11-49　30N·m拧紧力矩下传感器的破坏形貌

11.3.4　基于结构裂纹监测垫片的机翼前梁连接结构裂纹监测试验

11.3.3节提出了通过弹性保护胶层来提高传感器承载能力的方法,但是该方法只适用于预紧力较小的情况。在大预紧力作用下,即使采用弹性保护胶层,传感器也会在施加拧紧力矩时直接失效。在拧紧螺栓的过程中,传感器会受到压紧力和剪切力作用,其中剪切作用与传感器和垫片、试验件之间的静摩擦力密切相关。当对试验件进行疲劳加载时,传感器也会受到来自试验件的疲劳载荷的作用,试验件向传感器传递载荷的大小取决于传感器与试验件之间静摩擦力的大小。因此,采用一定的措施减小传感器与试验件、传感器与垫片之间的静摩擦力或者减小它们之间传递的载荷是提高传感器耐久性的有效途径。本书利用柔性涡流阵列传感器具备非接触式监测的优势,提出了一种用于连接结构裂纹监测的结构裂纹监测垫片(SCM垫片)。如图11-50所示,该垫片通过将传感器集成于垫片基体内部而成,可直接压附于螺栓下方监测结构裂纹。

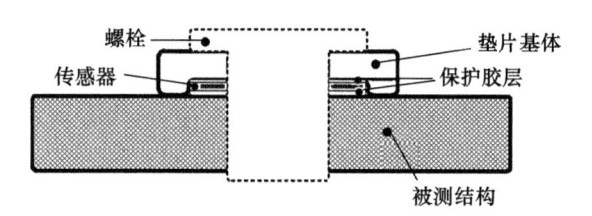

图 11-50 SCM 垫片应用示意图

1. SCM 垫片的结构设计

研制 SCM 垫片的目的就是减小传感器的受力,提高传感器的耐久性。同时,又必须尽可能多地保留垫片的金属部分,使得垫片具有足够的承载能力。为此,建立了如图 11-51 所示的有限元模型,分析结构垫片的受力情况。本书首先分析了普通垫片在 30N·m 拧紧力矩作用下的受载情况,如图 11-52 所示。从图中可以看出,垫片在预紧力作用下受力最严重的区域主要集中在图中所示靠近孔边的黄色环状区域内,此区域承受大部分压力,在垫片设计时应当使新垫片的应力分布与此接近。

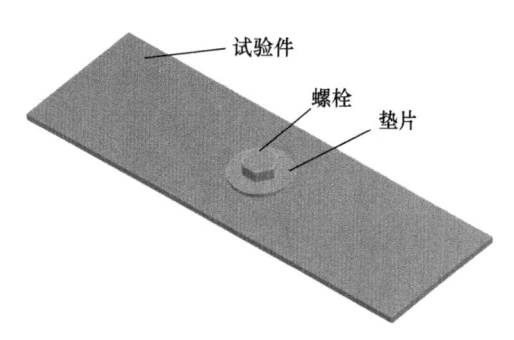

图 11-51 垫片应力分析的有限元模型

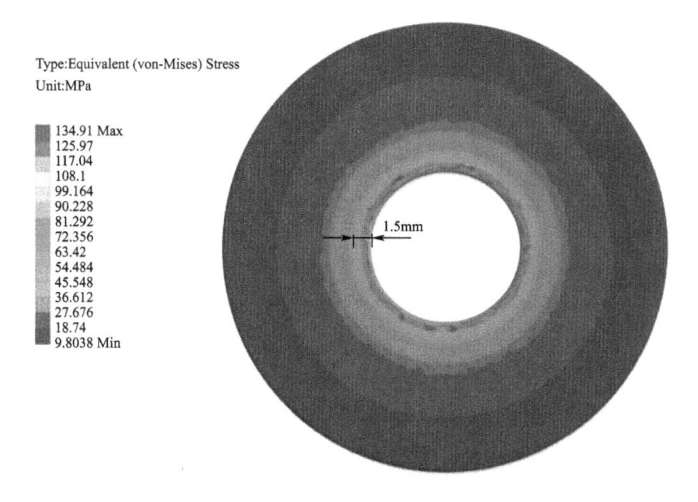

图 11-52 普通垫片在 30N·m 拧紧力矩作用下的应力分布(彩图见书末)

因此,本书设计的SCM垫片基体如图11-53所示。垫片中有一个异形凹槽用于安装传感器,使得传感器承受较小的压应力和剪切应力,避免传感器失效。同时,为了使得垫片具有足够的承载能力,在靠近孔边的区域保留了1.5mm宽的环状凸台。采用图11-51所示的基本模型分析了SCM垫片在30N·m拧紧力矩作用下的应力分布,SCM垫片的有限元模型如图11-54所示,应力分布结果如图11-55所示。从中可以看出,垫片应力最集中的区域为孔边的环状凸台,并且其应力相比于图11-52中的应力大小略有增大,而传感器几乎没有承受较大的载荷。这说明本书设计的垫片基体在满足垫片承载能力的同时,有效地减小了传感器所受到的应力。

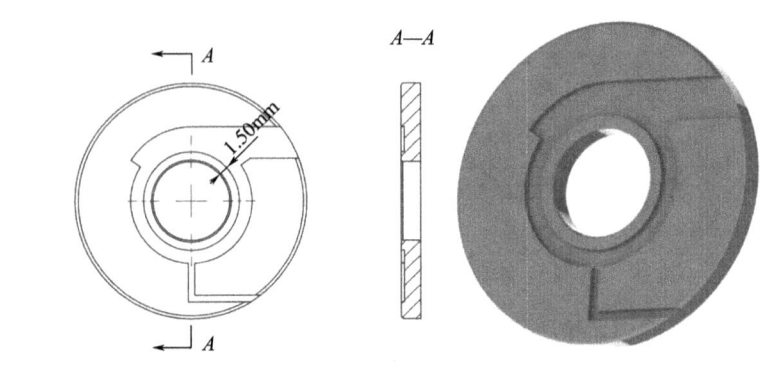

图11-53 SCM垫片基体的外形示意图

图11-54 SCM垫片的有限元模型

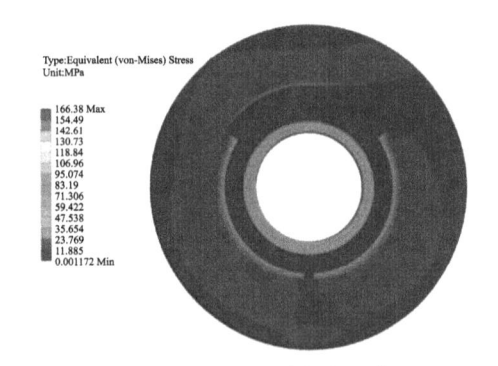

图11-55 30N·m拧紧力矩作用下SCM垫片的应力分布(彩图见书末)

SCM垫片的最终组成形式如图11-56(a)所示。传感器嵌入垫片的区域是通过激光切割制作而成的;通过密封剂将传感器黏贴在垫片基体的异性凹槽处,在传感器表面均匀涂抹密封剂,待密封剂固化后便形成了弹性保护胶层。SCM垫片成形后的实物图如图11-56(b)所示,使用时可将其直接压于连接结构的螺栓下方。

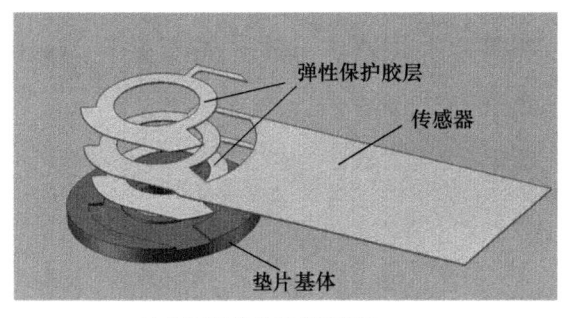

(a) SCM 垫片的组成示意图   (b) SCM 垫片的实物图

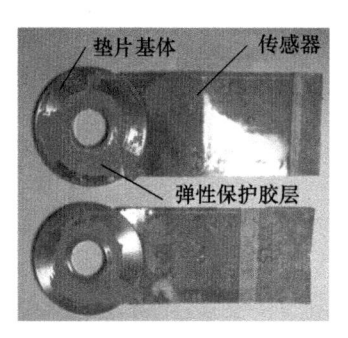

图 11-56 SCM 垫片

2. 基于 SCM 垫片的飞机连接结构疲劳裂纹监测试验研究

本节选取某型飞机机翼前梁连接结构制作了模拟试验件,如图 11-57 所示,该结构分为上接头和下接头两部分,中间通过耳片搭接而成,试件上接头和下接头的安装夹角保持在 173°。上接头由两个铝板和一个耳片组成,下接头由铝板和两个耳片组成,铝板为 2A12-T4 铝合金,耳片为 30CrMnSiA 钢。如图 11-58 所示,通过有限元分析可以发现,下接头耳片搭接区的螺栓孔为试验件受力最严重的部位。因此,试验时将下接头两个耳片搭接区的螺栓孔作为监测部位。该危险部位在螺栓孔边,为日常检查中的不可检结构,难以通过其他监测技术及时发现裂纹并监测裂纹的长度。

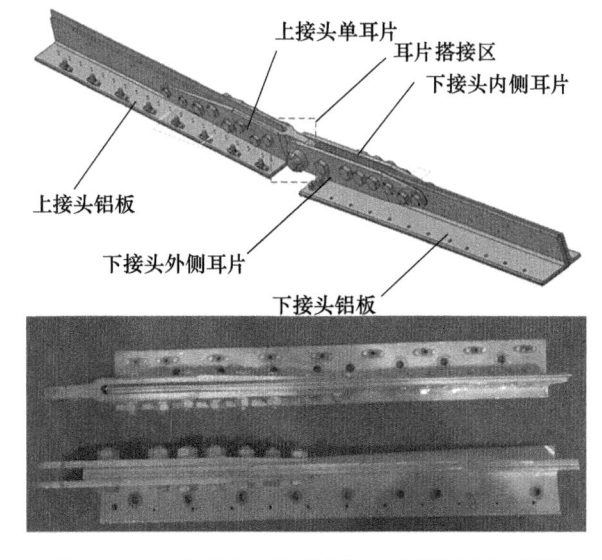

图 11-57 某型飞机机翼前梁连接模拟件示意图

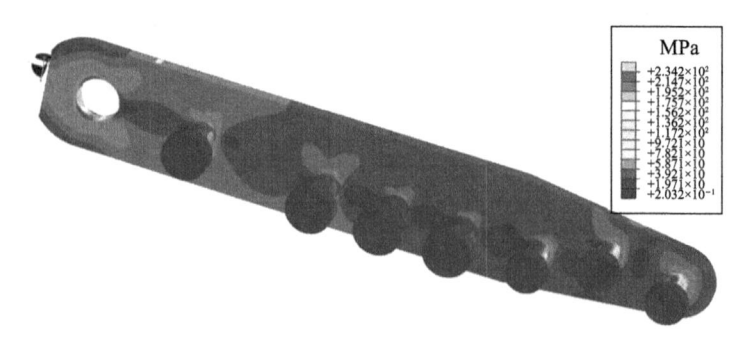

图 11-58　下接头外侧耳片的 von-Mises 应力分布图(彩图见书末)

本节采用本书研制的 SCM 垫片用于该连接结构的裂纹定量监测试验。试验系统包含结构裂纹监测仪、SCM 垫片与试验件、MTS 810 材料试验系统,如图 11-59 所示。试验时,将两个 SCM 垫片分别安装于下接头螺栓孔的两侧,并对螺栓施加 30N·m 的拧紧力矩,再将机翼前梁连接结构通过夹具安装夹持于疲劳试验机上,施加实测的随机载荷谱,采集各通道信号。

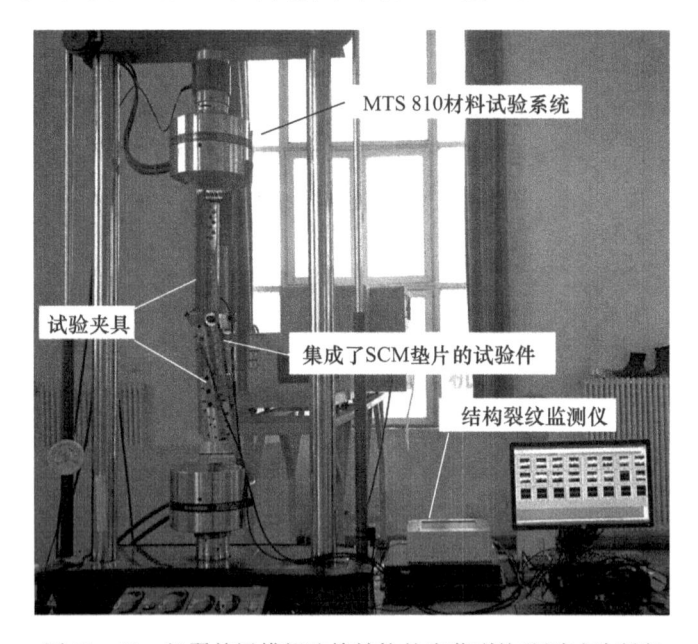

图 11-59　机翼前梁模拟连接结构的疲劳裂纹监测试验研究

在试验过程中,监测了两个传感器采集到的信号。试验过程中,只有安装在下接头外侧耳片的 SCM 垫片监测到了特征信号 ΔC 的变化。图 11-60 给出了 91398 个循环到结构断裂这个过程通道 1 和通道 2 的特征信号:循环数为 102400 时,通道 1 的特征信号到达 $C1$ 点,此时裂纹尖端到达通道 1 的前端激励线圈,此时裂纹长度为2mm;循环数为124398时,通道1的特征信号到达 $C2$ 点,此时裂纹尖端到达通道1的后端线圈,此时裂纹长度为3mm;循环数为132350时,通道2的特征信号到达 $C3$ 点,此时裂纹尖端到达通道2的前端激励线圈,此时裂纹长度为3.2mm;循环数为141400时,通道2的特征信号到达 $C4$ 点,此时裂纹尖端到达通道2线圈的后端,此时裂纹长度为4.2mm。试验进行到149557个循环时,接头断裂失效,停止实验。接头拆卸后,检查发现只在下接头外侧耳片右侧产生单侧裂纹,此裂纹扩展5.8mm后发生瞬断,如图11-61所示。因此,采用SCM垫片能承载,可以实现对重要螺栓连接结构的裂纹定量监测。

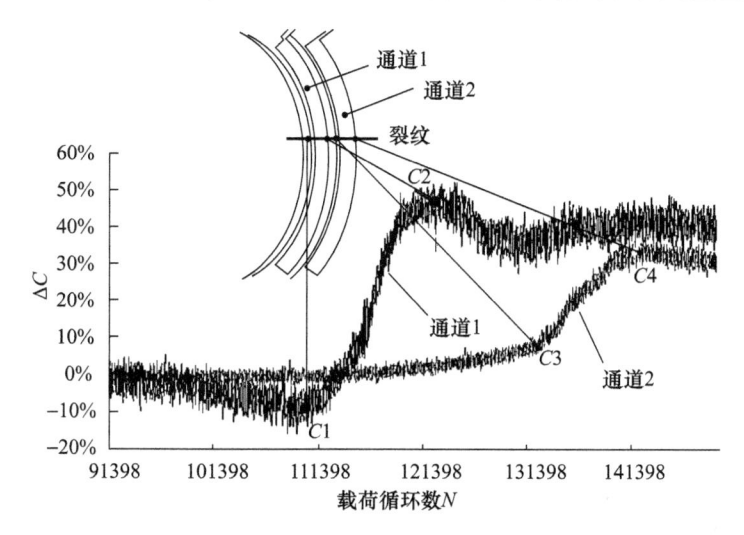

图11-60 通道1和通道2监测到的特征信号的变化情况

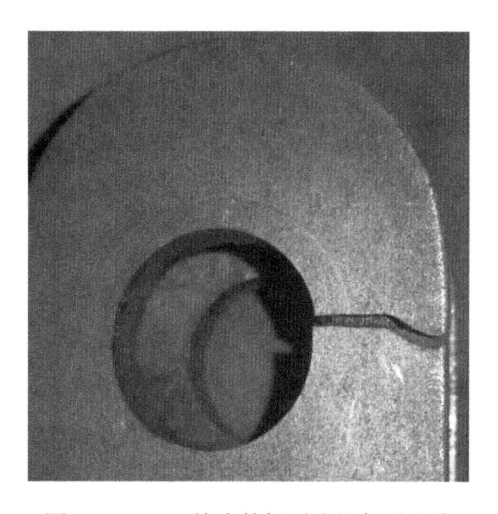

图11-61 下接头外侧耳片的断裂失效

3. 环境温度变化对 SCM 垫片特征信号的影响研究

研究表明,环境温度的变化对传感器的信号有较大影响。为了研究温度变化对传感器特征信号的影响,验证本书研制的结构监测垫片是否具有温度补偿功能,开展了温度变化对传感器特征信号的影响试验研究。试验系统包含金属结构裂纹监测仪、SCM 垫片与被测试件以及实验环境箱,如图 11 - 62 所示。将 SCM 垫片安装于机翼连接结构的下接头,给螺栓施加 30N·m 的定力扭矩,将其置于环境箱内。控制环境箱内的温度先从 10℃ 升高到 60℃,再从 60℃ 降至 -40℃,在此期间采集 SCM 垫片的信号。

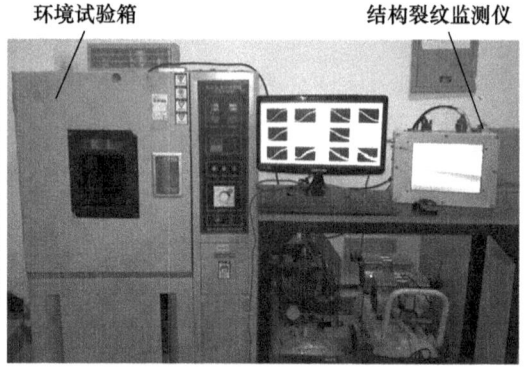

图 11 - 62 SCM 垫片的温度影响试验研究

温度从 10℃ 变化到 60℃ 再降至 -40℃ 期间,各通道测得的电导率的变化情况如图 11 - 63 所示。从图中可以看出,各通道测得的电导率随着温度的升高而降低,随着温度的降低而增大。当温度由 60℃ 降至 -40℃ 时,各通道测得的电导率变化了约 40%,且各测量通道的变化趋势与参考通道的变化情况是高度一致的。

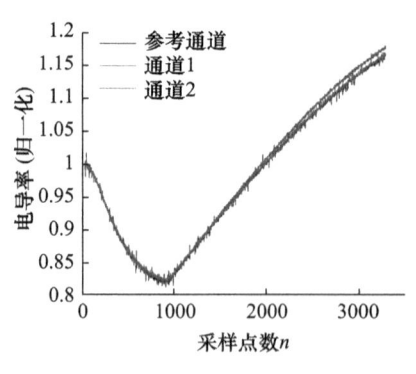

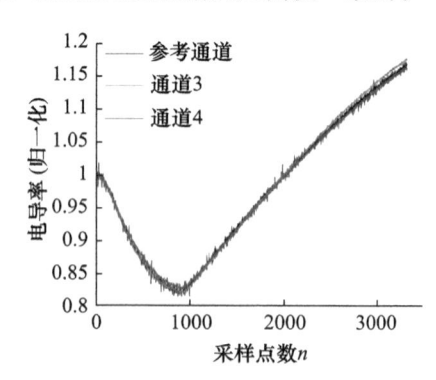

图 11 - 63 传感器各通道测得的电导率随温度的变化情况
($n = 0, T = 10℃ ; n = 900, T = 60℃ ; n = 3275, T = -40℃$)

各通道特征信号随温度变化的变化情况如图 11-64 所示,从图中可以看出,即使温度从 60℃变化至 -40℃也基本上不会对特征信号产生影响。这说明本书研制的 SCM 垫片可以有效消除环境温度变化对特征信号的影响。

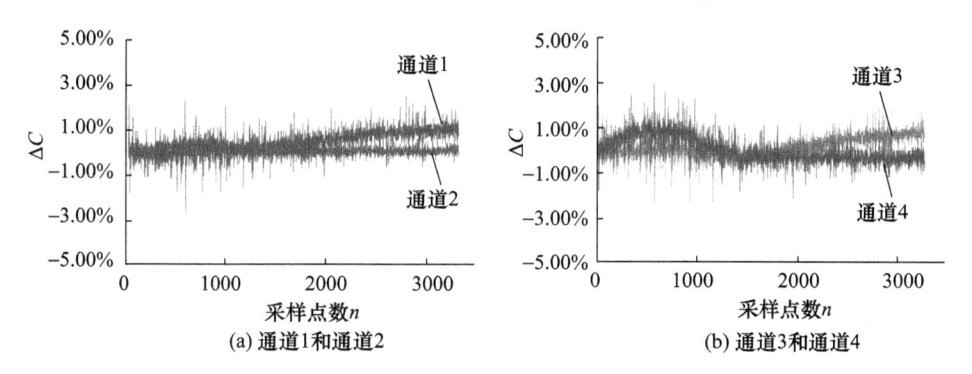

(a) 通道1和通道2
(b) 通道3和通道4

图 11-64　传感器各通道的特征信号随温度的变化情况
($n=0, T=10℃; n=900, T=60℃; n=3275, T=-40℃$)

综上所述,本书研制的 SCM 垫片既能承载,又能消除环境温度变化的影响,可以用于飞机螺栓连接结构的裂纹定量监测。

第四篇

基于矩形柔性涡流阵列传感器的金属结构裂纹监测技术

本篇针对曲面结构的裂纹定量监测需求,主要开展了基于矩形柔性涡流阵列传感器的金属结构裂纹监测技术研究:针对曲面结构,研制了一种矩形柔性涡流阵列传感器,通过建立矩形传感器的正向等效模型对传感器工作频率和结构参数进行了优化,并进行了可行性试验研究;通过探究矩形传感器的裂纹监测机理,对矩形传感器的裂纹监测灵敏度进行了优化,并在交变载荷、温度变化和振动载荷等环境下进行了验证性试验。

第 12 章

基于矩形涡流传感器的金属曲面结构裂纹监测

飞机金属结构中存在许多表面弯曲的过渡结构和焊接连接结构,这些曲面结构在服役使用中极易产生裂纹。现有的传感器一般难以适应曲面过渡结构和焊接结构的弯曲外形,本书研制的柔性涡流阵列传感器柔韧、可弯曲,可以适用于表面弯曲结构的裂纹监测。本章在前面几章研究的基础上,主要研究一种用于金属曲面结构裂纹监测的矩形涡流阵列传感器。首先,针对曲面结构的裂纹损伤特点,设计了一种能与曲面结构贴合的矩形状涡流阵列传感器;其次,建立了传感器正向等效模型,研究了工作频率和传感器尺寸参数对传感器电导率灵敏度的影响,并对传感器工作频率进行了优选、对传感器结构参数进行了初步优化;在此基础上,对矩形传感器的裂纹检测能力进行了验证,并利用位移平台开展了裂纹扩展在线监测模拟试验;最后,以焊接结构为对象,分别开展了应力影响试验、疲劳裂纹监测试验和温度变化影响试验,对传感器的监测性能进行了验证与分析。

12.1 矩形涡流阵列传感器

第三篇设计的环状涡流阵列传感器主要用于紧固件孔边的结构裂纹监测,主要监测从孔壁向外扩展的裂纹。曲面过渡结构的裂纹主要产生在过渡曲面处,焊接结构的裂纹主要产生在裂缝处。这类结构的裂纹长度较长,需要将线圈设计成矩形状。如图 12-1 所示的矩形传感器主要用于过渡边、焊缝等曲面结构的裂纹监测,主要由一个激励线圈和若干个感应线圈组成,激励线圈形成若干个矩形回路,在每个矩形回路中间均有一个感应线圈。当传感器工作时,给激励线圈施加时变电流,使得感应线圈产生感应电压。当结构产生裂纹并扩展至相应的感应通道下方时,结构的涡流将发生变化,使得感应电压发生变化,再结合传感器的尺寸就可以实现对裂纹的定量监测。因此,矩形涡流阵列传感器各种信号的定义与环状涡流阵列传感器一样。

矩形涡流阵列传感器采用柔性电路制版工艺制造而成,具有柔韧、可弯曲的特点,可用于各种曲面结构的裂纹监测。过渡弯曲结构的危险部位往往位于过渡转角处,焊接结构的危险部位往往位于焊缝处,结构表面均弯曲不平,柔性涡流阵列传感器正好可用于该部位的裂纹监测。图 12-2 给出了该传感器用于曲面结构裂纹监测的一种典型情形。

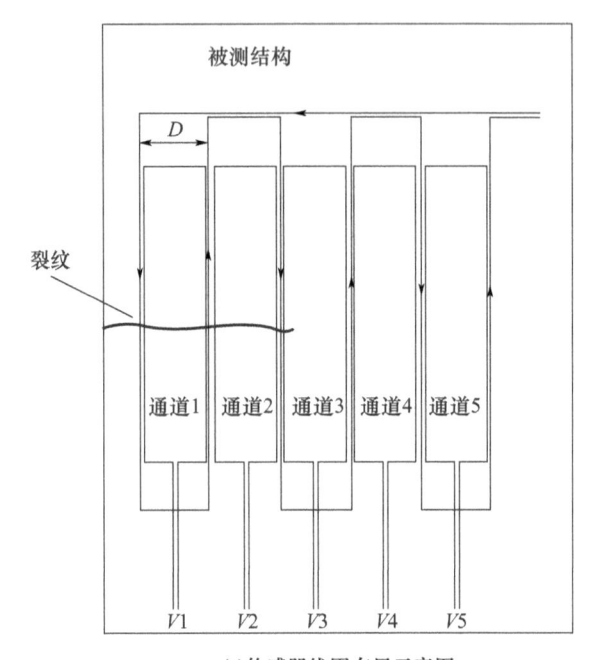

(a) 传感器线圈布局示意图

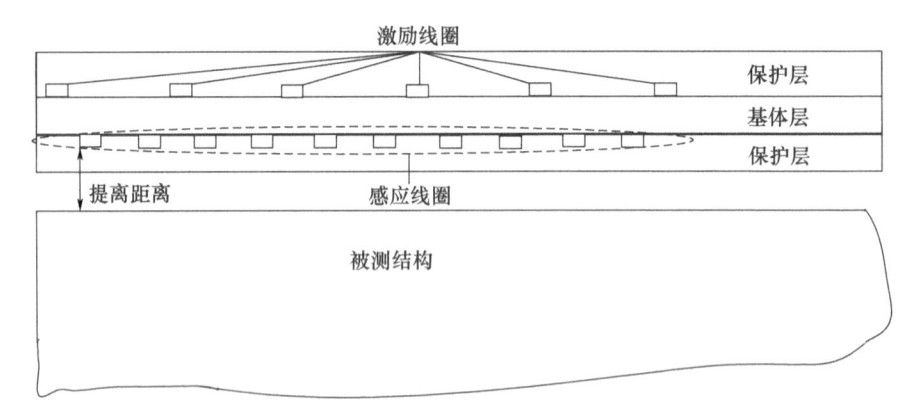

(b) 剖面示图

图 12-1 矩形涡流阵列传感器的结构示意图

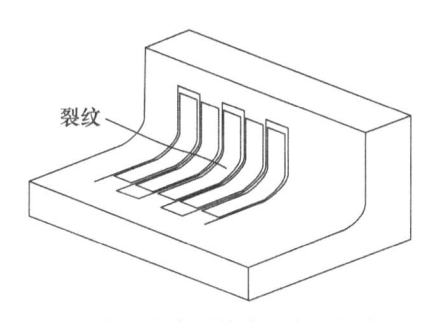

图 12-2 矩形涡流阵列传感器应用的典型示意图

12.2 矩形涡流阵列传感器的正向等效模型

正向等效模型建立的关键在于求解结构损伤特征量同传感器输出信号之间的对应关系。在结构发生疲劳损伤的过程中,通常存在多种损伤特征量,比如裂纹的尺寸、形状,如何选取损伤提取量直接关系到模型建立的复杂程度以及模型的实用性。通常,提取损伤特征量有两种方法:

(1) 直接提取,将特征量直接定义为损伤的几何尺寸。
(2) 间接提取,将特征量选取为材料的电磁特性。

形状不同的构件对应的反射磁场不同,需要根据构件的形状单独建模,这使得研究异常烦琐和复杂。鉴于材料的电磁特性改变也会影响反射磁场分布,因此将结构损伤等效为材料电磁参数的变化,这样构建的模型与构件的形状无关,模型具有很强的工程应用价值。

本节在建立矩形状涡流传感器的损伤检测/监测等效模型时,将损伤引起的结构状态的改变等效为被测材料电导率的变化,这样建立的模型与构件的尺寸和形状无关,相同材质的等效模型形式一致,具有较强的通用性。

12.2.1 磁矢量位

时变电磁场是随时间变化的电磁场,在时变电磁场中,电场和磁场是时间和空间的函数。时谐电磁场是指场源随时间按正弦规律变化的电磁场,时谐电磁场是正弦、稳态场,场量(电场强度、磁场强度)和场源同频率。矩形状涡流传感器由周期性正弦电流驱动,故电磁场是时谐电磁场,所以矩形状涡流传感器的裂纹监测可视为一个三维周期性时谐电磁场的边值问题,实质是从麦克斯韦(Maxwell)方程组演变而来的。当时谐电磁场的激励源是正弦周期量时,时谐电

磁场的场量均为正弦周期量,则时谐电磁场的麦克斯韦方程组可表达为

$$\nabla \times \boldsymbol{H} = \boldsymbol{J}_s + (\sigma + \mathrm{j}\omega\varepsilon)\boldsymbol{E} \tag{12-1}$$

$$\nabla \times \boldsymbol{E} = -\mathrm{j}\omega\boldsymbol{B} \tag{12-2}$$

$$\nabla \cdot \boldsymbol{B} = 0 \tag{12-3}$$

$$\nabla \cdot \boldsymbol{D} = \rho \tag{12-4}$$

磁矢量位是类比于静电场中的位函数而引入的参数,在静电场中电场强度 $\boldsymbol{E}$ 的旋度等于 0,所以存在标量位函数,磁场中矢量场函数 $\boldsymbol{B}$ 的旋度不等于 0,但 $\boldsymbol{B}$ 的散度恒等于零,则根据矢量分析,对于任意连续的矢量函数 $\boldsymbol{A}$ 恒有

$$\nabla \cdot (\nabla \times \boldsymbol{A}) = 0 \tag{12-5}$$

因此引入矢量 $\boldsymbol{A}$,满足

$$\boldsymbol{B} = \nabla \times \boldsymbol{A} \tag{12-6}$$

将式(12-6)代入式(12-2)中,得

$$\nabla \times (\boldsymbol{E} + \mathrm{j}\omega\boldsymbol{A}) = 0 \tag{12-7}$$

矢量分析中,对于任意的标量函数 φ,恒有

$$\nabla \times \nabla\varphi = 0 \tag{12-8}$$

对比式(12-7)和式(12-8),可取

$$\boldsymbol{E} + \mathrm{j}\omega\boldsymbol{A} = -\nabla\varphi \tag{12-9}$$

式中:φ 为标量电位,把式(12-9)代入式(12-1),可得

$$\nabla^2\boldsymbol{A} + k^2\boldsymbol{A} = -\mu\boldsymbol{J}_s + \nabla\left(\nabla \cdot \boldsymbol{A} - \frac{k^2}{\mathrm{j}\omega}\varphi\right) \tag{12-10}$$

式中 $k^2 = -\mathrm{j}\omega\mu(\sigma + \mathrm{j}\omega\varepsilon)$,另外,利用式(12-2)和式(12-4),式(12-6)可以写为

$$\nabla^2\varphi + \mathrm{j}\omega\nabla \cdot \boldsymbol{A} = -\frac{\rho}{\varepsilon} \tag{12-11}$$

式(12-10)和式(12-11)包含了麦克斯韦方程组的所有关系,但还不能用于确定 $\boldsymbol{A}$ 和 φ,需要再添加一些约束关系。

为使式(12-10)便于求解,选取电磁位函数满足洛伦兹规范:

$$\nabla \cdot \boldsymbol{A} - \frac{k^2}{\mathrm{j}\omega}\varphi = 0 \tag{12-12}$$

利用此规范,式(12-10)和式(12-11)分别可以写成

$$\nabla^2\boldsymbol{A} + k^2\boldsymbol{A} = -\mu\boldsymbol{J}_s \tag{12-13}$$

$$\nabla^2\varphi + k^2\varphi = -\frac{\rho}{\varepsilon} \tag{12-14}$$

采用洛伦兹规范后,式(12-10)和式(12-11)中的 $\boldsymbol{A}$ 和 φ 的相互作用被分离了,方便了对磁场的求解。

12.2.2 磁矢量位和磁场强度的传递关系

矩形状涡流传感器在线监测的物理模型如图 12-3 所示,总共有 7 层,从上到下依次是空气层、聚酰亚胺层、传感器层、聚酰亚胺层、被测材料层、空气层。磁场在不同磁介质层之间存在一定的关系。下面我们建立磁矢量位和磁场强度在不同层之间的传递关系。

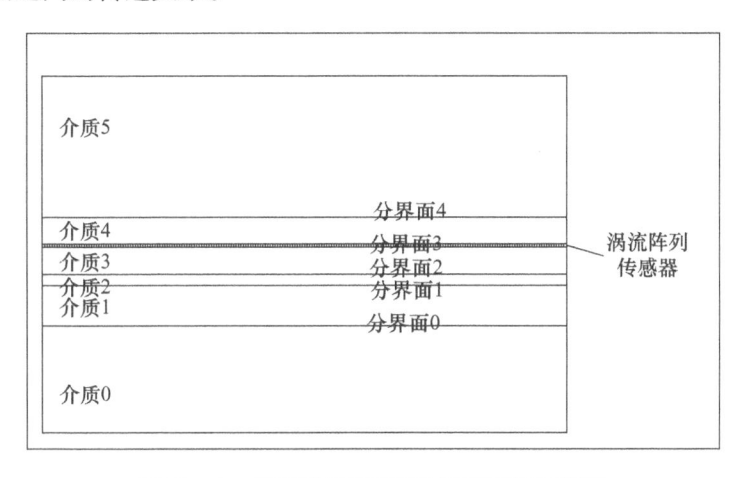

图 12-3 传感器在线监测物理模型(横截面)

对于厚度为 h 的介质层 j,上下分界面上的磁矢量位 A 和 y 向磁场强度分量 H 如图 12-4 所示。第 j 层介质层的磁导率和电导率分别为 μ_j、σ_j。

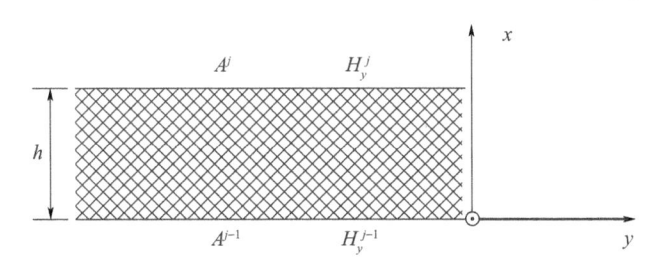

图 12-4 第 j 层介质层分界面上的场量

在涡流检测中,不同的磁介质有着不同的磁导率 μ、电导率 σ、磁矢量位 A 和磁场强度 H,如图 12-5 所示,其中 H_i^+ 表示第 i 层分界面上侧的磁场强度,H_i^- 表示第 i 层分界面下侧的磁场强度,A_i^+ 表示第 i 层分界面上侧的磁矢量位,A_i^- 表示第 i 层分界面下侧的磁矢量位。由于分界面上不存在电流,根据电磁场的连续性,不同层之间的电磁场参数存在传递关系。

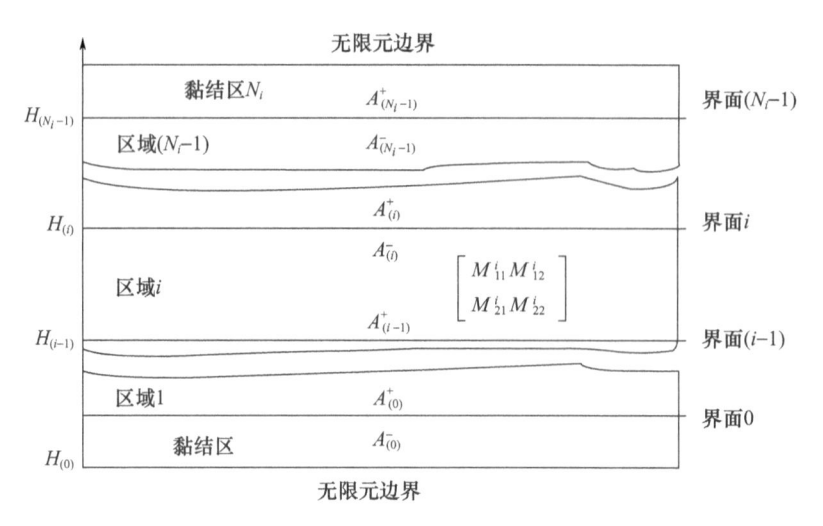

图 12-5 不同磁介质中分界面处的磁场强度和磁矢量位

在第 m 层介质和 $m+1$ 层介质间的分界面上,磁矢量位 $\boldsymbol{A}$ 和 y 轴方向磁场强度分量 $\boldsymbol{H}$ 满足传递关系式:

$$\begin{bmatrix} A_m^+ \\ A_{m+1}^+ \end{bmatrix} = \begin{bmatrix} M_{11}^m & M_{12}^m \\ M_{21}^m & M_{22}^m \end{bmatrix} \begin{bmatrix} H_m^+ \\ H_{m+1}^- \end{bmatrix} \tag{12-15}$$

$$\begin{bmatrix} A_m^+ \\ A_{m+1}^+ \end{bmatrix} = \begin{bmatrix} M_{11}^m & M_{12}^m \\ M_{21}^m & M_{22}^m \end{bmatrix} \begin{bmatrix} H_m^+ \\ H_{m+1}^- \end{bmatrix} \tag{12-16}$$

其中

$$M_{11}^i = -M_{22}^i = -\frac{\mu_m}{\gamma_m}\coth(\gamma_m h_m) \tag{12-17}$$

$$M_{12}^i = -M_{21}^i = \frac{\mu_m}{\gamma_m}\mathrm{csch}(\gamma_m h_m) \tag{12-18}$$

式中:μ_m 为第 m 层介质的磁导率;h_m 为第 m 层介质层的厚度。

由于分界面上不存在电流,所以 $J_{m+1}^- = J_{m+1}^+$,同时由磁矢量位连续性,即 $A_{m+1}^- = A_{m+1}^+$,得到

$$\begin{bmatrix} A_m^+ \\ A_{m+2}^- \end{bmatrix} = \begin{bmatrix} M_{11}^{m:m+1} & M_{12}^{m:m+1} \\ M_{21}^{m:m+1} & M_{22}^{m:m+1} \end{bmatrix} \begin{bmatrix} H_m^+ \\ H_{m+2}^- \end{bmatrix} \tag{12-19}$$

$$M_{11}^{m:m+1} = M_{11}^m - \frac{M_{12}^m M_{21}^m}{M_{22}^m - M_{11}^{m+1}} \tag{12-20}$$

$$M_{12}^{m:m+1} = \frac{M_{12}^m M_{12}^{m+1}}{M_{22}^m - M_{11}^{m+1}} \tag{12-21}$$

$$M_{21}^{m:m+1} = \frac{M_{21}^m M_{21}^{m+1}}{M_{22}^m - M_{11}^{m+1}} \qquad (12-22)$$

$$M_{22}^{m:m+1} = M_{22}^{m+1} - \frac{M_{12}^{m+1} M_{21}^{m+1}}{M_{22}^m - M_{11}^{m+1}} \qquad (12-23)$$

12.2.3 电流密度傅里叶级数表达

导线中通以交流电时，电流密度在导线内分布不均匀，并且随着交流电频率的升高，电流愈发集中在导线的表面。涡流传感器的激励信号工作频率达到MHz的级别，因此电流集中在线圈的两侧。由于时谐电磁场中的物理量（如电场密度、磁场密度）和场源信号的频率相同，因此线圈中的电流也是同频率的正弦量。任一周期函数，只要满足狄里赫莱条件，便可以展开为傅里叶级数，线圈中的电流是周期函数并且满足狄里赫莱条件，因此可以用傅里叶级数的形式表达。对于电流密度分布不均匀的情况，我们采用线性插值的方法进行处理，在导线中选取 n 个配点，由于导线中电流密度两侧大中间小，故采用余弦规律配点。两个配点间电流密度的线性插值函数为

$$K_n(y) = \frac{K(y_{n+1}) - K(y_n)}{y_{n+1} - y_n} \qquad (12-24)$$

式中：$K(y_n)$ 为配点处的电流密度；$K_n(y)$ 为配点 $n-1$ 和配点 n 之间电流密度的插值函数。

电流密度的差值函数示意图如图 12-6 所示。

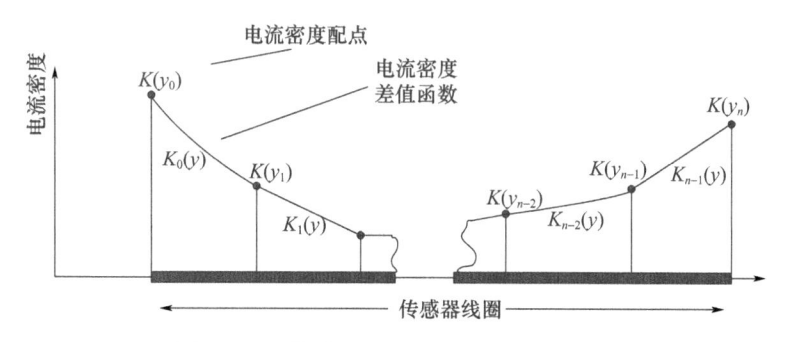

图 12-6 传感器线圈电流密度配点示意图

每个线性插值函数都是配点位置 y_n 的单值函数，整个导线上的电流密度函数可以表示为 $n-1$ 个插值函数的和，即

$$K(y) = \sum_{n=0}^{N-1} K_n(y) \qquad (12-25)$$

将导线上的电流密度函数写成傅里叶级数形式,即

$$K(y) = \sum_{k=0}^{\infty} (K^{\text{even}}[k]\sin k\omega t + K^{\text{odd}}[k]\cos k\omega t) \quad (12-26)$$

由傅里叶级数系数的公式得

$$K^{\text{even}}[k] = \frac{2}{\lambda}\int_{y_0}^{y_N} K(y)\cos(ky)\mathrm{d}y \quad (12-27)$$

$$K^{\text{odd}}[k] = \frac{2}{\lambda}\int_{y_0}^{y_N} K(y)\sin(ky)\mathrm{d}y \quad (12-28)$$

式中:y_0为第一个配点;y_N为最后一个配点。

将式(12-25)带入式(12-27)和式(12-28)可得

$$K^{\text{even}} = \frac{2}{\lambda}\sum_{n=0}^{N-1}\int_{y_n}^{y_{n+1}} K_n(y)\cos(ky)\mathrm{d}y \quad (12-29)$$

$$K^{\text{odd}}[k] = \frac{2}{\lambda}\sum_{n=0}^{N-1}\int_{y_n}^{y_{n+1}} K_n(y)\sin(ky)\mathrm{d}y \quad (12-30)$$

将式(12-24)代入式(12-29)和式(12-30)得

$$K^{\text{odd}}[k] = \frac{2}{\lambda}\sum_{n=0}^{N-1}\left\{\frac{1}{k}[-K(y_{n+1})\cos(ky_{n+1}) - K(y_n)\cos(ky_n)] + \frac{1}{k^2}\frac{K(y_{n+1}) - K(y_n)}{h_n}[\sin(ky_{n+1}) - \sin(ky_n)]\right\} \quad (12-31)$$

$$K^{\text{even}}[k] = \frac{2}{\lambda}\sum_{n=0}^{N-1}\left\{\frac{1}{k}[K(y_{n+1})\sin(ky_{n+1}) - K(y_n)\sin(ky_n)] + \frac{1}{k^2}\frac{K(y_{n+1}) - K(y_n)}{y_{n+1} - y_n}[\cos(ky_{n+1}) - \cos(ky_n)]\right\} \quad (12-32)$$

将电流密度傅里叶级数的系数写成如下形式:

$$K^{\text{even}}[k] = \sum_{n=0}^{N} F_n^{\text{even}}[k]K(y_n) \quad (12-33)$$

$$K^{\text{odd}}[k] = \sum_{n=0}^{N} F_n^{\text{odd}}[k]K(y_n) \quad (12-34)$$

式中 F_n^{even} 和 F_n^{odd} 的表达式为

$$F_n^{\text{even}}[k \neq 0] \begin{bmatrix} \frac{1}{\pi}\frac{1}{k^2}\left[\frac{\cos(ky_n) - \cos(ky_{n-1})}{y_n - y_{n-1}} - \frac{\cos(ky_{n+1}) - \cos(ky_n)}{y_{n+1} - y_n}\right] & (1 \leq n < N) \\ \frac{1}{\pi}\left[\frac{\sin(ky_N)}{k} + \frac{\cos(ky_N) - \cos(ky_{N-1})}{k^2(y_N - y_{N-1})}\right] & (n = N) \end{bmatrix}$$

$$(12-35)$$

$$F_n^{\text{odd}}[k \neq 0] = \begin{cases} \dfrac{1}{\pi}\dfrac{1}{k^2}\left[\dfrac{\sin(ky_n) - \sin(ky_{n-1})}{y_n - y_{n-1}} - \dfrac{\sin(ky_{n+1}) - \sin(ky_n)}{y_{n+1} - y_n}\right] & (1 \leq n \leq N) \\ \dfrac{1}{\pi}\left[-\dfrac{\cos(ky_N)}{k} + \dfrac{\sin(ky_N) - \sin(ky_{N-1})}{k^2(y_N - y_{N-1})}\right] & (n = N) \end{cases}$$

(12-36)

12.2.4 约束方程及总体矩阵建立

由法拉第电磁感应定理及式(12-6)可得

$$\oint_c \boldsymbol{E} \cdot \mathrm{d}\boldsymbol{r} = -\int_s \frac{\partial \boldsymbol{B}}{\partial t} \cdot \mathrm{d}\boldsymbol{s} = -\frac{\mathrm{d}}{\mathrm{d}t}\oint_c \boldsymbol{A} \cdot \mathrm{d}\boldsymbol{l} \tag{12-37}$$

选定如图12-7所示的积分路径,其中激励线圈中的路径经由点 y,沿 z 轴贯穿线圈,感应线圈中的路径也经由点 y,沿 z 轴贯穿感应线圈。在线圈外经由理想导线引至无穷远处。

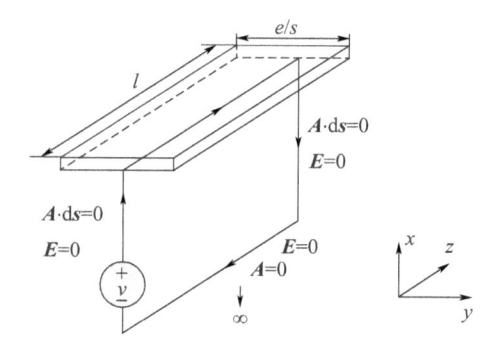

图12-7 激励、感应线圈中的积分路径

设激励线圈的激励电压为 V_1,感应线圈的感应电动势为 V_2,则由式(12-37)可得

$$\frac{1}{h\sigma}\int I(y) \cdot \mathrm{d}l + \mathrm{j}\omega\int \boldsymbol{A}(y) \cdot \mathrm{d}l = \begin{cases} V_1 \\ V_2 \end{cases} \tag{12-38}$$

σ 为导线材料的体电导率,利用电流、磁矢分布的对称性,可将式(12-38)写为

$$\begin{cases} \dfrac{2ml}{h\sigma}I(y) + \mathrm{j}\omega 2ml A(y) = V_1 \\ \dfrac{2l}{h\sigma}I(y) + \mathrm{j}\omega 2l A(y) = V_2 \end{cases} \tag{12-39}$$

式中:m 为激励线圈在 y 方向的周期数(或匝数)。在 $0 \leq y \leq \lambda/4$ 范围内取 $N_e + N_g + N_s + N_d$ 个点,这些点不同于式(12-24)中关于 A 的配点,用 $y_n^{(1)}$ 表示,即

$$y_n^{(1)} = \begin{cases} y_n & (n = 1, N_e + N_g) \\ y_{n-1} & (n = N_e + 1, N_e + N_g + N_s) \\ \lambda/4 & (n = N_e + N_g + N_s + N_d + 1) \\ (y_n + y_{n-1})/2 & (其他) \end{cases} \quad (12-40)$$

利用这些点，在 $0 \leq y \leq \lambda/4$ 内构建 $N_e + N_g + N_s + N_d$ 个子域，令每个子域的内部残差等于零，即

$$\begin{cases} \int_{y_\beta^{(1)}}^{y_{\beta+1}^{(1)}} \left[\dfrac{2ml}{h\sigma} I(y) + j\omega 2mlA(y) - V_1 \right] dy = 0 \\ \int_{y_\beta^{(1)}}^{y_{\beta+1}^{(1)}} \left[\dfrac{2l}{h\sigma} I(y) + j\omega 2lA(y) - V_2 \right] dy = 0 \end{cases} \quad (12-41)$$

进而可得

$$\begin{cases} \dfrac{1}{y_{\beta+1}^{(1)} - y_\beta^{(1)}} \int_{y_\beta^{(1)}}^{y_{\beta+1}^{(1)}} \left[\dfrac{2ml}{h\sigma} I(y) + j\omega l2mA(y) \right] dy = V_1 \\ \dfrac{1}{y_{\beta+1}^{(1)} - y_\beta^{(1)}} \int_{y_\beta^{(1)}}^{y_{\beta+1}^{(1)}} \left[\dfrac{2l}{h\sigma} I(y) + j\omega l2A(y) \right] dy = V_2 \end{cases} \quad (12-42)$$

对 $N_e + N_g + N_s + N_d$ 个子域应用式(12-42)，可以得到 $N_e + N_g + N_s + N_d$ 个关于 A_n 的方程，进而可以得到关于 A_n 的矩阵方程。

12.3 矩形涡流阵列传感器频率优选和结构参数初步优化

矩形涡流阵列传感器用于监测飞机金属结构关键部位裂纹的萌生和扩展。无论进行裂纹检测还是裂纹扩展在线监测，传感器性能的好坏决定了能否及时准确发现裂纹并确定裂纹的长度。传感器性能的优劣是由传感器自身参数比如线圈的宽度、线圈间距以及传感器工作频率、提离距离等工作参数共同决定的。本节在正向等效模型基础上，结合两种飞机结构常用金属材料 2A12-T4 铝合金和高强度钢，对传感器的裂纹监测性能进行优化，确定了传感器的最优参数，为传感器裂纹扩展监测试验及最终工程应用打下坚实基础。

12.3.1 优化设计指标选取

传感器的灵敏度表征了传感器对损伤参数变化的敏感性，对于等效模型来说，即为传感器对材料电导率变化的敏感性。由此，我们定义矩形状涡流传感器的灵

敏度为电导率变化一个单位量时传感器感应线圈输出信号的变化量,公式表示为

$$S_\sigma = \sqrt{\left(\frac{\partial Z_A}{\partial \sigma}\right)^2 + \left(\frac{\partial Z_\Phi}{\partial \sigma}\right)^2} \qquad (12-43)$$

式中:S_σ 为电导率灵敏度;Z_A 为感应线圈跨阻抗的幅值;Z_Φ 为跨阻抗的相位。

下面研究感应线圈输出信号的幅值和相位随材料电导率的变化规律。传感器的第1通道距离半孔边缘最近,最先感应到裂纹的萌生与扩展,随着裂纹扩展到第2、第3和第4通道,相应的感应线圈输出信号发生变化。以第1通道为例,分析当电导率变化时,输出信号的幅值和相位的变化规律。

设置传感器的激励信号频率为1MHz,电导率范围为0.029MS/m 到48MS/m,按等比例规律变化,比例系数为0.6。图12-8所示是提离距离为0.01mm 时,传感器第1通道输出信号的幅值和相位随电导率变化的曲线图。

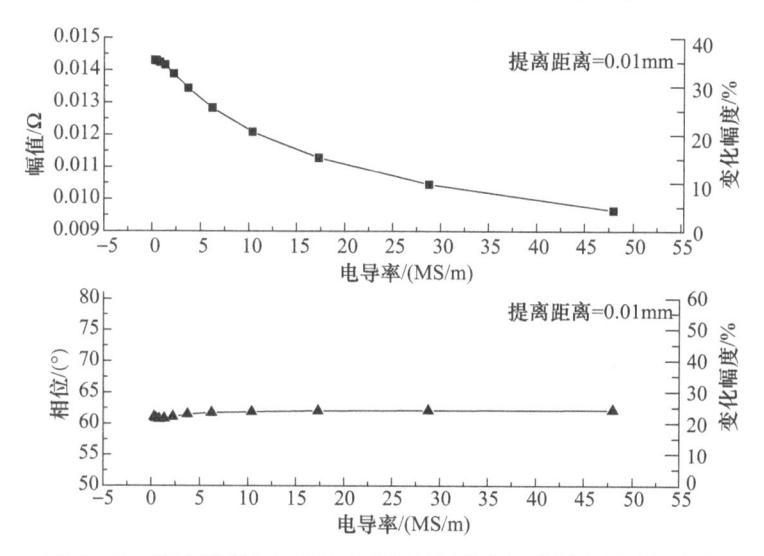

图12-8 传感器第1通道输出信号的幅值和相位随电导率的变化

从图中看出,随着材料电导率的增加,输出信号的幅值减小,相位增大。这是由于随着电导率增加,材料的导电性增强,被测材料中的电涡流强度变大,根据楞次定律,电涡流的效果总是反抗激励磁场的变化,即电涡流激发的磁场对激励磁场的阻碍作用增强,反射磁场的变化强度降低,感应线圈的输出信号变小。电导率为0MS/m 时,被测材料为绝缘体,激励线圈中施加激励信号后,被测材料中不会感应出电涡流,反射磁场即为激励磁场,感应线圈所感受的电磁场变化是单由激励信号所引起的,所以此时感应线圈的输出信号最大。随着材料电导率逐渐增大至48MS/m,材料的导电性逐步增强,电涡流对激励磁场的削弱作用增强,感应线圈的输出信号减小。提离距离为0.01mm 时,电导率从0.029MS/m

变化到48MS/m,输出信号的幅值下降幅度约为17%,而相位角的增加幅度几乎为0。因此,裂纹萌生和扩展时,输出信号的幅值对电磁参数的变化更为敏感,即输出信号的幅值对损伤缺陷更为敏感。

12.3.2 工作频率优选

电磁感应中,激励磁场频率的高低影响着被测材料中涡流的渗透深度。工作频率过高时,根据趋肤效应,电流集中在被测结构的表面,降低了传感器对被测材料内部裂纹监测的灵敏度;工作频率过低时,被测结构中激发出的电涡流太过微弱,无法将结构状态信息反应到激励磁场中。因此,有必要选择合适的工作频率,使得传感器的裂纹监测灵敏度达到最优。传感器与被测结构之间存在一定距离,该距离称为提离距离,提离距离的变化也会影响传感器对裂纹的感知能力。不同的提离距离下,传感器的最优工作频率和最优电导率灵敏度不同。在矩形状传感器进行裂纹检测和监测过程中,需要根据提离距离的大小选择最优的激励频率。下面,我们在0.01mm和0.07mm两种提离距离下,研究电导率灵敏度随激励信号频率的变化规律,确定矩形状涡流传感器的最优工作频率。图12-9所示是两种提离距离下传感器第1通道和第2通道电导率灵敏度随工作频率变化的曲线。

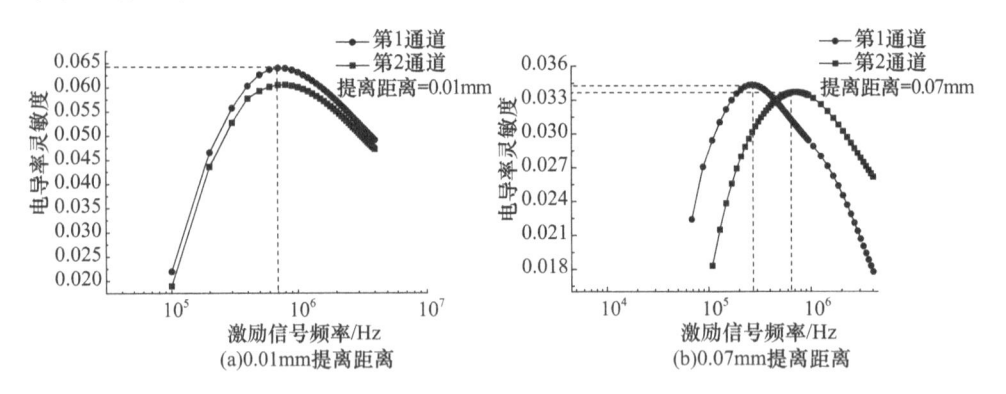

图12-9 传感器电导率灵敏度随激励频率的变化(2A12-T4铝合金)

从图12-9中看出,同一提离距离下传感器两个通道的电导率灵敏度变化趋势一致,存在一个最优电导率灵敏度和对应的最优工作频率。随着工作频率的变大,电导率灵敏度先变大后变小,在0.5MHz工作频率附近灵敏度达到最大值,当频率大于10MHz或小于0.2MHz时,灵敏度急剧减小。激励信号频率低于0.2MHz时,激励磁场的变化强度减弱,被测结构中电涡流减弱,相应的感应线圈感应到的磁场强度减小,传感器所接收到的特征信号减弱,所以传感器的电导率灵敏度下降。当激励频率较高时,电涡流和感应磁场集中于被测结构的表面,降低了传感器对于被测结构内部裂纹的感知能力,传感器的电导率灵敏度也会降低。不同提离距离下,电导率灵敏度的曲线变化基本一致,随着激励信号频率的增加,传感器的电导率灵敏度先增大后减小。对比两幅图发现,不同提离距离下传感器的最优电导率灵敏度和最优工作频率也有所不同,下面分析提离距离对传感器最优灵敏度和最优工作频率的影响。

提离距离从 0.01mm 变化到 0.2mm 时,矩形涡流传感器的最优工作频率随提离距离变化的曲线如图 12-10 所示。图 12-11 所示是提离距离从 0.01mm 变化到 0.2mm 时,传感器的最优电导率灵敏度值随提离距离变化的曲线。

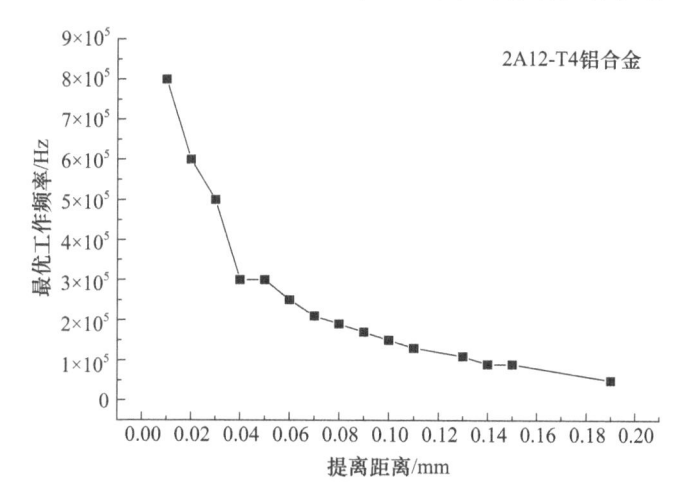

图 12-10 最优工作频率随提离距离变化的曲线

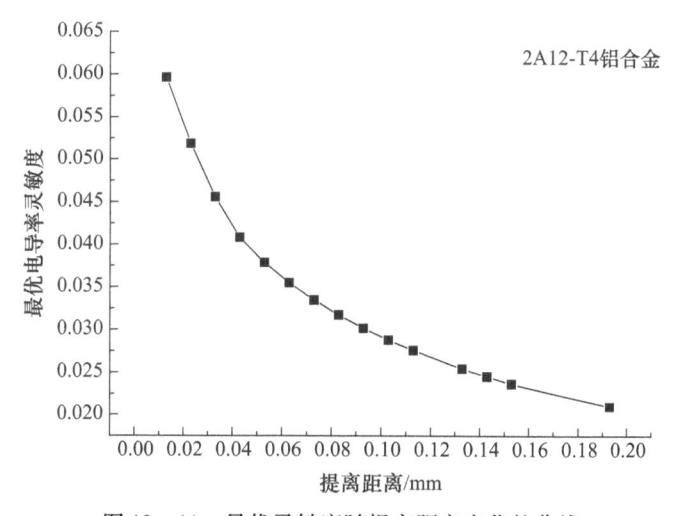

图 12-11 最优灵敏度随提离距离变化的曲线

从图 12-10、图 12-11 中看出,随着提离距离的增加,传感器的最优工作频率和最优电导率灵敏度均出现下降。在传感器进行裂纹检测和监测时,需要根据提离距离的具体值选择合适的工作频率。影响传感器裂纹检测灵敏度的另一个因素是被测材料的属性,以上是针对 2A12-T4 铝合金材料进行的传感器工作频率和电导率灵敏度的优化。下面针对飞机结构另一种典型材料 304 不锈钢进行传感器频率优选。

不锈钢的电导率小于铝合金的电导率,激励磁场在被测结构中激发的电涡流强度相对较弱。图 12-12 所示是被测材料为 304 不锈钢,提离距离为 0.01mm 时,涡流传感器各通道的电导率灵敏度随激励信号频率变化的曲线。

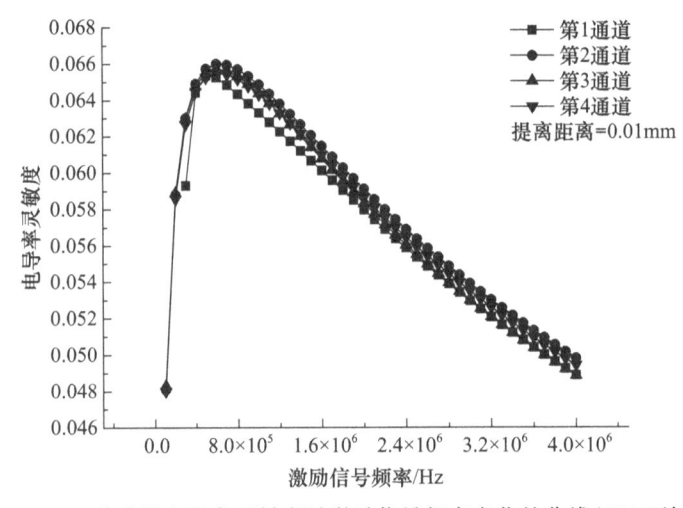

图 12-12 传感器电导率灵敏度随激励信号频率变化的曲线(304 不锈钢)

从图 12-12 中看出,提离距离为 0.01mm、被测材料为不锈钢时,传感器的最优电导率灵敏度为 0.066,相应的最优工作频率为 0.8MHz。下面研究被测材料为 304 不锈钢时,传感器最优电导率灵敏度和最优工作频率随提离距离的变化规律。图 12-13 和图 12-14 所示分别是涡流传感器最优工作频率和最优电导率灵敏度随提离距离变化的曲线。

依据传感器裂纹监测灵敏度参数——电导率灵敏度,本节对 2A12-T4 铝合金和 304 不锈钢两种典型飞机金属材料进行了传感器工作频率优化。确定了传感器最优工作频率和最优电导率灵敏度随提离距离的变化规律。在应用矩形状传感器进行裂纹检测和监测时,根据被测材料的种类以及提离距离的大小选择适合的工作频率使传感器的电导率灵敏度达到最优,提高了传感器裂纹检测和监测性能。

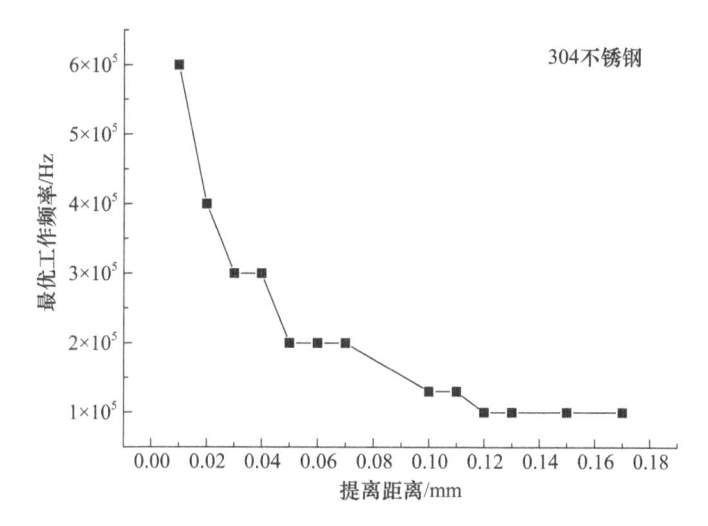

图 12-13 最优工作频率随提离距离的变化图

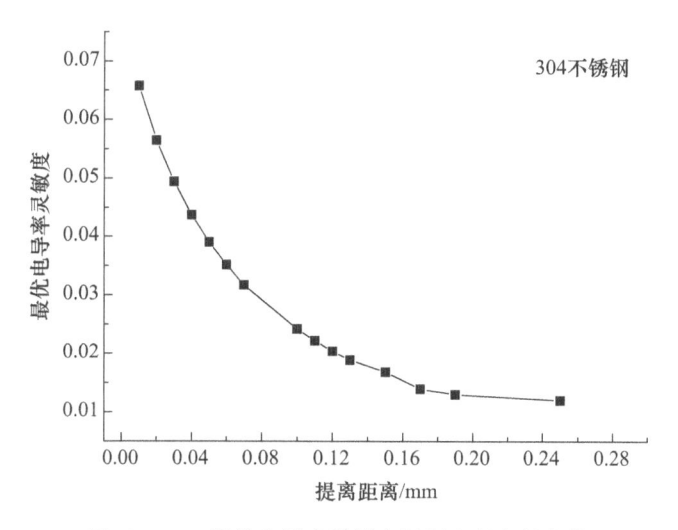

图 12-14 最优电导率灵敏度随提离距离的变化

12.3.3 结构参数优化

1. 导线厚度优化

线圈导线的厚度影响电流密度的分布,进而影响激励磁场和反射磁场的分布,最终影响传感器的裂纹监测性能。下面以 2A12-T4 铝合金为研究对象,研究导线厚度对传感器监测灵敏度的影响。设置传感器激励和感应线圈导线的厚度分别为基准参数的 0.5 倍、1 倍、2 倍和 3 倍,图 12-15 所示是提离距离分别为 0.01mm 和 0.07mm 时,不同导线厚度下,传感器第 1 通道电导率灵敏度随激励信号频率变化的曲线。

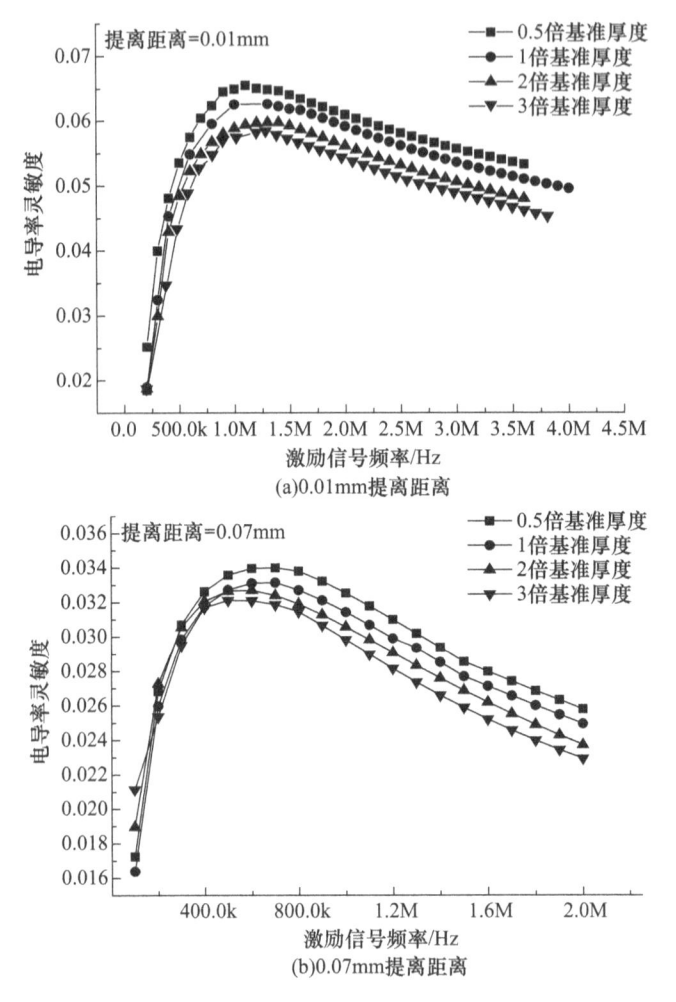

图 12-15　传感器电导率灵敏度随导线厚度变化的规律(2A12-T4 铝合金)

从图 12-15 中可以看出,不同导线厚度下传感器的最优电导率灵敏度存在一定差别,导线厚度越小,电导率监测灵敏度越高,导线厚度越大,电导率监测灵敏度越低。同时,2 倍导线厚度和 4 倍导线厚度下的传感器,电导率灵敏度几乎无差别,即电导率监测灵敏度降低的幅度随导线厚度增大而减小。

2. 线圈间距优化

感应线圈与激励线圈之间的水平间距影响激励线圈激发的电磁场对感应

线圈的影响。将传感器激励线圈和感应线圈之间的水平间距设定为基准参数的 0.3 倍、0.5 倍、1 倍和 1.5 倍。图 12-16 所示是提离距离分别为 0.01mm 和 0.07mm 水平间距下,传感器第 1 通道电导率灵敏度随激励信号频率变化的曲线。

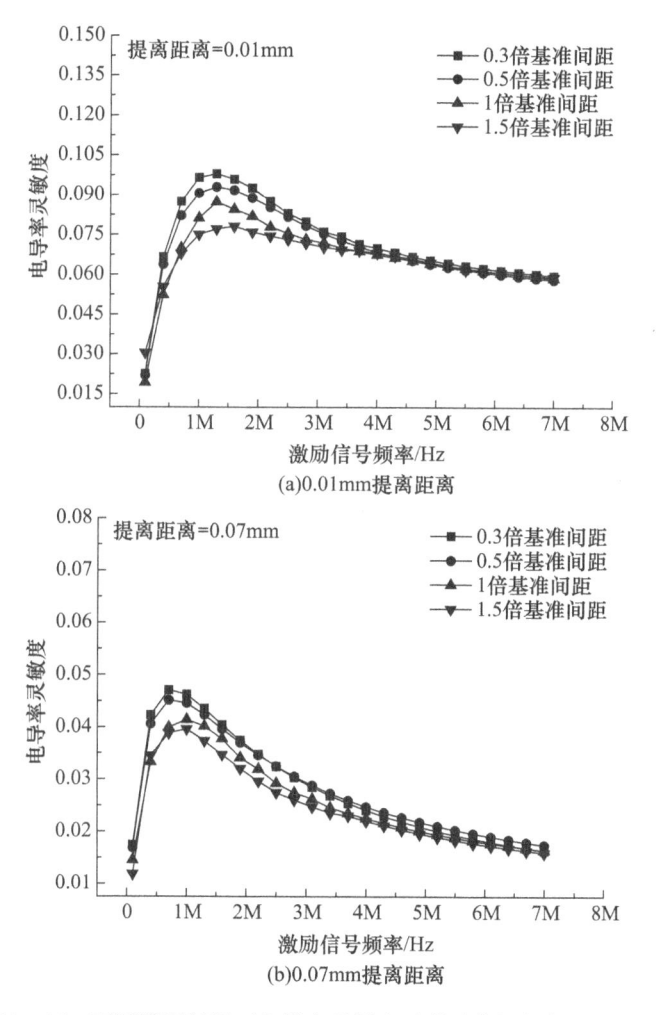

图 12-16 不同线圈间距下电导率灵敏度随激励信号频率变化的曲线
（2A12-T4 铝合金）

从图 12-16 中看出,感应线圈与激励线圈之间的水平间距越大,传感器的电导率监测灵敏度越小。间距越大,感应线圈离激励线圈越远,激励线圈所激发的入射场对感应线圈的直接影响就越小,相应的,涡流反射场变化对感应线圈的影响就越小,即电导率监测灵敏度变小。

12.4 矩形涡流阵列传感器的试验研究

12.4.1 涡流传感器裂纹监测能力验证

本节在 12.3 节的基础上,采用传感器在模拟裂纹试件表面工作时的输出信号并同基准信号对比,验证传感器的裂纹监测能力。通过电控位移平台模拟裂纹的扩展过程,观察传感器在裂纹表面移动时输出信号幅值的变化,模拟验证涡流传感器对裂纹扩展的监测能力。

裂纹标准试件长 200mm、宽 50mm、厚 4mm,表面进行抛光处理。试件中心钻一个直径 6mm 的圆孔,选用直径 0.1mm 的钼丝进行线切割,切割出长度为 40mm,宽度分别为 0.2mm、0.4mm 和 0.6mm 的模拟裂纹。模拟裂纹标准试件如图 12-17 所示,模拟裂纹标准试件制备过程如图 12-18 所示。

图 12-17　裂纹标准试件　　图 12-18　线切割加工模拟裂纹标准试件

1. 传感器对 2A12-T4 铝合金材料裂纹监测能力验证

在对传感器在空载条件下以及 2A12-T4 铝合金材料和 304 不锈钢材料的基准信号进行标定的基础上,测量了不同宽度裂纹下传感器的输出信号,并同基准信号进行对比,由此验证传感器的裂纹监测能力。试验时将宽度为 0.2mm、0.4mm 和 0.6mm 的模拟裂纹标准试件分别固定在电控位移平台挡板上,矩形涡流传感器贴附在电控位移平台的探头上。通过调节探头在 x、y、z 三个方向的移动,使探头和裂纹标准试件紧密接触,并将传感器置于裂纹上方,改变激励线圈的输入频率,观察并记录输出信号的波形和输出信号的幅值。试验过程如图 12-19 所示。

0.2mm 宽裂纹标准铝合金试件激励信号频率为 1MHz 时,传感器第 1 通道和第 2 通道输出信号的曲线如图 12-20 所示。图 12-21 所示是采集信号同基准信号的对比情况。

(a)硬件系统　　　　　　　　　　　(b)传感器贴附方式

图 12-19　传感器裂纹检测能力验证试验装置

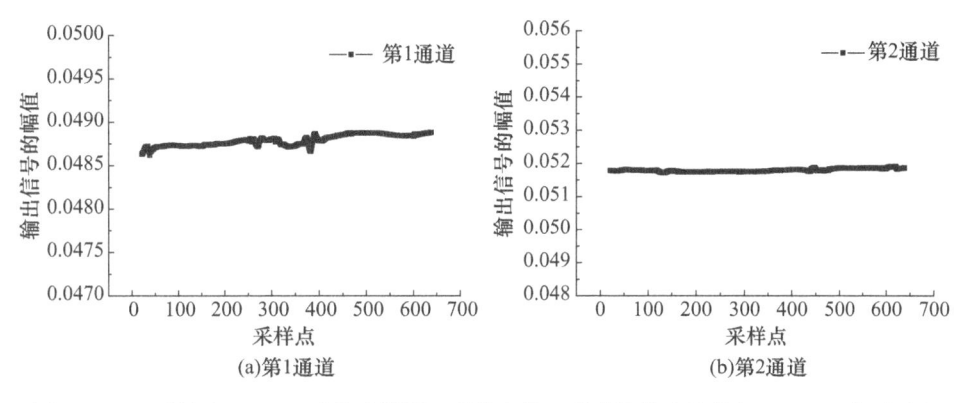

(a)第1通道　　　　　　　　　　　(b)第2通道

图 12-20　裂纹宽 0.2mm 时传感器第 1 通道和第 2 通道的输出信号（2A12-T4 铝合金）

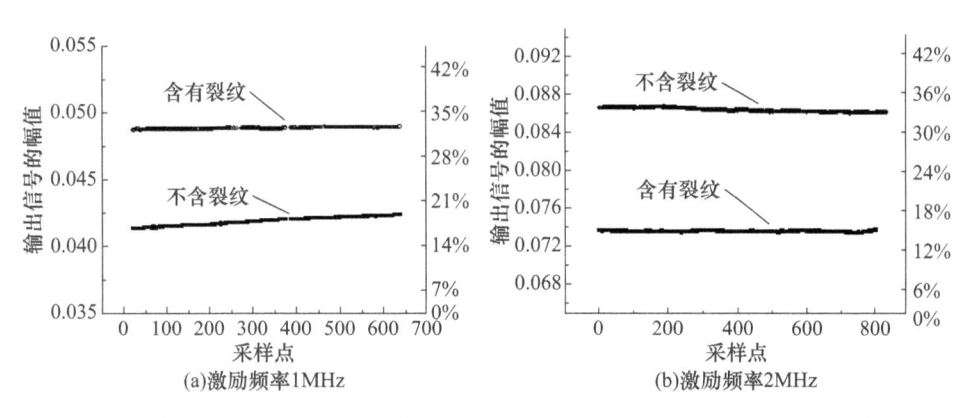

(a)激励频率1MHz　　　　　　　　(b)激励频率2MHz

图 12-21　裂纹宽 0.2mm 时传感器输出信号与基准信号的对比情况（2A12-T4 铝合金）

从图 12-20 中看出，当传感器在裂纹上方时，输出信号的幅值曲线平稳，抗外界干扰能力强，工作状态稳定。传感器第 1 通道输出信号的幅值为 0.0487，第 2 通道输出信号的幅值为 0.052。

277

从图 12-21 中看出,工作频率为 1MHz、裂纹宽 0.2mm 时,传感器第 1 通道输出信号为 0.050,基准信号为 0.042,变化幅度为 17%;工作频率为 2MHz 时,传感器第 1 通道输出信号为 0.086,变化幅度为 16%。当结构中存在裂纹时,第 1 通道的输出信号明显大于基准信号,说明传感器对结构状态变化有着很强的敏感性,裂纹出现后,感应线圈的输出信号发生了明显的变化,通过对比输出信号和基准信号能够准确判断出结构中是否含有裂纹。工作频率固定为 1MHz,改变裂纹的宽度,分别测量裂纹宽为 0.4mm 和 0.6mm 时,传感器的输出信号。图 12-22(a) 所示是裂纹宽 0.4mm 时,传感器的输出信号同基准信号的对比情况;图 12-22(b) 所示是裂纹宽 0.6mm 时,传感器的输出信号同基准信号的对比情况。

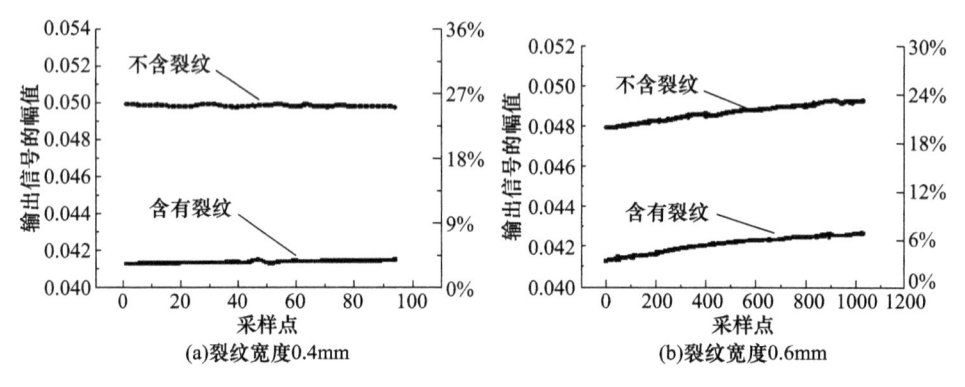

图 12-22 裂纹宽 0.4mm 和 0.6mm 时传感器输出信号
与基准信号的对比情况(2A12-T4 铝合金)

从图 12-22 中看出,结构中含有裂纹时传感器感应通道的工作状态很平稳,有裂纹时传感器的输出信号明显大于基准信号。裂纹宽度为 0.4mm 时,有裂纹情况下,传感器输出信号的幅值为 0.050,基准信号为 0.041,变化幅度为 22%;裂纹宽度为 0.6mm 时传感器输出信号的幅值为 0.049,基准信号为 0.041,变化幅度为 17%。由此可见,存在裂纹时,传感器的输出信号明显大于基准信号。通过对比采集到的信号与基准信号,矩形状涡流传感器完成了结构中裂纹的检测。

2. 传感器对 304 不锈钢材料裂纹监测能力验证

被测材料为 304 不锈钢时,传感器监测能力的验证方法同 2A12-T4 铝合金材料一样。在此只给出最终的结论。图 12-23 所示是裂纹宽度为 0.2mm 时,传感器第 1 通道和第 2 通道输出信号的幅值。图 12-24 所示是含有裂纹(宽度为 0.2mm)的信号与基准信号的对比。

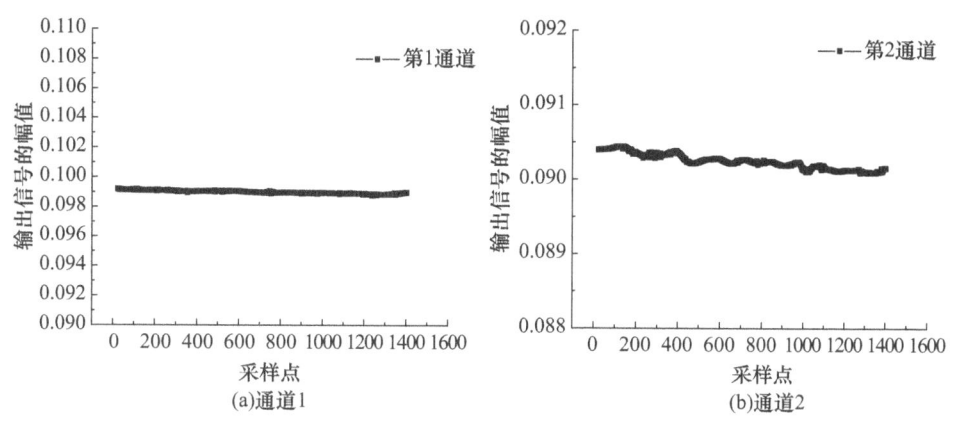

图 12-23　裂纹宽 0.2mm 时传感器第 1 通道和第 2 通道输出信号的幅值（304 不锈钢）

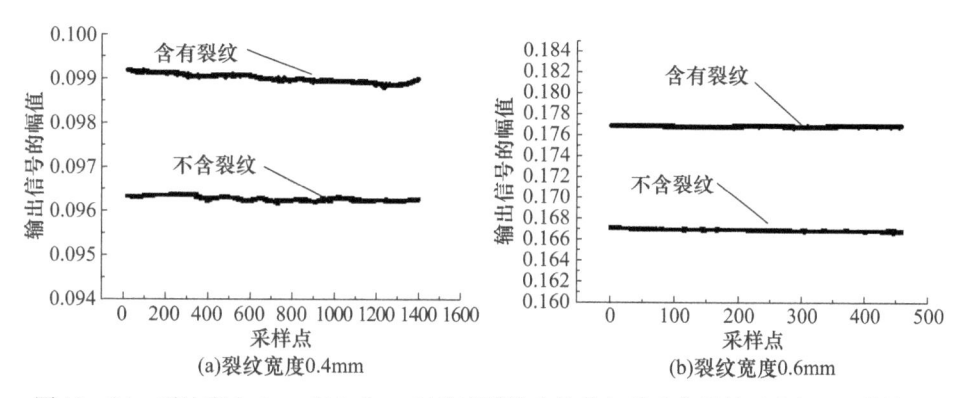

图 12-24　裂纹宽 0.4mm 和 0.6mm 时传感器输出信号与基准信号的对比（304 不锈钢）

从图 12-23、图 12-24 中看出，输出信号曲线平稳，矩形状传感器工作稳定。有裂纹状态时，传感器的输出信号明显大于基准信号，说明当被测材料为 304 不锈钢时，矩形状传感器能够有效地监测结构中是否存在裂纹。至此，我们完成了传感器裂纹监测能力的验证，分别验证了传感器对 2A12-T4 铝合金和 304 不锈钢材质的裂纹监测能力。

12.4.2　裂纹扩展在线监测模拟实验

裂纹检测需要周期性地采集传感器的输出信号并同基准信号作对比。然而伴随着飞机飞行性能的提高，飞机的使用环境复杂多变，结构工作环境更加恶劣。飞机结构在飞行过程中将承受更大的气动载荷，出现疲劳损伤的概率进一步增加，因此周期性的裂纹检测不能完全保证飞机的飞行安全。飞机结构损伤监测是为了保证结构安全运行、及时掌握飞行过程中结构的状态信息，降低或消除结构安全隐患而提出的。裂纹检测的重点在于传感器准确识别结构中是否存在裂纹，监测的重点在于传感器及时掌握裂纹扩展的信息。

电控位移台的缓慢精确移动可以用来模拟裂纹的扩展过程。将传感器贴附在电动位移台的探头上，通过位移台的移动使传感器在裂纹标准试件表面缓慢移动，在此过程中观察传感器输出信号的变化。传感器的宽度为11mm，设置电控位移平台的步幅为0.2mm、移动距离为15mm，这样传感器4个感应通道可以依次经历裂纹从未进入到完全进入的过程。调节激励信号的频率、选用不同宽度的裂纹标准试件实现多次重复试验，以保证试验结果的可信度。

1. 2A12 - T4 铝合金裂纹监测模拟试验

选用裂纹宽度为4mm的2A12 - T4铝合金试件，试验过程如前面所述。图12 - 25所示是传感器第1通道输出信号的幅值曲线。图12 - 26所示是传感器第2通道输出信号的幅值曲线。图12 - 27所示是传感器第3通道输出信号的幅值曲线。

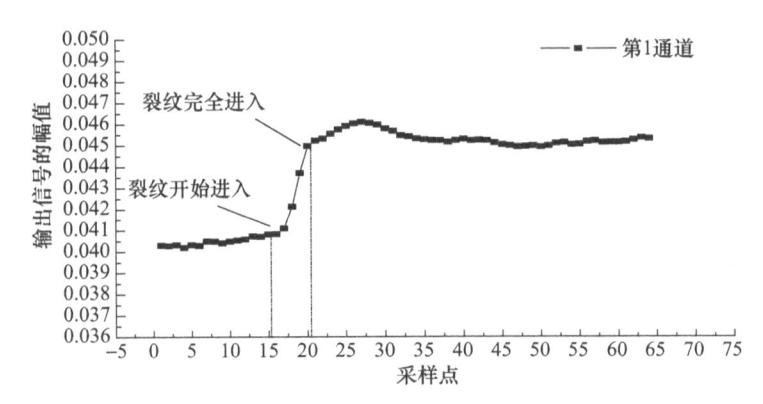

图12 - 25 传感器第1通道幅值信号变化曲线

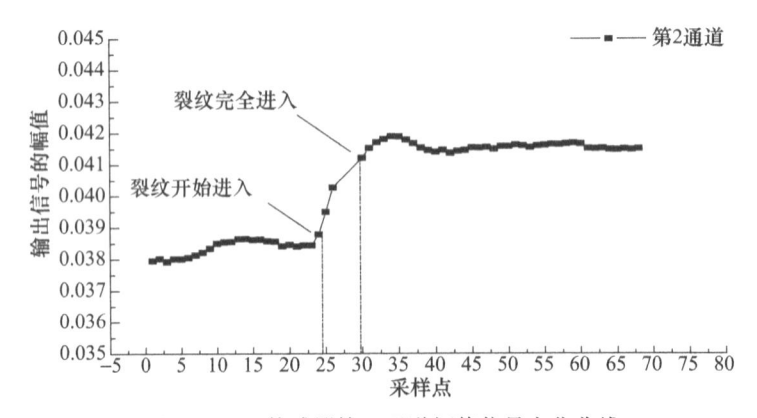

图12 - 26 传感器第2通道幅值信号变化曲线

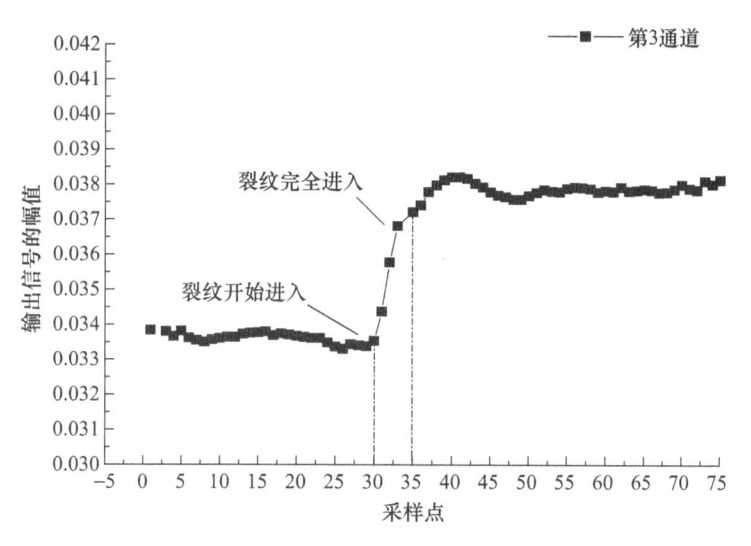

图 12-27 传感器第 3 通道幅值信号变化曲线

由图 12-25、图 12-26、图 12-27 看出,传感器各个通道在进入裂纹前和完全进入裂纹之后,输出信号都很稳定,进入裂纹的过程中,即模拟裂纹扩展时,传感器各个通道的输出信号有一个明显的上升过程,此时电控位移平台每移动一个步幅,感应线圈输出信号的幅值都会相应地增长,说明传感器准确地感应到了裂纹长度的扩展。传感器感应通道的宽度为 1mm,电控位移平台的步幅为 0.2mm,平台平移 5 次就会经过一个传感器通道,即传感器某个感应通道从开始进入裂纹到完全进入裂纹需要电控位移台移动 5 次。对比分析,可以发现每个通道裂纹开始进入和裂纹完全进入采样点的个数差为 5,同单个通道经过裂纹所需的移动次数一致,说明传感器能够灵敏地感觉到被测结构状态的变化,并且能够定量地监测裂纹"扩展"的过程。

2. 304 不锈钢裂纹监测模拟试验

本节选用 304 不锈钢材料作为研究对象,进行传感器裂纹监测能力的模拟验证。选用含有 4mm 宽裂纹的 304 不锈钢裂纹标准试件,试验过程和方法如同 2A12-T4 铝合金裂纹监测模拟试验一样。图 12-28 所示是传感器第 1 通道输出信号的幅值变化曲线,图 12-29 所示是传感器第 2 通道输出信号的幅值变化曲线,图 12-30 所示是传感器第 3 通道输出信号的幅值变化曲线。

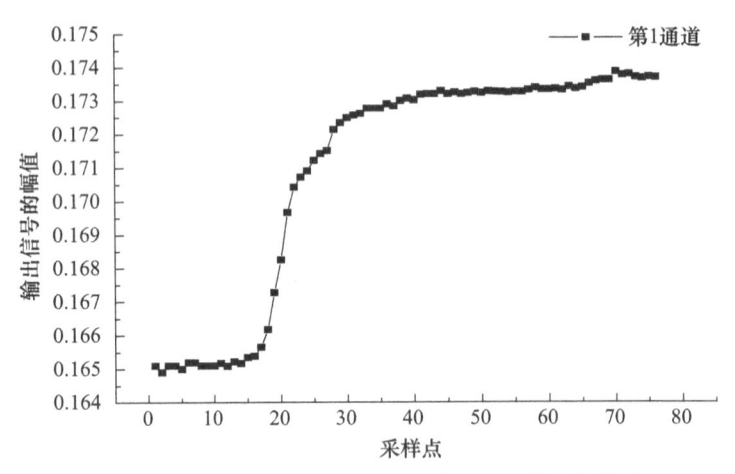

图 12-28　传感器第 1 通道输出信号的幅值变化曲线

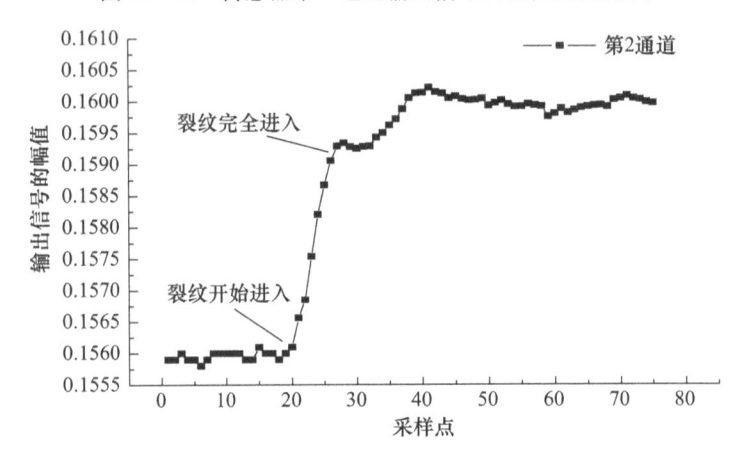

图 12-29　传感器第 2 通道输出信号的幅值变化曲线

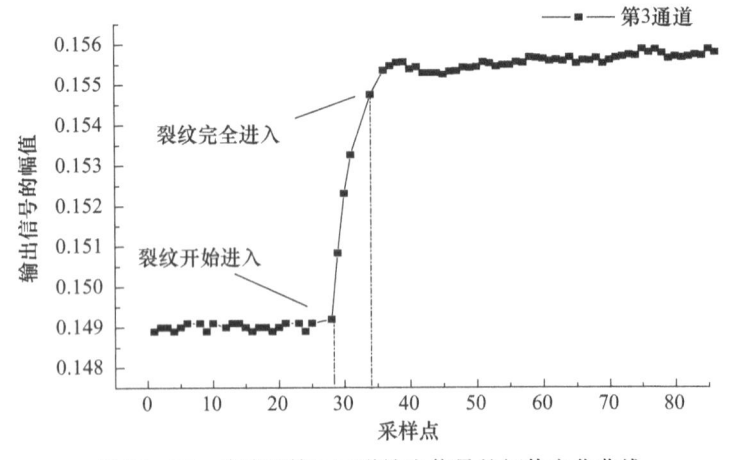

图 12-30　传感器第 3 通道输出信号的幅值变化曲线

从上述三个图中可以看出,在传感器进入裂纹之前,即模拟裂纹未萌生时,传感器输出信号平稳,当传感器进入裂纹后,即模拟裂纹开始扩展后,传感器3个通道输出信号的幅值依次经历了一个明显的上升过程。同时,各个通道之间的采样点相差为5,这同每个通道从开始进入裂纹到完全进入裂纹的时间是相符的。当裂纹扩展时,传感器的输出信号出现明显的上升,说明被测构件为不锈钢材料时,传感器能够监测到裂纹长度的变化,即在被测结构为304不锈钢的情况下传感器能够监测裂纹的扩展。

12.4.3 结构应力变化的影响试验

本试验的试验系统如图12-31所示,该系统包括金属结构裂纹监测仪、MTS 810材料试验系统、MTS 651环境试验箱和集成了传感器的试验件,如图12-32所示。试验件为常见的对接焊接试验件,采用单面焊接双面成形工艺焊接而成,在焊缝一侧通过线切割预制了5mm长的单侧裂纹。传感器的监测区域通过密封剂黏贴在焊缝表面,不需要对试验件表面进行任何表面处理。

由于铁磁性材料的磁弹效应,传感器的跨阻抗幅值信号会受到应力的影响。因此,在开展裂纹监测试验之前,研究了应力对传感器跨阻抗幅值信号的影响。试验时,给试验件施加等幅载荷($S_{max} = 220\text{MPa}, R = 0, f = 0.02\text{Hz}$),并采集传感器信号。图12-33给出了通道1的跨阻抗幅值信号随应力的变化情况。从图中可以看出,传感器通道1的跨阻抗幅值信号跟随应力的变化而变化,且变化的幅度达到了1.5%左右。这会降低传感器对裂纹的灵敏度,对裂纹监测会带来一定的影响。

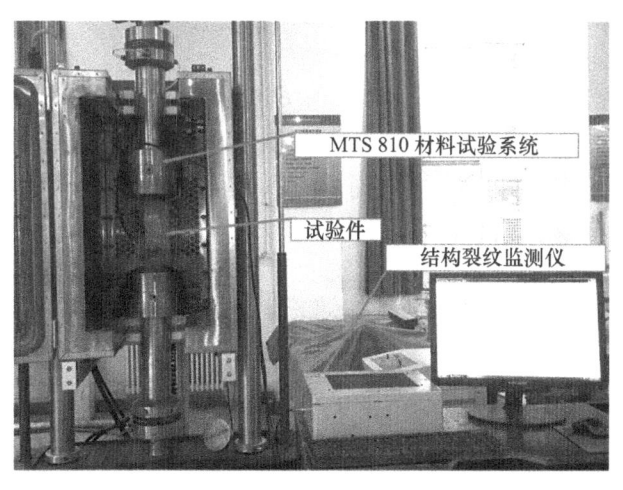

图12-31 应力影响试验和裂纹监测试验的试验系统

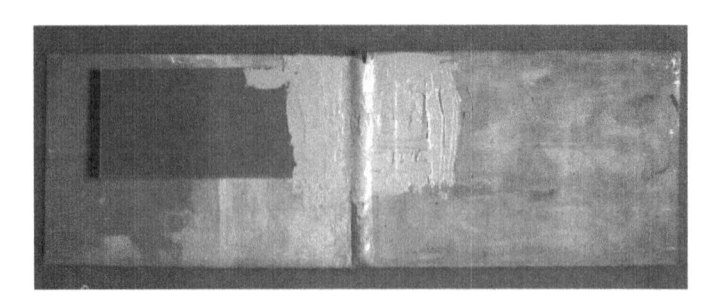

图 12-32 集成了传感器的焊接试验件

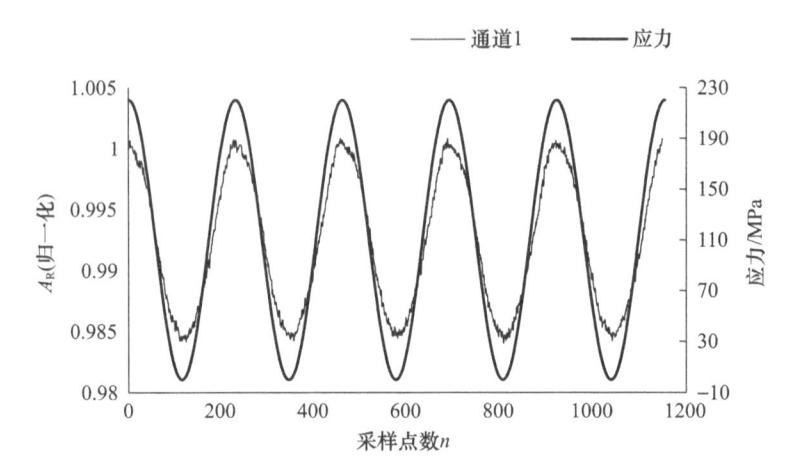

图 12-33 传感器跨阻抗幅值信号随应力变化的曲线

12.4.4 焊接结构的裂纹监测试验

裂纹监测试验时,在试验件施加等幅载荷($S_{max} = 220\text{MPa}, R = 0, f = 15\text{Hz}$),并采集传感器信号。图 12-34 给出了各通道的跨阻抗幅值信号随载荷循环数变化的情况。当裂纹尖端扩展至各通道的后端时,各通道跨阻抗幅值信号分别到达相应的拐点 $A \sim E$。据此,可以得到裂纹长度分别为 5mm、9mm、13mm、17mm、21mm 时对应的循环数,得到的裂纹长度与循环数的关系曲线($a - N$ 曲线)如图 12-35 所示。值得注意的是,传感器的跨阻抗信号容易受到应力的影响,所以传感器对裂纹的灵敏度不高。整个试验中,传感器的通道 1、通道 3 和通道 5 的跨阻抗幅值的最大变化率约为 5%,而通道 2 和通道 4 的最大变化率只有 1.5% 左右。

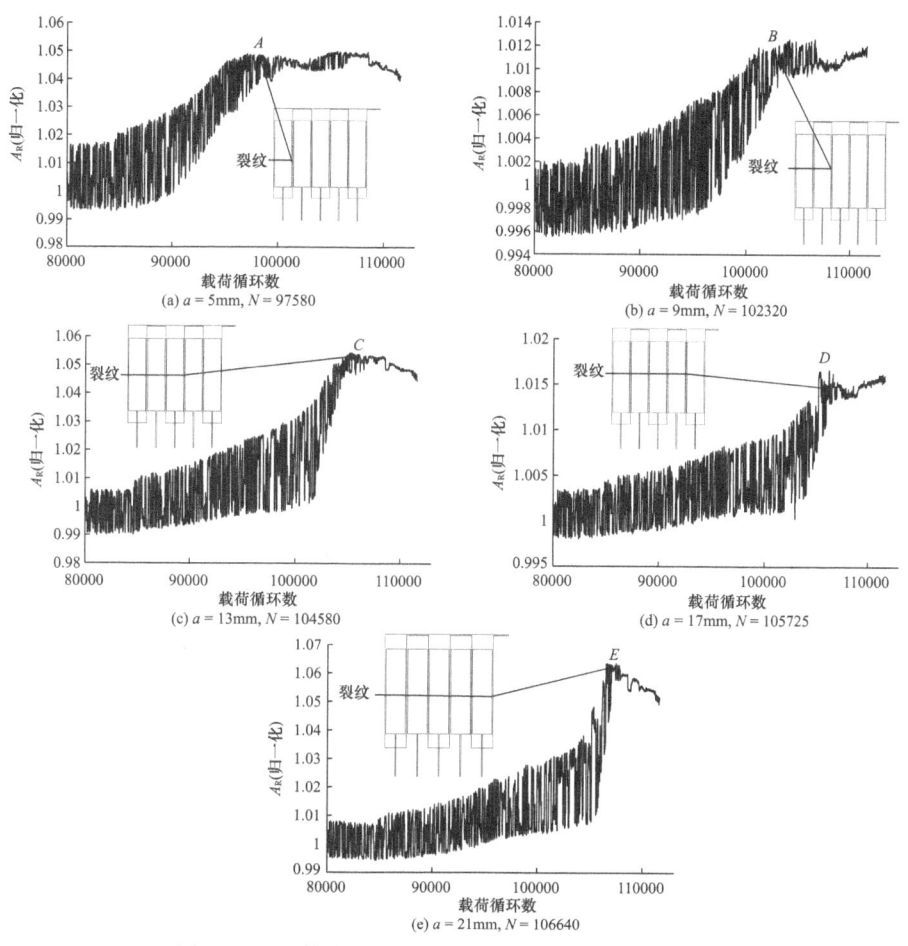

图 12-34　传感器跨阻抗幅值信号随裂纹扩展的变化

同时,从图 12-34 中也可以看出,结构未产生裂纹时,传感器各通道跨阻抗幅值信号的波动幅度较大,当裂纹扩展至相应的感应通道时,信号的波动幅度先增大后减小;当裂纹尖端扩展至下一通道时,上一通道的跨阻抗幅值信号的波动幅度达到最小。这主要是由于裂纹扩展过程中,裂纹尖端区域应力集中,而疲劳源到裂纹尖端之间的区域应力非常小;当裂纹尖端扩展至下一通道时,上一通道下方区域的结构应力变小,应力变化时该通道信号的波动幅度就会变小。

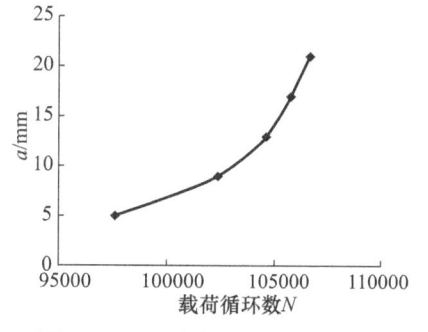

图 12-35　裂纹长度与循环数的关系(a-N 曲线)

12.4.5 温度变化的影响试验

应力和温度都会对材料的电导率和磁导率产生影响,从而对传感器跨阻抗信号造成一定的干扰。从上面的研究可以看出,应力的变化对传感器跨阻抗幅值信号有较大的影响,但不会对监测过程造成过大的干扰。本节主要研究温度变化对传感器跨阻抗幅值信号的影响。

如图 12-36 所示,试验时将集成了传感器的试验件置于环境箱内,温度从 15℃ 升至 70℃。如图 12-37 所示,当环境温度从 15℃ 升至 70℃ 时,传感器的跨阻抗幅值信号增大了约 6%。而结构出现裂纹时,传感器各通道的变化量不到 5%。因此,环境温度的变化将对传感器跨阻抗幅值信号产生较大的干扰:一是当环境温度升高时,传感器跨阻抗幅值信号会增大,从而导致"虚警";二是当结构产生裂纹并扩展至相应的感应通道时,温度的降低可能使得传感器跨阻抗幅值信号不发生变化,从而导致"漏警"问题的发生。这两种情况都会造成极大的危害,因此需要通过优化传感器的设计,提高传感器监测的灵敏度。

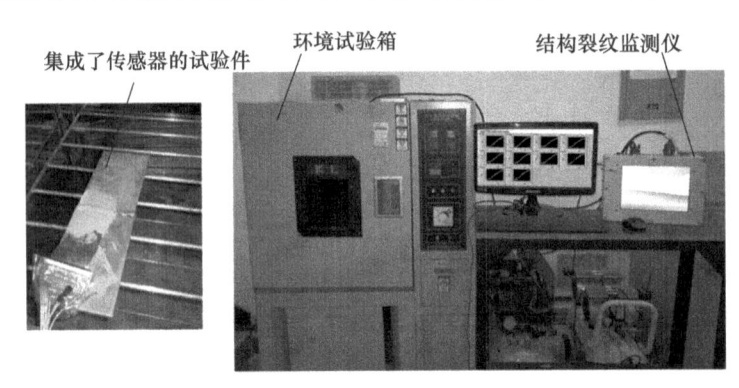

图 12-36 环境温度影响实验

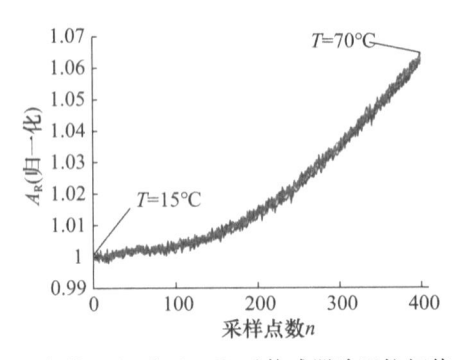

图 12-37 温度从 15℃ 升至 70℃ 时传感器跨阻抗幅值信号的变化

第 13 章

矩形涡流阵列传感器的优化设计及试验验证

在第 12 章中,提出了适用于曲面结构的矩形涡流阵列传感器,通过建立传感器正向等效模型对传感器的工作频率和结构参数进行了优化,并通过开展试验对传感器的裂纹监测性能、结构应力的影响和环境温度的影响进行了验证。通过试验可以发现,传感器对裂纹的监测灵敏度偏低,容易受到结构应力变化和环境温度变化的影响,尤其是环境温度的变化会使得传感器监测信号出现错误的指示。为了提高传感器的工程适应性,必须提高传感器对裂纹损伤的监测灵敏度、降低结构应力和环境温度变化对传感器输出信号的影响。为此,本章通过建立三维电磁有限元模型对传感器监测灵敏度偏低的原因进行了分析,提出了一种高灵敏度矩形涡流阵列传感器设计方法,在此基础上分别开展了曲面结构疲劳裂纹定量监测试验、环境温度影响下的焊接结构疲劳裂纹定量监测试验,以及振动载荷作用下的结构裂纹定量监测试验,对传感器的监测性能进行了验证。

13.1 矩形涡流阵列传感器的优化设计

13.1.1 矩形传感器有限元分析

本书在 Comsol 软件中建立了如图 13-1 所示的三维有限元模型。由于线圈尺寸较小、激励电流频率较高,受涡流趋肤效应的影响,需要将网格划分得足够细才能使得计算收敛。因此,本书用线模型模拟激励线圈,用面模型模拟感应线圈。为了模拟裂纹的扩展,建立了 0.02mm 宽的模拟裂纹,其长度从 0~23mm,以 2mm 作为间距。其中,最左侧的激励线圈距离结构的左边界的距离为 1mm。

(a) 轴向视图　　　　　　　　　　(b) 上视图

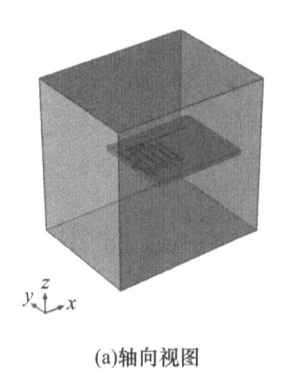

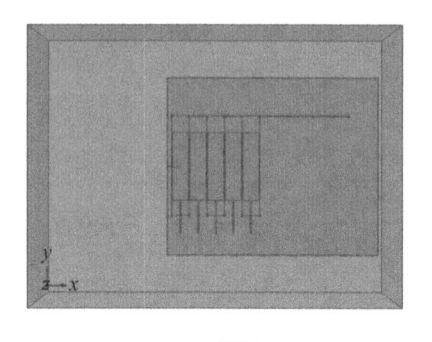

图 13-1　三维模型

定义传感器跨阻抗幅值的变化率为

$$S_\mathrm{C} = \frac{\Delta A_\mathrm{R}}{A_\mathrm{R0}} = \frac{|A_\mathrm{R} - A_\mathrm{R0}|}{A_\mathrm{R0}} \tag{13-1}$$

式中：S_C 为传感跨阻抗幅值的变化率；A_R0 为结构无裂纹时传感器的跨阻抗幅值。

传感器的最大 S_C 体现传感器监测裂纹的灵敏度，随着裂纹的扩展，各通道 S_C 的变化情况如图 13-2 所示。从图中可看出，当裂纹扩展至一个通道的前端激励线圈时，该通道的 S_C 开始增大，而后快速增大；当裂纹尖端刚好到达各通道的后侧激励线圈时，S_C 达到最大值，而后缓慢减小。仿真结果可以看出，产生裂纹时，各通道的 S_C 最大不超过 5%。这样的变化量很小，说明传感器的监测灵敏度较低。

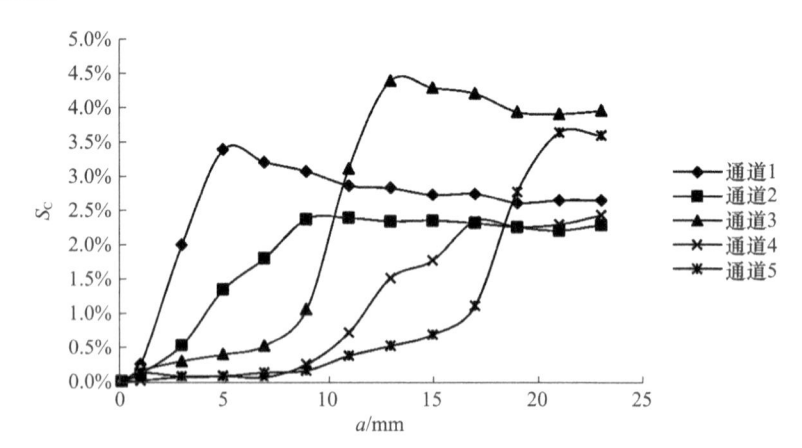

图 13-2　各通道灵敏度随裂纹扩展的变化规律

从图 13-3 和图 13-4 中可以看出，电导率和磁导率的改变会对传感器的感应电压产生较大的影响。而环境温度和应力都会引起材料电导率和磁导率的变化,这也是前文中环境温度和应力变化导致传感器跨阻抗幅值信号改变的原因。

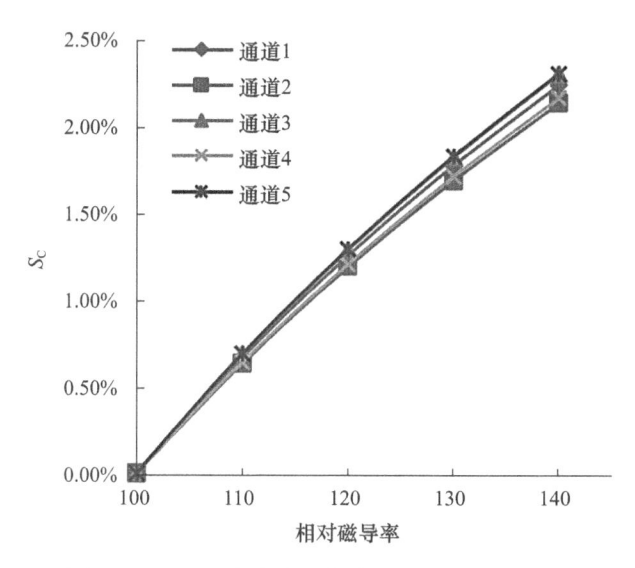

图 13-3 磁导率变化对传感器各通道 S_C 的影响

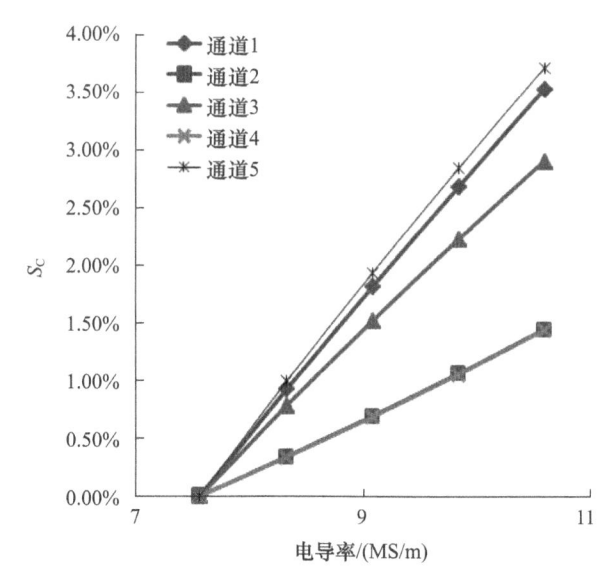

图 13-4 电导率变化对传感器各通道 S_C 的影响

如图 13-5 所示,结构未产生裂纹时,由于相邻激励电流反向,导致结构表面产生了 3 个较大的涡流回路,分别对应着通道 1、通道 3 和通道 5。而当裂纹扩展且穿过被测区域时,3 个涡流回路被裂纹分成了 6 个较小的涡流回路。

(a) a =0mm   (b) a =23mm

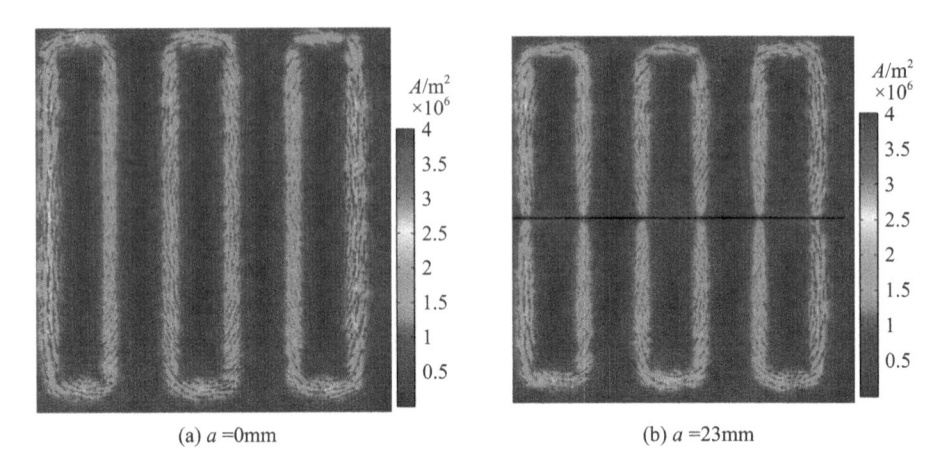

图 13-5　裂纹穿过被测结构前、后,结构表面的电涡流分布

如图 13-6 所示,当裂纹尖端扩展至通道 1 的前端激励线圈时,涡流开始绕着裂纹尖端流动,裂纹的产生扰乱了涡流的分布,通道 1 的 S_C 开始增大。随着裂纹的扩展,越来越多的涡流受到扰动,通道 1 的 S_C 继续增大。当裂纹尖端扩展至通道 1 的中心时(裂纹长度 a =3mm),部分涡流不再绕着裂纹尖端流动,而是与后侧的涡流相互流动形成了上、下两个涡流回路。随着裂纹进一步扩展,流过裂纹尖端的涡流越来越少,裂纹尖端对涡流的扰动作用也随着减弱。这就导致了通道 1 S_C 的增长率随着裂纹的扩展开始减小。

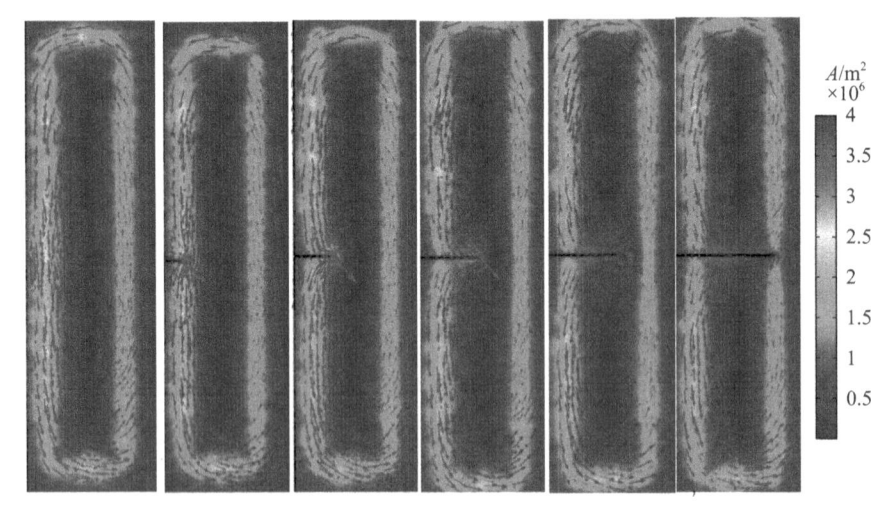

图 13-6　当裂纹从 0mm 扩展至 5mm 时,通道 1 监测区域的涡流分布

图 13-7 给出了裂纹尖端在通道 2 的监测区域扩展时,结构表面的涡流分布。由于通道 2 上部的两段激励线圈的电流方向相反且间距很小,而下端没有

激励线圈,导致了通道 2 的上端和下端没有激励电流流动,通道 2 的监测区域没有形成与通道 1 类似的涡流回路。因此,当裂纹尖端在该区域扩展时,流过裂纹尖端的涡流要少得多,裂纹对涡流的扰动作用也要弱一些。因此,如图 13-2 所示,通道 2 和通道 4 的 S_C 的最大值约为 2.4%,而通道 1、通道 3 和通道 5 的 S_C 的最大值(分别为 3.2%、4.3% 和 4.2%)均比通道 2 和通道 4 的大。这一现象在 12.2.2 节中的裂纹监测试验结果中得到了验证:通道 1、通道 3 和通道 5 的 S_C 的最大值约为 5%,而通道 2 和通道 4 的 S_C 的最大值约为 2%。

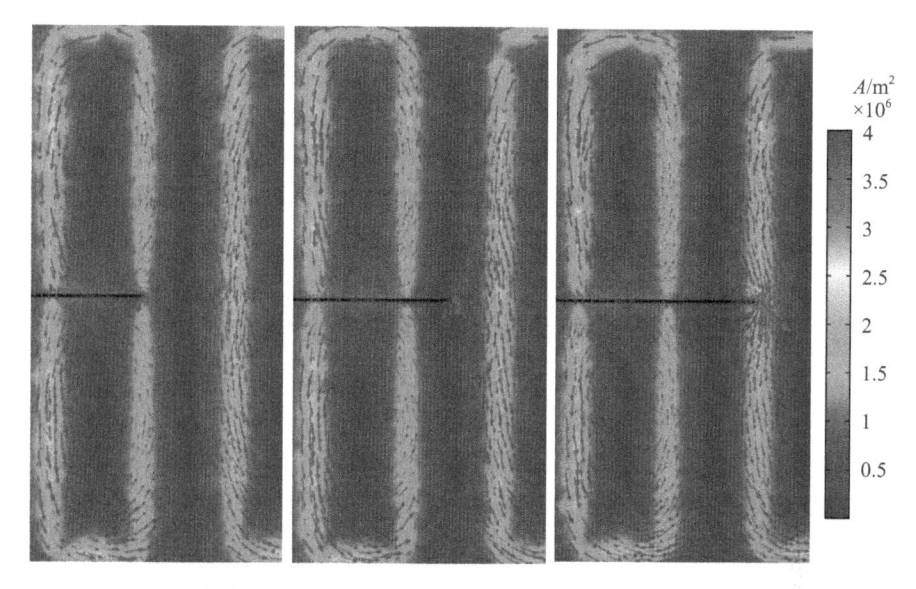

图 13-7 当裂纹从 5mm 扩展至 9mm 时,通道 1 和通道 2 监测区域的涡流分布

为了分析裂纹对结构表面涡流的扰动作用,计算得到了裂纹尖端面的电流幅值 I_S 随裂纹扩展的关系,如图 13-8 所示。当裂纹尖端在通道 1、通道 3 和通道 5 的监测区域扩展时,I_S 随着裂纹的扩展先增大后减小。增大是由于涡流开始沿着裂纹尖端流动,裂纹尖端的扰动作用开始增大;减小是由于裂纹扩展至通达的中间区域时,部分涡流不再沿着裂纹尖端流动而是与后侧的涡流形成了回路,裂纹尖端的扰动作用开始减小。当裂纹尖端扩展至通道 2 和通道 4 的监测区域时,I_S 先减小后增大。这主要是由于通道 1、通道 3 和通道 5 的监测区域形成了 3 个较大的涡流回路,当裂纹尖端在通道 2 的监测区域扩展时,通道 1 的监测区域由于裂纹的存在形成了上、下两个涡流回路,通道 2 前端的涡流开始沿着通道 1 对应的涡流回路流动,导致了裂纹尖端的涡流继续减少,I_S 继续减小;随着裂纹尖端靠近通道 2 的后端激励线圈,通道 3 前端的涡流开始沿着裂纹尖端流动,I_S 开始增大。

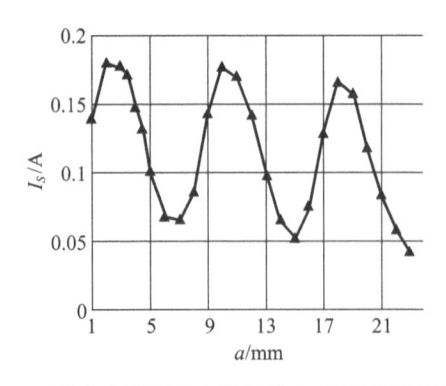

图 13-8 裂纹尖端面的电流幅值 I_S 随裂纹扩展的关系

因此，相邻激励线圈电流方向相反的线圈布局方式使得监测区域形成了涡流回路，当裂纹扩展时会使得裂纹尖端的涡流减小，减弱了裂纹尖端对涡流的扰动作用，导致了传感器对裂纹的灵敏度较低。

13.1.2 高灵敏度矩形涡流阵列传感器的设计

从 13.1.1 节的分析可以看出，裂纹尖端对涡流扰动作用的大小对裂纹监测灵敏度起到了主要作用。因此，本书提出了将激励线圈布置为激励电流方向相同的方式，如图 13-9 所示，使得裂纹扩展时各通道不会形成涡流回路，从而达到提高裂纹监测灵敏度的目的。为了初步验证该设计方法的有效性，建立了有限元模型。该模型除传感器的绕线方式以外，其余参数与图 13-1 所示的模型一样。

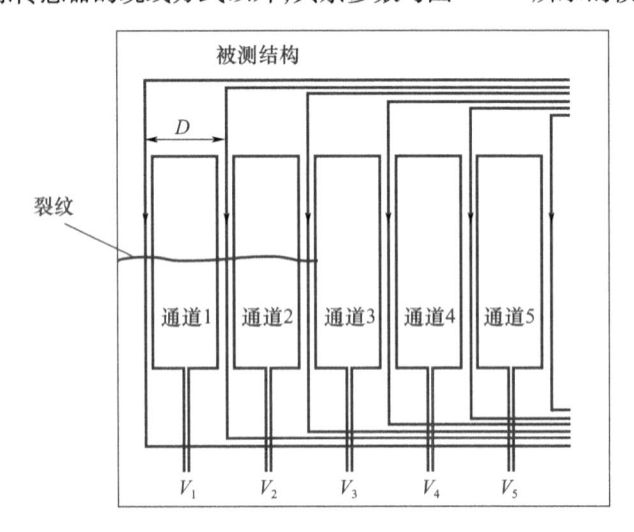

图 13-9 灵敏度增强传感器示意图

图 13-10 给出了裂纹扩展过程中，监测区域的涡流分布。从图中可以看出，裂纹的出现改变了裂纹附近的涡流流动轨迹，涡流都绕着裂纹尖端流动，并且随着裂纹的扩展，越来越多的涡流绕着裂纹尖端流动，使得裂纹尖端对涡流的扰动作用越来越强。由于激励电流的方向均相同，涡流的流向也朝着一个方向流动，所以裂纹附近的涡流没有形成回路，而是始终绕着裂纹尖端流动。图 13-11 进一步给出了裂纹尖端表面的电流幅值随裂纹扩展的变化情况。可以看出，流经裂纹尖端的电流是一步步增大的，裂纹的扰动作用越来越强。如图 13-12 所示，新传感器各通道的 S_C 均达到了 120% 以上，相比于传统传感器的 5%，其对裂纹监测的灵敏度至少提高了 24 倍。

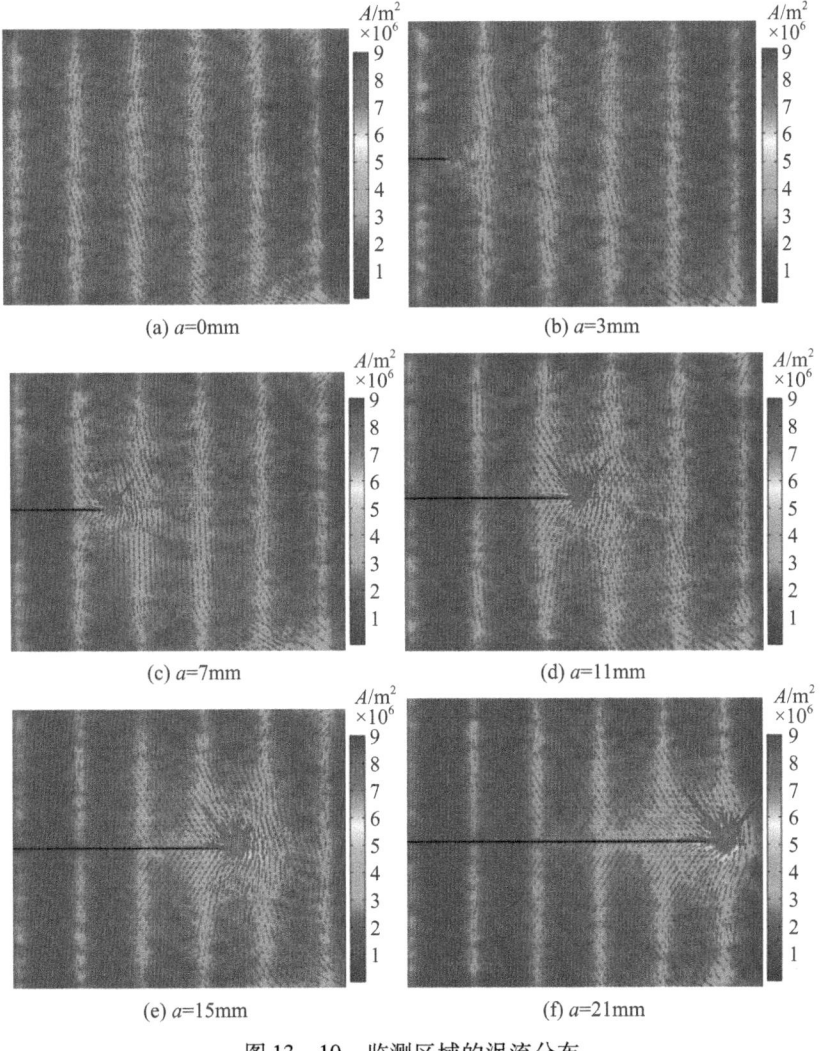

(a) a=0mm

(b) a=3mm

(c) a=7mm

(d) a=11mm

(e) a=15mm

(f) a=21mm

图 13-10　监测区域的涡流分布

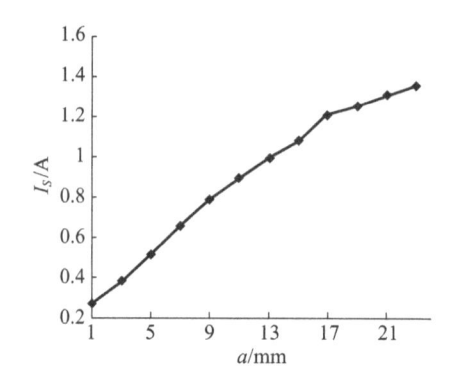

图 13 – 11　裂纹尖端表面的电流幅值随裂纹长度的变化

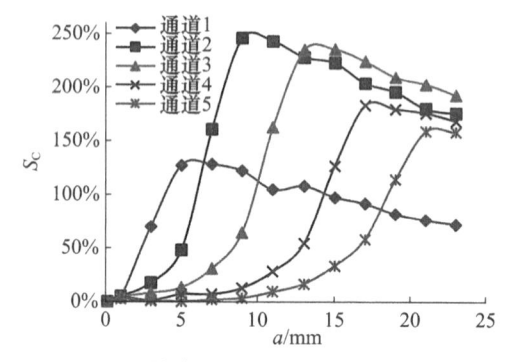

图 13 – 12　新传感器的 S_C 随裂纹扩展的变化规律

图 13 – 13 和图 13 – 14 所示分别为电导率、磁导率变化对新传感器各通道跨阻抗幅值信号的影响,从图中可以看出,电导率和磁导率变化对各通道跨阻抗幅值信号的影响相对于裂纹的影响小得多,可以很容易区分出到底是裂纹的影响,还是电导率或磁导率变化的影响。

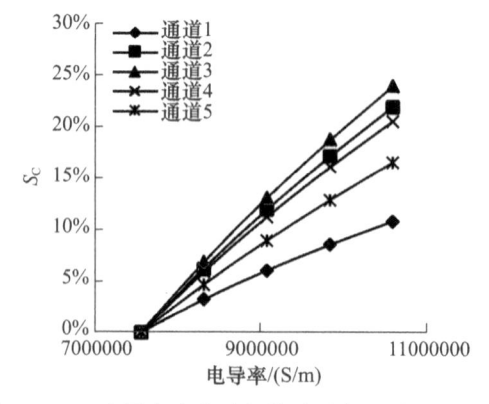

图 13 – 13　电导率变化对新传感器各通道 S_C 的影响

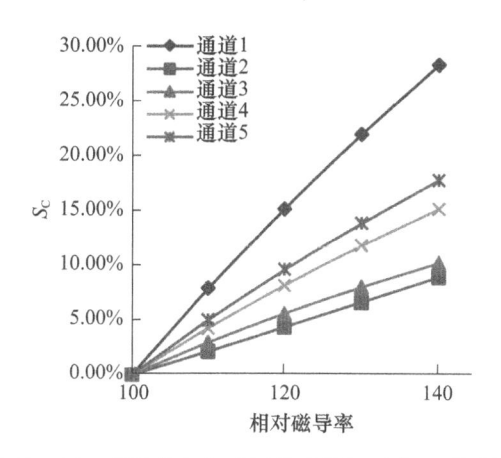

图 13-14 磁导率变化对新传感器各通道 S_C 的影响

13.2 高灵敏度矩形涡流阵列传感器的试验验证

13.2.1 曲面结构疲劳裂纹定量监测试验研究

曲面结构的裂纹定量监测试验为了验证新研制的矩形涡流阵列传感器用于曲面结构的裂纹定量监测能力，开展了曲面结构的裂纹定量监测试验研究。试验件如图 13-15 所示，材料为 30CrMnSiA 钢，试验件中间为两个弯曲的弧面，在试验件的一侧预制了一条长 3mm 的预制裂纹，将传感器的监测区域安装在曲面上有预制裂纹的一侧。如图 13-16 所示，裂纹定量监测的试验系统包括金属结构裂纹监测仪、集成传感器的试验件、MTS 810 材料试验系统以及显微镜。在进行疲劳裂纹扩展试验的过程中，采集传感器的信号，同时通过显微镜观察裂纹的扩展情况，如图 13-17 所示。

试验在进行了 18865 个循环后试验件断裂，停止试验。综合显微镜的观察结果，可以发现：当结构产生裂纹时，通道 1 的 S_C 开始增大，当裂纹尖端到达通道 1 后侧的激励线圈时，通道 1 的 S_C 信号到达最大值点 C1，此时的裂纹长度为 5mm；当裂纹尖端到达通道 2 后侧的激励线圈时，通道 2 的 S_C 信号达到最大值点 C2，此时的裂纹长度为 9mm；当裂纹尖端到达通道 3 后侧的激励线圈时，通道 3 的 S_C 信号达到最大值点 C3，此时的裂纹长度为 13mm；当裂纹尖端到达通道 4 后侧的激励线圈时，通道 4 的 S_C 信号达到最大值点 C4，此时的裂纹长度为

17mm；当裂纹尖端到达通道 5 后侧的激励线圈时，通道 5 的 S_C 信号达到最大值点 C5，此时的裂纹长度为 21mm，如图 13 – 18 所示。

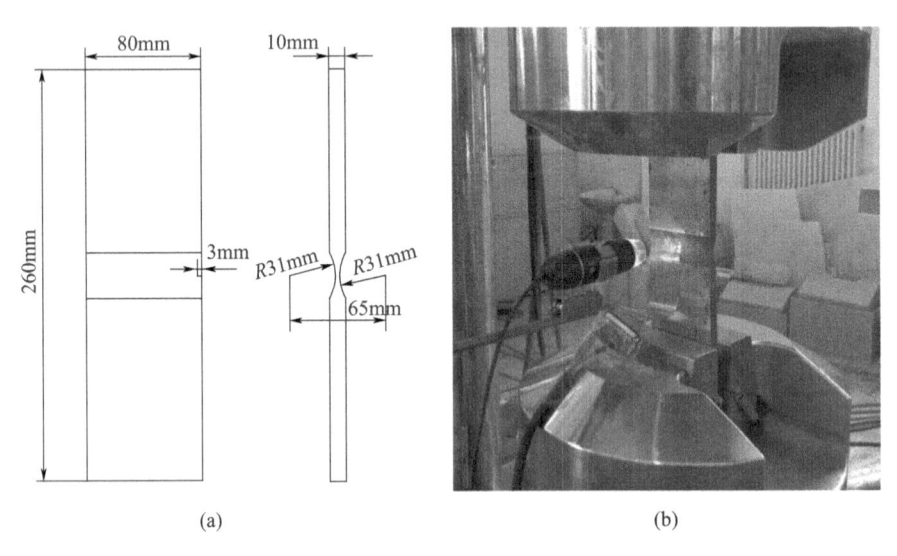

(a)　　　　　　　　　(b)

图 13 – 15　30CrMnSiA 钢曲面结构试验件及传感器安装

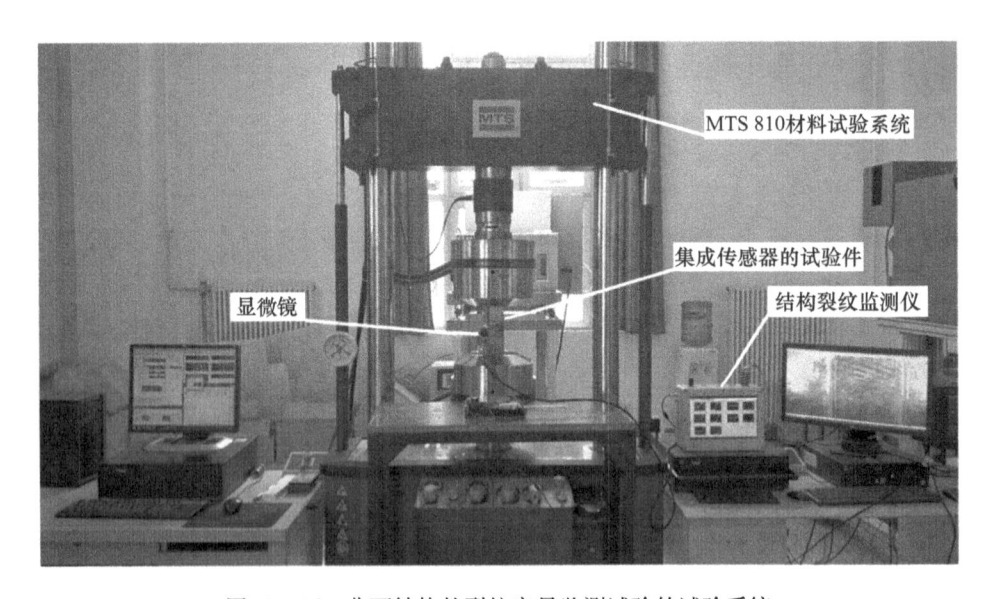

图 13 – 16　曲面结构的裂纹定量监测试验的试验系统

传感器各通道 S_C 的最大值分别为 180%、394%、344%、293% 和 215%，分别是原矩形涡流阵列传感器（5%）的 36、79、69、59、43 倍。这说明新研制的传感器灵敏度得到了极大的提高，能可靠地实现曲面结构的裂纹定量监测。

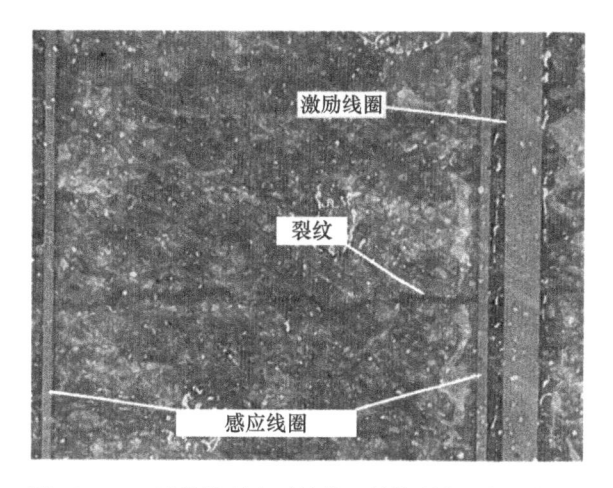

图 13-17 显微镜观察到的曲面结构裂纹的扩展情况

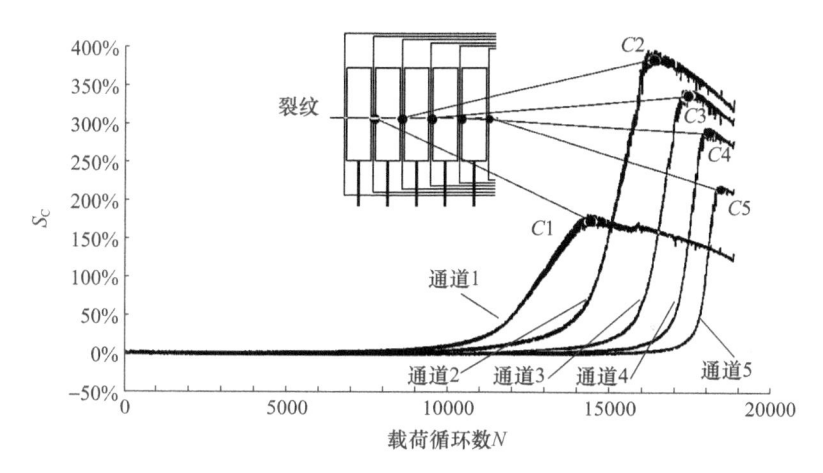

图 13-18 传感器各通道的 S_C 信号与随裂纹扩展的对应关系

13.2.2 环境温度影响下的焊接结构疲劳裂纹监测试验

应力和温度变化下焊接结构的裂纹监测试验如图 13-19 所示,本节开展了应力、温度影响试验和裂纹监测试验验证新的矩形涡流阵列传感器的监测灵敏度和抗干扰能力。

首先开展了应力对传感器跨阻抗幅值信号的影响研究,试验时,给试验件施加等幅谱载荷($S_{max}=220\text{MPa}$, $R=0$, $f=0.02\text{Hz}$),并采集传感器信号。图 13-20 给出了通道 1 的信号随应力的变化情况。从图中可以看出,传感器的跨阻抗幅值信号跟随应力的变化而变化,且变化的幅度达到了 10% 左右。

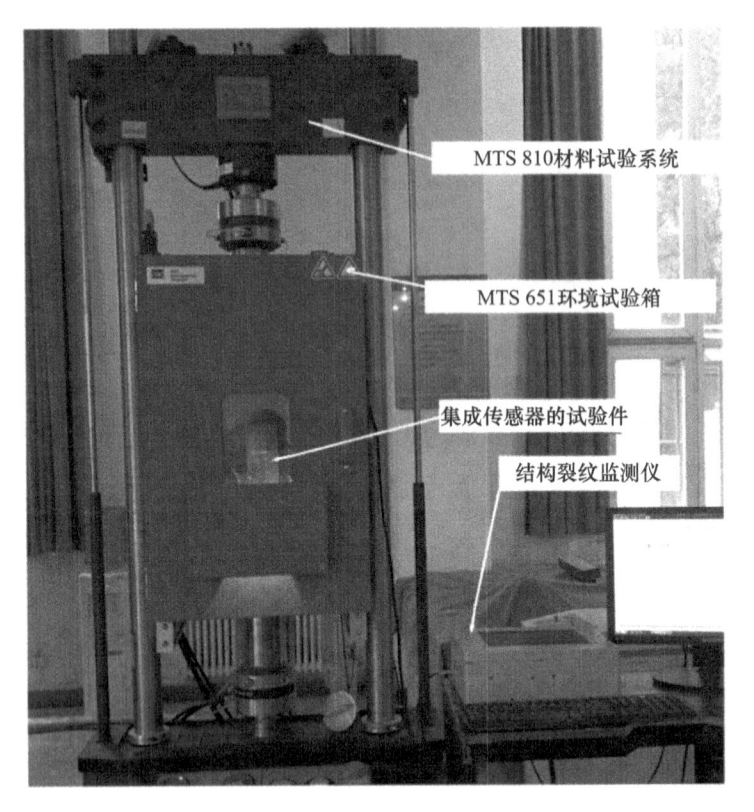

图 13 – 19　HS – FECA sensor 的验证试验

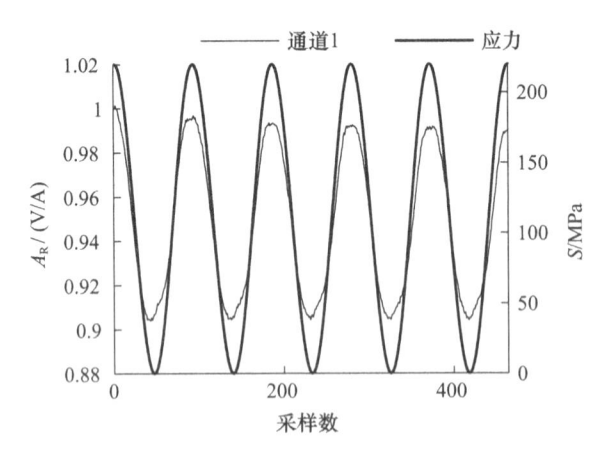

图 13 – 20　HS – FECA 传感器跨阻抗幅值信号随应力的变化

随后,开展了环境温度干扰下的裂纹监测实验。试验时,给试验件施加等幅谱载荷($S_{max} = 220\text{MPa}, R = 0, f = 15\text{Hz}$),并采集传感器信号。如图 13 – 21 所示,

当循环数 $N=775$ 时开始通过环境箱升温,温度从 20℃ 升至 80℃,停止加热,此时循环数 $N=4690$。此时,传感器各通道 S_C 的最大值分别为 8%、13%、13%、12%、10%。

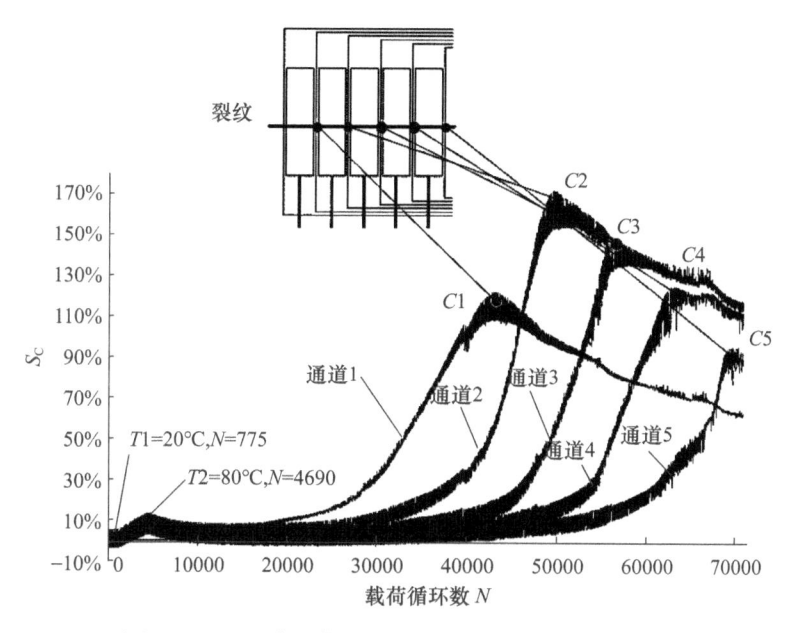

图 13-21 温度干扰下焊接结构的裂纹监测试验结果

当裂纹尖端扩展至各通道的后端时,各通道信号分别到达相应的拐点 $C1 \sim C5$。据此,可以得到裂纹长度分别为 5mm、9mm、13mm、17mm、21mm 时对应的循环数为 43064、49735、55920、62669、68777。同时,从图中可以看出,传感器各通道 S_C 的最大值分别为 122%、172%、150%、125%、95%,各通道的灵敏度分别是原传感器的 24.4、34.4、30、25、19 倍。从图中也可以看出,相对于裂纹对传感器跨阻抗幅值信号的影响,温度和应力对传感器跨阻抗幅值信号的影响小得多,通过信号的变化量可以有效判断结构是否产生裂纹及其长度。

因此,新研制的矩形涡流阵列传感器监测灵敏度高,受环境温度和结构应力的影响小,可用于曲面过渡结构和焊接结构的裂纹定量监测。

13.2.3 振动载荷作用下的结构裂纹监测试验研究

振动是飞机结构中常见的一类受载情况,飞机结构因振动疲劳产生裂纹而破坏的情况也时有发生。例如,美军的 F/A-18 飞机的机身后段就曾因振动疲劳产生裂纹,导致了该型飞机的大面积停飞。

本节依然选用 2024 – T351 铝合金试验件开展振动疲劳试验。试验的振动模态依然选择第 4 阶振动模态,将传感器按图 13 – 22 所示的位置通过密封剂安装在试验件应力的集中区域。除了传感器以外,试验系统和方法均与 11.2.1 节中的一样,安装在振动台的试验件如图 13 – 23 所示。

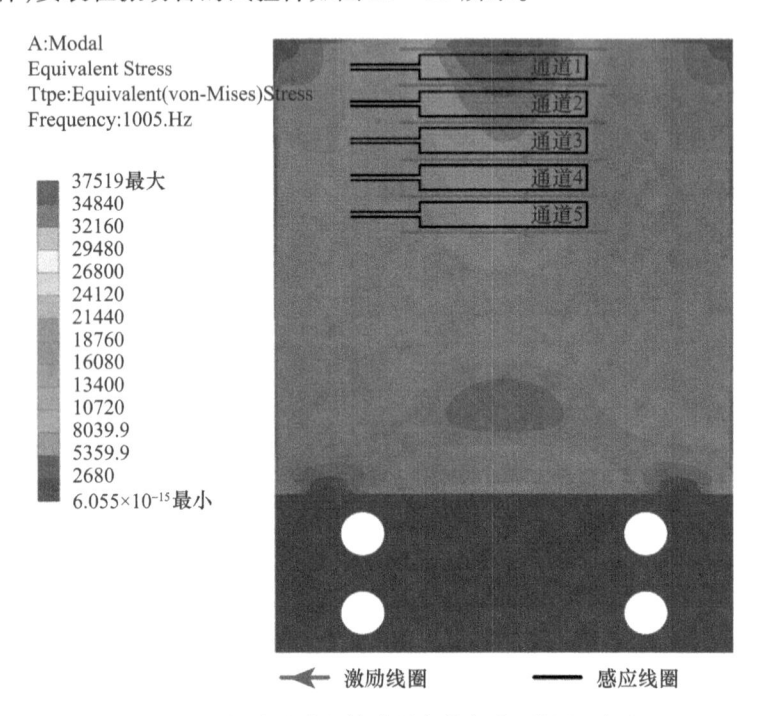

图 13 – 22 振动试验的传感器安装方式(彩图见书末)

图 13 – 23 振动试验的试验件

由于不同试验件的共振频率均不相同,所以在正式试验前先进行扫频试验,得到的扫频曲线如图 13-24 所示。图中的扫频从 500Hz 开始,第一个峰值为第 2 阶模态的共振点,所以可以得到第 4 阶模态的共振频率为 1045Hz。为了确认该频率对应的是第 4 阶振动模态的共振频率,在该频率下采用"沙形法"得到的细沙形貌如图 13-25 所示。此时,细沙的形貌与图 11-8 中的位移为零的蓝色条带的形貌是一致的,说明此时的振动频率为第 4 阶模态的共振频率。

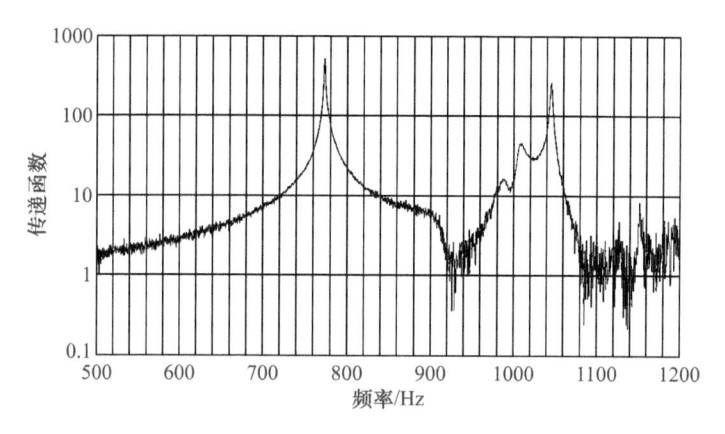

图 13-24 振动试验的扫频曲线

图 13-25 在 1045Hz 振动频率下,试验件表面细沙的形貌

正式试验开始后,将振动频率设定为 1045Hz,激振量级从 $0.8g$ 逐渐增大至 $9g$,此时位移传感器测得的振动幅值稳定在 1.13mm,此刻开始循环计数并采集矩形涡流阵列传感器的信号。试验得到的传感器各通道 S_C 信号与载荷循环数的对应关系如图 13-26 所示。图中各通道 S_C 信号的拐点 $C1$、$C2$、$C3$、$C4$、$C5$ 分别对应的裂纹长度为 5mm、9mm、13mm、17mm、21mm,对应的循环数分别为 11258016、12503040、13325664、13918080、14383776。同时,从图中可以看出,传感器各通道 S_C 的最大值分别为 109%、129%、112%、93%、70%。

301

试验结束后,在试验件表面喷上渗透剂,可以明显地看见试验件自由端中部产生的裂纹,如图 13-27 所示。这说明本书研制的高灵敏度矩形涡流阵列传感器可以在振动载荷下有效地监测结构裂纹。

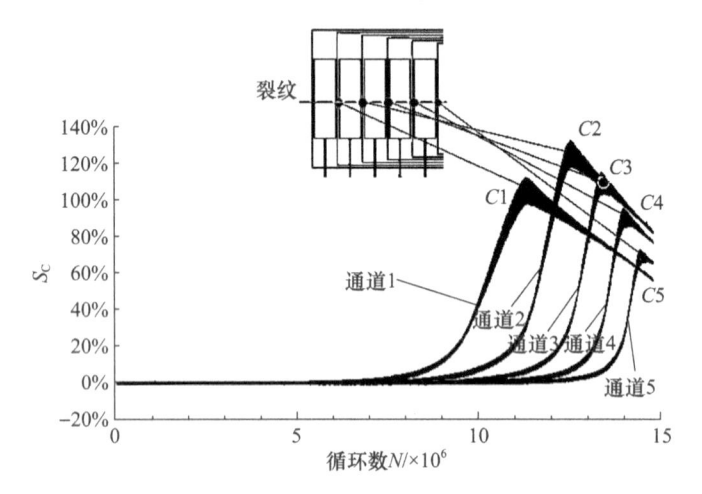

图 13-26　传感器各通道的 S_C 信号与载荷循环数的对应关系

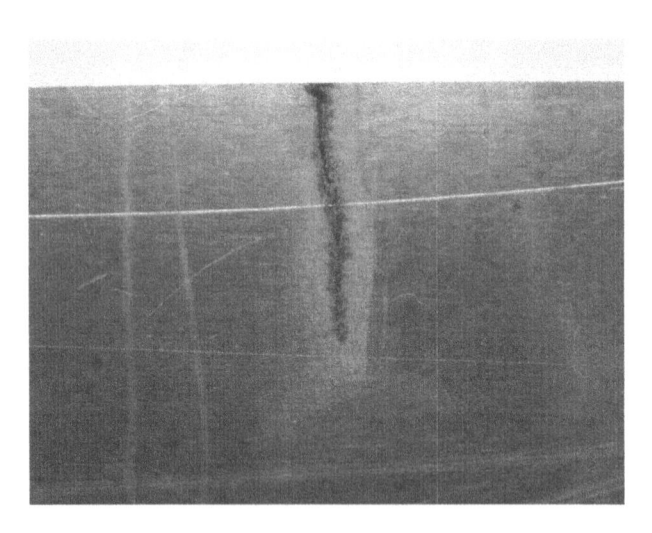

图 13-27　试验件的裂纹

综上所述,本书新研制的矩形涡流阵列传感器的裂纹监测灵敏度高,可用于曲面过渡结构、焊接结构的裂纹定量监测,还可以用于振动载荷下结构的裂纹定量监测,并且结构应力和环境温度对传感器跨阻抗幅值信号的影响较小,基本上可以忽略。

附录 A

电磁场基本理论

在基础物理中学过万有引力定律,万有引力场与物质的物理特性有关,这就是所谓的质量。牛顿实验表明,质量为 m_1 和 m_2、相距 R 的两个物体之间相互吸引的力大小相等,方向相反,且大小表示为

$$F = \frac{m_1 m_2 G}{R^2} \quad (\text{A}-1)$$

式中:G 为万有引力常数;R 为两者之间的距离。类似可知,电场力的大小与物体所带的电荷有关。一个物体可以带正电荷也可以带负电荷,还可以不带电荷。如果两电荷的尺寸比它们之间的距离小得多,这类电荷可以认为是点电荷。库仑针对两个点电荷验证了以下规律:

(1)作用力的大小与两个点电荷带电量大小的乘积成正比;
(2)作用力的大小与两个点电荷之间距离的平方成反比;
(3)作用力的大小与介质有关;
(4)作用力的方向沿着两个点电荷之间的连线方向;
(5)同性电荷相互排斥,异性电荷相互吸引。

1. 库仑定律

1785 年法国科学家库仑进行了著名的静电扭平实验,证明了两点静电荷之间的作用力与两者之间的距离成反比关系,具体表达式为

$$F_{12} = \frac{1}{4\pi\varepsilon_0} \frac{q_1 q_2}{R_{12}^2} e_{12} \quad (\text{A}-2)$$

式中:ε_0 为真空介电常数,其大小是 $8.85 \times R_{12}^2$ 为两点之间距离的平方。

2. 电场强度

在真空中放置一个点电荷设为 q,然后在附近再放置一个试探电荷 q_t,这个试探电荷就会受到与电荷 q 之间的相互作用力。但是由于两者之间没有相互接触,这个力不能直接作用到试探电荷上面,而是通过一种物质传递过去的,

我们称这种物质叫作电场。由此可以知道,电荷会在周围产生电场,产生电场的电荷叫作场源,这里说的静电场就是指产生电场的电荷是静止的,为了表征电场的属性,我们引入了电场强度的概念,它的定义是试验电荷在电场中受到的力与它本身电荷之间的比值。电场强度的方向与试探电荷的正负无关。其表达式为

$$E(x,y,z) = \lim_{q_t \to 0} \frac{F_t(x,y,z)}{q_t} \quad (A-3)$$

当场源电荷是点电荷时,求电场强度的表达式为

$$E = \lim_{q_t \to 0} \frac{1}{4\pi\varepsilon_0} \frac{q_t q}{q_t R^2} e_R = \frac{1}{4\pi\varepsilon_0} \frac{q_t q}{q_t R^2} e_R \quad (A-4)$$

从表达式中可以看出,点电荷的电场在真空中是一个球形,电场强度的大小,与到球心的距离的平方成反比关系。如果空间中有多个场源,那么空间任意一点的电场强度可以表示为

$$E = \frac{1}{4\pi\varepsilon_0} \sum_{i=1}^{n} \frac{q_t}{R_k^2} e_R \quad (A-5)$$

3. 电位和静电场环路定理

1) 电位

静电场是由电荷产生的,电位就是电势,是一个用力度量电荷在电场中具有能量的物理量。在数值上,某一点的电位的大小与参考点的选取有关,零电位电的选取不同,电位的值就不同,可以知道电位是一个标量。

2) 电磁感应

对于任何一个的导线回路,当穿过这个回路的磁通量发生变化,在回路中就有感应电动势产生,若回路闭合则会有感应电流形成,这种现象称为电磁感应现象。

与电磁感应定律相关的基本物理定律有法拉第电磁感应定律、楞次定律、毕奥-萨伐尔定律。

3) 法拉第电磁感应定律

通过回路所包围面积内的磁通量发生变化时,回路中将产生感应电动势,其大小为磁通量的变化律,若线圈是多匝线圈,则感应电动势需要乘以感应线圈的匝数 n,即

$$E = -n \times \frac{d\Phi}{dt} \quad (A-6)$$

式中:E 为产生的感应电动势;n 为感应线圈的匝数;Φ 为感应线圈包围面积内的磁通量;负号表示产生的感应电动势的方向与激励磁场的方向相反。

4)楞次定律

闭合线圈回路内产生的感应电流具有确定的方向,由感应电流产生的磁通量总是阻碍原来产生感应电流的磁通的变化。

5)毕奥-萨伐尔定律

再留导线上的电流元 $\mathrm{d}l$ 在真空中某点 P 的磁感应强度 $\mathrm{d}B$ 的大小与电流元 $\mathrm{d}l$ 的大小成正比,与电流元 $\mathrm{d}l$ 和从电流元到 P 点的位矢 r 之间的夹角 θ 的正弦值成正比,与位矢 r 的大小的平方成反比。

$$\boldsymbol{B} = \frac{\mu_0}{4\pi}\oint_l \frac{I\mathrm{d}\boldsymbol{l} \times \boldsymbol{e}_R}{R^2} \tag{A-7}$$

4. 法拉第电磁感应定律(时变电磁场)

法拉第电磁感应定律是1841年发现的,法拉第通过实验得到了一个量化结论:感应电势等于磁通量对时间 t 的负导数。同期的楞次也通过实验得到了类似结论,楞次的结论是磁场变化率越快,产生的感应电势也就越大。楞次用"削弱"来描述感应电势与磁场变化的方向关系。

$$\varepsilon = -\frac{\mathrm{d}\Phi}{\mathrm{d}t} = -\frac{\mathrm{d}}{\mathrm{d}t}\int_s \boldsymbol{B} \cdot \mathrm{d}\boldsymbol{S} \tag{A-8}$$

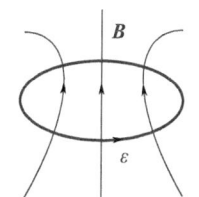

图 A-1 磁场线

当回路线圈不止一匝时,例如一个 N 匝的线圈,可以把它看成是由 N 个一匝线圈串联而成的,其感应电动势为

$$\varepsilon = -\frac{\mathrm{d}\Phi}{\mathrm{d}t} = -\frac{\mathrm{d}}{\mathrm{d}t}\left(\sum_{i=1}^N \Phi_i\right) \tag{A-9}$$

如果定义非保守感应场 $\boldsymbol{E}_{\mathrm{ind}}$ 沿闭合路径 l 的积分为 l 中的感应电动势,那么式(A-9)可以写为

$$\oint_l \boldsymbol{E}_{\mathrm{ind}} \cdot \mathrm{d}\boldsymbol{l} = -\frac{\mathrm{d}\Phi}{\mathrm{d}t} \tag{A-10}$$

式(A-10)说明了一个重要问题:时变电场的环量不等于零,这说明时变电场的旋度不是零,称之为感应场。

如果空间同时刻存在有静止电荷产生的保守电场 $\boldsymbol{E}_\mathrm{c}$,则总电场 $\boldsymbol{E}$ 为两者之和,即 $\boldsymbol{E} = \boldsymbol{E}_\mathrm{c} + \boldsymbol{E}_{\mathrm{ind}}$,但是,

$$\oint_l \boldsymbol{E} \cdot \mathrm{d}\boldsymbol{l} = \oint_l \boldsymbol{E}_c \cdot \mathrm{d}\boldsymbol{l} + \oint_l \boldsymbol{E}_{\mathrm{ind}} \cdot \mathrm{d}\boldsymbol{l} = \oint_l \boldsymbol{E}_{\mathrm{ind}} \cdot \mathrm{d}\boldsymbol{l} \quad (\mathrm{A}-11)$$

所以式(A-10)可以改写成

$$\oint_l \boldsymbol{E} \cdot \mathrm{d}\boldsymbol{l} = -\frac{\mathrm{d}\boldsymbol{\Phi}}{\mathrm{d}t} = -\frac{\mathrm{d}}{\mathrm{d}t}\oint_S \boldsymbol{B} \cdot \mathrm{d}\boldsymbol{S} \quad (\mathrm{A}-12)$$

引起闭合回路铰链的磁通发生变化的原因可以是磁场应强度 $\boldsymbol{B}$ 随时间的变化，也可以是闭合回路 l 自身的运动（大小、形状、位置的变化）。

式(A-10)变为

$$\oint_l \boldsymbol{E} \cdot \mathrm{d}\boldsymbol{l} = -\frac{\mathrm{d}}{\mathrm{d}t}\oint_S \boldsymbol{B} \cdot \mathrm{d}\boldsymbol{S} = -\oint_S \frac{\partial \boldsymbol{B}}{\partial t} \cdot \mathrm{d}\boldsymbol{S} \quad (\mathrm{A}-13)$$

利用斯托克斯定理，式(A-13)可写成

$$\int_S (\nabla \times \boldsymbol{E}) \cdot \mathrm{d}\boldsymbol{S} = -\int_S \frac{\partial \boldsymbol{B}}{\partial t} \cdot \mathrm{d}\boldsymbol{S} \quad (\mathrm{A}-14)$$

式(A-14)对任意面积都成立，所以

$$\frac{\mathrm{d}\boldsymbol{\Phi}}{\mathrm{d}t} = \lim_{\Delta t \to 0} \frac{\Delta \boldsymbol{\Phi}}{\Delta t} = \lim_{\Delta t \to 0} \frac{1}{\Delta t}\Big[\int_{S_b} \boldsymbol{B}(t+\Delta t) \cdot \mathrm{d}\boldsymbol{S} - \int_{S_b} \boldsymbol{B}(t) \cdot \mathrm{d}\boldsymbol{S}\Big] \quad (\mathrm{A}-15)$$

这是法拉第电磁感应定律的微分形式，这个结论是在闭合回路静止的情况下得到的，当回路运动时，微分形式也成立。

仍然是通过最基础的法拉第电磁感应定律推导，需要计算磁通量对时间的导数，需计算两个时刻，不同位置的磁通量。

穿过该回路的磁通量的变化率为

$$\frac{\mathrm{d}\boldsymbol{\Phi}}{\mathrm{d}t} = \lim_{\Delta t \to 0} \frac{\Delta \boldsymbol{\Phi}}{\Delta t} = \lim_{\Delta t \to 0} \frac{1}{\Delta t}\Big[\int_{S_b} \boldsymbol{B}(t+\Delta t) \cdot \mathrm{d}\boldsymbol{S} - \int_{S_a} \boldsymbol{B}(t) \cdot \mathrm{d}\boldsymbol{S}\Big] \quad (\mathrm{A}-16)$$

式中：$\boldsymbol{B}(t+\Delta t)$ 为在时间 $t+\Delta t$ 时刻由 l_b 围住的曲面 S_b 上的磁感应强度；$\boldsymbol{B}(t)$ 为 t 时刻由 l_a 围住的曲面 S_a 上的磁感应强度。

若把静磁场中的磁通连续性原理 $\oint_S \boldsymbol{B} \cdot \mathrm{d}\boldsymbol{S} = 0$ 推广到时变场，那么在时刻 $t+\Delta t$ 通过曲面 $S = S_a + S_b + S_c$ 的磁通量为零，因此

$$\oint_S \boldsymbol{B}(t+\Delta t) \cdot \mathrm{d}\boldsymbol{S} = \oint_{S_b} \boldsymbol{B}(t+\Delta t) \cdot \mathrm{d}\boldsymbol{S} - \oint_{S_a} \boldsymbol{B}(t+\Delta t) \cdot \mathrm{d}\boldsymbol{S} +$$
$$\oint_{S_c} \boldsymbol{B}(t+\Delta t) \cdot \mathrm{d}\boldsymbol{S} = 0 \quad (\mathrm{A}-17)$$

利用磁通连续性原理，可以得到在 $t+\Delta t$ 时刻，闭合曲面上的磁通量。比较我们需要的磁通量变化，对 S_a 的积分进行泰勒级数展开，前一项形式恰好符合需要。

若将 $\boldsymbol{B}(t+\Delta t)$ 展成泰勒级数，有

$$B(t+\Delta t) = B(t) + \frac{\partial B}{\partial t}\Delta t + \cdots \quad (A-18)$$

$$\int_{S_a} B(t+\Delta t) \cdot dS = \int_{S_a} B(t) \cdot dS + \Delta t \int_{S_a} \frac{\partial B}{\partial t} \cdot dS + \cdots \quad (A-19)$$

$$\int_{S_c} B(t+\Delta t) \cdot dS = \int_{S_c} B(t) \cdot dS + \Delta t \int_{S_c} \frac{\partial B}{\partial t} \cdot dS + \cdots \quad (A-20)$$

侧面比较特殊,利用速度时间和线元叉乘得到面积元。

由于侧面积 S_c 上的面积单元 $dS = dl \times v\Delta t$,当 $\Delta t \to 0$ 时,

$$\int_{S_c} B(t+\Delta t) \cdot dS = \Delta t \int_{l_c} B(t) \cdot (dl \times v) dS + \Delta t^2 \int_{l_c} \frac{\partial B}{\partial t} \cdot (dl \times v) + \cdots \quad (A-21)$$

$$= -\Delta t \int_{l_c} (B \times v) \cdot dl + \Delta t^2 \int_{l_c} \frac{\partial B}{\partial t} \cdot (dl \times v) + \cdots \quad (A-22)$$

$$= \int_{S_b} B(t+\Delta t) \cdot dS - \int_{S_a} B(t) \cdot dS \quad (A-23)$$

因此,l 由 l_a 的位置运动到 l_b 的位置时,穿过该回路的磁通量的时变率为

$$\frac{d\Phi}{dt} = \int_S \frac{\partial B}{\partial t} \cdot dS + \oint_l (B \times v) \cdot dl = \int_S \frac{\partial B}{\partial t} \cdot dS + \int_S \nabla \times (B \times v) \cdot dS \quad (A-24)$$

这样运动回路中的感应电动势可表示为

$$\varepsilon = -\frac{d\Phi}{dt} = \oint_l E \cdot dl = -\int_S \frac{\partial B}{\partial t} \cdot dS + \oint_l (v \times B) \cdot dl \quad (A-25)$$

式(A-25)可以改写成

$$\oint_l (E' - v \times B) \cdot dl = -\int_S \frac{\partial B}{\partial t} \cdot dS \quad (A-26)$$

这里的感应电势与电场以及移动速度有关,做一个新的电场定义,消除速度影响,可以得到与前边吻合的结论。

设静止观察者所看到的电场强度为 E,那么 $E = E' - v \times B$。因此,运动回路中,

$$\oint_l E \cdot dl = -\int_S \frac{\partial B}{\partial t} \cdot dS \quad (A-27)$$

或

$$\nabla \times E = \frac{\partial B}{\partial t} \quad (A-28)$$

式(A-28)为法拉第电磁感应定律的微分形式,适用于所有场合。

5. 位移电流

电荷守恒定律的数学描述就是电流连续方程,即

$$\oint_S J \cdot dS = -\frac{dQ}{dt} \quad (A-29)$$

式中:J 为电流体密度,它的方向就是它所在点的正电荷流动的方向,它的大小就是垂直于电流流动方向的单位面积上每单位时间内通过的电荷量(单位是 A/m²)。因此式(A-29)表面每单位时间内流出包围体积 V 的闭合曲面 S 的电荷量等于 S 面内每单位时间所减少的电荷量 $-\mathrm{d}Q/\mathrm{d}t$。

利用高斯公式

$$\int_V \nabla \cdot \boldsymbol{A} \mathrm{d}V = \oint_S \boldsymbol{A} \cdot \mathrm{d}\boldsymbol{S} \tag{A-30}$$

用体积分表示,对静止体积有

$$\oint_S \boldsymbol{J} \cdot \mathrm{d}\boldsymbol{S} = \int_V \nabla \cdot \boldsymbol{J} \mathrm{d}V = -\frac{\partial}{\partial t}\int_V \rho \mathrm{d}V = -\int_V \frac{\partial \rho}{\partial t}\mathrm{d}V \tag{A-31}$$

式(A-31)对任意体积 V 均成立,故有

$$\nabla \cdot \boldsymbol{J} = -\frac{\partial \rho}{\partial t} \tag{A-32}$$

通过全电流的定义,得到了式(A-32)电流连续性方程,可以看到电流密度 $\boldsymbol{J}$ 的散度不等于 0,而是电荷密度对时间 t 的变化率。然后转到安培环路定律,通过微分形式,对左右两侧进一步进行散度运算,矛盾就此出现了。

静态场中的安培环路定律的积分形式和微分形式为

$$\oint_l \boldsymbol{H} \cdot \mathrm{d}\boldsymbol{l} = \int_S \boldsymbol{J} \cdot \mathrm{d}\boldsymbol{S} \tag{A-33}$$

和

$$\nabla \times \boldsymbol{H} = \boldsymbol{J} \tag{A-34}$$

此外,对任意矢量 $\boldsymbol{A}$,其旋度的散度恒为 0,即

$$\begin{aligned}&\nabla \cdot (\nabla \times \boldsymbol{A}) = 0 \\ &\nabla \cdot (\nabla \times \boldsymbol{H}) = 0 = \nabla \cdot \boldsymbol{J} \\ &\nabla \cdot (\nabla \times \boldsymbol{H}) = 0 = \nabla \cdot \boldsymbol{J} + \frac{\partial \rho}{\partial t}\end{aligned} \tag{A-35}$$

式(A-35)的第二式,由于旋度的散度一定为 0,由此可以得到电流密度 $\boldsymbol{J}$ 的散度为 0 这个结论。然而根据全电流定义,$\boldsymbol{J}$ 的散度并不等于 0,因此安培环路定律需要做修正,这就是著名的 Ampere's Law with Maxwell's Corrections 修正办法,如式(A-35)最后公式所示,直接在等号右边加上一项:电荷密度对时间的变化。

在承认

$$\oint_S \boldsymbol{D} \cdot \mathrm{d}\boldsymbol{S} = Q = \int_V \rho \mathrm{d}V, \nabla \cdot \boldsymbol{D} = \rho \tag{A-36}$$

也适用于时变场的前提下,则有

$$\nabla \cdot (\nabla \times \boldsymbol{H}) = 0 = \nabla \cdot \boldsymbol{J} + \frac{\partial}{\partial t}(\nabla \cdot \boldsymbol{D}) = \nabla \cdot \left(\boldsymbol{J} + \frac{\partial \boldsymbol{D}}{\partial t}\right) \quad (A-37)$$

$$\nabla \times \boldsymbol{H} = \boldsymbol{J} + \frac{\partial \boldsymbol{D}}{\partial t} \quad (A-38)$$

$$\boldsymbol{J}_d = \frac{\partial \boldsymbol{D}}{\partial t} \quad (A-39)$$

式(A-38)就是修正的安培环路定理,等号右边原本是电流,所以为了保持一致,对 $\boldsymbol{D}$ 的导数也就定义为位移电流。

由于

$$\boldsymbol{D} = \varepsilon_0 \boldsymbol{E} + \boldsymbol{P} \quad (A-40)$$

所以位移电流

$$\frac{\partial \boldsymbol{D}}{\partial t} = \varepsilon_0 \frac{\partial \boldsymbol{E}}{\partial t} + \frac{\partial \boldsymbol{P}}{\partial t} \quad (A-41)$$

$$\oint_S \boldsymbol{H} \cdot \mathrm{d}\boldsymbol{l} = \int_S \left(\boldsymbol{J} + \frac{\partial \boldsymbol{D}}{\partial t}\right) \mathrm{d}\boldsymbol{S} \quad (A-42)$$

$$\boldsymbol{J}_t = \boldsymbol{J}_c + \boldsymbol{J}_v + \boldsymbol{J}_d \quad (A-43)$$

这是全电流的概念,这个微分形式经过积分后,得到电路分析中常用的基尔霍夫电流定律:将闭合曲面看作"节点"。

$$\nabla \cdot (\boldsymbol{J}_c + \boldsymbol{J}_v + \boldsymbol{J}_d) = 0 \quad (A-44)$$

对任意封闭曲面 S 有

$$\oint_S (\boldsymbol{J}_c + \boldsymbol{J}_v + \boldsymbol{J}_d) \cdot \mathrm{d}\boldsymbol{S} = \int_V (\boldsymbol{J}_c + \boldsymbol{J}_v + \boldsymbol{J}_d) \mathrm{d}V = 0 \quad (A-45)$$

即

$$I_c + I_v + I_d = 0 \quad (A-46)$$

穿过任意封闭曲面的各类电流之和恒为0,这就是全电流连续性原理。将其应用于只有传导电流的回路中,可知节点处的传导电流之和为0,这就是基尔霍夫电流定律:$\sum I = 0$。

6. 麦克斯韦方程组

除了式(A-47)是麦克斯韦所做修正以外,其余3个方程都不是麦克斯韦提出的,但是他率先发现了位移电流后,对安培环路定理做了修正,于是结合法拉第电磁感应定律,就可以得出一个重要结论:变化的磁场能产生电场,变化的电场可以产生磁场。

$$\nabla \times \boldsymbol{H} = \boldsymbol{J} + \frac{\partial \boldsymbol{D}}{\partial t} \quad (A-47)$$

$$\nabla \times \boldsymbol{E} = -\frac{\partial \boldsymbol{B}}{\partial t} \quad (A-48)$$

$$\nabla \cdot \boldsymbol{B} = 0 \quad (A-49)$$

$$\nabla \cdot \boldsymbol{D} = \rho \quad (A-50)$$

若生成的电场和磁场仍然随时间发生变化,那么就会产生一种叫作"电磁波"的物质。

$$\oint_S \boldsymbol{H} \cdot \mathrm{d}\boldsymbol{l} = \int_S \left(\boldsymbol{J} + \frac{\partial \boldsymbol{D}}{\partial t}\right) \mathrm{d}\boldsymbol{S} \quad (A-51)$$

$$\oint_S \boldsymbol{E} \cdot \mathrm{d}\boldsymbol{l} = -\int_S \left(\frac{\partial \boldsymbol{B}}{\partial t}\right) \mathrm{d}\boldsymbol{S} \quad (A-52)$$

$$\oint_S \boldsymbol{B} \cdot \mathrm{d}\boldsymbol{S} = 0 \quad (A-53)$$

$$\oint_S \boldsymbol{D} \cdot \mathrm{d}\boldsymbol{S} = \int_V \rho \mathrm{d}V \quad (A-54)$$

麦克斯韦方程虽然有 4 个,但是相互之间并不独立。比如对法拉第电磁感应定律两次做散度运算,可以得到磁感应强度 $\boldsymbol{B}$ 的散度为 0,而这个结论恰好就是磁通连续性原理。

$$\nabla \cdot (\nabla \times \boldsymbol{B}) = \nabla \cdot \left(-\frac{\partial \boldsymbol{B}}{\partial t}\right) \quad (A-55)$$

$$\frac{\partial}{\partial t}(\nabla \cdot \boldsymbol{B}) = 0 \quad (A-56)$$

如果我们假设过去或将来某一时刻,$\nabla \cdot \boldsymbol{B}$ 在空间每一点上都为零,则 $\nabla \cdot \boldsymbol{B}$ 在任何时刻处处为零,所以有

$$\nabla \cdot \boldsymbol{B} = 0 \quad (A-57)$$

$$\nabla \cdot \boldsymbol{J} = -\frac{\partial \rho}{\partial t} \quad (A-58)$$

所以相互独立的方程只有 3 个,而自变量 $H-J-D-E-B-\rho$,多达 5 个矢量、1 个标量,一共 16 个标量。而 3 个方程(两个矢量一个标量)只能得到 7 个标量方程,因此方程的数量不够。

一般而言,表征媒质宏观电磁特性的本构关系为

$$\begin{cases} \boldsymbol{D} = \varepsilon_0 \boldsymbol{E} + \boldsymbol{P} \\ \boldsymbol{B} = \mu_0(\boldsymbol{H} + \boldsymbol{M}) \\ \boldsymbol{J} = \sigma \boldsymbol{E} \end{cases} \quad (A-59)$$

对于各项同性的线性媒质,式(A-59)可写为

$$\begin{cases} \boldsymbol{D} = \varepsilon_0 \boldsymbol{E} \\ \boldsymbol{B} = \mu_0 \boldsymbol{H} \\ \boldsymbol{J} = \sigma \boldsymbol{E} \end{cases} \quad (A-60)$$

加上 3 个本构关系,正好得到 9 个标量方程,正好符合条件。

7. 洛伦兹力

电荷在(运动或静止)激发电磁场,电磁场反过来对电荷有作用力。当空间同时存在电场和磁场时,以恒速 v 运动的点电荷 q 所受到的力为

$$\boldsymbol{F} = q(\boldsymbol{E} + \boldsymbol{v} \times \boldsymbol{B}) \quad (A-61)$$

如果电荷是连续分布的,其密度为 ρ,则电荷系统所受到的电磁场力密度为

$$\boldsymbol{f} = \rho(\boldsymbol{E} + \boldsymbol{v} \times \boldsymbol{B}) = \rho\boldsymbol{E} + \boldsymbol{J} \times \boldsymbol{B} \quad (A-62)$$

式(A-62)称为洛伦兹力公式。近代物理学实验验证了洛伦兹力公式对任意运动速度的带电粒子都是适应的。

8. 时变电磁场的边界条件

设 n 是分界面上任意点处的法向单位矢量;$\boldsymbol{F}$ 表示该点的某一场矢量(例如 $\boldsymbol{D}$、$\boldsymbol{B}$),它可以分解为沿 n 方向和垂直于 n 方向的两个分量。因为矢量恒等式

$$\boldsymbol{n} \times (\boldsymbol{n} \times \boldsymbol{F}) = \boldsymbol{n}(\boldsymbol{n} \cdot \boldsymbol{F}) - \boldsymbol{F}(\boldsymbol{n} \cdot \boldsymbol{n}) \quad (A-63)$$

所以

$$\boldsymbol{F} = \boldsymbol{n}(\boldsymbol{n} \cdot \boldsymbol{F}) - \boldsymbol{n} \times (\boldsymbol{n} \times \boldsymbol{F}) \quad (A-64)$$

式(A-64)第一项沿 n 方向,称为法向分量;第二项垂直于 n 方向,切于分界面,称为切向分量。

电位移仍然利用高斯定理。因为高斯定理对静态和时变环境都成立,因此时变场与静态场的结论完全吻合。

一般情况

$$\oint_S \boldsymbol{D} \cdot \mathrm{d}\boldsymbol{S} = \boldsymbol{D}_1 \cdot \Delta S\boldsymbol{n} + \boldsymbol{D}_2 \cdot (-\Delta S\boldsymbol{n}) = \boldsymbol{n} \cdot (\boldsymbol{D}_1 - \boldsymbol{D}_2)\Delta S \quad (A-65)$$

如果分界面的薄层内有自由电荷,则圆柱面内包围的总电荷为

$$Q = \int_V \rho \mathrm{d}V = \lim_{h \to 0} \rho h \Delta S = \rho_S \Delta S \quad (A-66)$$

由式(A-65)和式(A-66)得电位移矢量的法向分量边界条件的矢量形式为

$$\boldsymbol{n} \cdot (\boldsymbol{D}_1 - \boldsymbol{D}_2) = \rho_S \quad (A-67)$$

或者如下的标量形式:

$$D_{1n} - D_{2n} = \rho_S \quad (A-68)$$

若分界面上没有自由电荷,则有

$$D_{1n} = D_{2n} \quad (A-69)$$

然而 $D = \varepsilon E$,所以

$$\varepsilon_1 E_{1n} = \varepsilon_2 E_{2n} \quad (A-70)$$

综上可见,如果分界面上有自由电荷,那么电位移矢量 $\boldsymbol{D}$ 的法向分量 D_n 越

过分界面时不连续,有一等于面电荷密度 ρ_S 的突变。如果 $\rho_S=0$,则方向分量 D_n 连续,但是,分界面两侧的电场强度矢量的方向分量 E_n 不连续。

磁通连续性原理也是对静态场和动态场恒成立,边界条件与电位移相同。

磁感应强度矢量的法向分量的矢量形式的边界条件为

$$\boldsymbol{n}\cdot(\boldsymbol{B}_1-\boldsymbol{B}_2)=0 \qquad (A-71)$$

或者如下的标量形式的边界条件:

$$B_{1n}=B_{2n} \qquad (A-72)$$

由于 $B=\mu H$,所以

$$\mu_1 H_1=\mu_2 H_2 \qquad (A-73)$$

静态场下 H 和 E 的旋度与时变场的完全不同,因此这里的分析过程有差别。对磁场强度 H,采用修正安培环路定理来分析环路上的积分。

设 $\boldsymbol{n}$(有媒质 2 指向媒质 1)、$\boldsymbol{l}$ 分别是 Δl 中点处分界面的方向单位矢量和切向单位矢量,$\boldsymbol{b}$ 是垂直于 $\boldsymbol{n}$ 且与矩形回路成右手螺旋关系的单位矢量,三者的关系为

$$\boldsymbol{l}=\boldsymbol{b}\times\boldsymbol{n} \qquad (A-74)$$

根据麦克斯韦方程,得

$$\oint_S \boldsymbol{H}\cdot\mathrm{d}\boldsymbol{l}=\int_S\left(\boldsymbol{J}+\frac{\partial \boldsymbol{D}}{\partial t}\right)\mathrm{d}S \qquad (A-75)$$

$$\begin{aligned}\oint_S \boldsymbol{H}\cdot\mathrm{d}\boldsymbol{l} &= \boldsymbol{H}_1\cdot\Delta l\boldsymbol{l}+\boldsymbol{H}_2\cdot(-\Delta l\boldsymbol{l})=\boldsymbol{l}(\boldsymbol{H}_1-\boldsymbol{H}_2)\cdot\Delta l \\ &= \boldsymbol{b}\times\boldsymbol{n}\cdot(\boldsymbol{H}_1-\boldsymbol{H}_2)\cdot\Delta l=\boldsymbol{b}\cdot\boldsymbol{n}\times(\boldsymbol{H}_1-\boldsymbol{H}_2)\cdot\Delta l\end{aligned} \qquad (A-76)$$

虽然有电位移,但是利用高阶无穷小求极限,忽略掉了。结果和静态场相同。

因为 $\partial D/\partial t$ 有限而 $h\to 0$,所以

$$\int_S \frac{\partial \boldsymbol{D}}{\partial t}\cdot\mathrm{d}S=\lim_{h\to 0}\frac{\partial \boldsymbol{D}}{\partial t}\cdot\boldsymbol{b}h\Delta l \qquad (A-77)$$

如果分界面的薄层内有自由电荷,则回路所围的面积上,

$$\int_S \boldsymbol{J}\cdot\mathrm{d}S=\lim_{h\to 0}\boldsymbol{J}\cdot\boldsymbol{b}h\Delta l=\boldsymbol{J}_S\cdot\boldsymbol{b}\Delta l \qquad (A-78)$$

综合以上三式得

$$\boldsymbol{b}\cdot\boldsymbol{n}\times(\boldsymbol{H}_1-\boldsymbol{H}_2)=\boldsymbol{J}_S\cdot\boldsymbol{b} \qquad (A-79)$$

$\boldsymbol{b}$ 是任意单位矢量,则 $\boldsymbol{n}\times\boldsymbol{H}$ 与 $\boldsymbol{J}_S$ 共面(均切于分界面),所以

$$\boldsymbol{n}\times(\boldsymbol{H}_1-\boldsymbol{H}_2)=\boldsymbol{J}_S \qquad (A-80)$$

$$[\boldsymbol{n}\times(\boldsymbol{H}_1-\boldsymbol{H}_2)]\times\boldsymbol{n}=\boldsymbol{J}_S\times\boldsymbol{n} \qquad (A-81)$$

$$H_{1t}-H_{2t}=J_S \qquad (A-82)$$

如果分界面上没有自由电荷,那么

$$H_{1t}=H_{2t} \qquad (A-83)$$

由上式可获得

$$\frac{B_{1t}}{\mu_1} = \frac{B_{2t}}{\mu_2} \quad (\text{A}-84)$$

类似地,可以把法拉第电磁场感应定律也代入环量运算,能得到磁感应强度对时间的变化也与环路面积相乘,同样利用高阶无穷小忽略掉。

$$\boldsymbol{n} \times (\boldsymbol{E}_1 - \boldsymbol{E}_2) = 0 \quad (\text{A}-85)$$

$$\boldsymbol{E}_{1t} = \boldsymbol{E}_{2t} \quad (\text{A}-86)$$

$$\frac{D_{1t}}{\varepsilon_1} = \frac{D_{2t}}{\varepsilon_2} \quad (\text{A}-87)$$

当 $\sigma = 0$ 理想介质,矢量形式的边界条件为

$$J_S = 0, \sigma_S = 0 \quad (\text{A}-88)$$

$$\boldsymbol{n} \times (\boldsymbol{H}_1 - \boldsymbol{H}_2) = 0 \quad (\text{A}-89)$$

$$\boldsymbol{n} \times (\boldsymbol{E}_1 - \boldsymbol{E}_2) = 0 \quad (\text{A}-90)$$

$$\boldsymbol{n} \times (\boldsymbol{B}_1 - \boldsymbol{B}_2) = 0 \quad (\text{A}-91)$$

$$\boldsymbol{n} \times (\boldsymbol{D}_1 - \boldsymbol{D}_2) = 0 \quad (\text{A}-92)$$

通过边界条件可以得出结论:导体外部的电场线全部垂直于导体本身,而磁场线则与导体表面平行。

理想导体是指 $\sigma \to \infty$,所以在理想导体内部不存在电场。此外,在时变条件下,理想导体内部也不存在磁场。故在时变条件下,理想导体内部不存在电磁场,即所有场量为 0。设 $\boldsymbol{n}$ 是理想导体的外法线向矢量,$\boldsymbol{E}$、$\boldsymbol{H}$、$\boldsymbol{D}$、$\boldsymbol{B}$ 为理想导体外部的电磁场,那么理想导体表面的边界条件为

$$\boldsymbol{n} \times \boldsymbol{H} = \boldsymbol{J}_S \quad (\text{A}-93)$$

$$\boldsymbol{n} \times \boldsymbol{E} = 0 \quad (\text{A}-94)$$

$$\boldsymbol{n} \times \boldsymbol{B} = 0 \quad (\text{A}-95)$$

$$\boldsymbol{n} \times \boldsymbol{D} = \rho_S \quad (\text{A}-96)$$

9. 能量与能流

时变场的能量与静态场有了显著区别,静电场的典型特征是电场和磁场不相关,正相反,时变场中电-磁场通过麦克斯韦方程组发生了紧密联系,因此这时的能量由电场和磁场来共同决定。

假设电磁场在一有耗的导电媒质中,媒质的电导率为 σ,电场会在此有耗电媒质中引起传导电流 $\boldsymbol{J} = \sigma \boldsymbol{E}$。根据焦耳定律,在体积 V 内由于传导电流引起的功率损耗是

$$P = \int_V \boldsymbol{J} \cdot \boldsymbol{E} \mathrm{d}V \quad (\text{A}-97)$$

由麦克斯韦方程式

$$J = \nabla \times H - \frac{\partial D}{\partial t} \quad (A-98)$$

从焦耳定律开始,代入修正的安培环路定理,然后再经过矢量恒等式变形,就得到了时变场的能量构成。

$$\int_V J \cdot E \mathrm{d}V = \int_V \left[E \cdot (\nabla \times H) - E \cdot \frac{\partial D}{\partial t} \right] \mathrm{d}V \quad (A-99)$$

利用矢量恒等式

$$\nabla \cdot (E \times H) = H \cdot (\nabla \times E) - E \cdot (\nabla \times H) \quad (A-100)$$

$$E \cdot (\nabla \times H) = H \cdot (\nabla \times E) - E \cdot (\nabla \times H)$$

$$= H \cdot \left(-\frac{\partial B}{\partial t} \right) - E \cdot (\nabla \times H) \quad (A-101)$$

将等式右边前两项移到等式左侧,得到坡印廷定理。

$$\int_V J \cdot E \mathrm{d}V = -\int_V \left[H \cdot \frac{\partial B}{\partial t} + E \cdot \frac{\partial D}{\partial t} + \nabla \cdot (E \times H) \right] \mathrm{d}V \quad (A-102)$$

利用散度定理式(A-102)可改写成为

$$-\oint_S (E \times H) \cdot \mathrm{d}S = \int_V \left(H \cdot \frac{\partial B}{\partial t} + E \cdot \frac{\partial D}{\partial t} + J \cdot E \right) \mathrm{d}V \quad (A-103)$$

这就是适合一般媒质的坡印廷定理。

利用矢量函数求导公式:

$$\frac{\partial}{\partial t}(A \cdot B) = \frac{\partial A}{\partial t} \cdot B + \frac{\partial B}{\partial t} \cdot A \quad (A-104)$$

$$\frac{\partial}{\partial t}(A \cdot A) = 2 \frac{\partial A}{\partial t} \cdot A \quad (A-105)$$

对于各向同性的线性媒质,及 $D = \varepsilon E, B = \mu H, J = \sigma E$,可知

$$H \cdot \frac{\partial B}{\partial t} = \mu H \cdot \frac{\partial H}{\partial t} = \frac{\mu}{2} \frac{\partial}{\partial t}(H \cdot H) = \frac{\partial}{\partial t}(B \cdot H) \quad (A-106)$$

同理,

$$E \cdot \frac{\partial D}{\partial t} = \frac{1}{2} \frac{\partial}{\partial t}(D \cdot E) \quad (A-107)$$

采取上述转换将坡印廷定理的右边化简。定义一个重要的概念:坡印廷矢量 S 为电场 E 和磁场 H 的叉乘。

对于各向同性的线性媒质,坡印廷定理表示为

$$-\oint_S (E \times H) \cdot \mathrm{d}S = \int_V \left[\frac{\partial}{\partial t}(B \cdot H) + \frac{1}{2} \frac{\partial}{\partial t}(D \cdot H) + J \cdot E \right] \mathrm{d}V$$

$$= \frac{\partial}{\partial t} \int_V \left(\frac{1}{2} B \cdot H + \frac{1}{2} D \cdot E \right) \mathrm{d}V + \int_V J \cdot E \mathrm{d}V \quad (A-108)$$

为了说明式(A-108)的物理意义,我们首先假设储存在时变电场中的电磁能量密度的表示形式和静态场的相同,即 $w = w_e + w_m$。其中,$w_e = 1/2(\boldsymbol{D} \cdot \boldsymbol{E})$ 为电场能量密度,$w_m = 1/2(\boldsymbol{B} \cdot \boldsymbol{H})$ 为电磁能量密度,它们的单位都是 J/m³。另外,引入一个新矢量:

$$\boldsymbol{S} = \boldsymbol{E} \times \boldsymbol{H} \qquad (A-109)$$

由于对坡印廷矢量面积分的结果是功率(能量对时间的变化),因此得到 S 的单位是 W/m²,称为坡印廷矢量。据此,坡印廷定理可以写为

$$-\oint_S \boldsymbol{S} \cdot \mathrm{d}\boldsymbol{S} = \frac{\partial}{\partial t}\int_V (w_e + w_m)\mathrm{d}V + \int_V \boldsymbol{J} \cdot \boldsymbol{E}\mathrm{d}V \qquad (A-110)$$

式(A-110)右边第一项表示体积 V 中电磁能量随时间的增加率,第二项表示体积 V 中的热损耗功率(单位时间内以热能形式损耗在体积 V 中的能量)。根据能量守恒定理,上式左边第一项 $-\oint_S \boldsymbol{S} \cdot \mathrm{d}\boldsymbol{S} = -\oint_S (\boldsymbol{E} \times \boldsymbol{H}) \cdot \mathrm{d}\boldsymbol{S}$ 必定代表单位时间内穿过体积 V 的表面积 S 流入体积 V 中的电磁能量。因此,面积分 $\oint_S \boldsymbol{S} \cdot \mathrm{d}\boldsymbol{S} = \oint_S (\boldsymbol{E} \times \boldsymbol{H}) \cdot \mathrm{d}\boldsymbol{S}$ 表示单位时间内流出包围体积 V 的表面 S 的总电磁能量。

坡印廷矢量 $\boldsymbol{S} = \boldsymbol{E} \times \boldsymbol{H}$ 可以解释为同时 S 面上单位面积的电磁功率。所以,$\boldsymbol{S}$ 本身不是功率,而是功率流密度。

在静电场和静磁场情况下,由于电流为零以及 $\partial/\partial t\left(\frac{1}{2}\boldsymbol{E} \cdot \boldsymbol{D} + \frac{1}{2}\boldsymbol{B} \cdot \boldsymbol{H}\right) = 0$,所以坡印廷定理只剩一项 $\oint_S (\boldsymbol{E} \times \boldsymbol{H}) \cdot \mathrm{d}\boldsymbol{S} = 0$。由坡印廷定理可知,此式表示在场中任何一点,单位时间流出包围体积 V 表面的总能量为 0,即没有电磁能量流动。由此可见,在静电场和静磁场情况下,$\boldsymbol{S} = \boldsymbol{E} \times \boldsymbol{H}$ 并不代表电磁功率流密度。

在恒定电流的电场和磁场情况下,$\partial/\partial t\left(\frac{1}{2}\boldsymbol{E} \cdot \boldsymbol{D} + \frac{1}{2}\boldsymbol{B} \cdot \boldsymbol{H}\right) = 0$,所以由坡印廷定理可知,$\int_V \boldsymbol{J} \cdot \boldsymbol{E}\mathrm{d}V = -\oint_S (\boldsymbol{E} \times \boldsymbol{H}) \cdot \mathrm{d}\boldsymbol{S}$。因此,在恒定电场中,$\boldsymbol{S} = \boldsymbol{E} \times \boldsymbol{H}$ 可以代表通过单位面积的电磁功率流。它说明,在无源区域中,通过 S 面流入 V 内的电磁功率等于 V 内的损耗功率。

在时变电场中,$\boldsymbol{S} = \boldsymbol{E} \times \boldsymbol{H}$ 代表瞬时功率流密度,它通过任意截面积的面积分 $P = \int_S (\boldsymbol{E} \times \boldsymbol{H}) \cdot \mathrm{d}\boldsymbol{S}$ 代表瞬时功率。

参考文献

[1] PEREZ I, DIULIO M, MALEY S, et al. Structural health management in the NAVY[J]. Structural Health Monitoring, 2010, 9(3): 199-207.

[2] INTERNATIONAL S. Guidelines for implementation of structural health monitoring on fixed wing aircraft: ARP6461[S]. New York, PA: SAE International. 2013.

[3] KIMBERLI JONES B H, MATT REGAN. Long Term Viper - Flying the F-16 to 8000 Hours and Beyond[C]. 29th ICAF Symposium Nagoya, Japan: 2017: S07-1.

[4] CHAN T H, YU L, TAM H-Y, et al. Fiber Bragg grating sensors for structural health monitoring of Tsing Ma bridge: Background and experimental observation[J]. Engineering structures, 2006, 28(5): 648-659.

[5] TENNYSON R, MUFTI A, RIZKALLA S, et al. Structural health monitoring of innovative bridges in Canada with fiber optic sensors[J]. Smart materials and Structures, 2001, 10(3): 560.

[6] KO J, NI Y. Technology developments in structural health monitoring of large-scale bridges [J]. Engineering structures, 2005, 27(12): 1715-1725.

[7] LYNCH J P. An overview of wireless structural health monitoring for civil structures[J]. Philosophical transactions of the royal society of London A: mathematical, physical and engineering sciences, 2007, 365(1851): 345-372.

[8] BROWNJOHN J M. Structural health monitoring of civil infrastructure [J]. Philosophical transactions of the royal society of London A: mathematical, physical and engineering sciences, 2007, 365(1851): 589-622.

[9] LARDER B D. An analysis of HUMS vibration diagnostic capabilities[J]. Journal of the American helicopter society, 2000, 45(1): 28-33.

[10] Lindgren E. Us air force research laboratory perspective on structural health monitoring in support of risk management[C]. Presented at: PHM Society European Conference, Utrecht, Netherlands, 2018, 4(1).

[11] TIMOTHY F, DEVINDER M, IAIN H. F-35 joint strike fighter structural prognosis and health management an overview[C]. ICAF 2009, Bridging the Gap between Theory and Operational Practice. Springer. 2009: 1215-1215.

[12] MEYN L A, JAMES K D. Full-scale wind-tunnel studies of F/A-18 tail buffet[J]. Journal of Aircraft, 1993, 33(3): 589-595.

[13] HUNT S R, HEBDEN I G. Validation of the Eurofighter Typhoon structural health and usage

monitoring system[J]. Smart Materials & Structures,2001,10(3):497.

[14] HA L B,HO K Y,SEOB P K,et al. Interferometric Fiber Optic Sensors[J]. Sensors,2012,12(3):2467.

[15] LIM J H,JANG H S,LEE K S,et al. Mach – Zehnder interferometer formed in a photonic crystal fiber based on a pair of long – period fiber gratings[J]. Optics Letters,2004,29(4):346 – 348.

[16] RAO Y J. Recent progress in fiber – optic extrinsic Fabry – Perot interferometric sensors[J]. Optical Fiber Technology,2006,12(3):227 – 237.

[17] MAJUMDER M,GANGOPADHYAY T K,CHAKRABORTY A K,et al. Fibre Bragg gratings in structural health monitoring—Present status and applications[J]. Sensors and Actuators A:Physical,2008,147(1):150 – 164.

[18] LEE J,RYU C,KOO B,et al. In – flight health monitoring of a subscale wing using a fiber Bragg grating sensor system[J]. Smart Materials & Structures,2003,12(1):147.

[19] READ I J,FOOTE P D. Sea and flight trials of optical fibre Bragg grating strain sensing systems[J]. Smart Material Structures,2001,10(5):1085 – 1094(10).

[20] SHU M,UMEHARA T,TAKAGAKI K,et al. Life cycle monitoring and advanced quality assurance of L – shaped composite corner part using embedded fiber – optic sensor[J]. Composites Part A,2013,48(48):153 – 161.

[21] TAKEDA N,MINAKUCHI S,UMEHARA T,et al. Life Cycle Monitoring of Curved Composite Parts Using Embedded Fiber Bragg Grating Sensorskgkg[J]. Advanced Materials Research,2011,410:18 – 21.

[22] BAKER A,RAJIC N,DAVIS C. Towards a practical structural health monitoring technology for patched cracks in aircraft structure[J]. Composites Part A,2009,40(9):1340 – 1352.

[23] PANOPOULOU A,LOUTAS T,ROULIAS D,et al. Dynamic fiber Bragg gratings based health monitoring system of composite aerospace structures[J]. Acta Astronautica,2011,69(7 – 8):445 – 457.

[24] PANOPOULOU A,ROULIAS D,LOUTAS T H,et al. Health Monitoring of Aerospace Structures Using Fibre Bragg Gratings Combined with Advanced Signal Processing and Pattern Recognition Techniques[J]. Strain,2012,48(3):267 – 277.

[25] PANOPOULOU A,LOUTAS T,ROULIAS D,et al. Dynamic fiber Bragg gratings based health monitoring system of composite aerospace structures[J]. Acta Astronautica,2011,69(7 – 8):445 – 457.

[26] LOUTAS T H,PANOPOULOU A,ROULIAS D,et al. Intelligent health monitoring of aerospace composite structures based on dynamic strain measurements[J]. Expert Systems with Applications,2012,39(9):8412 – 8422.

[27] SIERRA – P REZ J,TORRES – ARREDONDO M A,G EMES A. Damage and nonlinearities detection in wind turbine blades based on strain field pattern recognition. FBGs,OBR and strain gauges comparison[J]. Composite Structures,2016,135:156 – 166.

[28] SIERRAP REZ J, G EMES A, MUJICA L E. Damage detection by using FBGs and strain field pattern recognition techniques[J]. Smart Materials & Structures, 2013, 22(2):025011.

[29] SAITO N, YARI T, ENOMOTO K. Flight Demonstration Testing with Distributed Optical Fiber Sensor[C]. EWSHM - 7th European Workshop on Structural Health Monitoring, Nantes: DEStech Publications, 2014:123 - 130.

[30] HONGO A, KOJIMA S, KOMATSUZAKI S. Applications of fiber Bragg grating sensors and high - speed interrogation techniques[J]. Struct Control Health Monit, 2010, 12(3 - 4):269 - 282.

[31] MAN S, YONG Z, FENG Y E, et al. Comparison Research of Fiber Bragg Grating Sensors and Strain Gauges in Crack Detection[J]. Journal of Sichuan University, 2007, 39(6):45 - 49.

[32] GRONDEL S, ASSAAD J, DELEBARRE C, et al. Health monitoring of a composite wingbox structure [J]. Ultrasonics, 2004, 42(1 - 9):819 - 824.

[33] STASZEWSKI D W, LECTURER. Monitoring on - line integrated technologies for operational reliability - monitor[J]. Air & Space Europe, 1998, 2(4):67 - 72.

[34] SINGH N, JAIN S C, MISHRA V, et al. MULTIPLEXING OF FIBER BRAGG GRATING SENSORS FOR STRAIN AND TEMPERATURE MEASUREMENTS[J]. Experimental Techniques, 2007, 31(3):54 - 56.

[35] SANTE R D, DONATI L, TROIANI E, et al. Reliability and accuracy of embedded fiber Bragg grating sensors for strain monitoring in advanced composite structures[J]. Metals & Materials International, 2014, 20(3):537 - 543.

[36] M LLER M S, HOFFMANN L, LAUTENSCHLAGER T, et al. Soldering fiber Bragg grating sensors for strain measurement[J]. Proceedings of SPIE - The International Society for Optical Engineering, 2008, 7004:70040B - B - 4.

[37] 常琦,袁慎芳,苗苗,等. 基于布拉格光纤光栅的碳纤维壁板损伤监测研究[J]. 中国机械工程, 2009, 20(1):64 - 68.

[38] 胡志辉. 基于光纤光栅的复合材料结构健康监测研究[D]. 南京:南京航空航天大学, 2011.

[39] 耿荣生. 声发射技术发展现状——学会成立20周年回顾[J]. 无损检测, 1998, 6):151 - 154.

[40] 耿荣生,沈功田,刘时风. 声发射信号处理和分析技术[J]. 无损检测, 2002, 24(1):23 - 28.

[41] 沈功田,耿荣生. 声发射信号的参数分析方法[J]. 无损检测, 2002, 24(2):72 - 77.

[42] 沈功田,耿荣生,刘时风. 声发射源定位技术[J]. 无损检测, 2002, 24(3):114 - 117.

[43] BAILEY C D. ACOUSTIC EMISSION FOR IN - FLIGHT MONITORING ON AIRCRAFT STRUCTURES[J]. Materials Evaluation, 1976, 34(8):165 - 171.

[44] HOLFORD K M, PULLIN R, EVANS S L, et al. Acoustic emission for monitoring aircraft structures [J]. Proceedings of the Institution of Mechanical Engineers Part G Journal of Aerospace Engineering, 2009, 223(5):525 - 532.

[45] CONWAY G J. Acoustic emission monitoring[M]. New York:Acoustical Society of America, 1985.

[46] LINDLEY T C, PALMER I G, RICHARDS C E. Acoustic emission monitoring of fatigue crack

growth[J]. Materials Science & Engineering,1978,32(1):1-15.

[47] ROBERTS T M,TALEBZADEH M. Acoustic emission monitoring of fatigue crack propagation [J]. Journal of Constructional Steel Research,2003,59(6):695-712.

[48] CARLYLE J M. Acoustic emission testing the F-111[J]. NDT International,1989,22(2):67-73.

[49] SCALA C M,COYLE R A. Acoustic emission waveform analysis to identify fatigue crack propagation in a mirage aircraft[J]. NDT & E International,1992,25(6):304-304.

[50] KUDVA J N. Acoustic-emission sensing in an on-board smart structural health monitoring system for military aircraft[J]. Proceedings of SPIE-The International Society for Optical Engineering,1994,2191:258-264

[51] LI X. A brief review:acoustic emission method for tool wear monitoring during turning[J]. International Journal of Machine Tools & Manufacture,2002,42(2):157-165.

[52] BAXTER M G,PULLIN R,HOLFORD K M,et al. Detection of Fatigue Crack Growth in Aircraft Landing Gear,4 Point Bend Test Specimens[J]. Key Engineering Materials,2005,293-294:193-200.

[53] MOORTHY V,JAYAKUMAR T,RAJ B. Influence of micro structure on acoustic emission behavior during stage 2 fatigue crack growth in solution annealed,thermally aged and weld specimens of AISI type 316 stainless steel[J]. Materials Science & Engineering A,1996,212(2):273-280.

[54] KOSEL T,GRABEC I,KOSEL F. Intelligent location of two simultaneously active acoustic emission sources[J]. Aerospace Science & Technology,2005,9(1):45-53.

[55] BERKOVITS A,FANG D. Study of fatigue crack characteristics by acoustic emission[J]. Eng Fract Mech,1995,51(3):401-409.

[56] HUTTON P,LEMON D,MELTON R,et al. Develop in-flight acoustic emission monitoring of aircraft to detect fatigue crack growth[J]. Review of progress in quantitative nondestructive evaluation,1982,1(4):59-62.

[57] POKORSKI J R,FISHER B R. Fatigue damage sensing using acoustic emission[J]. Fatigue Damage Sensing Using Acoustic Emission,1991.

[58] 耿荣生,郑勇. 航空无损检测技术发展动态及面临的挑战[J].无损检测,2002,24(1):1-5.

[59] SKINNER G. Maintaining mature military air transport aircraft[J]. Proceedings of the Institution of Mechanical Engineers Part G Journal of Aerospace Engineering,1996,210(27):129-134.

[60] 齐共金,雷洪,耿荣生,等. 国外航空复合材料无损检测技术的新进展[J].航空维修与工程,2008(5):25-28.

[61] Scala C M,Coyle R A. Pattern recognition and acoustic emission[J]. NDT international,1983,16(6):339-343.

[62] Scala C M,Cousland S M K. Acoustic emission during fatigue crack propagation in the aluminium alloys 2024 and 2124[J]. Materials Science and Engineering,1983,61(3):211-218.

[63] BARTON D P. Comparative Vacuum Monitoring (CVM™)[M]. Chichester:John Wiley & Sons,Ltd,2009.

[64] WHEATLEY G,KOLLGAARD J,REGISTER J,et al. Comparative Vacuum Monitoring (CVM™) as an Alternate Means of Compliance (AMOC)[J]. Or Insight,2005,47(3):153 – 166.

[65] KOUSOURAKIS A,ENG B,HONS B B A. Mechanical Properties and Damage Tolerance of Aerospace Composite Materials Containing CVM Sensors[J]. Isij International,2008,52(3): 464 – 470.

[66] ROACH D. Real time crack detection using mountable Comparative Vacuum monitoring sensors[J]. Smart Structures & Systems,2009,5(4):317 – 328.

[67] 孙侠生. 飞机结构强度新技术[M]. 北京:航空工业出版社,2017.

[68] DENG G,SAKANASHI Y,NAKANISHI T. A practical method for fatigue crack initiation detection using an ion – sputtered film[J]. Journal of Engineering Materials and Technology,2009, 131(1):011007.

[69] LIU M B,LI B B,LI J T,et al. Smart Coating Sensor Applied in Crack Detection for Aircraft [J]. Applied Mechanics & Materials,2013,330:383 – 388.

[70] 吕志刚,戚燕杰,刘马宝,等. 提高飞机结构安全性与经济性的新对策——ICMS 技术对保证飞机结构安全与经济使用的重大作用[J]. 中国民用航空,2009(7):56 – 59.

[71] 刘健光. 腐蚀环境下 ICMS 传感器耐久性体系研究[D]. 哈尔滨:哈尔滨工程大学,2010.

[72] 刘凯,崔荣洪,侯波,等. PVD 薄膜传感器监测强化结构裂纹的可行性研究[J]. 西安交通大学学报,2018,52(07):139 – 145.

[73] 侯波,何宇廷,高潮,等. 一种金属结构裂纹监测的薄膜传感器设计[J]. 南京航空航天大学学报,2014,46(03):419 – 424.

[74] 侯波,崔荣洪,何宇廷,等. 同心环状薄膜传感器阵列及其飞机金属结构裂纹监测研究 [J]. 机械工程学报,2015,51(24):9 – 14.

[75] 侯波,何宇廷,崔荣洪,等. 基于 Ti/TiN 薄膜传感器的飞机金属结构裂纹监测[J]. 航空学报,2014,35(03):878 – 884.

[76] 侯波,何宇廷,崔荣洪,等. 基于涂层传感器的金属结构疲劳裂纹监测[J]. 北京航空航天大学学报,2013,39(10):1298 – 1302.

[77] 邓乐乐,侯波,何宇廷,等. 工艺参数对电弧离子镀沉积铜薄膜微结构及性能的影响 [J]. 功能材料,2015,46(07):7127 – 7130 + 7134.

[78] 崔荣洪,刘凯,侯波,等. 耦合服役环境下高耐久性薄膜传感器裂纹监测[J]. 航空学报, 2018,39(03):253 – 262.

[79] 谭翔飞,何宇廷,侯波,等. 腐蚀环境下铜薄膜传感器金属结构裂纹监测[J]. 北京航空航天大学学报,2017,43(07):1433 – 1441.

[80] BO H,YUTING H,RONGHONG C,et al. Crack monitoring method based on Cu coating sensor and electrical potential technique for metal structure[J]. Chinese Journal of Aeronautics, 2015,28(03):932 – 938.

[81] MITRA M,GOPALAKRISHNAN S. Guided wave based structural health monitoring:A review [J]. Smart Materials & Structures,2016,25(5):053001-053013.

[82] RAGHAVAN A C,CESNIK C E S. Review of Guided-Wave Structural Health Monitoring [J]. Shock & Vibration Digest,2007,39(2):91-114.

[83] CROXFORD A J,WILCOX P D,DRINKWATER B W,et al. Strategies for Guided-Wave Structural Health Monitoring[J]. Proceedings Mathematical Physical & Engineering Sciences, 2007,463(2087):2961-2981.

[84] 王奕首,卿新林. 复合材料连接结构健康监测技术研究进展[J]. 复合材料学报,2016, 33(1):1-16.

[85] KEULEN C J,YILDIZ M,SULEMAN A. Damage Detection of Composite Plates by Lamb Wave Ultrasonic Tomography with a Sparse Hexagonal Network Using Damage Progression Trends[J]. Shock and Vibration,2014(5):1-8.

[86] GAO D,WANG Y,WU Z,et al. Damage extension diagnosis method for typical structures of composite aircraft based on lamb waves[J]. Structural Durability & Health Monitoring,2013, 9(3):233-252.

[87] BALASUBRAMANIAM K,SEKHAR B V S,VARDAN J V,et al. Structural Health Monitoring of Composite Structures Using Guided Lamb Waves[J]. Key Engineering Materials,2006, 321:759-764.

[88] PERCIVAL W J,BIRT E A. A study of Lamb wave propagation in carbon-fibre composites [J]. Insight-Non-Destructive Testing and Condition Monitoring,1997,39(10):728-735.

[89] SU Z,YANG C,PAN N,et al. Assessment of delamination in composite beams using shear horizontal(SH) wave mode[J]. Composites Science & Technology,2007,67(2):244-251.

[90] STONELEY R. Elastic Waves at the Surface of Separation of Two Solids[J]. Proceedings of the Royal Society of London,1924,106(738):416-428.

[91] HORACE LAMB F R S. On waves in an elastic plate[J]. Proceedings of the Royal Society of London,1917,93(648):114-128.

[92] GAZIS D C. Three-Dimensional Investigation of the Propagation of Waves in Hollow Circular Cylinders. II. Numerical Results[J]. Journal of the Acoustical Society of America,1960,32 (5):573-588.

[93] GAZIS D C. Three-dimensional investigation of the propagation of waves in hollow cylinders, P. I. Analytical foundation;P. II numerical results[J]. Journal of the Acoustical Society of America,1959,31:627-634.

[94] WILLBERG C,DUCZEK S,PEREZ J M V,et al. Comparison of different higher order finite element schemes for the simulation of Lamb waves[J]. Computer Methods in Applied Mechanics & Engineering,2012,241-244(3):246-261.

[95] BANERJEE S,KUNDU T. Elastic wave propagation in sinusoidally corrugated waveguides[J]. Journal of the Acoustical Society of America,2006,119(4):2006-2017.

[96] MOSER F, JACOBS L J, QU J. Modeling elastic wave propagation in waveguides with the finite element method[J]. NDT & E International,1999,32(4):225-234.

[97] MENCIK J M, DUHAMEL D. A wave-based model reduction technique for the description of the dynamic behavior of periodic structures involving arbitrary-shaped substructures and large-sized finite element models[J]. Finite Elements in Analysis & Design,2015,101:1-14.

[98] ZHAO X L, GAO H D, ZHANG G F, et al. Active health monitoring of an aircraft wing with embedded piezoelectric sensor/actuator network:I. Defect detection, localization and growth monitoring[J]. Smart Materials & Structures,2007,16(4):1208-1217.

[99] MICHAELS J E, MICHAELS T E. Guided wave signal processing and image fusion for in situ damage localization in plates[J]. Wave Motion,2007,44(6):482-492.

[100] BARTOLI I, MARZANI A, DI SCALEA F L, et al. Modeling wave propagation in damped waveguides of arbitrary cross-section[J]. J Sound Vibr,2006,295(3-5):685-707.

[101] DALTON R P, CAWLEY P, LOWE M J S. The potential of guided waves for monitoring large areas of metallic aircraft fuselage structure[J]. Journal Of Nondestructive Evaluation,2001,20(1):29-46.

[102] STASZEWSKI W J, LEE B C, MALLET L, et al. Structural health monitoring using scanning laser vibrometry:I. Lamb wave sensing[J]. Smart Materials & Structures,2004,13(2):251-260.

[103] WANG C H, ROSE J T, CHANG F K. A synthetic time-reversal imaging method for structural health monitoring[J]. Smart Materials & Structures,2004,13(2):415-423.

[104] PARK H W, SOHN H, LAW K H, et al. Time reversal active sensing for health monitoring of a composite plate[J]. J Sound Vibr,2007,302(1-2):50-66.

[105] LIN M, KUMAR A, QING X, et al. Advances in utilization of structurally integrated sensor networks for health monitoring in commercial applications[J]. PROC SPIE,2002,4701:167-176.

[106] QING X, CHANG F K. Method of manufacturing a structural health monitoring layer[P]. US7413919. 2006-07-13.

[107] ZHANG D C, BEARD S, QING P, et al. A new SMART sensing system for aerospace structures[J]. PROC SPIE,2007,6561:656107-656107-10.

[108] RADZIEŃSKI M, DOLIŃSKI Ł, KRAWCZUK M, et al. Damage localisation in a stiffened plate structure using a propagating wave[J]. Mechanical Systems & Signal Processing,2013,39(1-2):388-395.

[109] JANARTHAN B, MITRA M, MUJUMDAR P M. Lamb Wave Based Damage Detection in Composite Panel[J]. Journal of the Indian Institute of Science,2013,93(4):715-734.

[110] WANG D, YE L, LU Y, et al. Probability of the presence of damage estimated from an active sensor network in a composite panel of multiple stiffeners[J]. Composites Science & Technology,2009,69(13):2054-2063.

[111] ONG W H, CHIU W K. Numerical modelling of scattered Lamb waves through varied damage

size in challenging geometry[J]. Structural Health Monitoring,2013,12(3):278-295.

[112] HAYNES C,TODD M D,FLYNN E,et al. Statistically-based damage detection in geometrically-complex structures using ultrasonic interrogation[J]. Structural Health Monitoring,2013,12(2):141-152.

[113] SENYUREK V Y. Detection of cuts and impact damage at the aircraft wing slat by using Lamb wave method[J]. Measurement,2015,67:10-23.

[114] MONACO E,BOFFA N D,MEMMOLO V,et al. Methodologies for Guided Wave-Based SHM System Implementation on Composite Wing Panels:Results and Perspectives from SARISTU Scenario[M]. Switzerland:Springer International Publishing,2016.

[115] SCHMIDT D,KOLBE A,KAPS R,et al. Development of a Door Surround Structure with Integrated Structural Health Monitoring System[M]. Switzerland:Springer International Publishing,2016.

[116] HA S,CHANG F K. Adhesive interface layer effects in PZT-induced Lamb wave propagation[J]. Smart Materials & Structures,2010,19(2):025006.

[117] IHN J B,CHANG F K,SPECKMANN H. Built-In Diagnostics for Monitoring Crack Growth in Aircraft Structures[J]. Key Engineering Materials,2001,204-205(204):299-308.

[118] LIU P B,CHANG F K,BEARD S J,et al. Detecting damage in metal structures with structural health monitoring systems[P]. US20080102767. 2008-10-16.

[119] IHN J B,CHANG F K. Detection and monitoring of hidden fatigue crack growth using a built-in piezoelectric sensor/actuator network:I. Diagnostics[J]. Smart Material Structures,2004,13(3):609.

[120] YANG J,CHANG F K. Detection of bolt loosening in composite thermal protection panels:II. Experimentalverification[J]. Smart Materials & Structures,2006,2:591-599.

[121] YANG J,CHANG F K. Detection of bolt loosening in C-C composite thermal protection panels:II. Experimental verification [J]. Smart Materials & Structures,2016,15(2):581.

[122] IHN J B,CHANG F K. Multicrack growth monitoring at riveted lap joints using piezoelectric patches[J]. Proceedings of SPIE-The International Society for Optical Engineering,2002,4702(11):29-40.

[123] HA S,CHANG F K. Optimizing a spectral element for modeling PZT-induced Lamb wave propagation in thin plates[J]. Smart Materials & Structures,2009,19(1):015015.

[124] LIN M,QING X,KUMAR A,et al. SMART Layer and SMART Suitcase for structural health monitoring applications[J]. 2001,4332:98-106.

[125] QING P X,WILSON H,BAINES A G,et al. Hot-spot fatigue and impact damage detection on a helicopter tailboom[J]. Structural Health Monitoring,2011,32(2):1907-1914.

[126] QING X P,BEARD S J,KUMAR A,et al. technical note:A real-time active smart patch system for monitoring the integrity of bonded repair on an aircraft structure [J]. Smart Materials & Structures,2006,15(3):N66.

[127] 王强. Lamb 波时间反转方法及其在结构健康监测中的应用研究[D]. 南京:南京航空航天大学,2009.

[128] 刘晓同. 航空结构损伤检测概率及损伤扩展监测研究[D]. 南京:南京航空航天大学,2016.

[129] 冯勇明. 基于 Lamb 波的航空复合材料板结构损伤识别技术方法研究[D]. 南京:南京航空航天大学,2012.

[130] 郭方宇,袁慎芳,鲍峤. 基于导波的飞机结构腐蚀损伤监测研究[J]. 航空制造技术,2018,61(07):70-76.

[131] 刘彬. 基于空间-波数滤波器的结构健康监测成像方法研究[D]. 南京:南京航空航天大学,2015.

[132] 王瑜. 基于空间滤波器的结构健康监测研究[D]. 南京:南京航空航天大学,2012.

[133] 邱雷. 基于压电阵列的飞机结构监测与管理系统研究[D]. 南京:南京航空航天大学,2011.

[134] LIU K,WU Z,JIANG Y,et al. Guided waves based diagnostic imaging of circumferential cracks in small-diameter pipe[J]. Ultrasonics,2016,65:34-42.

[135] LIU K,MA S,WU Z,et al. A novel probability-based diagnostic imaging with weight compensation for damage localization using guided waves[J]. Structural Health Monitoring,2016,15(2):162-173.

[136] WU Z,LIU K,WANG Y,et al. Validation and evaluation of damage identification using probability-based diagnostic imaging on a stiffened composite panel[J]. Journal of Intelligent Material Systems & Structures,2014,26(16):2181-2195.

[137] 刘科海. 飞行器关键构件的超声导波损伤诊断成像方法研究[D]. 大连:大连理工大学,2016.

[138] 马书义,武湛君,刘科海,et al. 管道变形损伤超声导波检测试验研究[J]. 机械工程学报,2013,49(14):1-8.

[139] ZENG Z,LIU M,XU H,et al. A coatable,light-weight,fast-response nanocomposite sensor for the in situ acquisition of dynamic elastic disturbance:From structural vibration to ultrasonic waves[J]. Smart Material Structures,2016,25(6):065005.

[140] LI Y,WANG K,SU Z. Dispersed Sensing Networks in Nano-Engineered Polymer Composites:From Static Strain Measurement to Ultrasonic Wave Acquisition[J]. Sensors,2018,18(5):1398-1406.

[141] ZENG Z,LIU M,XU H,et al. Ultra-broadband frequency responsive sensor based on lightweight and flexible carbon nanostructured polymeric nanocomposites[J]. Carbon,2017,121:490-501.

[142] 任吉林,林俊明. 电磁无损检测[M]. 北京:科学出版社,2008.

[143] 徐可北,周俊华. 涡流检测[M]. 北京:机械工业出版社,2004.

[144] 李家伟. 无损检测手册[M]. 北京:机械工业出版社,2002.

[145] YAMAGUCHI T,UEDA M. An active sensor for monitoring bearing wear by means of an eddy current displacement sensor[J]. Measurement Science & Technology,2006,18(1):311-317.

[146] 任吉林. 涡流检测技术近20年的进展[J]. 无损检测,1998,20(5):1-6.

[147] BOS B V D,ANDERSSON J,SAHL N S. Automatic scanning with multi-frequency eddy current on multi-layered structures[J]. Aircraft Engineering & Aerospace Technology,2009,75(5):491-496.

[148] DOGARU T,SMITH C H,SCHNEIDER R W,et al. Deep Crack Detection around Fastener Holes in Airplane Multi-Layered Structures Using GMR-Based Eddy Current Probes[J]. 2004,700(1):398-405.

[149] 刘春艳. 远场涡流检测的有限元仿真与分析[D]. 长沙:国防科学技术大学,2005.

[150] ZHAO XI L I,YUE WEN F U,ZOU G H. Application of Principle Component Analysis in hidden Corrosion Detection of Aircraft Multi-layered Structure with Pulsed Eddy Current[J]. Failure Analysis & Prevention,2014,9(5):262-265.

[151] Plotnikov Y A,Nath S C,Rose C W. Defect characterization in multi-layered conductive components with pulsed eddy current[C]. AIP Conference Proceedings. AIP,2002,615(1):1976-1983.

[152] SOPHIAN A,GUI Y T,TAYLOR D,et al. Design of a pulsed eddy current sensor for detection of defects in aircraft lap-joints[J]. Sensors & Actuators A Physical,2002,101(1-2):92-98.

[153] MOULDER J C,BIEBER J A. Pulsed Eddy-Current Measurements of Corrosion and Cracking in Aging Aircraft[J]. Mrs Proceedings,1997,503:263-272.

[154] SMITH R A,HUGO G R. Transient eddy current NDE for ageing aircraft-capabilities and limitations[J]. Insight:Non-Destructive Testing and Condition Monitoring,2001,43(1):14-25.

[155] MELCHER J R,ZARETSKY M C. Apparatus and methods for measuring permittivity in materials[P]. US 4814690A. 1989.03.21.

[156] ZARETSKY M C,MOUAYAD L,MELCHER J R. Continuum properties from interdigital electrode dielectrometry[J]. Electrical Insulation IEEE Transactions on,1988,23(6):897-917.

[157] GOLDFINE N J,WASHABAUGH A P,DEARLOVE J V,et al. Imposed $\omega-k$ Magnetometer and Dielectrometer Applications[J]. Springer US,1993,1115-1122.

[158] MAMISHEV A. Interdigital dielectrometry sensor design and parameter estimation algorithms for non-destructive materials evaluation[D]. Massachusetts Institute of Technology,1999.

[159] DU,YANQING. Measurements and modeling of moisture diffusion processes in transformer insulation using interdigital dielectrometry sensors[D]. Massachusetts Institute of Technology,1999.

[160] ZARETSKY M C. Parameter estimation using microdielectrometry with application to transformer monitoring[D]. Massachusetts Institute of Technology,1987.

[161] GOLDFINE N J. Uncalibrated, absolute property estimation and measurement optimization for conducting and magnetic media using imposed $\omega-k$ magnetometry[D]. Massachusetts Institute of Technology,1991.

[162] MELCHER DECEASED. J R. Apparatus and methods for measuring permeability and conductivity in materials using multiple wavenumber magnetic interrogations:US19890325695 [P].1991.05.14.

[163] GOLDFINE N J,CLARK D C,ECKHARDT H D. Apparatus for measuring bulk materials and surface conditions for flat and curved parts:US19980122980[P].1999.10.12.

[164] GOLDFINE N J,MELCHER DECEASED. J R. Magnetometer having periodic winding structure and material property estimator:US07/803504[P].1995.09.26.

[165] GOLDFINE N J. Magnetometers for improved materials characterization in aerospace applications[J]. Materials Evaluation,1993,51(3):396-405.

[166] SHAY I,GOLDFINE N J,WASHABAUGH A P,et al. Deep penetration magnetoquasistatic arrays:US20010045650[P].2002-10-31.

[167] SHEIRETOV Y K. Deep penetration magnetoquasistatic sensors[D]. Massachusetts institute of technology,2001.

[168] SHEIRETOV Y,ZAHN M. Design and modeling of shaped-field magnetoquasistatic sensors [J]. IEEE Transactions on Magnetics,2006,42(3):411-421.

[169] Schlicker D E. Imaging of absolute electrical properties using electroquasistatic and magnetoquasistatic sensor arrays[D]. Cambridge:Massachusetts Institute of Technology,2006.

[170] DENENBERG S,DUNFORD T,SHEIRETOV Y,et al. Advancements in Imaging Corrosion Under Insulation for Piping and Vessels[J]. Materials Evaluation,2015,73(7):987-995.

[171] GOLDFINE N,ZILBERSTEIN V,CARGILL J S,et al. Meandering winding magnetometer array eddy current sensors for detection of cracks in regions with fretting damage[J]. Materials evaluation,2002,60(7):870-887.

[172] GOLDFINE N J,WINDOLOSKI M D,GRUNDY D C,et al. Material characterization with model based sensors:US20070069720[P].2007-10-20.

[173] Goldfine N J,Windoloski M D,Grundy D C,et al. Method for material property monitoring with perforated,surface mounted sensors[P]. US0120561A1.2012-09-15.

[174] ZILBERSTEIN V,GRUNDY D,WEISS V,et al. Early detection and monitoring of fatigue in high strength steels with MWM-Arrays[J]. International Journal of Fatigue,2005,27(10):1644-1652.

[175] RAKOW A,CHANG F-K. A structural health monitoring fastener for tracking fatigue crack growth in bolted metallic joints[J]. Structural Health Monitoring,2012,11(3):253-267.

[176] YING H U,DING T,PENG W. Characteristics of eddy current effects in curved flexible coils [J]. Journal of Tsinghua University,2013,53(10):1429-1433.

[177] CHEN X,DING T. Flexible eddy current sensor array for proximity sensing[J]. Sensors &

Actuators A Physical,2007,135(1):126-130.

[178] DING T,CHEN X,HUANG Y. Ultra-Thin flexible eddy current sensor array for gap measurements[J]. Tsinghua Science and Technology,2004,9(6):667-671.

[179] 王鹏,丁天怀,傅志斌. 平面电涡流线圈的结构参数设计[J]. 清华大学学报(自然科学版),2007,47(11):1959-1961.

[180] 胡颖,丁天怀,王鹏. 曲面柔性线圈涡流效应的特性[J]. 清华大学学报(自然科学版),2013(10):1429-1433.

[181] 王鹏,丁天怀,傅志斌. 微小平面电感线圈近场涡流效应模型[J]. 清华大学学报(自然科学版),2009(5):680-693.

[182] XIE R,CHEN D,PAN M,et al. Fatigue Crack Length Sizing Using a Novel Flexible Eddy Current Sensor Array[J]. Sensors,2015,15(12):32138-32151.

[183] CHEN D,XIE R,ZHOU W,et al. Multi-channel transimpedance measurement of a planar electromagnetic sensor array[J]. Measurement Science & Technology,2015,26(2):025102.

[184] JIAO S,CHENG L,LI X,et al. Monitoring fatigue cracks of a metal structure using an eddy current sensor[J]. Eurasip Journal on Wireless Communications & Networking,2016,2016(1):188.

[185] Li P,Cheng L,He Y,et al. Sensitivity boost of rosette eddy current array sensor for quantitative monitoring crack[J]. Sensors & Actuators:A Physical,2016,246:129-139.

[186] 杜金强,何宇廷,李培源,等. 互扰对涡流阵列传感器裂纹检测性能影响[J]. 华中科技大学学报(自然科学版),2015,43(11):22-36.

[187] 丁华,何宇廷,杜金强,等. 环状涡流传感器及其飞机金属结构疲劳损伤监测试验研究[J]. 机械工程学报,2013,49(02):1-7.

[188] 丁华,焦胜博,何宇廷,等. 基于环状涡流传感器的损伤监测智能垫片[J]. 北京理工大学学报,2013,33(11):1113-1118.

[189] 丁华,何宇廷,焦胜博,等. 基于涡流阵列传感器的金属结构疲劳裂纹监测[J]. 北京航空航天大学学报,2012,38(12):1629-1633.

[190] 李培源,何宇廷,杜金强,等. 裂纹监测涡流传感器优化设计及试验研究[J]. 华中科技大学学报(自然科学版),2015,43(06):27-31.

[191] 丁华,何宇廷,焦胜博,等. 面向飞机结构健康监测的环状涡流传感器优化设计[J]. 北京工业大学学报,2013,39(12):1769-76+83.

[192] 丁华,何宇廷,焦胜博,等. ω-λ型涡流阵列传感器跨阻抗响应特性分析[J]. 测试技术学报,2013,27(02):178-184.

[193] 丁华,焦胜博,何宇廷,等. 环状涡流阵列传感器裂纹扰动半解析模型构建[J]. 中国电机工程学报,2014,34(03):495-502.

[194] 丁华,何宇廷,杜金强,等. 涡流阵列传感器半解析模型的直接FFT构建方法[J]. 传感技术学报,2012,25(07):968-972.

[195] DEFENSE D O. AIRCRAFT STRUCTURAL INTEGRITY PROGRAM:MIL-STD-1530D_

CHG – 1[S]. 2016:7,32.

[196] Farrar C R,Baker W,Bell T,et al. Dynamic characterization and damage detection in the I – 40 bridge over the Rio Grande:No. LA – 12767 – MS[R]. Los Alamos:Los Alamos National Lab. NM (United States),1994.

[197] WORDEN K,SOHN H,FARRAR C R. Novelty Detection in A Changing Environment:Regression And Interpolation Approaches[J]. Journal of Sound & Vibration,2002,258(4):741 – 761.

[198] SOHN H. Statistical damage classification under changing environmental and operational conditions[J]. J of Intelligent Material Systems Structure,2002,13(9):561 – 574.

[199] DOEBLING S W,FARRAR C R. Statistical Damage Identification Techniques Applied to the I – 40 Bridge Over the Rio Grande River[J]. Journal of Structural Engineering,1999,125(12):1399 – 1406.

[200] Cawley P. Long range inspection of structures using low frequency ultrasound[J]. Structural Damage Assessment Using Advanced Signal Processing Procedures;Sheffield Academic Press:Sheffield,UK,1997:1 – 17.

[201] Farrar C R,Cone K M. Vibration Testing of the I – 40 Bridge Before and After the Introduction of Damage[J]. Proceedings of SPIE – The International Society for Optical Engineering,1994,2460.

[202] SOHN H. Effects of environmental and operational variability on structural health monitoring[J]. Philosophical Transactions Mathematical Physical & Engineering Sciences,2007,365(1851):539 – 560.

[203] KONSTANTINIDIS G,DRINKWATER B W,WILCOX P D. The temperature stability of guided wave structural health monitoring systems[J]. Smart Materials & Structures,2006,15(15):967.

[204] LANZA D S F,SALAMONE S. Temperature effects in ultrasonic Lamb wave structural health monitoring systems[J]. Journal of the Acoustical Society of America,2008,124(1):161 – 174.

[205] CROXFORD A J,MOLL J,WILCOX P D,et al. Efficient temperature compensation strategies for guided wave structural health monitoring[J]. Ultrasonics,2010,50(4):517 – 528.

[206] SOHN H. Reference – free crack detection under varying temperature[J]. Ksce Journal of Civil Engineering,2011,15(8):1395 – 1404.

[207] DAO P B,STASZEWSKI W J. Cointegration approach for temperature effect compensation in Lamb – wave – based damage detection[J]. Smart Materials & Structures,2013,22(9):095002.

[208] ROY S,LONKAR K,JANAPATI V,et al. A novel physics – based temperature compensation model for structural health monitoring using ultrasonic guided waves[J]. Structural Health Monitoring,2014,13(3):321 – 342.

[209] 李昌范. 腐蚀疲劳交替作用下铝合金疲劳断裂特性研究[D]. 西安:空军工程大学,2016.

(a) 试验件状态1　　　　　　　　(b) 试验件状态2

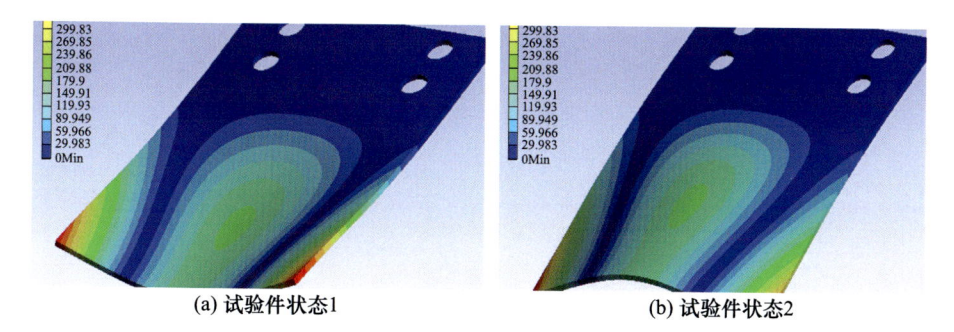

图 11-8　第 4 阶振动模态下试验件的变形情况

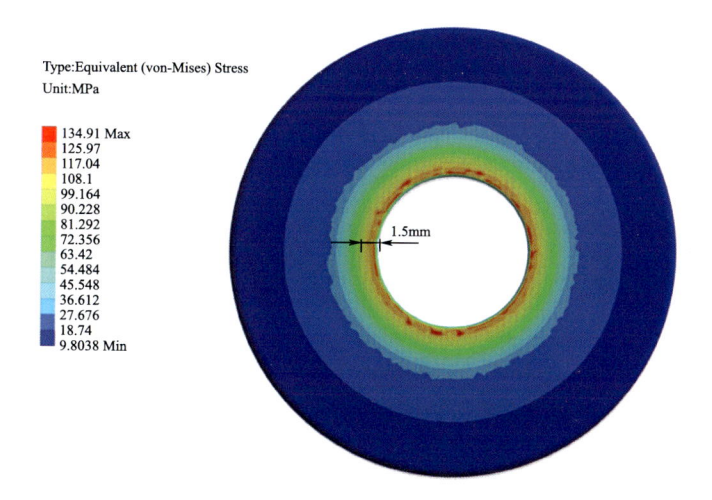

图 11-52　普通垫片在 30N·m 拧紧力矩作用下的应力分布

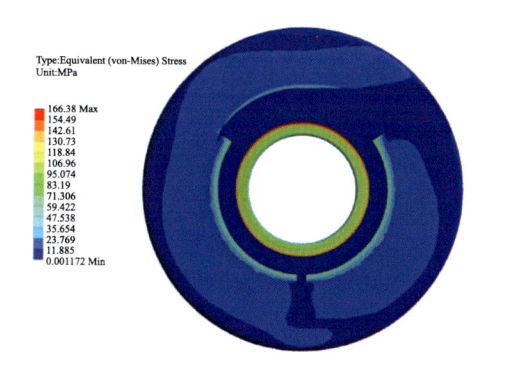

图 11-55　30N·m 拧紧力矩作用下 SCM 垫片的应力分布

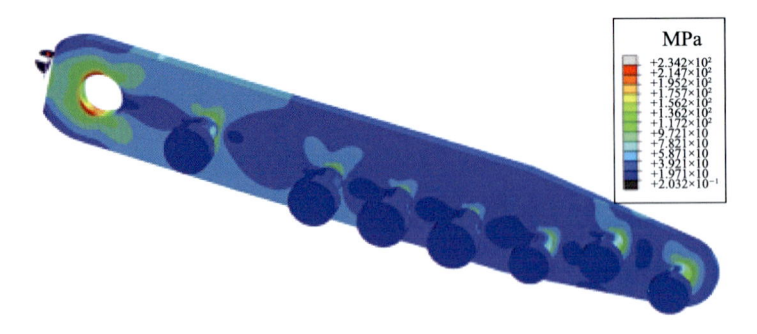

图 11-58 下接头外侧耳片的 von-Mises 应力分布图

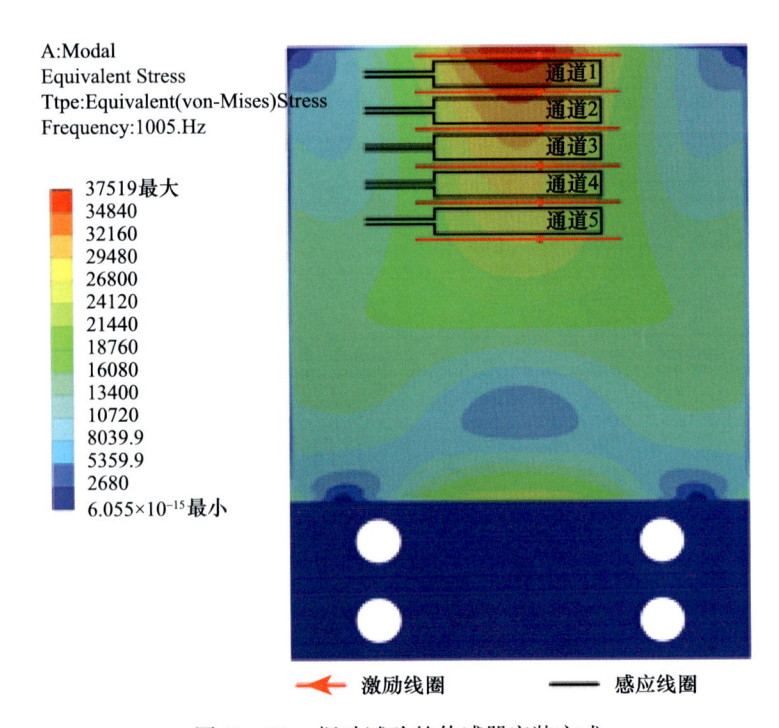

图 13-22 振动试验的传感器安装方式